LES PRODUITS
DE LA NATURE
JAPONAISE ET CHINOISE.

YOKOHAMA. — IMPRIMERIE DE «L'ÉCHO DU JAPON.»

LES PRODUITS
DE LA NATURE
JAPONAISE ET CHINOISE

COMPRENANT

LA DÉNOMINATION, L'HISTOIRE ET LES APPLICATIONS AUX ARTS, A L'INDUSTRIE, A L'ÉCONOMIE, A LA MÉDECINE, ETC.
DES SUBSTANCES QUI DÉRIVENT DES TROIS RÈGNES DE LA NATURE ET QUI SONT EMPLOYÉES PAR LES JAPONAIS ET LES CHINOIS

PAR

A. J. C. GEERTS

PARTIE INORGANIQUE ET MINÉRALOGIQUE

CONTENANT

LA DESCRIPTION DES MINÉRAUX ET DES SUBSTANCES QUI DÉRIVENT DU REGNE MINÉRAL.

2me PARTIE.

YOKOHAMA
L. LÉVY & S. SALABELLE, IMPRIMEURS-ÉDITEURS

1883

PROPRIÉTÉ DES ÉDITEURS

Droits de traduction et de reproduction réservés.

和蘭陀教師「アユゼゲールツ」著

新撰本草綱目 第貳篇

礦物之部

明治十六年 大日本横濱 應響社「ロゥヒサラベール」上梓

§ II.

CLASSE DES MÉTAUX LÉGERS.

SEPTIÈME SECTION.

LE POTASSIUM 鉀 KO. 加里由母 KA-RI-YU-MU 剝篤亞叟母 PO-TO-A-SHIU-MU.

ANCIEN NOM 灰精 KUWAI-SEI.

(ESPRIT DES CENDRES).

N° 140. — SALPÊTRE ou NITRE, POTASSE NITRATÉE.

消石 **Shô-seki**, (pierre qui peut fondre ou bien «Flux» pour fondre les minéraux). — Syn. 熖消 *Yen-sho* (Flux inflammable). 白熖消 *Shiro-yen-sho* (Flux inflammable de couleur blanche). 化金石 *Kuwa-kin-seki* (pierre qui change les métaux). 火消 *Kuwa-sho* (Flux qui produit du feu). 硝 *Shô* (Flux). 消酸加里由母 *Sho-san Ka-ri yu-mu*.

Les noms de 鹽石 *Yen-seki* et 鹽消 *Yen-sho* s'emploient aussi quelquefois pour désigner le salpêtre, mais il convient mieux de les appliquer à la soude nitratée qu'au sel de potasse. Néanmoins les anciens livres chinois et japonais ne distinguent pas d'une manière exacte les sels de soude des sels de potasse. Par la même raison on confond dans ces livres le nitre ordinaire et le nitre cubique.

[SHORA de l'Inde Cf. STEVENSON, Journ. Bengal Asiatic Soc. 1833, vol. II. p. 23. — SAL PETRAE (Salpêtre brut) GEBER, Lib. de inv. verit. Ch. XXIII et Sal NITRI (salpêtre raffiné) GEBER, ibidem. — *Hzkm*. Fig. 82, vol. XI. — RANZAN'S Kei-mo, vol. 6. *Hanb* p. 5. — *Deb*. p. 49. — ST. JUL. *Ch*. p. 27. SMITH Mat. med. p. 191. — *Chin. commg*. p. 101].

Les Chinois ont connu le salpêtre depuis un temps immémorial et ils fabriquaient des mélanges inflammables, des pétards, des pièces d'artifice, au moyen de cette substance, bien avant qu'elle fut connue des Arabes et des nations de l'ouest. Mais on a tort de croire qu'ils ont connu la poudre à canon avant d'en avoir appris l'usage des Européens. Leurs anciennes mixtures pyrotechniques ne servaient pas pour les *armes à feu*, qui étaient complétement inconnues aux nations de l'Extrême-Orient avant l'arrivée des «*barbares*» de l'ouest. Le nom générique pour le salpêtre est 硝 *Shô*, c'est-à-dire «Flux.» Selon qu'on tire le salpêtre des efflorescences naturelles du sol, de la terre qui se trouve au-dessous des vieilles maisons, des vieux murs ou des cavités de certains rochers ou autres endroits, on en distingue en Chine plusieurs variétés, dont voici les noms :

川硝 *Sen-sho*, (Kawa-sho-seki) salpêtre de rivière,
土硝 *Do-sho*, (Tsuchi-sho-seki) salpêtre de terre,
鹽硝 *Yen-sho*, (Shiwo-sho-seki) sel salpêtre (nitre cubique) soude nitratée.
洋硝 *Yo-sho*, salpêtre de l'étranger.

La vente du salpêtre est soumise en Chine au contrôle de l'Etat, c'est-à-dire que les marchands qui l'exploitent et le vendent doivent être munis d'une autorisation spéciale délivrée par les mandarins. Faute de s'en pourvoir, ils sont considérés comme contrebandiers et punis comme tels. Il ne se fait pas moins secrètement en Chine un commerce illicite, mais très-lucratif, de cette substance. Le Sud de la Chine n'en produit pas assez pour les besoins du pays, de sorte que les salpêtres de l'Inde, de Malacca et même du Japon y sont importés en quantités assez considérables.

Au Japon, comme en Chine, on connaît depuis des temps très-reculés la manière de préparer le salpêtre. Celui qu'on obtient à l'état brut en l'extrayant de la terre humide qui se trouve au-dessous du plancher des vieilles maisons, est même d'excellente qualité et ne contient pas plus de 2 à 3 % de chlorures. La façon dont le salpêtre se forme au Japon sous les maisons, nous semble une nouvelle et sérieuse preuve en faveur de la récente théorie de nitratation, émise par Mess. Schloesing et Muntz, qui attribuent, comme on sait, l'action oxydante à des êtres organisés et vivants. Ce ferment nitrificateur organisé peut produire une quantité illimitée de nitrate tant qu'il n'a pas été chauffé ou tué par une autre cause quelconque.

Au Sud du Japon, dans l'île de Kiu-siu on avait installé dernièrement quelques nitrières artificielles, mais le salpêtre obtenu n'étant pas d'aussi bonne qualité que celui qui se préparait d'après l'ancienne méthode, on n'a pas cru devoir poursuivre l'entreprise.

Malgré l'insuffisance apparente du matériel employé, le Japon peut fournir et fournit actuellement au commerce plus de salpêtre qu'il n'en a besoin pour la consommation nationale et nous ne doutons pas qu'en raison de son excellente qualité, le salpêtre brut qu'il produit puisse devenir un article d'exportation d'une certaine importance.

Le salpêtre est préparé dans ce pays de la manière suivante : Quand d'anciennes maisons ou de vieux murs vont être démolis, on recueille avec beaucoup de soin la couche supérieure de terre qui les recouvre. On rejette, au moyen d'un tamis, les grosses pierres et les autres impuretés d'origine organique et l'on place la terre ainsi tamisée dans un vase plein d'eau. Après que les matières insolubles se sont précipitées au fond du liquide, on décante et on fait évaporer la solution impure sur un feu de bois. Le sel qui se cristallise par le refroidissement de la lessive concentrée est très-impur ; on le dissout de nouveau dans une petite quantité d'eau chaude ; on filtre la liqueur et on fait évaporer une seconde fois afin d'obtenir par un deuxième refoidissement des cristaux plus purs. Le salpêtre brut est ainsi cristallisé jusqu'à trois ou quatre fois.

A Mogicho, dans le district de Yoshigagōri, dans la province de Shimotsuké (ken de Tochigi), Mr. Kobori Tozo prépare maintenant, pour l'usage médical, du salpêtre d'une pureté parfaite et exceptionnelle.

Le salpêtre sert à la fabrication de la poudre à canon, des feux d'artifice, pour la fonte de plusieurs minéraux métallifères et en médecine, comme remède réfrigérant et dépuratif; il est recommandé aussi comme lotion dans les inflammations des paupières, les taches de la cornée et contre les morsures des insectes et des serpents. Voici les localités qui nous sont connues pour en produire :

En Chine :

PROVINCES.	DISTRICTS.	REMARQUES.
CHIHLI	Ta-ming-fu	Comme efflorescence du sol.
SHANSI	Fan-chau-fu	Au nord de la province, sur la frontière de la Mongolie. Ce salpêtre se nomme *Yen-sho* et est probablement du nitre cubique (soude nitratée).
SHANTUNG		Le salpêtre de cette province se nomme *Do-sho* ou salpêtre de terre.
KANSUH	King-yang-fu	Au nord de la province.
SSÉ-'TCHUEN	Meï-chau	Dans la partie occidentale de cette province (ancien pays de Chou). Ce salpêtre porte le nom de *Sen-sho* 川硝, salpêtre de rivière.
HONAN		Dans un grand nombre d'endroits.
HUPEH	Ichan-fu.	
HŪNAN	Yung-shu-fu, Pan-tsing-hien.	
YUNNAN	Yunnan-fu, Yung-men-hien.	

Au Japon :

PROVINCES.	DISTRICTS.	LOCALITÉS.	REMARQUES.
OSAKA-FU.			
ISÉ.			
HIDA	Ono-gōri	Shirawago	
SHIMOTSUKÉ			Très-pur.
KAGA			Bonne qualité.
YECHIŪ	Tonami-gōri.	Goka-san	Beaucoup de très-bonne qualité.
SHINANO	Ina-gōri	Kokomochi-mura.	
MIMASAKA.			
BINGO.			
AKI.			
SANUKI			Très-bonne qualité.
CHIKUZEN.			

LE POTASSIUM.

Nº 141. — POTASSE SULFATÉE ou GLASÉRITE.

[Arkanite; tartre vitriolé; sel de duobus].

硫酸加里由母 **Riu-san Ka-ri-yu-mu.** Syn. グラセリト *Guraseirito* 硫酸灰精 *Riu-san-kuwai-sei.*

Bien que ce sel n'ait pas été décrit dans le *Hon-zo-ko-moku* ou dans les autres livres d'histoire naturelle indigènes, on le trouve néanmoins, au Japon, dans les terrains volcaniques, où il recouvre les laves récentes d'une couche dure cristallisée ou bien de petites masses mamelonnées, souvent colorées en violet par des sels manganeux ou en bleuâtre par des sels cuivreux. On nous a apporté à Nagasaki de jolis échantillons colorés en bleu. On le rencontre aussi quelquefois chez les amateurs des curiosités de la nature.

Ce sel n'a pas trouvé d'application utile au Japon.

Nº 142. — POTASSE CARBONATÉE ou POTASSE du COMMERCE.

炭酸加里由母 **Tan-san Ka-ri-yu-mu.**

Syn. — 灰精 *Kuwai-sei* (esprit de cendre) 灰鹼 *Kuwai-ken* (sel lixiviel de cendre ou alcali). 滷鹼 *Ro-ken* (alcali de lessive). 鹹砂 *Kan-sha.*

C'est un genre de potasse fort impure, qui s'obtient en traitant par l'eau les cendres de plusieurs végétaux. Elle est connue en Chine et au Japon sous le nom de 灰鹼 *Kuwai-ken* (alcali de cendres) ou 滷鹼 *Ro-ken* (alcali de lessive), et la lessive elle-même se nomme 灰滷 *Kuwai-rô* (lessive de cendres). Les Chinois mélangent avec une lessive concentrée de cendre ou bien une solution de carbonate de soude, de la farine de froment et confectionnent avec la pâte que produit ce mélange des boules et des disques que l'on vend, après les avoir fait sécher, en guise de savon 石鹼 *Sek-ken*, pour l'usage des blanchisseries. Jusqu'ici on n'a pas encore fabriqué de bonne potasse de commerce dans les pays de l'extrême-orient, bien que la matière première nécessaire à cette industrie ne manque pas, surtout au Japon. En recueillant les cendres des nombreux brasiers *hibachi*, qui sont d'un usage journalier et universel, ou bien en brûlant les nombreuses fougères qui croissent dans les montagnes, on pourrait bien aisément et sans trop de frais, préparer une bonne potasse de commerce. Mais on ne paraît pas assez sentir le besoin de ce produit, puisque le savon mou, de couleur verte et à base de potasse, n'est pas même connu des gens du peuple. L'industrie ne demande pas non plus, d'ailleurs, une grande quantité de potasse comme c'est le cas en Europe. Le carbonate de potasse purifié à l'usage médicinal est invariablement importé d'Europe.

Le *Hon-zo-ko-moku* fait encore mention, au chapitre 土 *Do*, Terre, vol. 7, des espèces suivantes de cendres qui doivent trouver ici leur place :

N° 143. — CENDRE DES FOURNEAUX A PORCELAINE.

瓷甌中白灰 **Shi-wo-chu-haku-kuwai.** *Yakimono-no-naka-no-jô.* (Cendre qui se trouve dans les objets de porcelaine).

C'est la cendre qui provient de la combustion d'un mélange de gelée d'algues marines (jap. *funori*) et de charbon de paille, mixture qui sert dans les fourneaux comme couche de support des objets en porcelaine, afin d'empêcher qu'ils se collent pendant la cuisson. Mélangée avec du vinaigre, l'auteur chinois en recommande l'usage à l'extérieur pour faire mûrir plus vite les tumeurs.

N° 144. — CENDRE DES ENCENSOIRS (*Brûle-parfum*).

香爐灰 **Ko-ro-kuwai.** *Kô-no-kémuri-no-katamari.*
Elle constitue, d'après l'auteur chinois, un remède hémostatique efficace pour les blessures faites par des armes tranchantes.

N° 145. — CENDRE CHASSÉE PAR LES SOUFFLETS DES FORGERONS.

鍛竈灰 **Ka-so-kuwai.** *Fuyigo-no-hai* (cendre du soufflet).
Mélangée avec de la graisse de mouton cette cendre plus ou moins ferrugineuse serait, d'après le *Hon-zo-ko-moku*, un excellent tonique pour les femmes récemment accouchées.

N° 146 — CENDRE DES BRASIERS ; CENDRE du CHARBON DE BOIS.

冬灰 **To-kuwai.** *Uzumi-bi-no-hai.* (Cendre avec laquelle on a couvert le charbon incandescent).

C'est la cendre ordinaire de charbon de bois. L'auteur chinois en recommande l'usage dans plusieurs cas, pour faire disparaître les verrues, pour diminuer la démangeaison dans quelques maladies de la peau et mélangée avec du vin amer, pour guérir les morsures de chiens. Il mentionne aussi une curieuse application de l'emploi de cette cendre dans les cas de mort apparente chez les hommes noyés ou engourdis par le froid. Pour les premiers, on leur enveloppe tout le corps, sauf la bouche, le nez, les yeux, dans un *koku* de cendre à une température moyenne. Pour les gens engourdis par le froid, on les introduit avec les précautions voulues, dans un sac rempli de cendres ; puis on chauffe le tout graduellement et modérément et enfin on donne un peu de *Saké* au patient. L'auteur ajoute qu'on peut aisément se convaincre de l'efficacité de ce procédé, en faisant l'expérience sur un insecte quelconque retiré de l'eau comme mort ; en l'entourant soigneusement de cendres à une température moyenne on ne tardera pas à le voir revenir à la vie.

La cendre ordinaire trouve en outre dans la vie usuelle un usage universel comme substance à polir et à nettoyer, dans l'industrie elle sert dans ces pays pour les teintureries, dans la fabrication du papier, dans la liquation de l'argent, du plomb argentifère et, surtout, comme matière à polir. Le paysan l'utilise aussi pour fertiliser ses terrains de culture.

§ 11

CLASSE DES MÉTAUX LÉGERS.

HUITIÈME SECTION.

LE SODIUM. 鈉 DO. 曹узу母 SO-JIU-MU.

ANCIEN NOM 鹼精 KAN-SEI OU 鹼精 KEN-SEI.

(ESPRIT D'ALCALI).

N° 147. — SODIUM CHLORURÉ. — SEL MARIN. — SEL GEMME.

塩 ou 鹽 **Yen**. *Shio* ou *Shiwo*. Syn. — 食鹽 *Shoku-yen* (sel culinaire). 海鹽 *Kai-yen* (sel marin). 石塩 *Seki-yen* (sel gemme). *Sha-ro.* — *Shoku-sho.* — *Shin-yeki.* — *Bau-rin seki.* — *Kai-fun.* — *Ten-zo.*

[*Hzkm.* Fig. 72-77, vol. XI. — *Deb.* p. 49. — ST. JUL. *Ch.* p. 12. — SMITH mat. med. p. 190. — Chin. Comm*g.* p. 135. — SIEB. Nippon. II. p. 136, planche XX. — Off. Catal. internation. Exhib. Philadelphia 1876. p. 53. — 內國勸業博覽會出品詳記 *Nai-koku-kuwon-giyo Haku ran-kai-shitsu-hin-sho-ki* ou explication des objets qui ont figuré à l'exposition (japonaise) à Uyéno (Tokio) en 1877. 2e vol. 1878. — 日本製品圖說 *Ni-hon seï-hin-dzu-setsu* ou Traité illustré des productions les plus célèbres du Japon, par le Ministère de l'intérieur. Tokio, 1877, la partie 食盬 *Sho-ku-yen* (sel culinaire). Cet ouvrage contient une description très-détaillée de la fabrication du sel au Japon, illustré de magnifiques planches coloriées. 天工開物 *Ten-ko-kai-butsu* ou Technologie chinoise. Vol. 3 — THOMAS WARD. The salt lakes, deserts and salt districts of Asia, 1878. Journal of the Liverpool Literary and Philosophical Society].

Le sel a été connu en Chine et au Japon depuis les temps les plus reculés. On en fait un usage culinaire universel dans ces pays quoiqu'il n'ait pas, comme en Europe, d'applications industrielles. On distingue, d'après les endroits de production, d'après les méthodes de fabrication et d'après la forme, un grand nombre d'espèces différentes de sel. Aussi presque toutes les provinces de la Chine produisent-elles cette substance alimentaire indispensable, soit qu'on la tire du sol, des étangs, des puits salés, des efflorescences des déserts salins, des rivages, des lacs salés ou bien de l'eau de la mer. Au Japon ce n'est guère que l'eau de la mer qui sert comme matière première ; très-peu de sel seulement était fabriqué autrefois avec de l'eau de quelques puits salés dans l'intérieur du pays.

Le mot 鹽 Yen, Shiwo, que l'on donne au sel est un nom générique et signifie proprement lessive : salée, 鹵 Ro, bouillie ou évaporée à siccité. Les livres indigènes distinguent les espèces suivantes de sel d'après leur origine :

1° 海水鹽 Kai-sui-yen ou Taku-yen, umi-no-midzu-no-shiwo, sel extrait de la mer.

2° 池鹽 Tchi-yen, ou iké-no-shiwo, sel des étangs ou sel des lacs salés ou 鹹鹽 Kan-yen ou 鹺鹽 Ken-yen ou sel de lessive salée naturelle ou 大鹽 Tai-yen gros sel.

3° 井鹽 Seï-yen ou ido-no-shiwo, sel des puits salés ou sel des eaux salées souterraines.

4° 土鹽 Do yen ou tsutchi-no-shiwo, sel efflorescent de la terre, (efflorescence de la surface du sol des déserts à l'époque des grandes sécheresses).

5° 石鹽 Seki-yen, ou ishi-shiwo, sel en sable et en pierre.
- a 崔鹽 Gai-yen ou Seï-yen ou Iwaya-shiwo. Sel des rivages à forme de sable. Sel des rochers à l'état cristallisé.
- b 戎鹽 Ju-yen. Sel des barbares ou 青鹽 Seï-yen, aô-shiwo, sel cristallisé de couleur bleuâtre, ou 紅鹽 Ko-yen, aka-shiwo, sel cristallisé de couleur rougeâtre.
- c 光明鹽 Ko-miyo yen. Harusha-shiwo Sel gemme brillant. ou 水晶鹽 Sui-sho-shiwo, sel gemme transparant comme le cristal de roche.

6. — 西洋白鹽 *Sei-yo shiro-shiwo.* Sel blanc raffiné (en poudre) de l'Europe.

De toutes ces sources de provenance du sel, la mer est la plus importante, tant en Chine qu'au Japon. Le Hon-zo-ko-moku parle encore d'une autre espèce de sel que l'on extrait en Chine de certaines herbes, mais il nous semble que ce sel ne peut pas être du chlorure de sodium ; cette opinion devient encore plus vraisemblable, parce que les Chinois confondent toujours, dans leurs écrits, faute de *connaissances chimiques, les différents sels de soude et de potasse.* La fabrication du sel en Chine, 1° de l'eau de la mer, 2° des étangs, 3° des puits salés et 4° des efflorescences du sol de certaines contrées, est décrite minutieusement par Mr. STANISLAS JULIEN dans ses Industries anciennes et modernes de l'empire chinois, p. 12-20, d'après le livre chinois *Ten-ko-kai butsu.* Nous nous bornerons donc à mentionner brièvement la méthode la plus usitée au Japon, qui ressemble en partie au procédé qui est suivi en France, sur les côtés de la Méditerranée, à savoir le système des *jardins salants.* Une série de terrains *(Shiwo-bama)* parfaitement horizontaux près des côtés de la mer et d'une hauteur telle que la haute marée puisse faire entrer l'eau de mer au moyen d'une petite écluse dans une série de petits canaux, qui entourent et entrecoupent le terrain, est d'abord bordée d'une digue, puis couverte d'une couche dure d'argile ou de marne, sur laquelle on apporte une couche de sable granulaire et tamisé, que l'on appelle *Nayami-tsuchi* ou *Nayami-suna* 惱砂 *sable tourmenté.* Ce nom caractéristique indique très-bien son usage, ce sable étant toujours en mouvement, car après que les ouvriers ont, par intervalles de quelques heures, saturé le sable avec l'eau de la mer qui se trouve dans les petits canaux et après que le soleil et le vent ont fait évaporer l'eau de telle sorte que le sable devient imprégné d'une lessive concentrée et de petits cristaux de sel, on ramasse le sable et on le met sur les filtres qui se trouvent en grand nombre disséminés dans le *jardin.* Sur ces réservoirs carrés d'argile qui servent de filtres, on procède à la lixiviation. Un diaphragme de bambou, couvert de nattes et de paille, sert comme machine à filtrer ; la lessive concentrée, qui s'écoule à travers les filtres, est alors transportée dans de grandes cuves en terre ou en bois, où on la laisse reposer un certain nombre de jours, avant de commencer l'évaporation de la lessive, dans les usines qui se trouvent aux alentours du terrain. Le sable une fois le sel extrait est remis de nouveau sur place et nivelé avec soin, afin de le saturer de nouveau d'eau de mer. Ce travail se répète sans interruption aussi longtemps que le beau temps le permet.

Les usines *Kamaya* ne sont que de simples chaumières avec des chaudières d'environ 500 litres de capacité, construites soit en ardoise et terre réfractaire soit en tôle. La construction des chaudières en argile et ardoise est fort curieuse et originale, mais la durée n'en est pas grande, parce qu'il faut construire une nouvelle chaudière toutes les six ou sept semaines. Pendant l'évaporation, pour laquelle on fait usage du lignite, du bois ou quelquefois de la houille comme combustible, on ôte et on rejette l'écume noirâtre qui se forme à la surface de la lessive. On rassemble aussi le schelot (*Shiwo-kabura*) qui se forme à la fin de l'opération, ensuite ou continue l'évaporation jusqu'à siccité. On retire le sel des chaudières, on le fait égoutter dans des paniers, et on le met sécher sur une couche de sable sec. L'eau mère (*Shiwo-no-nigari*) qui s'écoule par les paniers est reçue dans des pots en terre cuite et sert à plusieurs autres usages.

Le sel est mis quelquefois dans de petits creusets en argile rouge, chauffé et décrépité jusqu'à parfaite siccité. Ce sel est considéré de meilleure qualité et est appelé *tsubo-shiwo* (sel en pot), ou *yaki-shiwo* (sel brûlé). Quelquefois on forme avec le sel de petits gateaux en forme de fleurs, que l'on fait dessècher au feu. Alors le sel prend le nom de *Hana-shiwo (sel en fleurs)* et sert surtout comme sel de table. Rien n'est plus intéressant que de voir les nombreux ouvriers, hommes, femmes et enfants au travail dans les immenses jardins salants du Japon. Ce sont de véritables villages très peuplés où tout le monde s'occupe. L'époque la plus favorable pour ce travail est du mois de Mars jusqu'au mois d'Octobre. En hiver l'évaporation est trop lente et les jardins sont alors abandonnés au repos.

La production totale du sel au Japon est estimée à environ 5,700,000 hectolitres par an, mais le gouvernement japonais n'a pas, comme c'est le cas en Chine, constitué un monopole de ce commerce, qui est parfaitement libre. Le sel se vend à la mesure et non au poids.

Ce sont surtout les provinces d'Awa, Sanuki et d'Iyo (dans l'île de Shikoku), de Harima, Bitchiu, Sagami, Kii, Nagato, Aki, Idzu, Rikuzen (dans l'île de Nippon) et de Tchikuzen et Higo (dans l'île de Kiu-siu) qui sont célèbres par leurs salines. Dans le village d'Oshiwo de la province d'Iwashiro on trouve dans la montagne un étang d'eau salée d'un kilomètre de largeur sur deux kilomètres de longueur. On a longtemps fabriqué du sel dans ce village, situé à plus de 80 kilomètres des côtes de la mer. C'est ce qui a fait dire au poëte japonais *Sai-giyo hô shi* en traversant ce village industriel :

« *Umi-mo-naku Ama-naradzu-shité Michi-no kuno Yamayatsu-noku-mu Oshiwo-no-sato* ».

« Il n'y a ni mer, ni plongeurs, mais il y a des *montagnards* « qui puisent le sel au hameau d'Oshiwo ».

Le naturaliste ONO-RANZAN à qui nous empruntons cette citation, dit que le sel du village *Ako* dans la province d'Harima est le meilleur de tout le Japon et le que sel de *Matsu-yama* de la province d'Iyo vient ensuite.

Le sel gemme ne se trouve que très-rarement au Japon ; nous en avons vu quelques spécimens à l'exposition de Tokio en 1877, venus des provinces d'*Uzen*, d'*Iwashiro* et de *Yet-chigo* ; dans les petites collections des amateurs de curiosités de la nature le sel gemme tient une place honorable.

En Chine, toutes les provinces situées sur les côtes de la mer produisent du sel-marin, les provinces de Chihli, Chehkiang, Kiangsu, sont celles qui en produisent le plus.

Le sel produit par les efflorescences du sol provient surtout de la plaine du Peïhô, dans la province de Chihli, et des pays de Tchang-lou, Kiai-tcheou et Fong-tcheou.

Le sel extrait des puits salés vient surtout en grande quantité de la partie occidentale de la province de Sse-tchuen, savoir les pays de Shung-king, Kung-chau, Kiating et Kin-tchouen.

LE SODIUM. 309

Le sel produit par les étangs ou lacs salés vient principalement du sud de la province de Shansi, de Ning-hia et Kiai-tchi. Dans les provinces de l'Asie centrale on trouve aussi plusieurs grands lacs salés, comme le lac de Tsing-hai dans Kokonor, à l'ouest de Kangsuh.

Le sel gemme semble être assez rare en Chine et nous ne trouvons mentionnés que le pays de Shinchau, dans la province de Chihli et Tangut comme lieux de provenance.

Outre son emploi dans la vie journalière, on attribue au sel plusieurs qualités médicales et il sert surtout en Chine et au Japon comme poudre dentifrice, tout le monde, du plus haut rang aux plus basses classes, faisant usage, le matin, du sel pour purifier les dents. On l'applique aussi sur les plaies causées par des brûlures, comme remède réfrigérant et anthelmintique, etc. Le sel gemme a une grande réputation comme antidote des cantharides et comme remède contre les inflammations des yeux.

Nous faisons suivre ici une série d'analyses de sels japonais faites au Laboratoire de Tokio. Mr. J. F. Eykman, directeur de ce Laboratoire, a eu l'obligeance de nous les communiquer. — Il suit de ces analyses que la qualité du sel japonais est en général inférieure à celle du sel marin de nos usines en Europe. Cette infériorité doit être attribuée à la manière défectueuse d'évaporer les lessives.

SEL MARIN DU JAPON.	KEN DE HIOGO, VILLAGE D'AÖ-KO.	
	No. 1.	No. 2.
Apparence........................	blanc-grisâtre.	blanc-grisâtre.
Matières insolubles dans l'eau	0.045	0.210
Eau	10.520	7.750
Chlorure de Sodium (1)...........	85.687	88.726
Chlorure de Magnesium...........	1.382	1.365
Sulphate de Chaux	1.088	0.865
Sulphate de Soude................	1.278	1.084
Brome	trace.	trace.

(1) Y compris le bromure de sodium et le chlorure de potassium.

LE SODIUM.

SEL MARIN DU JAPON.	Village de MITAJIRI.			KEN DE YAMAGUTCHI, (NAGATO). HIRAÔ-HAMA.			SHITA MATSU.		
	3	4	5	6	7	8	9	10	11
Apparence..........	presque blanc.	blanc-brunâtre.	blanc-brunâtre.	blanc.	blanc.	presque blanc.	blanc.	blanc.	blanc.
Matières insolubles dans l'eau	3.710	0.057	0.465	4.475	0.360	0.150	0.200	0.140	0.430
Eau..............	9.850	6.800	9.800	8.960	5.860	8.700	9.100	6.700	8.700
Chlorure de Sodium......	80.849	90.184	82.092	78.901	90.408	84.784	87.805	89.900	87.320
» de Magnésium.....	2.303	0.990	2.944	2.802	0.964	2.007	0.757	1.007	1.740
Sulphate de Chaux........	0.308	1.613	0.913	0.823	2.126	1.754	1.239	1.219	1.258
» de Soude........	2.980	0.356	3.786	4.039	0.282	2.605	0.899	1.034	0.852
Brome.............	trace.	trace.	trace.	trace.	trace.	trace.	trace.	trace.	trace.

LE SODIUM.

SEL MARIN DU JAPON.	KEN DE KUMAMOTO (HIGO).			
	ITASHI-SHIWO.	TADA-SHIWO.	NATSU-HANA-YAKI-SHIWO.	HANA-YAKI-SHIWO.
	12	13	14	15
Apparence............	blanc-grisâtre.	blanc-grisâtre.	blanc.	blanc-brunâtre.
Matières insolubles dans l'eau.	0.210	0.180	5.500	2.640
Eau	11.000	9.800	10.470	20.950
Chlorure de Sodium	85.388	83.969	75.241	68.339
» de Magnesium...	1.019	1.971	3.253	2.707
Sulphate de Chaux........	1.897	2.439	0.323	0.721
» de Soude	0.486	1.641	5.213	4.643
Brome................	trace	trace.	trace.	trace.

SEL MARIN DU JAPON.	KEN DE KOCHI (TOSA).					
	TAKASHIMA-MURA.			TOSHIMA-MURA.		
	16	17	18	19	20	21
Apparence...........	blanc-brunâtre	blanc. brunâtre	blanc. brunâtre	blanc. brunâtre	blanc. brunâtre	blanc. brunâtre
Matières insolubles dans l'eau.	0.120	0.130	0.210	0.570	0.220	0.300
Eau	12.000	10.200	13.600	15.250	12.700	6.100
Chlorure de Sodium...	84.470	84.297	81.251	78.649	84.741	90.483
» de Magnesium	0.480	2.204	2.151	2.178	2.612	0.840
Sulphate de Chaux....	1.180	1.120	1.180	0.826	1.180	1.550
» de Soude	1.750	1.049	1.608	2.527	1.547	0.727
Brome	trace.	trace.	trace.	trace.	trace.	trace.

SEL MARIN DU JAPON.	KATSUMOTO-MURA.			KEN DE YEIIMÉ (Iyo). ITADO-MURA.			HAKO-HAMA.		
	22	23	24	25	26	27	28	29	30
Apparence............	blanc.	blanc.	blanc-grisâtre.	blanc-grisâtre.	blanc-grisâtre.	blanc-grisâtre.	blanc.	blanc-grisâtre.	blanc.
Matières insolubles dans l'eau	0.190	0.140	0.100	0.570	0.130	0.210	0.170	0.110	0.220
Eau	12.100	8.200	9.500	5.500	7.700	12.700	13.900	12.300	8.200
Chlorure de Sodium	85.156	87.876	74.360	90.822	89.017	84.156	83.345	85.069	88.786
» de Magnésium	1.049	1.610	6.792	0.650	1.114	1.047	0.878	0.261	1.092
Sulphate de Chaux.....	1.292	1.397	2.388	1.003	1.253	1.076	1.526	1.071	1.702
» de Soude	0.213	0.777	6.860	1.455	0.786	0.811	0.181	1.189	—
Brome	trace.	trace.	trace.	trace.	trace.	trace.	trace.	trace.	trace.

SEL DE TABLE RAFFINÉ DU JAPON.	No. 31.	32.	33.
Apparence........................	blanc.	blanc.	blanc.
Matières insolubles dans l'eau.......	trace.	trace.	trace.
Eau................................	6.190	4.690	5.960
Chlorure de Sodium................	91.335	93.556	92.470
» de Magnesium............	1.310	0.815	0.650
Sulphate de Chaux................	0.056	0.093	0.080
» de Soude................	1.109	0.746	0.830

N° 148. — SOUDE SULFATÉE HYDRATÉE ou SEL ADMIRABLE DE GLAUBER.

朴消 **Boku-sho** (nom général pour le sulfate de soude), 芒消 ou 芒消 **Bo-sho** (nom de ce sel en petits cristaux aiguilles). — 馬牙消 **Ba-gé-sho** (nom du sel en gros cristaux, prismes obliques). — 盆消 **Bon-sho** (sulfate de soude en poudre cristalline). — 風化消 **Fu-kuwa-sho.** (Sulfate de soude efflorescent.)

Syn. 硫酸曹曺母 *Riu-san So-jiu-mu.* —

Synonymes que l'on trouve seulement dans les anciens livres :

大清尊者 *Tai-sei-son-sha* (homme gentil de la Chine).

東野 *To-ya* (Campagne de l'Est). — 海末 *Kaï-matsu* (Poudre de la mer).

單丹 *Tan-tan* (Rouge absolu). — 女鹽 *Jo-yen* (Sel féminin).

霜花 *Shimo-no-hana* (Fleur de gelée blanche), etc.

[Hzkm. fig. 81, vol. XI. — Han. 5. — Deb. 49. — Ranz. vol. 6, p. 33. — *Smith.* p. 199, le sel *Reh* du Nord-Ouest de l'Inde et le sel *Khara-mutti* du pays d'Oude, Pharmac. of India].

Le sulfate de soude impur a été employé en Chine depuis les temps les plus reculés. La chronique japonaise *Zoku-ni-hon-ki* fait mention d'un officier du nom de Haguri-omi-shuké, qui fut envoyé à Naniwa (Osaka), sous le règne du Mikado Kwo-nin (770-781 de notre ère), pour y préparer du *Bo-sho* (sulfate de soude). Ranzan est de l'opinion que l'on confondait dans ce temps le *Bo-sho* (sulfate de soude) avec le *Yen-sho* (espèce de salpêtre) et que cet officier fut probablement chargé de la fabrication de ce dernier sel, servant à des mixtures pyrotechniques. Quand on tient compte du fait que les Chinois ont toujours confondu ces deux sels, qui ont une forme de cristallisation assez ressemblante et qu'ils sont tous deux préparés au moyen d'efflorescences naturelles du sol, on est incliné à accepter l'opinion du savant japonais comme vraie. Ranzan se montre beaucoup plus instruit dans cette affaire que les auteurs chinois. Voici ce qu'il dit : On nomme le sulfate de soude quelquefois à tort *Yen-sho* 鹽消, (*sel flux*) à « cause de sa ressemblance avec le nitre et parce que tous les « deux sont obtenus des terrains salins. Mais il existe une « distinction réelle entre ces deux sels ; le sulfate de soude est « un sel non inflammable, préparé du sol de certains terrains « salés, tandis que le salpêtre est très-inflammable et s'obtient « surtout de la terre au-dessous des anciennes maisons ».

Les cinq variétés de ce sel que l'on distingue dans les anciens livres, savoir 1° le *Bo-sho*, 2° le *Bagé-sho*, 3° le *Bon-sho*, 4° le *Fu-kuwa-sho* et 5° le *Gen-mei-fun*, ont trait à la forme cristalline. Le premier, c'est le sel en cristaux à forme d'aiguilles, le second est du sulfate de soude en gros cristaux, la troisième espèce est le sel obtenu par une refrigération subite de la lessive, de telle sorte qu'il se forme un précipité blanc cristallin au fond du vase. Le quatrième sel enfin, est le sel efflorescent, qui a perdu une partie de son eau de cristallisation et la cinquième espèce est le sulfate de soude purifié et mêlé de poudre de réglisse. Pour préparer ce sel on ramasse les efflorescences du sol dans les temps de sécheresse ; on chauffe la matière première avec de l'eau pure, et un morceau de radis (*daïkon*) ; on décante, filtre et évapore. Après avoir retiré le *daikon*, la solution concentrée est mise dans un endroit froid, afin de la laisser cristalliser. On purifie souvent le sel obtenu par une deuxième cristallisation.

Les provinces *Ssé-tchuen*, endroit *Cheng-tu*, et *Shang-tung*, endroit *Tsing-chau*, produisent les efflorescences du sol, qui servent à la préparation du sulfate de soude en Chine.

D'après Ono Ranzan on prépare ce sel au Japon dans l'île de Awadji, endroit Minato-ura et dans la province d'Awa, endroit Muya ; la terre imprégnée de matières salines au-dessous des chaudières dans les usines de sel marin, servirait, selon lui, de matière première. Aujourd'hui, l'on ne prépare plus ce sel au Japon, depuis que le commerce étranger l'importe d'Europe. Le sulfate de soude sert en médecine de remède réfrigérant, purgatif et diurétique ; on l'emploie aussi à l'usage externe dans plusieurs maladies des yeux, pour les tumeurs, ulcères et inflammations de la peau causée par la laque (vernis de l'arbre Rhus vernicifera). Mais il sert surtout en Chine à la préparation de la substance suivante, qui n'est en réalité que du sulfate de soude recristallisé et mêlé de poudre de réglisse.

N° 149. — 玄明粉 Gen-mei-fun ; 元明粉 Gen-mei-fun.

Syn. 白龍粉 Haku-riu-fun.

La fameuse prescription du Hon-zo-ko-moku ordonne de dissoudre dix livres (chinoises) de sulfate de soude purifié dans un *koku* d'eau courante et de laisser le tout séjourner au clair de la lune pendant une nuit. La solution est ensuite bouillie avec une livre de radis (*daikon*), le même procédé étant répété encore une fois avec la racine de réglisse. Après la filtration et l'évaporation on laisse refroidir pendant trois jours et on mêle les cristaux obtenus avec de la poudre de réglisse et avec du charbon de la dite racine. Les Chinois prétendent que cette préparation fut inventée par les prêtres Tauistes qui se sont beaucoup occupés autrefois d'alchimie et de toutes sortes d'arts mystérieux. Au dire des livres chinois le Gen-mei-fun serait un excellent remède pour combattre les fièvres de toutes espèces et ils recommandent aussi son emploi dans les maladies des yeux. Au Japon, ce remède n'a pas obtenu beaucoup de popularité, quoique Ranzan nous informe que l'on trouve chez les droguistes japonais deux espèces de Gen-mei-fun, celle qui a été préparée au Japon et l'autre, importée de la Chine.

N° 150. — MÉDECINE SALINE. 鹽藥 (Yen-yaku).

C'est un produit de l'efflorescence du sol dans les provinces de l'ouest et du Sud-Ouest de la Chine. L'auteur chinois dit que ce sel est cristallisé comme le sulfate de soude, mais qu'il a un goût fortement salé. Ranzan nous informe que ce produit se trouve aussi au village Mamé-saku-muru, du district Yamabé-gori, de la province de Katsusa, mais comme nous n'avons pas réussi à nous procurer le Yen-yaku, nous ne pouvons pas en donner la composition chimique. C'est probablement comme la substance suivante un mélange impur de différents sels de soude et de potasse.

Le Yen-yaku est recommandé comme remède dans les maladies de peau et des yeux et contre les morsures d'insectes vénimeux.

N° 151. — SOUDE CARBONATÉE. 鹼 Ken, ou 鹹 Ken.

Syn. 炭酸曹貴母 Tan-san So-jiu-mu.
[Hanb. p. 5. — Deb. p. 49. — Stan. Jul. ch. p. 30. — Sm. m. m. p. 199. — Mém. conc. les Chin. vol. XI, p. 315].

Plusieurs efflorescences salines du sol se trouvent en Chine, sur les frontières du Thibet, dans les plaines au nord et au nord-ouest de Péking, dans les steppes de la Mongolie et les régions des lacs salés du grand désert de Gobi. Ces efflorescences sont des mélanges impurs de différents sels à base de soude, de potasse et de chaux. Dans quelques-unes c'est le nitre qui forme la partie la plus importante ; dans d'autres le chlorure de sodium et dans d'autres encore le carbonate de soude est prépondérant. La dernière espèce d'efflorescence alcaline, ayant un goût de lessive et en même temps salé, forme le *ken* brut ou carbonate de soude impur de la Chine. Il est recueilli pour servir à laver et à blanchir le linge et on prépare avec la lessive une espèce de savon brut, qui est loin d'égaler en qualité notre savon d'Europe.

Le *ken* brut est transformé par un procédé de lixiviation en *ken* cristallisé. Dans cet état il forme des masses cristallines, très-dures, translucides et incolores. Un échantillon de notre collection nous a donné à l'analyse le résultat suivant :

Acide carbonique........................	32.8
Soude...................................	46.9
Eau.....................................	14.0
Sulfate de soude sec....................	2.5
Chlorure de sodium......................	3.8

Il forme donc évidemment du carbonate de soude neutre. Notre échantillon montrait une efflorescence superficielle, mais en dedans la masse fut trouvée vitreuse et parfaitement incolore. La dureté de la masse fut très-remarquable et tout-à-fait différente de notre carbonate de soude cristallisé. Aussi a-t-il besoin de beaucoup plus de temps pour se dissoudre dans l'eau. Le missionnaire M. Collas (l. c. p. 316) nous informe qu'il a vu en Chine trois espèces de *ken* savoir :

Haku-ken.........	le carbonate de soude blanc ou raffiné.
O-ken...........	le carbonate de soude jaune.
Shi-ken	le carbonate de soude violet.

Les deux derniers étaient des espèces impures.

Au Japon on n'a pas encore trouvé de ces efflorescences naturelles de carbonate de soude. Il ne se trouve qu'à l'état de dissolution et en petite quantité dans quelques eaux minérales alcalines du pays. Les progrès de l'industrie au Japon dans les derniers temps ont nécessité l'importation de quantités considérables de carbonate de soude de l'Europe, pour satisfaire les besoins des verreries, des blanchisseries, des savonneries, des fabriques à papier et des ateliers de teinture au Japon, qui prennent de jour en jour plus d'importance.

Il est donc à souhaiter qu'on commence bientôt à fabriquer ce sel au Japon, puisqu'on possède toutes les matières premières nécessaires dans le pays. Plusieurs compagnies ont voulu entreprendre la fabrication du carbonate de soude, mais il semble que le prix relativement élevé du sel culinaire au Japon en ait retardé l'entreprise. Néanmoins le département des finances a commencé l'érection d'une fabrique de carbonate de soude, d'acide hydrochlorique et de chlorure de chaux pour fournir les substances indispensables à la manufacture du papier-monnaie (*Shi-hei-riyo*) où on ne voudrait plus dépendre de l'arrivée du chlorure de chaux, substance qui n'est pas acceptée comme frêt par la plupart des bateaux. Si la fabrique de soude du gouvernement réussit aussi bien que la fabrique d'acide sulfurique à Osaka, qui est maintenant cédée à une compagnie privée, nous ne doutons pas que le Japon n'ait bientôt plusieurs fabriques de soude.

N° 152. — SAVON CHINOIS. SAVON BRUT.

石鹸 **Seki-ken** (pron. *Sekken*). Syn. *Shabon*. [Sm. m. m. p. 198].

Les Japonais ont appris l'usage du savon des Chinois et des Espagnols, comme le prouve le mot japonais *Shabon* qui est le même que le mot espagnol *jabon* pour désigner cette substance. Les fruits d'un arbre, le savonnier du Japon (無患子 *Mu-kuwan-shi*, Sapindus Mukuroshi) et la poudre de plusieurs fèves (洗粉 *Arai-ko*) ont été employés et sont encore en usage comme substitutif du savon par les gens du peuple. L'usage du savon chinois a considérablement diminué au Japon; on voit maintenant les Japonais se servir beaucoup plus du savon européen ou bien du savon fabriqué au Japon selon la méthode de l'Ouest. L'exposition de Tokio de cette année (1881) ne montre pas moins de onze fabricants de savon au Japon. Parmi les savons il y en a qui sont aussi bons et aussi bien faits que les meilleurs savons d'Europe. Les progrès du Japon dans cette matière sont réellement fort remarquables, surtout si on compare ces produits japonais avec le savon chinois en disques sphériformes. Le savon chinois a une couleur grisâtre et est couvert en dehors d'une poussière blanchâtre de carbonate de soude. C'est un savon fortement alcalin, avec un excès de carbonate de soude. La graisse avec laquelle elle est préparée, est fort dure, impure et est plutôt une espèce de suif. M. Porter Smith se trompe quand il dit (l. c. p. 198) « que les Chinois ne font pas usage d'un savon préparé au moyen d'un alcali et de matières grasses. » Le savon chinois quoique fort rude et impur est, comme le nôtre, un savon réel, fait au moyen de soude caustique et de suif. Il est vrai que les Chinois font aussi usage d'une autre espèce de Sekken, préparé avec une lessive quelconque et de la farine, mais cette espèce n'est guère un article de commerce.

Le savon chinois se fabrique surtout à Tientsin et à Canton. Au Japon, je connais les endroits suivants :

Tokio....................	Mr. Iwasaki Tadateru. Mr. Matsuzaki Souichi. Mr. Noutomi Sukejiro.
Uzen, ken de Yamagata......	Mr. Hirayama Keijiro.
Osaka....................	Mr. Okounmura Jiusuké. Mr. Kitamura Tobioyé.
Higo, ken de Kumamoto.....	Mr. Uyémura Kiyori. Mr. Yokoi Satoru.
Hizen, ken de Nagasaki......	Mr. Mori Matashiro.
Kiyoto....................	Le gouvernement local.
Kotsuké, ken de Gumba.....	Kogi-bun-sha.

N° 153. — SOUDE NITRATÉE.

鹽消 **Yen-sho.** Syn. 消酸曹曹母 *Sho-san So-jiu-mu*. Ce sel se trouve en Chine dans la province de Shansi ; au Japon il n'en a pas encore été découvert. Cf. l'article salpêtre pag 297. Le nitrate de soude du Pérou est importé au Japon pour servir à la fabrication de l'acide sulfurique à Osaka.

N° 154. — SOUDE BORATÉE ou BORAX.

蓬砂 ou 硼砂 **Ho-sha.** Syn. 重硼酸曹曹母 *Ju-ho san So-jiu-mu* (biborate de soude). 月石 *Getsu-seki.* (pierre de la lune). 旱水晶 *Kan-sui-sho.*

[Hzkm. vol. xi. Fig. 84.—Hanb. p. 5.—Deb. 49.—Sm. p. 41.—Mém. conc. les Chin. vol. xi. p. 343.—*Williams* Commg. p. iii.—Cleyer. Spec. med. Sin. p. 40. « *Pum xa* » Richthofen China i. p. 102.]

On distingue trois espèces de ce sel, savoir :

1° 官硼砂 *Kwan-ho-sha* ou 白硼砂 *Haku-ho-sha* en masses conglomérées, cristallines et granuleuses de couleur blanchâtre. C'est le borax demi-raffiné, dit *Borax de Chine.*

2° 黃蓬砂 *O-ho-sha* (borax jaunâtre) ou 青硼砂 *Sei-ho-sha* (borax verdâtre) ou 膩硼砂 *Abura-ho-sha* (borax graisseux ou suant). C'est le *tinckal* de l'Inde en prismes rhomboïdaux obliques.

3º 西洋蓬砂 *Sei-yo-ho-sha* (borax de l'Europe). C'est le borax octaédrique raffiné, importé des pays étrangers.

En outre, on parle encore du 大蓬砂 *Tai-bo-sha* ou borax cru du Thibet, que nous n'avons pas trouvé chez les droguistes du Japon.

Au Japon on n'a pas encore découvert le borax, quoique nous ayons trouvé l'acide borique dans quelques eaux minérales de ce pays, notamment dans les eaux minérales d'Obago et de Sen-koku-hara, près des Solfatares de Hakoné dans la province de Sagami (1).

Le borax de Chine vient du Thibet par les provinces de Yunnan et Ssetchuen, ou de la ville de Canton. Les auteurs chinois nous informent qu'il est ramassé sur les bords d'un grand lac au Thibet, appelé *Ma-pin-mu-ta-lai*, et qu'il est soumis ensuite en Chine à un raffinage assez grossier.

Le capitaine Montgomerie a le premier prouvé que le borax de Thibet vient du lac *Bul-tsho*, situé au nord du grand lac *Tenggri-nor* ou *Ten-kiri-nor*.

M. Williams dit qu'il vient aussi en Chine dans les provinces de Nganhwui et Kansuh, mais nous ne pouvons pas affirmer la vérité de cette communication.

Le borax demi-raffiné de la Chine contient encore un mélange d'impuretés et on y trouve souvent des matières argileuses et siliciques. Nous y découvrîmes aussi une proportion assez considérable de chlorure de sodium. Aussi le borax raffiné d'Europe jouit-il au Japon et à juste titre d'une plus grande réputation, comme étant de beaucoup supérieur au produit chinois et au tinckal. Les Chinois attribuent au borax la propriété d'amollir ou de dissoudre les substances les plus dures ; *Li-shi-chin* dit que « le borax amollit les cinq métaux » et il raconte même qu'un homme qui avait avalé un os de poisson, qui ne pouvait ni monter ni descendre dans sa gorge, fut sauvé par un médecin soufflant du borax, réduit en poussière, dans le gosier du patient. Mais son usage principal se trouve dans la fabrication de l'émail des porcelaines et du cloisonné, dans la soudure des métaux et comme flux en général.

(1) Transactions Asiatic Society of Japan. Vol IX. part I. p. 100.

N° 155. — ESPÈCE DE BORAX BRUT (?)

特蓬殺 **Toku-hô-satsu**. [*Hzkm*. VOL. XI].

L'auteur chinois fait mention, sous un titre spécial, d'une substance, nommée *Toku-hô-satsu*. Nous n'avons pas réussi à nous procurer cette matière, de sorte que nous ne pouvons que reproduire ce que les auteurs en Chine et au Japon en disent. Ranzan affirme que le Toku-hô-satsu ressemble à l'extérieur au sel ammoniac, mais qu'il n'est en réalité que du borax brut, comme le *Tai-bô sha* ; selon lui on le trouverait au Japon dans la province de Kaga. Li-shi-chin dit que cette substance vient dans les montagnes de la province de Kwei-chau en Chine et qu'il forme un bon remède contre les blessures causées par des flèches empoisonnées.

§ II.

CLASSE DES MÉTAUX LÉGERS.

NEUVIÈME SECTION.

L'AMMONIUM 安母仁由母 A-MU-NI-YU-MU.

ANCIEN NOM 硇砂精 DO-SHA-SEI.

(ESPRIT DE SEL AMMONIAC).

N° 156. — AMMONIUM CHLORURÉ. — CHLORHYDRATE D'AMMONIAQUE.

硇砂 ou 碙砂 **Do-sha.** — Syn. サルアルモニヤ—カ Saru arumoniyaka. — 無情手 Mu-jo-shu. — 碉砂 Mo-sha. — 神砂 Shin-sha ou Kami-sama suna (sable divin). — Ju yen (sel des barbares). — Sho-mo — Kin-zoku (voleur des métaux) —Chu-sha. 農砂 Jo-sha. — Haku-kai-sei. (Esprit de la mer blanche). —

[Hzkm. Fig. 83, vol. XI.—Deb. p. 49.—Sm. m. m. p. 190.—Hanb. p. 5.—Mém. c. l. chin. vol. XI. p. 330. RICHTHOFEN, China I. p. 560].

Le nom 硇砂 Do-sha a été donné par les Chinois à plusieurs différentes substances salines, (1) faute de connaissances chimiques chez les droguistes et médecins chinois. Comme nous allons le voir, il existe, en Chine, une confusion parfaite en cette matière.

Au Japon, cependant, grâce au progrès de la science durant les dernières années on ne donne le nom de Do-sha qu'au chlorhydrate d'ammoniaque seul, et on n'y fait plus usage des

---

(1) Le sel gemme, le nitrate de soude, le borax et le sel ammoniac, tous dans un état impur, sont vendus en Chine sous le nom de do-sha.

différentes substances chinoises que l'on vend en Chine sous ce nom. Le naturaliste japonais ONO RANZAN a déjà remarqué avec raison : « que le vrai *Do-sha* est le sel ammoniac, que le
« *Do-sha* de bonne qualité fut apporté par les Hollandais, et
« que les espèces chinoises étaient toutes de très-inférieure qua-
« lité. » Les auteurs européens qui ont écrit sur le *Do-sha* ont classé cette substance d'une manière très différente, selon l'échantillon qu'ils ont reçu de Chine. Hanbury par exemple (l. c.) dit que : « le 硇砂 *Naou-sha* (jap. *Do-sha*), qu'il a
« reçu de Chine, n'est que du chlorure de sodium en petits
« cristaux et mêlé d'un peu d'argile. Il affirme que l'on vend
« cette substance précieuse (?) en Chine à raison de 20 dollars
« l'once. »

DEBEAUX (l. c.) classe son *Laô-sha* (? Naou-sha) avec le nitrate de soude, sous forme de petits cristaux rhomboédriques. Il donne pour le chlorhydrate d'ammoniaque le nom chinois *Yué-ché-pan-cha*. Le missionnaire Collas (l. c.) nous informe
« qu'il avait acheté trois différentes substances sous le nom
« de Naou-cha et qu'aucun de ces sels ne ressemblait à notre
« sel ammoniac. Enfin il acheta un quatrième échantillon qui
« était du véritable chlorure d'ammonium, attaché à un mor-
« ceau de pierre ». Les trois autres espèces ressemblaient au sel gemme impur.

Dans les pharmacies japonaises nous n'avons pas trouvé le produit chinois et on nous a donné invariablement le sel ammoniac d'Europe quand nous avons demandé le *Do-sha*.

Néanmoins on distingue dans les livres indigènes trois variétés de ce sel, savoir :

1º 戎硇 *Ju-do* ou *Ban-do* (chlorure d'ammonium des barbares), en petits cristaux blancs.

RANZAN ajoute que les produits importés d'Europe sont de cette qualité, la meilleure de toutes.

2º 番硇 *Ki-do* (sel ammoniac poreux). Il est coloré soit bleuâtre, rougeâtre ou jaunâtre et beaucoup moins pur que le précédent.

3° 鹽硇 *Yen-do* (sel ammoniac d'un goût salé) c'est de tous, la plus mauvaise qualité. Il est de couleur noirâtre. Selon Ranzan on trouve cette espèce à l'île Sakurajima, dans la province de Satsuma.

Le sel chinois est apporté des provinces de l'ouest, de Kansuh (Turfan, Lanchau) et vient d'un volcan du Tiën-shan ou Tian-shan oriental, situé au Nord de la ville Kutsha dans le Turkestan oriental. Les Chinois donnent le nom de *Pei-shan* ou *Peh-ting-shan* 北庭山 à ce volcan. Richthofen fait la remarque (l. c. p. 560) que les auteurs arabes et persans nomment le sel ammoniac du nom de *Nushader* ou *Naushadar* et il croit que les Arabes ont obtenu ce sel des commerçants chinois, qui l'appellent ordinairement *Nau-sha*.

Dans la médecine chinoise il sert pour guérir l'opacité de la cornée, la toux, les fièvres etc.

§ II.

CLASSE DES MÉTAUX LÉGERS.

DIXIÈME SECTION.

LE CALCIUM 鈣 KA ou 加兒之由母
KA-RU-SHI-YU-MU.

N° 157. — CALCIUM FLUORURÉ ou FLUORURE DE CALCIUM ou SPATH-FLUOR.

螢石 **Kei-seki** ou **Hotaru-ishi** (pierre lucciole) Syn. 弗化加兒之由母 *Fu-kuwa-Ka-ru-shi-yu-mu.*

[Hzkm. fig. 21 Sub " *Shi seki-yé* ". — Hanb. p. 6. " Tsze-shih-ying ". — Sm. m. m. p. 97 " Tsze-shih-ying ". — Cf. l'article améthyste p. 250 de cet ouvrage.]

Comme nous l'avons déjà observé p. 250 on confond en Chine et au Japon l'améthyste et le quartz cristallisé et coloré avec le spath-fluor, de sorte que l'on trouvera souvent le dernier chez les droguistes sous le nom de 紫石英 *Shi-seki-yei* et de 青石英 *Seï-seki-yei,* noms qui appartiennent de droit au cristal de roche violet et au quartz de couleur verdâtre. Nous ne voulons pas suivre l'exemple de MM. Hanbury et Smith qui ont adopté ces deux noms erronés pour le spath-fluor et nous constatons que les derniers ouvrages japonais traitant des minéraux (✝) ont avec raison accepté une autre dénomination, celle de *Hotaru-ishi,* pour ce minéral.

(✝) 金石對名表. A mineralogical Dictionary in Japanese-German-English published by the Museum in Tokei, 1879. p. 7. 30.
金石識別表. *Kin-seki-shiki-betsu* (Minéralogie) p. 122. etc.

Le calcium fluoruré du Japon se présente presque toujours sous la forme cubique, quoiqu'on trouve aussi ce minerai en masses concrétionnées, confusément cristallisées à l'intérieur, plus ou moins translucides, ayant une cassure testacée ou esquilleuse. La couleur en est souvent violette, tirant au vert et au jaune, de telle sorte que l'on voit quelquefois un seul morceau doué de trois couleurs qui se confondent entre elles dans la masse du minerai. Son nom de *Hotaru-ishi* vient de sa qualité de devenir lumineux et de répandre comme la luciole une lueur verdâtre, quand on en jette la poudre sur un charbon ardent placé dans l'obscurité.

Nous l'avons rencontré aussi au Japon dans la province d'Isé sous forme de sable. Il prend alors le nom de 螢砂 *Kei-sha* ou *Hotaru-suna*, c'est-à-dire sable luciole (voir p. 257).

LIEUX DE PROVENANCE.

En Chine:

Province de KWANG-TUNG.... { Lien-chau-fu.
                              Kwang-chau-fu.
   »   » CHEHKIANG...... Wu-ching-hien.

Au Japon:

PROVINCES.	DISTRICTS.	LOCALITÉS.
Isé...........	Imbégōri.......	Ishi-uchi-mura.
Mino..........	Fuwa-gōri......	Akazaka-mura, Kimbu-san.
Hida..........	Masuda-gōri....	Sango-mura, Monto.
Shinano.......	Chikuma-gōri...	Kisoyama.
Noto..........	Hagui-gōri.....	Hotatsu-san, Hasé.
Bungo.........	Ono-gōri.......	Ohira-Ko-zan.

N° 158. — CHAUX SULFATÉE ANHYDRE ou ANHYDRITE.

鎳石膏 **Ko-seki-ko** (pron. *Sekko*) (gypse dur). Syn. 無水石膏 *Mu-sui-sekko*. [Ranzan, *Kei mo*, vol. 5. p. 28.]

Masses concrétionnées ou saccharoïdes dures de couleur grisâtre. Il vient au Japon dans la province d'Isé, district de Miyé-gori, à Midzusawa-yama, et à Kirara-dani.

LE CALCIUM.

N° 159. — GYPSE ou SÉLÉNITE.
(Chaux sulfatée hydratée.)

玄精石 **Gen-seï-seki**. Syn. 玄明龍膏 *Gen-mei-riu-ko*. 泥精 *Dei-sei* (Esprit de boue). 鬼精 *Ki sei*. (Esprit du diable) 硫酸石灰 *Riu san sek-kuwai*.

[Hzkm. Vol. XI. fig. 80. — Ranzan, Kei-mo, vol. 6. p. 32. — Han. p. 6. " Heuen-tsing-shih". — Deb. p. 50. " Yûen-chin-ché ". — Sm. m. m. p. 195 " Hiuen-tsing-shih ".]

C'est la forme lenticulaire ou chaux sulfatée *en fer de lance*, très-fissile, de couleur légèrement bleuâtre. Les cristaux sont très-petits et n'ont que de cinq à dix millimètres de longueur. Elle est importée de la Chine comme remède réfrigérant dans les maladies des yeux. Nous l'avons vu aussi au Japon. On s'en sert pour cet usage condamnable de falsifier le *Kei-fun* 輕粉 ou calomel chinois.

Comme lieux de provenance en Chine nous trouvons mentionnés :

Province de SHANSI	....	Kiai-chau.
» » CHIHLI	....	Tung-chau.
» » KIANG-SU	....	Tai-chau.

N° 160. — CHAUX SULFATÉE FIBREUSE ET CONJOINTE ou GYPSE FIBREUX.

石膏 **Seki-ko** (pron. *Sekko*). Syn. *Shira-ishi*. 冰石 *Hiyo-seki*. (pierre glace).

[Hzkm. Vol. 9. fig. 27. — *Kei-mo*. Vol. V. p. 28. — Han. p. 6. « Shih-kaou ». — Cleyer, med. Simpl. N° 166 « Xe-cao ». — Deb. p. 50 « Che-kau ». — Sm. m. m. p. 108 « Shih-kau ».]

C'est la chaux sulfatée, formée de fibres droites, élargies, parallèles et nacrées ; elle est de couleur blanche, quelquefois avec une teinte légèrement bleuâtre.

En la chauffant modérément nous en avons préparé un excellent plâtre pour les bandages. Le plâtre ou gypse déhydraté porte au Japon le nom de 燒石膏 *Sho-sek-ko*. Le gypse fibreux est employé dans la médecine chinoise comme remède réfrigérant dans un grand nombre de maladies.

328   LE CALCIUM.

Lieux de provenance.

En Chine :

Province de Hupeh............ { Teh-ngan-fu.
                                Yun-yang-fu.
    » Sech'uen......... Mei-chau.
    » Yunnan.......... Ts'u-hiung-fu.
    » Shantung........ Tang-chau.

Au Japon :

PROVINCES.	DISTRICTS.	LOCALITÉS.
Ile de Sado.	?..............	? (sur porphyre)
Mino	?..............	?
Idzu.......	Kimi-sawa-gōri...	Do-hi-mura, Akazawa.
Shinano....	Takai-gōri.......	Oku-yamada-mura (beaucoup).
Iwaki......	Shirakawa-gōri...	Yama-kami-mura.
Iwashiro...	{ Iwasé-gōri.....	Sekindo-mura, Tatsuga-yama.
	{ Aidzu-gōri.....	Yawata-mura, Ishiga-mori.
Rikuzen ...	Kami-gōri.......	Miyazaki-mura (en abondance et de très-bonne qualité.)
Rikuchiu...	Kadzuno-gōri.....	Osarisawa Ko-san.
Ugo.......	?..........	?
Uzen......	Murayama-gōri...	Kami-higashi-yama-mura, To-zawa.
Higo	?..........	?

N° 161. — CHAUX SULFATÉE FIBREUSE ET LAMELLAIRE
ou GYPSE FIBREUX ET SCHISTEUX.

理石 **Ri-seki.** Syn. 鳳石 *Ho-seki.* —

[Hzkm. Vol. IX. fig 28. — Keimo, vol. V. p. 29.]

Le *Ri-seki* n'est qu'une variété du gypse fibreux. Ce minéral est plus estimé par les médecins chinois et japonais que l'espèce précédente de gypse, à cause de sa pureté et de son aspect plus fin. Il se laisse facilement diviser en couches horizontales. Selon Ranzan on le trouve dans les provinces de Mino et de Mutsu. On peut se procurer ce minerai chez les droguistes. —

LE CALCIUM.

N° 162. — CHAUX SULFATÉE SACCHAROIDE ou ALBATRE.

雪花石膏 Setsu-kuwa-sek-ko. (Gypse flocon de neige). —

Ce n'est que dans les derniers temps que l'on a commencé, au Japon, à distinguer l'albâtre des autres pierres calcaires. Une belle espèce d'albâtre se trouve au Japon dans la province d'Uzen. Dans la province de Kai, Koma-gori, Toyoka-mura, Oshiro-nishi-kusari, San-ri-mura se trouve aussi une bonne variété, qui est connue dans cet endroit sous le nom erroné de *Haku-seki* ou *Shira ishi* (pierre blanche).

N°163. — CHAUX CARBONATÉE SPATHIQUE
ou RHOMBOÉDRIQUE.

方解石 Ho-kai-seki ou Ho-gé-seki. (pierre à direction). Syn. 炭酸石灰 *Tan-san-sek-kuwai* (carbonate de chaux). — Dans l'île de Sado on l'appelle : *I-kiri* ; dans la province de Harima : *Habu* ; dans la province d'Aki : *M'ma-no-há ishi* (pierre (à forme de) dent de cheval).

[Hzkm. Vol. IX fig. 30. — Keimo, vol. V. p 30. — *Cleyer* Med. Simpl. 160. « Han-xiu-xe. » — *Hanb.* p. 5 Han-shuy-shih. » — *Deb.* p. 50 « Peche-yuu. » — Sm. m.mp. 46. « Ying-shwui shih. » —]

Le nom de *Ho-kai-seki* (pierre à direction) donné à ce minéral en explique la propriété saillante, le moindre choc y faisant naître trois clivages parallèles aux faces du rhomboèdre, de telle sorte que les cristaux se partagent, avec grande facilité, en rhomboèdres de plus en plus petits.

Le spath calcaire du Japon a le plus souvent une couleur blanchâtre, vitreuse comme la porcelaine, quoi qu'il soit quelquefois coloré légèrement d'une nuance rougeâtre, qu'il doit à la petite quantité de fer qu'il contient. La variété parfaitement translucide et incolore, connue sous le nom de spath d'Islande, est assez rare au Japon ; elle se trouve dans la province de Totomi. Les droguistes en Chine désignent à tort cette variété de spath calcaire sous les noms de 凝水石 *Giyo-sui seki (chin.* ying-shwui-shih) ou 塞水石 *Kan sui-seki (chin. Han-shwui shih)* ou 白水石 *Haku-sui-seki (chin. Peh-shwui-shih)* et c'est par cette confusion de noms que tous les auteurs Européens qui ont écrit sur les drogues chinoises, Cleyer, Williams, Hanbury, Debeaux, Smith etc., ont identifié le spath calcaire avec le *Giyo sui-seki* et le *Kan-sui-seki*.

Au Japon, au contraire, nous avons obtenu nous-même une tout autre substance sous le nom de *Kan-sui seki*, savoir de gros cristaux limpides de sulfate double de magnésie et de potasse. Aussi constatons nous que les livres, qui traitent, au Japon, des minéraux, sont d'accord avec nos propres observations et n'identifient pas le spath calcaire avec le *Kan-sui-seki*. Le naturaliste japonais Ono Ranzan signalait déjà la confusion qui existe en cette matière. Il dit (l.c.) ce qui suit : « On « confond souvent le *Ho-gé-seki* (c'est-à-dire le spath calcaire « rhomboédrique) avec le *Kan-sui-seki* (sulphate double de « magnésie et de potasse) parce que les Chinois ne savent pas « distinguer ces deux substances, quoiqu'il y ait une grande « différence entre elles. Le *Kan-sui-seki* est la même substance « que le *Giyo-sui-seki* et est un produit cristallin qui se forme « dans les eaux-mères (*Nigari*) du sel culinaire, tandis que le « *Ho-gé-seki* forme une pierre cristalline blanche ou incolore, « qui conserve toujours sa forme primitive, même si elle est « brisée en un grand nombre de particules. Les fragments si « petits qu'ils soient, conservent toujours la forme du cristal « primitif. La variété translucide du *Ho-gé-seki* (spath d'Is- « lande) est préférée de beaucoup, au Japon, comme en Chine »

Telle est aussi l'opinion des autres auteurs japonais, de sorte que nous ne pouvons pas imiter les naturalistes européens, qui ont identifié le spath calcaire rhomboédrique au 塞水石 *Kan-sui-seki*; nous admettons toutefois le fait que l'on vend en Chine le spath calcaire sous ce dernier nom, mais nous faisons remarquer que le Hon-zo-ko-moku traite du *Kan-sui seki* dans le onzième volume sous la rubrique des *Sels* qui se préparent par une lessive, immédiatement après le sel gemme, et pas avec les pierres ou après le *Ho-gé-seki* qui est mentionnée dans le Vol. IX de ce livre chinois, d'où il suit que l'auteur chinois n'a pas voulu désigner le spath calcaire sous le nom de *Kan-sui-seki*, mais au contraire qu'il a eu en vue un

LE CALCIUM. 331

sel limpide, allié dans un certain degré au sel culinaire et aux lessives salées.

Le spath calcaire du Japon, surtout le minéral de la province de Mino, est tellement pur qu'il forme une excellente matière pour la préparation de différentes sels calcaires, en usage dans la médecine (†). Jusqu'à présent on en fait un très rare usage au Japon. Brisé en petits fragments il sert quelquefois à orner les jardins. Les anciens médecins, selon l'école chinoise, l'emploient comme remède réfrigérant.

Comme lieux de provenance qui nous sont connus, nous indiquons :

En Chine :

Province de SHENSI .... T'ung-chau-fu.
    »   » SHANSI .... Fen-chau-fu.

Au Japon :

PROVINCES	DISTRICTS	LOCALITÉS
ISÉ	Imbé-gōri	Nishi-no-shiro-mura et Haruta-yama (mauvaise qualité.)
TŌTŌMI	Suchi-gōri	Oku-riyoya-mura, Shira-kura-yama.—Translucide.
MINO	Gunjo-gōri	Yasu-kuda-mura ⎫ Très-
	Fuwa-gōri	Hiru-meshi-mura ⎬ bonne
	Mugi-gōri	Tomino-ho-mura ⎭ qualité.
	Kamo-gōri	Naka-kawabé-mura.
SHINANO	Ina-gōri	Okawara-mura.
	Saku-gōri	Okinata-mura.
YETCHIU	Nikawa-gōri	Kagasawa-mura.
IYO	Ukina-gōri	Koya-mura.
BUNGO	Ono-gōri	Nishi-kono-mura.
	Ilida-gōri	Washiya-mura.
HIGO	Kami-masuki-gori	Kosago.
NAGATO	?	Sei kei-mura.—Très-bonne
UZEN	?	?
UGO	?	?

(†) Nous en faisons usage à notre laboratoire chaque fois que nous voulons avoir un courant régulier d'acide carbonique pur.

N° 164. — MARBRE ou CHAUX CARBONATÉE SACCHAROIDE ou LAMELLAIRE.

大理石 **Dai-ri-seki**. Syn. 更紗石 *Sara-sa-ishi*. — 桃花石 *To kuwa seki* (pierre à fleur du pêcher) nom en usage pour les marbres colorés. — 花石 *Kuwa-seki*. (pierre à fleurs). — 雲石 *Un-seki* (pierre nuagée) Williams l. c. — 蠟石 *Ro-seki*.

[Williams Comm. guide et chin. chrestom. p. 431. — *Thomas Gagliardi*, Rapport sur les carrières de marbre du ken d'Ibaraki, province de Hitatchi dans l'*Echo du Japon*, Edition de la Malle, Yokohama, 25 Nov. 1880. — *Du Halde*, Descript. de la Chine I. p. 91. 147. 149. 155.]

Le marbre est connu des Chinois et employé par eux depuis bien des siècles, comme pierres à inscription, pour le dallage, les ponts, les murailles et diverses autres constructions mais au Japon ce n'est que durant les dernières années que le marbre a attiré l'attention des habitants. On ne savait pas scier et polir cette pierre utile et jolie, mais aujourd'hui on pratique cet art au Japon, où il a été enseigné par des étrangers au service du gouvernement et nous ne doutons pas que les nombreuses carrières de marbre dans ce pays seront de plus en plus exploitées et utilisées à l'avenir. Peu de minéraux ont reçu au Japon une aussi grande diversité de noms que le marbre. Le nom officiel et scientifique *Dai-ri-seki* n'est connu et employé que par les hommes de science, et chaque province, qui produit du marbre, désigne cette pierre sous un autre nom populaire ou trivial.

Le nom de *Ro-seki* est le plus en usage parmi les gens du peuple, mais ce nom lui est faussement appliqué, puisque c'est celui de la serpentine, dont on trouve au Japon de très-jolies variétés colorées. Aux deux grandes expositions de Tokio (Uyéno) en 1877 et 1881 on a pu voir une assez grande variété d'échantillons de marbre japonais, provenant surtout des provinces de Mino et de Hitachi.

Les marbres de Mino ont des couleurs très-vives et très-variées, et une cassure à peine cristalline. Ils ressemblent aux marbres des Pyrénées et reçoivent un assez beau poli. Les marbres de la province de Hitachi (Mito) ont une structure lamellaire et une cassure plus cristalline ; blanc et vert sont les couleurs principales du marbre de Mito. Ils reçoivent un très-beau poli. Les carrières de cette province ont été visitées en 1879 par un Italien, Mr. Gagliardi, qui a fait un rapport sur leur valeur ; selon lui il existe dans les villages Suwa-mura et Mayumi-mura de la province de Hitachi une grande quantité de marbre blanc, dit *statuaire*, de très-bonne qualité. Dans le village Matiya-mura il a trouvé un marbre à fond noir, couvert de taches grises, d'excellente qualité. A Onori-mura il existe un marbre vert et blanc, très-dur et bon pour les grandes constructions. Enfin à Minami-ominé-mura, dans la même province, il a constaté la présence d'un marbre gris, avec des veines noires, ressemblant aux fibres du bois, comme le marbre italien Bardiglio fiorito di Serravezza. En tout le rapport est très-favorable quant à la qualité et à la quantité du marbre, qui se trouve dans ces carrières.

Lieux de provenance.

En Chine :

PROVINCES.	ENDROITS.
Kwantung	Tchau-king-fu.
Honan	Ju-ning-fu. Tchang-teh-fu.
Kiang-su	Tching-kiang-fu ⎫ beaucoup. Hoai-ngan-fu ⎭
Shantung	Yen-tchu-fu ; beaucoup.
Chihli	Suen-hoa-fu. Tching-ting-fu. Tso-tchu. Paou-ting-fu.
Shansi	Plusieurs endroits au nord de cette province.
Yunnan	Yun-nan-fu ; beau marbre blanc, plusieurs marbres colorés et marbre brèche rouge pour tables.

Au Japon :

PROVINCES	DISTRICTS	ENDROITS	REMARQUES
HITACHI	Kuji-gōri	Mayumi-mura Benten-sawa	Marbre blanc statuaire. On peut y enlever des blocs de deux à trois tonnes. Selon Gagliardi ce marbre ne serait pas inférieur au marbre statuaire de l'Italie et de beaucoup supérieur à celui de Vermont dans les Etats-Unis; il en existe des quantités considérables.
		Okubo-mura	
		Omori-mura, Chirino-jizo	Marbre blanc et vert, dur et bon pour des carrelages, colonnes, cheminées, etc.
		Sukegawa-mura carrière d'Ominé	Marbre blanc clair ordinaire, bon pour les grandes constructions et les monuments.
		Minami-Ominé	Marbre gris, avec veines noires, ressemblant au fibres du bois.
	Taga-gōri	Suwa-mura, Suwa-yama	Marbre blanc statuaire. En grande quantité. On l'appelle ici : *Haku-kan-sui-seki*.
		Biyobu-ga-také, Otsu-ka-mura	
		Karatsu-sawa	Marbre zoné, qu'on appelle ici : *Shima-kan-sui-seki*.
Mino	Fuwa-gōri	Akasaka-mura, Kinsei-san	Un grand nombre de différentes variétés de marbre tacheté et veiné. On l'appelle ici : *Sarasa-ishi*.

Tōtōmi....	Shuchi-gōri	Kita-mura.........	Marbre rouge veiné.
Shimotsuké	Aso-gōri....	Kudzu-wu-machi.	
Uzen......	Tagawa-gōri.	O-nakatori-mura..	Le marbre s'appelle ici *Kan-sui-seki*.
Suwo......	?	Seki-ga-hama-mura	Marbre blanc.
Aki.......	?	?	Marbre blanc, grossier.
Awa......	Mima-gōri..	Handa-yama......	
	Naka-gōri...	Tsubaki-mura....	Marbre brun avec des veines blanches.
	Katsu-ura-gōri	Setsu-mura......	Marbre violet, avec des taches blanches.
Tosa......	Nagaöka-gōri	Shimoda-mura, Kitayama.........	Marbre gris.
Iyo.......	?	?	Marbre blanc, avec des taches noires.
Higo......	Yatsu-shiro-gōri.......	Yatsushiro-machi..	Marbre blanc, de bonne qualité.

N° 165. — PIERRE LITHOGRAPHIQUE ou CALCAIRE COMPACT.

石摺石 **Seki-shu-seki**, ou *Ishi-dzuri-ishi*. (pierre à imprimer). — 石版石 *Seki-ban-seki*. —

L'attention a été plus particulièrement attirée sur cette pierre durant ces dernières années, par les immenses progrès faits au Japon dans l'art de l'imprimerie et de la lithographie. La pierre lithographique de la province de Musashi est un calcaire compact de couleur jaunâtre, d'un grain fin et susceptible d'un poli terne.

Nous connaissons deux endroits d'où l'on tire cette pierre au Japon, savoir la province de Musashi, district Chichibu-gōri, endroit Kurotani-mura et dans la province de Kotsuké, à Shiwo-bara-mura.

N° 166. — CRAIE ou CALCAIRE COMPACT TENDRE.

光粉 **Go-fun.** (poudre claire). — Syn. 石粉 *Seki-fun* (pierre poudre). — 畫粉 *Guwa-fun* (poudre à dessiner). — 灰土 *Kuwai-do* (cendre-terre). — 白土粉 *Haku-do-fun*

336 LE CALCIUM.

(poudre de terre blanche) — 白粉 *Haku-fun* (poudre blanche). 白堊 *Shira tsuchi* (terre blanche). — *Shira-kabé-tsuchi* (terre à blanchir les murailles).

[*Hanb.* p. 5 " Kwang-fun ". — *Sm. m. m.* p. 58 " Hwa-fen ". — *Deb.* p. 50 " Fen-Si ". — *Chin. Chrest.* p. 430. " Kuwa-seki-fun ". —]

La même confusion de noms, que nous avons remarquée chez les Chinois et dans les anciens livres japonais pour les différents minéraux à base de soude, de potasse et de chaux, existe pour la craie. On n'a pu distinguer bien nettement cette substance calcaire d'autres matières blanches terreuses et poudreuses, comme l'argile blanche, le talc granulaire, la terre à foulon etc. Par conséquent on traite ordinairement de la craie sous la rubrique des matières argileuses.

Quoique la craie ne manque pas au Japon, on n'a pas encore découvert des formations entières de ce minéral comme il en existe dans plusieurs autres pays.

Son emploi principal est comme matière à colorer, pour nettoyer les murailles et pour les travaux de plâtrage. Une espèce de poudre très fine provenant du marbre blanc broyé est employée, sous le nom de *Go-fun*, dans la médecine chinoise, pour combattre la diarrhée. —

N° 167.—PIERRE CALCAIRE, CALCAIRE COMPACT DUR, CHAUX CARBONATÉE GROSSIÈRE.

石灰礦 **Sekkuwai-ko** ou **Ishi-bai-ko**. (Minérai de chaux). — Syn 灰石 *Hai-seki*. — 石灰石 *Sekkuwai-seki* ou *Seki bai-seki*. — 白灰礦 *Haku bai ko*. — *Chi tori-seki* (pierre hémostatique). — A tort 堊石 *A-seki* (pierre terreuse). — 本山石灰 *Hon-san sek-kuwai*. — La variété fibreuse (*angl.* satin spar, fibrous calcite) est nommée 纖緯狀灰石 *Sen-i-jo-kuwai-seki*. —

[*Hzkm.* Vol. IX. fig. 42. — Keïmo vol. V. p. 45. - *San-kai-mei-san-dzu-yé* Vol. 5. — *Stan. Jul. Ch.* p. 20. — *Deb.* p. 50 " Hôa-kôui-ché ". — Sm. m. p. 134 " Shih hwui ". *Williams* Middle Kingdom II. p. 138. —]

On distingue, au Japon, trois variétés de pierre à chaux, savoir de couleur blanche, bleu-grisâtre et jaunâtre Cependant beaucoup de *Sek-kuwai-seki* du Japon ne sont pas en réalité

L'EXPLOITATION DES CARRIÈRES DE PIERRE CALCAIRE AU JAPON.

LES FOURS A CHAUX AU JAPON (PROV. OMI ET MINO), ET LE TRAVAIL DES CHAUFOURNIERS.

de la pierre calcaire, mais de la chaux carbonatée magnésifère ou Dolomie compacte de couleur grisâtre ou brunâtre.

Il est vrai qu'on a donné à la dolomie blanche et saccharoïde un nom spécial, celui de 白雲石 *Haku-un-seki*, et une certaine variété granuleuse jaune-verdâtre, qui vient de la Chine et est employée dans la médecine, se nomme 花乳石 *Kuwa niu-seki* ou 花蕊石 *Kuwa-sui-seki*; mais plusieurs autres variétés de dolomie passent ici sous le nom de *Sekkuwai-seki* (pierre calcaire) et sont employées au même usage que la dernière. La pierre calcaire, surtout la variété fibreuse, est employée par les jardiniers chinois et japonais pour les rochers artificiels et les aquariums. Le calcaire fibreux du Japon a souvent un très-beau lustre. Le travail du chaufournier est connu en Chine et au Japon depuis la plus haute antiquité. On fabrique la chaux vive presque dans chaque province, soit que l'on fasse usage de pierres calcaires ou bien d'écailles d'huitres et d'autres mollusques. L'exploitation des carrières de pierre calcaire et les fours à chaux sont représentés dans les planches 18 et 19 ci-jointes, que nous avons empruntées à un ouvrage japonais. Les fourneaux 灰燒竈 *(Ishi-bai-yaki-gama)* sont cilindriques à base conique. On entasse un mélange de pierre calcaire et de houille ou de lignite sur quelques fagots, qui se trouvent au fond du four et qui déterminent la combustion du charbon de terre. Le feu se maintient pendant deux ou trois jours. La chaux caustique est alors retirée du four et s'appelle dans cet état 生石灰 *Ki-ishi-bai* (chaux vive) ou 燒石灰 *Sho-sek-kuwai* (chaux calcinée), ou 粗石灰 *ara-ishi-bai* (chaux rude). Dans cet état elle est rarement employée; le livre chinois la recommande comme remède caustique dans quelques formes de plaies.

En laissant la chaux vive séjourner à l'air, elle se gonfle et se transforme graduellement en une matière pulvérulente blanche, que l'on appelle 風花石灰 *Fu-kuwa-Sek-kuwai*. (chaux changée par l'air). Quand on arrose la chaux vive avec de l'eau elle se chauffe fortement et elle se transforme rapidement en une poudre blanche, qui, après avoir été tamisée, est livrée au commerce sous le nom de 水化石灰 *Sui-kuwa-sek-kuwai* ou 消石灰 *Sho-sek-kuwai* (chaux éteinte). On donne cependant ordinairement le nom plus simple de 石灰 *Sek-kuwai* ou *Ishi-bai* à la chaux éteinte, telle qu'elle est employée par les maçons, et 花粉 *Kuwa-fun*, (fleur-poudre) quand la chaux éteinte est d'une extrême pureté, qui permet son usage dans la médecine. Quoique la plus grande quantité de chaux soit fabriquée au Japon avec la pierre calcaire, on obtient aussi de la chaux en calcinant des coquilles d'huitre et d'autres mollusques. Mais cette espèce de chaux est considérée comme inférieure à la précédente. Elle porte le nom de 蠣灰 *Bo-kuwai* ou 蛑灰 *Shin-kuwai* (cendre de coquilles), ordinairement 白灰 *Haku-bai* ou *Shiro-bai* (cendre blanche). La qualité de la chaux éteinte diffère beaucoup au Japon selon les lieux où la chaux a été fabriquée, les matériaux que l'on a employés, et le degré de chaleur qui a régné au four pendant l'opération. Comme la chaux est d'ordinaire emballée dans des sacs en paille qui ne la mettent pas suffisamment à l'abri de l'air, elle perd, avec le temps, beaucoup de sa qualité caustique. Les provinces de Yamashiro, Musashi, Mino, Mimasaka, Kii, Awa, Iyo produisent la plus grande quantité de chaux, fabriquée de pierre calcaire, tandis que la province d'Aki est célèbre par la chaux fabriquée avec des écailles d'huitre.

En Chine, on trouve un grand nombre de fours à chaux sur les bords du Yang-tse-kiang et les auteurs chinois affirment que des pierres calcaires existent dans presque toutes les provinces du pays. Nous trouvons mentionnés les endroits suivants :

En Chine :

PROVINCES.	ENDROITS.
HONAN.....	Les montagnes Tai-hang-shan.
KWANTUNG../ HOÜNAN....\	Les montagnes Mei-ling entre ces deux provinces.
SSECH'UEN../ HUPEH.....\	Les montagnes entre ces deux provinces.
KIANGSI ...} HUPEH.....\	Les montagnes entre ces deux provinces.

LE CALCIUM.

Au Japon :

PROVINCES.	DISTRICT.	ENDROIT.	REMARQUES.
YAMASHIRO	Otagino-gōri	Kurama-yama	Chaux de très bonne qualité.
	Kadono-gōri	Kami-uyéda-mura.	
	Otokun-no-gōri	Haikata-mura.	
SETTSU	Kawabé-gōri	Tada-in-mura, Taji-yama	Bonne qualité.
ISÉ	Taki-gōri	Nonaka-mura, Naruko-yama.	
	Miyé-gōri	Komono-mura, Kanaya.	
	Susuka-gōri	Ogishi-mura, Hotominé, Hata-mura.	
	Imbé-gōri	Shino-dachi-mura.	
	Watarai-gōri	Shimoyé-mura.	
MIKAWA	Irina-gōri	Ushi-kawa-mura, Nori-koji.	
	Akumi-gōri	Shira-tani-mura. Takéyama-mura. Nakabataké.	
TŌTŌMI	Shichi-gōri	Tadaki-mura.	
	Ara-tama-gōri	Horiya-mura.	
	Toyoda-gōri	Nakata-mura. Ono-mura.	
MUSASHI	Tama-gōri	Fukazawa-mura. Kami-Naruki-mura. Kita-Kosogi-mura. Kami-Kawa-guchi-mura.	Beaucoup. Excellente qualité.
	Tachibana-gōri	Minami-kawara-mura.	
HITACHI	Taga-gōri	Yoko-kawa-mura. Suké-kawa-mura.	
	Ibaraki-gōri	Fukuda-mura.	
OMI	Koga-gōri	Ishibé-mura.	
	Sakada-gōri	Ibuki-mura.	

PROVINCES.	DISTRICT.	ENDROIT.	REMARQUES.
MINO	Gun-jo-gōri	Asahi-mura, Hori-uji.	Beaucoup.
	Mugi-gōri	Hokiwaki-mura.	
		Atobé-mura.	
		Suhara-mura.	
		Iwa-yama-také.	
	Ikéda-gōri	Higashino-mura.	
HIDA	Ono-gōri	Oyé-mura.	
		Yunetomi-mura.	
SHINANO	Tsukuma-gōri	Shiwo-jiri-mura.	
		Tsuku-mashi-mura.	
		Fujisawa-mura.	
	Hanishima-gōri	Higashi-tera-o-mura.	
KOTSUKÉ	Nitta-gōri	Asami-mura.	
		Kuri-yama.	
SHIMOTSUKÉ.	Tsuga-gōri	Idzuru-yama.	
		Nobé-yama.	
	Shiwo-no-ya-gōri	Kaso-no-mura.	
	Aso-gōri	Akami-mura.	
	Ashikaga-gōri.	Matsuda-maru.	
IWAKI	Tamura-gōri.	Kami-mata-mura.	
	Naraha-gōri.	Idé-mura.	
	Shirakawa-gōri	Nishi-yama-mura.	
	Namékata-gōri	Taté-misawa.	
		Kami-tochi-kubo-mura.	
RIKUCHIU	Hiyenuki-gōri.	Ohasama-mura.	
	Shiba-gōri	Hito-kubi-mura.	
IWASHIRO	Aidzu-gōri	Yu-no-hana-mura.	
UZEN	Oitama-gōri	Sekiné-mura	Calcaire blanc fort beau.
		Yama-kami-mura	
WAKASA	?	Koya, Kono-tani.	
YECHIZEN	Yoshida-gōri.	Omé-mura.	
	Tsuruga-gōri.	Tsuruga.	
NOTO	Kashima-gōri.	Hisayé-mura.	
TAJIMA	Asaku-gōri	Ikuno.	
INABA	Hatto-gōri	Senkoji-mura	Exc. qualité.

LE CALCIUM.

PROVINCES.	DISTRICT.	ENDROIT.	REMARQUES.
TANGO	Saka-gōri	Akasaka-mura.	
TAMBA	Amada-gōri	Hosomi-dani	Calcaire gris.
HŌKI	Hino-gōri	Tari-shaku.	
IDZUMO	Iwu-gōri	Tama-tsukuri-mura.	
IWAMI	Mino-gōri	Tané-mura	Calcaire grisâtre
MIMASAKA	Mashima-gōri. / Yéta-gōri / Kumé-hojiyo-gōri	Takada-mura / Mantani-mura / Tsu-boï-kami-mura.	Beaucoup.
BIZEN	...?	Omai-mura	Calcaire grisâtre
BITCHIU	Aka-gōri / Teta-gōri	Yamada-mura. / Shimo-nari-matsu-mura.	
AKI	Aki-gōri / Kamo-gōri	Urakawa-shima / Hiro-mura	Calcaire grisâtre.
SUWO	Tsuno-gōri	Mabushita-mura.	
NAGATO	Miné-gōri / Abu-gōri	Nagato-mura. / Ikumo-naka-mura.	
KII	Arita-gōri / Amabé-gōri	Kawanosé-mura. / Osaki-ura	Beaucoup, calcaire gris.
AWA	Katsu-ura-gōri	Kami-arai-mura / Fuku-kawa-mura / Yama-guchi-mura	Beaucoup, bonne qualité.
IYO	Uwa-gōri / Kasa-haya-gōri / Ukéna-gōri / Kita-gōri / Unsen-gōri	Kawa-no-uchi-mura. / Nomura / Misaki-ura. / Takayama-ura / Ono-mura / Mutsuki-mura / Yoshino-gawa / Otani-mura / Noziri-mura	Beaucoup. / Excellente qualité.
TCHIKUZEN	Ido-gōri	Zui-baiji-mura.	
BUNGO	Ono-gōri / Amabé-gōri	Kiura. / Tomari-mura. / Toku-ura-mura.	

PROVINCES.	DISTRICT.	ENDROIT.	REMARQUES.
Higo......	Tamano-gōri.	Uchidago, Konoha-yama. Anraku-ji-mura. Araö-mura. Okishiu-mura.	
	Yatsu-shiro-gōri......	?	
Satsuma..	Akuné-gōri...	Nishimé-mura. Haru-mura.	
Liu-Kiu ...	?........	?	
Ile de Yezo	Hitaka...... Shiribeshi ... Oshima......	Uzawa-gōri......... Iwanai-gōri........ Uye-iso-gōri	Nishi-sha-gawa-kami. Rai-den-san Karono-sawa

N° 168. — CHAUX CARBONATÉE CONCRETIONNÉE.
STALACTITES.

石鐘乳 Seki-shō-niu ou 鐘乳石 Shō-niu-seki. Syn. *Ishi-no-chichi* (tétin de pierre). — *Tsurara-ishi* (pierre chandelle de glace). — *Ishi-no-tsurara*. — *Ishi-no-yodaré* (salive de pierre). — 公乳 *Ko-niu* (Tétin, mamelle). 石乳 *Seki-niu*. (pierre mamelle). — 滴乳石 *Teki-niu-seki*. (pierre goutte de mamelle).

[Hzkm. Vol. ix. fig. 37. — Keimo Vol. 5 p. 58. — Deb. p. 50. " Tchou-lò-ché ". Han. p. 5. " Chung-joo-shih ".— Sm. m. m. p. 204. " Shih-chung-ju ".]

Les stalactites, surtout ceux qui ont une couleur blanchâtre et qui sont creux à l'intérieur, jouissent dans la médecine chinoise d'une certaine réputation comme rémède tonique et par conséquent on les trouve chez les droguistes en Chine et au Japon. Les échantillons que nous avons examinés ne diffèrent en rien des stalactites d'Europe. Ils sont durs, à structure cristalline, souvent creux à l'intérieur et formés de couches alternatives. La couleur en est presque toujours plus ou moins jaune-brunâtre. Voici la description que le naturaliste Ono Ranzan a donné de cette substance. « On trouve le *Sho-niu-seki*
« dans plusieurs grottes de nos montagnes, où il est formé
« par les gouttes successives d'eau minérale, filtrant à travers

LE CALCIUM. 343

« la voûte des grottes. Il a la forme d'une chandelle de glace
« mais la grandeur varie beaucoup. Tantôt il a les dimensions
« d'une colonne, tantôt il n'a que celle d'un porte-plume. Sou-
« vent il est tubuleux et alors on le nomme 鵝管石 *Ga-kuwan-*
« *seki* (pierre tubuleuse du canard). La couleur varie du blanc
« au jaune et rouge-brun. On préfère les variétés qui sont les
« plus claires et transparentes. »

L'auteur chinois, croyant sans doute que la valeur médicale
varie selon la partie du stalactite d'où on prend la médecine,
en a fait trois divisions savoir.

1° 孔公蘖 *Ko-ko-ketsu,* la base du stalactite, c'est à dire
la partie par laquelle il est fixé au rocher.

2° 殷蘖 *In-setsu,* le milieu.

3° 鍾乳 *Shoniu,* le sommet ou l'extrémité libre du stalactite.

C'est la dernière partie qu'il faut employer en médecine.
On trouve des stalactites dans les endroits suivants.

PROVINCE	DISTRICT	ENDROIT	REMARQUES
Musashi...	Hiki-gōri....	Furu-tera-mura....	Beaucoup, de qualité infér.
Mino......	Yamagata-gōri Gunjo-gōri...	Tani-ai-mura. Yasu-kuda.	
Omi.......	?	Samé-mura.	
Hida......	Ono-gōri.....	Nibukawa-mura.	
Uzen.....	Okitama-gōri.	Namé-kawa.	
Bitchiu....	Aka-gōri....	Kamida-mura.	
Bingo.....	Nuka-gōri....	Uyama-mura........	De grands sta- lactites.
Kii.......	Arita-gōri....	Hongu-yunominé.	
Iyo.......	Uwa-gōri....	Ashi-mo-mura.	
Tosa......	Nagaōka-gōri.	To-ichi-mura.	
Bungo....	Ono-gōri..... Hayami-gōri..	Kiura. Kotaki-mura.	
Higo......	?	Watari-yama.	

N° 169. — STALAGMITES.

石狀 **Seki-sho.** ou **Seki-jo.** (Lit de pierre). — Syn. 砂石狀 *Sha-seki-jo.* — 石筍 *Seki-jun* (Rejeton de bambou en pierre). —

[Hzkm. vol. IX. fig 37. — *Keimo.* vol. 5. p. 39. —]

Les couches mamelonnées ou coniques sur le sol de grottes souterraines, qui sont formées, comme les stalactites, par un dépôt calcaire d'eau minérale acidulée calcaire 乳穴水 *Niu-ketsu-sui* cf. p. 100. *Ranzan* dit que ce dépôt a souvent la forme d'un rejeton de bambou, d'ou vient son nom de *Seki-jun.* —

N° 170. — TRAVERTIN. (Angl. CALC. TUFA)
(LAPIS TIBURTINUS de Vitruve).

石灰華 **Sek-kuwai-kuwa.** (Fleur de chaux). C'est un dépôt calcaire grenu de structure caverneuse, plus ou moins impur, qui se forme quand l'eau chargée de bicarbonate de chaux coule à la surface du sol. On le trouve au Japon dans la province de Kaga à Yamashiro et Nakamiya, dans la province de Yetchiu, à Numaö et en plusieurs endroits des provinces de Mutsu, Rikuchiu, Yechizen et Bitchiu. —

N° 171. — INCRUSTATIONS ET PSEUDOMORPHOSES DE CHAUX CARBONATÉE.

不灰木 **Fu-hai-boku.** ou **Fu-kuwai-boku.** (bois non combustible). Syn 不灰石 *Fu-hai-seki.*

[Hzkm. vol. IX. fig. 32. — *Keimo* vol. 5. p. 32.]

Quand des branches d'arbres ou autres objets étrangers se trouvent plongés dans un courant d'eau minérale, chargée de bicarbonate de chaux, il se forme des incrustations de chaux ou des pseudomorphoses. Les branches d'arbres incrustées par la chaux, forment le vrai *Fu-hai-seki* des ouvrages chinois. Le bois couvert d'une couche minérale de chaux carbonatée est devenu incombustible, d'où vient son nom de *Fu-hai-boku.*

Ono Ranzan nous informe : « Qu'il y a deux espèces de *Fu-« hai-boku*, savoir le bois incrusté par le carbonate de chaux

« et le bois pétrifié, de sorte que l'on pourrait compter toutes
« les sortes de bois pétrifié sous cette rubrique. » Nous faisons
remarquer que l'opinion du savant japonais n'est pas exacte,
puisque les espèces de bois silicifié (*Holzstein*, allem. *Wood-
stone*, angl.) forment une substance tout-à-fait différente du
bois incrusté par le carbonate de chaux. Les premiers sont
connus sous le nom de 化硅石 *Kuwa-keï-seki* ou 木化石
Moku-kuwa-seki ou 松石 *Matsu-ishi* (Cf. p. 268 de cet ouvrage) et forment des pseudomorphoses de l'acide silicique,
tandis que le vrai *Fu-hai-boku* constitue une incrustation de
la chaux carbonatée.

Un mélange de chaux vive, de feuilles de Zizyphus vulgaris
Lam. et de *Fu-hai-boku*, réduit en poudre, est recommandé par
l'auteur chinois comme remède dans les maladies de la peau. —

N° 172.—CALCAIRE OÖLITIQUE.

麥飯石 **Baku-han-seki.** Syn. *Mugi-meshi-ishi* (pierre
orge bouilli).

[HZKM. vol. X, fig. 63.—KEIMO, vol. 6, p. 21. —]

Calcaire formé de globules agglutinés de couleur blanchâtre
avec des taches rondes. Selon Ranzan il se trouve à Kamo-gawa
et Shirakawa de la province de Yamashiro. Notre échantillon
provient d'Akasaka, dans la province de Mino, où on taille de
jolis petits objets, tels que boites etc. avec cette pierre.

N° 173. — CHAUX CARBONATÉE CONCRÉTIONNÉE A FORME DE
PETITES BOULES STRIÉES. (Espèce de *Pisolite* angl.)

湯玉石 **To-giyoku-seki.** Vulgo *Yu-dama-ishi*. (pierre à
forme de boule, qui se forme dans les eaux thermales).

Petites boules rondes ou ovales de 3 à 6 millim. de diamètre,
de couleur blanchâtre ou grisâtre. Autour du noyau cristallin
se trouvent des couches concentriques de chaux carbonatée
concrétionnée.

Nous pensons que l'apparence striée du *Yu-dama-ishi* du
Japon a été causée par l'irrégularité avec laquelle le dépôt de
carbonate de chaux s'est formé dans une eau constamment
agitée. — Notre échantillon provient de la province d'Ugo. —

N° 174. — LIQUIDE INCRUSTANT, QUI SE TRANSFORME A L'AIR EN MATIÈRE SOLIDE.

石髄 **Seki-dzui**. (Moëlle de pierre).

[HZKM. vol. IX. — KEIMO, vol. V, p. 41].

Le *Seki-dzui* est un liquide qui se trouve quelquefois à l'intérieur de géodes (concrétions creuses) de chaux carbonatée ou de fer carbonaté; il se solidifie quand il est exposé à l'air. Selon *Ranzan* on le trouve à Kami-Hachiman-mura et à Ashi-jiro-mura dans la province d'Awa, et à Ueni-nami-mura dans la province de Yechizen. L'auteur chinois recommande cette substance calcaire ferrugineuse pour les plaies causées par des brûlures et comme remède tonique pour les convalescents. Sous la rubrique de l'eau p. 100, nous avons déjà parlé d'un liquide semblable 孚穴水 *Niu-ketsu-sui*, eau chargée de bicarbonate de chaux.

N° 175. — LAIT DE MONTAGNE (allem. BERG-MILCH; angl. ROCK-MILK ou AGARIC-MINERAL).

山乳石 **San-niu-seki**. Syn. 白粉石 *Haku-fun-seki*. (pierre poudre blanche). Substance blanche, légère, fort tendre qui se casse facilement entre les doigts. Elle vient comme dépôt dans quelques cavernes ou dans les environs des sources d'eaux minérales calcaires. Au Japon on la confond avec la craie, avec laquelle elle a du reste beaucoup de ressemblance. Notre échantillon provient de *Ono*, district Ishi-gōri de la province d'Isé.

N° 176. — ARAGONITE. CHAUX CARBONATÉE PRISMATIQUE.

霰石 **San-seki**, vulgo *Araré-ishi*. (pierre à forme de grêlon). Syn. 霰砂 *Araré-suna* (sable à forme de grêlon). — 冰華石 *Hiyo-kuwa-seki* (pierre fleur de glace). —

Nous connaissons deux formes d'aragonite au Japon, l'une se présente sous forme de masses fibreuses blanches, formées de cristaux accolés, croisés en tous sens, ressemblant à des rameaux d'arbrisseaux entrelacés; c'est la variété dite "*aragonite coralloïde*" ou "*flos ferri*."

LE CALCIUM.

L'autre variété vient sous la forme de gros grêlons, d'une blancheur parfaite et de la grandeur d'un pois. Elle consiste en petits prismes à six pans ayant l'apparence d'un hexaèdre. L'aragonite ne sert au Japon que comme pierre d'ornement, pour les rochers artificiels dans les basse-cours et dans les jardins ou bien dans la "*Tokonoma*" des gens riches.

Lieux de provenance au Japon:

PROVINCES.	DISTRICTS.	ENDROITS.	REMARQUES.
Isé	?	?	à forme de grêlons.
Mikawa	?	?	de très beaux exemplaires d'aragonite coralloïde.
Omi	?	?	grands cristaux ramifiés d'aragonite coralloïde.
Ugo	?	?	cristaux prismatiques.
Uzen	Oki-tama-gōri.	Shirabé, Taka-yu Onsen.	à forme de grêlons qui s'appellent ici *Yudama-ishi*.
Shinano	Adzumi-gōri.	Noguchi-iri-mura.	à forme de grêlons.
		Hira-mura, Kusa-yama.	cristaux ramifiés.
Satsuma	?	?	de très-beaux exemplaires d'aragonite coralloïde.

N° 177. — CHAUX SILICATÉE. SPATH EN TABLES.
WOLLASTONITE.

硅酸石灰鑛 **Kei-san-sek-kuwai-ko.** (Silicate de chaux). Syn. 硅灰石 *Kei-hai-seki* ou *Kei kuwai-seki*.

Le spath en tables est un des minéraux qui n'ont pas été observés et décrits par les anciens auteurs chinois et japonais. Il vient au Japon disséminé dans les formations de pierre calcaire granulaire et il a une apparence fibreuse, ressemblant aux gypse fibreux, avec lequel on l'a probablement confondu dans les anciens temps.

Lieux de provenance au Japon :

PROVINCES.	DISTRICTS.	ENDROITS.
Omi	Kurita-gōri	Ishi-yama.
	Kamo-gōri	Hi-no-tani, Nishi-kin-ko-san.
Mino	Ikéda-gōri	Tani-ai-mura.

§ II

CLASSE DES MÉTAUX LÉGERS.

ONZIÈME SECTION.

LE BARIUM 鋇 BA ou 鋇里由母 BA-RI-YU-MU.
LA BARYTE OU OXYDE DE BARIUM
S'APPELLE 重土 JU-DO.
(TERRE PESANTE)

N° 178. — BARYTE SULFATÉE, ou SPATH PESANT.

硫酸重土礦 **Riu-san-ju-do-ko.** Syn. 重石 *Ju-seki* (pierre pesante). 硫酸鋇里由母 *Riu-san-Ba-ri-yu-mu.*

Des cristaux aplatis ou tabulaires, serrés les uns contre les autres se trouvent assez fréquemment au Japon, disséminés dans les granits et les terrains secondaires. Le spath pesant n'a pas trouvé d'application utile au Japon et les livres indigènes n'en parlent pas.

Lieux de provenance au Japon :

PROVINCES	DISTRICTS	ENDROITS
Rikuchiu	Hei-gōri	Kama-ishi-kō-san.
Mutsu	Tsugaru-gōri	Ikari-ga-séki.
Ugo	Akita-gōri	Kosaka, Kanayama. Ani-Do-san. To-ada-yen-san.
Uzen	Oki-tama-gōri	Tachi-ki-mura.
Yechigo	Mishima-gōri	Masé-mura.
Iwami	Nima-gōri	Sama-mura-Gin-san.

§ 11

CLASSE DES MÉTAUX LÉGERS.

DOUZIÈME SECTION.

LE STRONTIUM 鎴 SU ou 斯多倫智由謨 SU-TO-RON-CHI-YU-MU.

N° 179. — STRONTIANE SULFATÉE. — CÉLESTINE.

硫酸鎴礦 **Riu-san Su-ko.** Syn. 硫酸斯多倫智由謨 *Riu-san Su-to-ron-chi-yu-mu.*

Dans une petite collection de minéraux japonais, dont nous sommes devenu acquéreur, nous avons trouvé un échantillon de strontiane sulfatée fibreuse, colorée légèrement en bleu. Il portait le faux nom de *Sekko* (gypse fibreux).

Ce minéral n'est pas décrit dans les livres indigènes et nous ne l'avons pas vu dans les collections des musées de Tokio.

Comme on n'avait pas mentionné l'endroit d'où notre échantillon avait été obtenu, c'est avec réserve que nous donnons la strontiane sulfatée comme étant un produit du Japon; néanmoins, il est fort probable que l'on trouvera ce minéral, quand on y portera plus d'attention, ses gisements ordinaires, la pierre calcaire et le gypse, étant très-bien représentés dans ce pays.

§ II

CLASSE DES MÉTAUX LÉGERS.

TREIZIÈME SECTION.

LE MAGNÉSIUM 鎂 MA ou 麻倔涅叟母 MA-GU-NÉ-SHIU-MU.

LA MAGNÉSIE OU OXYDE DE MAGNÉSIUM S'APPELLE 苦土 KU-DO

(TERRE AMÈRE.)

N° 180. — SEL DE MAGNÉSIUM IMPUR.

鹵鹹 **Ro-kan.** *Shiwo-no-katamari* (masse agglomérée du sel). — Syn. 鹵鹽 *Ro-yen* (sel de lessive). — 寒石 *Kan-séki* (pierre froide). — 汐鹹 *Seki-kan* (pierre lessive.) —

[Hzkm XI, vol. fig. 78. — Keimo, vol. VI, p. 30. —]

Comme nous n'avons pas obtenu ce produit des usines de sel en Chine, nous devons nous en tenir à mentionner ce qu'en disent les livres indigènes.

L'auteur chinois dit : « que le *Ro-kan* forme des cristaux ou « des masses cristallines blanches, amères et froides. Il est « préparé du sel gemme jaune qui se trouve dans les vallées « ou sur les plateaux des montagnes. Le sel culinaire que l'on « obtient de cette matière n'est pas mangeable aussi longtemps « que le principe amer, qui s'y trouve, n'est pas séparé par la « cristallisation. Cette substance amère évaporée à siccité con- « stitue le *Ro-kan* et elle est recommandée comme remède « réfrigérant dans les fièvres, la maladie appelée " *Sho-katsu*," « le mal aux yeux etc. »

Ranzan s'exprime sur cette substance dans les termes suivants:

« Le *Ro-kan* est une substance cristalline, blanche, amère et déliquescente à l'air humide. Il se forme par le séjour durant quelque temps d'une grande quantité de sel cru dans la terre, et il ne diffère pas du "*Nigari*" (lessive amère du sel). C'est une espèce de *Kan-sui-seki*, mais il n'est pas transparent comme ce dernier et il a même une structure assez rude. »

D'après ces informations on peut conclure presque avec certitude que le *Ro-kan* est un sel de magnésium plus ou moins impur, mêlé de substances salines.

N° 181. — SULFATE DOUBLE DE MAGNÉSIE ET DE POTASSE.

凝水石 **Giyo-sui-seki.** (pierre qui cause la congélation de l'eau). 寒水石 *Kan-sui-seki.* (pierre qui refroidit l'eau). Syn. 水石 *Sui-seki* (pierre eau). — 冰石 *Hiyō-seki* (pierre glace). 白水石 *Haku sui-seki.* *Shiwo-no-ni gari no-katamari* (Masse cristalline de la lessive amère du sel). 鹽精石 *Yen-seï-seki.* 凌水石 *Riyo-sui-seki.*

[Hzkm. vol. XI, fig. 79. — Keimo. vol VI, p. 31. — Hanb p. 5. " *Han-shuy-shih*" (spath calcaire.) —*Sm. m. m.* p. 46 " *Ying shwui-shih*" (spath calcaire). — *Cleyer.* Med. Simpl. p. 41. *Hán xiu xê*".]

Tous les auteurs européens qui ont écrit sur cette substance, ont été victimes d'une fraude de la part des droguistes chinois, qui substituent souvent le spath calcaire au vrai « *Giyo-sui-seki.*» Si ces auteurs avaient lu ce que les livres indigènes disent du « *Giyo-sui-seki* », ils n'auraient pas identifié cette substance au spath calcaire, qui porte à bon droit le nom de 方解石 *Ho-gé-seki*, comme nous l'avons démontré p. 329 de cet ouvrage, et ils auraient vu que le véritable *Giyo-sui-seki* est un sel de magnésium, savoir : le sulfate de magnésie ou le sulfate double de magnésie et de potasse en gros cristaux limpides.

L'échantillon que nous avons obtenu nous même à Nagasaki sous le nom de *Giyo-sui-seki* forme de grandes masses dures, cristallines et limpides de sulfate double de magnésie et de potasse. Ce sel se sépare souvent, comme on sait, de l'eau-mère qui reste après l'évaporation de l'eau de mer ou de l'eau des puits salés.

Le *Hon-zo-ko-moku* traite du *Giyo-sui-seki* sous la rubrique des sels (鹵石類), qui se forment par l'évaporation d'une lessive, directement après le sel culinaire, (vol. XI) et non pas sous la rubrique des pierres ou du spath calcaire (vol. IX). L'auteur chinois décrit cette substance de la manière suivante :

« Le *Giyo-sui-seki* est une espèce de sel cristallin, qui se
« forme sur le sol des magasins où on a conservé longtemps le
« sel marin. Il est limpide comme le cristal de roche et le sul-
« fate de soude et il est invisible même dans l'eau pure à cause
« de sa limpidité parfaite.

« Si on mêle ce sel avec de l'eau de puits dans une bou-
« teille, qu'on la ferme et qu'on la suspende au fond d'un
« puits, on verra que l'eau se congèlera, même pendant l'été.
« Pour cette raison on lui a donné le nom de *Giyo-sui-seki*
« (c'est-à-dire pierre qui cause la congélation de l'eau) ou de
« *Kan-sui-seki* (pierre qui refroidit l'eau).

« Dans la médecine on s'en sert comme remède réfrigérant
« dans les fièvres, le mal d'estomac, le mal de dents, le mal
« aux yeux et contre les brûlures. »

Le naturaliste japonais Ono Ranzan nous informe aussi que :

« le vrai *Kan-sui-seki* est formé de cristaux limpides, comme
« l'alun ou le sucre cristallisé. Il se forme dans la terre, où
« l'on a conservé une grande quantité de sel marin pendant
« une période de plusieurs années. Il a un goût amer, mais
« non salé ; il n'est pas très-pesant et ne se liquéfie pas à l'air
« pendant l'été. Il est soluble dans l'eau. On trouve parfois des
« cristaux de *Kan-sui-seki* à l'extérieur des sacs en paille,
« dans lesquels on a longtemps conservé le sel marin. Les
« pharmaciens vendent, à tort, le *Ho-gé-seki* (spath calcaire)
« sous le nom de *Kan-sui-seki*. »

Il est donc clair que le *Giyo-sui-seki* ne peut pas être du spath calcaire.

LE MAGNÉSIUM.

N° 182. — SULFATE DE MAGNÉSIE.

瀉利盬 **Sha-ri-yen**. (sel purgatif) 苦滑 *Ku-s*ẽ (flux amer). — 苦鹽 *Ku-yen* (sel amer). — 硫酸苦土 *Riu-san-ku-do* (sulfate de magnésie).

[Sm. m. m. p. 93. —]

Petits cristaux prismatiques transparents de couleur blanche ou légèrement jaunâtre. Ce sel est préparé au Japon des lessives amères et des eaux-mères que l'on obtient dans les usines de sel culinaire. En Chine, aussi, on l'obtient comme produit secondaire des eaux-mères, dans les usines d'extraction du sel, du sel gemme cru, ou des eaux des puits salés. Il est moins pur que le sulfate de magnésie de l'Europe.

La manière d'obtenir ce sel des schistes magnésiens et pyriteux, et la méthode de traiter la dolomie par l'acide sulfurique ne sont pas en usage au Japon et semblent y être inconnues.

Le sulfate de magnésie est aussi importé de l'Europe.

A l'exposition d'Uyéno (Tokio), 1881, nous avons remarqué un joli échantillon préparé à Naga-hara-mura, dans la province de Yechigo.

On pourrait bien préparer ce sel avec avantage dans les provinces d'Omi ou de Mino en faisant usage de la dolomie, qui se trouve en abondance dans ces deux provinces.

N° 183. — DOLOMIE. CHAUX CARBONATÉE MAGNÉSIFÈRE.

A. 白雲石 **Haku-un-seki**. (pierre à nuages blancs) Syn. 苦灰石 *Ku-kuwai-seki*. (pierre calcaire magnésifère). Ces deux noms appartiennent à la variété nuagée, grisâtre, de dolomie avec des taches blanches.

B. 花乳石 **Kuwa-niu-seki**. Syn. 花蕊石 *Kuwa-sui-seki* (pierre étamine de fleur). — *Awa-mochi-ishi* (pierre gâteau de millet).

Ces noms appartiennent à la variété granulaire, phosphorescente et de couleur jaunâtre ou légèrement verdâtre. — Syn. pour les deux variétés 炭酸苦土石灰礦 *Tan-san-ku-do-Sek-kuwai-ko* (carbonate de magnésie et de chaux).

[Hzkm. vol. X, fig. 57.—*Keimo*. vol. VI, p. 15.—*Hamb.* p. 6. « *Hwa-luy-shih*. » — Sm. m. m. p. 88 « *Hwa-ju-shih* ». —]

Plusieurs variétés de *Sek-kuwai-ko* (pierre calcaire) qui sont usitées par les chaufourniers, ne sont en réalité que de la dolomie compacte massive. On confond assez généralement, au Japon, ces deux minéraux.

Une variété granulaire et jaunâtre de Dolomie est employée souvent, après avoir été calcinée, par les médecins de l'école chinoise, comme remède astringent et hémostatique. Ranzan nous informe que : « cette variété est importée au Japon de la « Chine et que l'on considère les espèces les plus claires et « jaunes comme les meilleures. »

L'échantillon que nous avons obtenu est une dolomie granulaire, de couleur jaune légèrement verdâtre ; elle a la propriété de donner une lumière phosphorescente assez forte, quand on la chauffe modérément. Du reste c'est un fait bien connu, que la dolomie devient phosphorescente quand on la raie avec un instrument en fer, et que cette propriété sert même souvent à distinguer ce minéral de la pierre calcaire, avec laquelle elle a beaucoup de ressemblance. Comme lieux de provenance en Chine nous trouvons mentionnés.

PROVINCES.	ENDROITS.
CHEH-KIANG	Tai-chau-fu.
HONAN	Wang-hiang-hien.
SHANSI	Tai-chau.
SHENSI	Tung-chau-fu.

Au Japon, la dolomie et les pierres calcaires magnésifères, se trouvent en beaucoup d'endroits (cf. pierre calcaire), surtout dans les provinces d'Omi, de Mino et de Yamashiro.

§ 11

CLASSE DES MÉTAUX LÉGERS.

QUATORZIÈME SECTION.

L'ALUMINIUM 鋁 RO 亞兒容謬誤 A-RU-MI-NIU-MU.

L'ALUMINE OU OXYDE D'ALUMINIUM S'APPELLE 礬土 HAN-DO.

N° 184. — ALUMINE NATIVE ou CORINDON OPAQUE (SPATH ADAMANTIN)

金剛石 **Kon-go-seki** (pierre extrêmement dure). — Syn. 金玉石 *Kon-giyoku-seki.* — コルンドム *Korundomu.*

[Hzкм. vol. X, fig. 60. — Keimo, vol. VI, p. 16. — *Sm. m. m.* p. 74. « *Kin-kang-shih.*» — Williams, *Middle Kingdom* vol. 1, p. 243. —]

Comme nous l'avons déjà fait remarquer, p. 201, on confond dans les livres chinois et japonais le corindon opaque cristallisé, le corindon granulaire, le grenat, et le diamant, en donnant à ces minéraux indifféremment le nom de 金剛石 *Kon-go-seki*, i. e. pierre extrêmement dure.

Dans quelques nouveaux ouvrages japonais, il est vrai, on a commencé à établir une distinction entre ces minéraux (1) et

---

(1) 金石學 *Kin-seki-gaku* ou Minéralogie publiée par le Musée de Tokio. 1877, p. 193, — et 金石對名表 Vocabulaire de Minéralogie p. 6, 8, 11 et 18.

on a récemment donné le nom de 金玉石 *Kon-giyoku-seki* au corindon cristallisé, tandis qu'ils ont retenu l'ancien nom de 金剛石 *Kon-go-seki* pour désigner le diamant. Nous sommes d'avis qu'il convient de conserver de nom de *Kon-go-seki* pour le corindon opaque, pour les raisons que voici : Premièrement, parce que les Chinois, qui ont connu le corindon depuis un temps immémorial, ont dans leurs anciens livres décrit le corindon opaque (spath adamantin) sous le nom de *Kon-go-seki* (1). Ensuite, parce que les lapidaires chinois emploient, et ont employé, le corindon depuis des siècles, pour travailler le jade oriental et plusieurs autres pierres précieuses d'une grande dureté. Contrairement aux auteurs japonais du temps moderne, nous avons donc donné le nom de 金剛石 *Kon-go-seki* au spath adamantin et nous avons retenu le nom plus exact de 金剛玉 *Kon-go-giyoku* ou 鑽石 *San-seki* pour le diamant, afin de faire allusion en même temps à ses qualités précieuses, dures et tranchantes.

Ensuite, nous devons faire observer que les lapidaires du Japon font invariablement usage, pour tailler les pierres dures, du grenat ou du grenat-pyrope et non pas du corindon opaque, qui semble leur être inconnu. Ils nomment le grenat granulaire ordinairement 金剛砂 *Kon-go-sha*, nom qui appartient de droit à l'émeri ou corindon granulaire, tandis que le vrai nom pour le grenat est 柘榴石 *Zakuro-ishi* ou 柘榴砂 *Zakuro-sha*. La cause de cette confusion de noms vient évidemment, de ce que le corindon granulaire et le spath adamantin, qui existent en Chine, n'ont pas encore été trouvés au Japon, tandis que le grenat ou émeri rouge est un produit minéral assez fréquent dans plusieurs provinces du Japon. Selon M. WILLIAMS (l. c.) on trouve le corindon en Chine dans les roches granitiques mais ce minéral serait aussi importé de Bornéo et du

---

(1) LI-SHI-CHIN décrit le *Kon-go-seki* (corindon opaque) dans le dixième volume de son ouvrage, fig. 60, sous la rubrique 石類 pierres ordinaires et non pas dans le huitième volume sous la rubrique des 玉類 pierres précieuses ou gemmes. La place du Kon-go-seki entre le pyrite de fer et le schiste alumineux est contraire à l'idée que cet auteur a voulu désigner le diamant sous ce nom. — Cf. aussi p. 204 de cet ouvrage.

Thibet. M. SMITH nous informe que le district Shunning, dans la province de Yunnan, fournit le corindon ou spath adamantin aux lapidaires chinois. — La poudre de la pierre est recommandée dans la médecine chinoise comme remède à appliquer sur les brûlures et plaies.

N° 185. — ÉMERI. CORINDON GRANULAIRE.

金剛砂 **Kon-go-sha** (sable extrèmement dure). — Syn. 鑯鐵. *San-tetsu* (fer tranchant) [*Hzkm.* vol. X.—Chin. Chrest. p. 431.]

Au Japon, où nous n'avons pas encore rencontré l'émeri ordinaire ou corindon granulaire, on donne généralement le nom de *Kon-go-sha* à l'émeri rouge (grenat granulaire), qui doit être nommé 柘榴砂 *Zakuro-sha* ou 赤金剛砂 *Seki-kon-go-sha* (émeri rouge) ou 紅砂 *Ko-sha* (sable rouge). Comme les terrains primitifs talqueux et micacés, qui servent d'ordinaire de gisement à l'émeri, sont largement représentés au Japon, il est très probable que l'on trouvera ce dernier minéral, quand on le recherchera avec plus de soin. Mais jusqu'ici nous ne pouvons le mentionner que comme étant un produit minéral de la Chine.

N° 186. — RUBIS ORIENTAL.
CORINDON CRISTALLIN, TRANSPARENT, DE COULEUR ROUGE.

紅寶石 **Ko-ho-seki.** (pierre précieuse de couleur rouge). Syn. 刺子 *Shi-shi.* — 紅扁豆石 *Ko-hen-to-seki* (pierre haricot rouge).

[HZKM. vol. VIII, fig. 15.—RANZAN, *Keimo*, vol. V, p. 10. — Chin. Chrest. p. 432. — *Deb.* p. 51. — Enc. *Wa-kan-san-zai-dzu-yé*, vol. 60, p. 3.]

Les livres chinois et japonais font mention sous la rubrique générale de 寶石 *Ho-seki* (litt. pierre-trésor) d'un grand nombre de pierres dures, transparentes et de couleurs différentes. Et comme la description de la plupart des gemmes mentionnées est loin d'être exacte, il est fort difficile de classer ces pierres d'une manière certaine. Le naturaliste japonais ONO RANZAN, par exemple, réunit sous ce chapitre pas moins de six différentes pierres et galets ou cailloux roulés, usités comme gemmes, tandis que l'auteur chinois du *Hon-zo-ko-moku* fait mention, sous la rubrique de *Ho-seki*, de cinq gemmes différentes. Il y a évidemment beaucoup de confusion chez ces auteurs, qui n'ont pu distinguer d'une manière exacte les qualités spéciales, la couleur exceptée, des espèces de *Ho-seki* qu'ils ont voulu décrire.

Voici ce qu'en dit l'auteur chinois : « Il y a plusieurs (cinq)
« espèces de *Ho-seki*, savoir : l'espèce de couleur rouge, 紅寶石
« *Ko-ho-seki* ou 剩子 *Shi-shi*.

« L'espèce de couleur bleuâtre 碧寶石 *Heki-ho-seki* ou
« 靛子 *Den-shi*.

« L'espèce de couleur verdâtre, 翠寶石 *Sui-ho-seki* ou 馬價
« 珠 *Ba-ka-shu*.

« L'espèce de couleur jaune, 黃寶石 *O-ho-seki* ou 木難珠
« *Boku-nan-shu*.

« L'espèce de couleur violette, 紫寶石 *Shi-ho-seki* ou 蠟子
« *Ro-shi*. La grandeur de ces pierres varie d'une fève à un
« pouce et elles sont fort jolies dans un état poli, de sorte
« qu'on les emploie comme ornements. On les trouve en Chine
« dans la province de Yunnan et dans la Manchourie.

« Dans la médecine elles servent à guérir les taches de la
« cornée et à améliorer la vue. Quand on a la poussière dans
« les yeux il est bon de les laver avec de l'eau dans laquelle
« ces pierres ont séjourné pendant quelque temps. »

D'après cette description de l'auteur chinois il est clair que le rubis ne peut être que la première espèce, appelée *Ko-ho-seki* ou *Shi-shi* ce qui est conforme à notre échantillon de *Ho-seki* chinois, qui est un véritable rubis.

Le naturaliste japonais ONO RANZAN en fait la description suivante : « Les pierres dites « *Ho-seki* » ne se trouvent pas au
« Japon, mais elles sont semblables aux pierres japonaises, dites
« 津輕舍利 *Tsugaru-shari* (litt. cailloux du district de Tsu-
« garu, dans la province de Mutsu). Elles portent aussi les
« noms de 亞姑 *A-ko*, 祖母綠 *So-bo-roku*, 回回石 *Kuwai-*
« *kuwai-seki*, 猫睛石 *Biyo-sei-seki*, 猫兒眼 *Biyo-ji-gan*,
« 走水石 *So-sui-seki*, 獅負 *Shi-fu*, 石榴子 *Seki-riu-shi*,

« 紅馬肯的石 Ko-ba-shi-teki-seki. Le vrai Hoseki se trouve
« dans les montagnes (de la Chine). Le *Tsugaru-shari* du
« Japon est un petit galet de couleur blanche, jaune, rouge
« ou bien de couleurs mêlées. Il est produit par une pierre-
« mère, qui s'appelle *Shari-oya*, (mère des galets) autour de
« laquelle se trouvent les « *Tsugaru-shari* ». Cette pierre peut
« augmenter en volume et même en nombre quand on la
« conserve pendant plusieurs années. On trouve la pierre-
« mère dans la mer, sur les côtes de Ima-beshi-horo-tsuki,
« dans le district de Tsugaru, de la province de Mutsu. Elle
« n'est autre chose que de l'agate (*Mé-nō*) et les graines
« qu'elle produit (savoir le Tsugaru-shari) ne sont que de la
« « *fleur d'agate* ». La variété rouge de Tsugaru-shari est
« appelée 玫瑰 *Mai-kuwai* dans le livre (chinois) *Ten-ko-kai-
« butsu*, d'après la couleur des fleurs de la plante *Hama-nasu*
« ハマナス (Rosa rugosa THB.) qui s'appelle *Mai-kuwai-
« kuwa* 玫瑰花.

« Une deuxième espèce s'appelle 葡萄石 *Bu-do-seki* (pierre
« raisin) (1). Cette variété se trouve à Imabeshi, dans la province
« de Mutsu et ressemble aussi à l'agate. Il y a encore une
« troisième espèce, qui s'appelle *Zakuro-seki* ou *Zakuro-sha*,
« qui était dans le temps apportée quelquefois par les étran-
« gers. Elle est souvent imitée en verre coloré. On la trouve à
« Shari-hama, dans la province de Mutsu et à Chioshi-guchi
« dans la province de Kadsusa, ainsi que dans l'île de Yesso, mais
« les pierres du Japon ne sont pas aussi jolies que celles de
« l'Europe.

« Une quatrième variété s'appelle " *Tom-bo-tama* " (pierre
« libellule) : elle est d'un blanc-jaunâtre; on voit au milieu de

(1) Il existe au Japon une confusion entre le 葡萄石 *Bu-do-seki*, pierre raisin et le 佛頭石 *Butsu-to-seki* (pron. *Butto-seki*), pierre tête de Buddah. La première est une variété de serpentine à taches rondes, qui ressemble aux raisins ; la seconde est une espèce de calcédoine transparente à forme stalactique et s'appelle aussi 玉髓 *Giyoku-dzui*. Ranzan a aussi confondu ces deux pierres en disant que le Bu-do-seki 葡萄石 ressemble à l'agate, car c'est au contraire le 佛頭石 *Butto-seki*, qui ressemble à l'agate.

« cette pierre une figure qui ressemble à l'œil du chat. Quand
« cette figure est petite on nomme cette pierre *Biyo-sei-seki*
« (pierre pupille du chat) et quand elle est grande *Ko-sei-seki*
« (pierre pupille du tigre).

« Une cinquième variété noire, qui a un éclat très-faible,
« s'appelle 蜻蜓頭 *Sei-tei-to* ou 走水石 *So-sui-seki*.

« Une sixième espèce de couleur bleuâtre est nommée 瑟瑟
« *Shitsu-shitsu*.

« Le pays de 靺鞨 *Mak-katsu*, chin. *Mo-ho* (1) district Kirin,
« dans la Mantchourie orientale, a la réputation de produire
« beaucoup de *Ho-seki*. »

Voyons maintenant ce que la grande Encyclopédie japonaise
et chinoise dit en regard du *Ho-seki* :

« Le vrai *Ho-seki* vient de *Sei-ban* 西番 (les barbares de
« l'ouest), 囘鶻 *Kuwai-kotsu*, Yunnan et de la Mantchourie. Il
« y en a plusieurs espèces, colorées en rouge, vert, bleuâtre et
« violet. Les plus grandes ont la dimension d'un pouce et les
« plus petites d'une fève. On les taille en forme de boule ou
« gemme. La variété rouge s'appelle *Shi-shi* 刺子, l'espèce
« bleuâtre 靛子 *Den-shi*, la pierre de couleur verdâtre 馬價
« 珠 *Ba-ka-shu*, la jaune 木難珠 *Boku-nan-shu*, et la violette
« 蠟子 *Ro-shi*. On lit dans le livre *San-kai-kei* (Histoire des
« montagnes et des mers) que l'on trouve beaucoup de ces
« pierres précieuses dans les montagnes *Kuwa-san* 騍山 et
« dans la rivière qui prend son origine dans ces montagnes.

« Au Japon, on trouve des pierres semblables sur les côtes
« de la mer à Imabé, dans le district Tsugaru, de la province
« de Mutsu, d'où elles prennent le nom de *Tsugaru-ishi*. La
« pierre de cet endroit a la grandeur d'un poing et sa couleur
« est légèrement rougeâtre. Quand elle est taillée en forme de
« boule elle est transparente et fort jolie. Une variété plus pe-
« tite, également transparente et brillante s'appelle *Tsugaru-*

---

(1) Le nom de 靺鞨 *Mo-ho* est donné par les Chinois du 7ᵉ siècle à plusieurs tribus tunguses qui ont vécu sur les rives de la rivière Soung-gari-oula supérieure près des frontières entre la Mongolie et le district Kirin dans la Manchurie. Cf. *Ma-touan-lin*. Ethnographie des peuples étrangers à la Chine, traduit par d'HERVEY DE SAINT-DENYS. Génève, 1876, 1ᵉ vol. p. 333.

« *shari*. On dit qu'elle enfante quelquefois quand on la con-
« serve longtemps et soigneusement dans un petit temple.

« On trouve encore une variété foncée de grandeur variable,
« qui est souvent entourée d'un grand nombre de petites pier-
« res. C'est une espèce de *Bo-seki* (pierre-mère). »

Quand, dans nos observations, nous comparons quelques-
unes de ces pierres, qui se trouvent dans notre collection, avec
les descriptions données par les auteurs chinois et japonais
cités, nous trouvons : 1° que plusieurs différentes pierres sont
comprises sous le nom générique de *Ho-seki*; 2° que l'espèce
rouge appelée *Shi-shi* ou *Ko-ho-seki* par ces auteurs, correspond seule au rubis oriental et que toutes les autres espèces
de Ho-seki, ainsi que le Tsugaru-shari, ne sont pas des rubis;
3° que la pierre, appelée *Bu-do-seki*, n'est qu'une variété tachetée de serpentine ; 4° que la pierre dite *Zakuro-seki* ou
Ziakuro-sha n'est que du grenat ; 5° que la gemme *Tombo-
tama* ou *Biyo-sei-seki* correspond au quartz œil-de-chat et
6° que les pierres dites *Tsugaru-shari*, *Shari-oya*, *Mai-kuwai-
kuwa* et *Bun-seki-sha-ri* ne sont que de la cornaline et de la
calcédoine à forme de galets.

Quant aux autres espèces mentionnées par les auteurs indigènes, savoir le *Den-shi*, le *Baka-shu*, le *Boku-nan-shu* et le
Ro-shi, nous n'avons pas pu en obtenir, de sorte que nous ne
sommes pas à même de les classer; cependant nous inclinons
à croire que pour la plupart d'entre elles l'examen établira
qu'elles ne sont que des galets de quartz ou de calcédoine
coloré, comme le *Tsugaru-shari*.

Nous avons dans notre collection un specimen sous le nom
de 分石舍利 *Bun-seki-sha-ri*, qui consiste en petits galets de
calcédoine blanche ou laiteuse, qui sont en grand nombre assis sur et partiellement enfoncés dans une roche grisâtre. —

N° 187. — ALUNITE.

攀石 **Ban-seki**. (pierre d'alun). — Syn. 明攀石 *Miyo-
ban-seki*, pierre d'alun limpide.

[Hzkm., vol. XI, fig. 86. — *Keimo*, vol. VI, p. 39. Techn. chin. *Ten-ko-
kai-butsu*, vol. VI, p. 7. — St. Julien Ch. p. 34. — Sm. m. m. p. 10. — Williams comm. g. p. 108.]

Ce minéral sert en Chine de matière première dans la fabrication de l'alun, mais au Japon on fait usage de l'alunogène et de l'alun natif en croutes blanches, argileuses, acerbes et farineuses, qui se trouvent dans les solfatares assez communément avec le soufre. En Chine l'alunite ou schiste alumineux est calciné d'abord dans un feu de charbon de terre ou de broussailles, le résidu est ensuite lessivé dans de l'eau chaude et la solution filtrée est concentrée dans des chaudières spéciales. M. Williams, qui a décrit le mode de préparation (l. c.) plus en détail, nous informe que le district de Pingyang seul, dans la province de Cheh-kiang, ne fournit pas moins de 6,000 tonnes angl. d'alun par an. Selon cet auteur environ 75,000 piculs d'alun seraient exportés annuellement de la Chine aux Indes et dans l'archipel malais.

Ce minerai vient en Chine dans les endroits suivants :

PROVINCES.	LOCALITÉS.
CHEH-KIANG	Wan-chau-fu, Ping-yang, dans les montagnes de Sung-yang.
HUNAN	?
NGAN-HWUI	Tai-ping-fu, Lu-chau-fu et Fung-yang-fu.
KIANG-SI	Yuen-chau-fu.

Les provinces de Shansi, Ssechuen et Shantung paraissent aussi avoir fourni de l'alun et les auteurs chinois font même mention de la Perse, Kwan-lun et Ta-tsin comme pays d'où vient aussi cette pierre utile.

N° 188. — ALUN NATIF et ALUMINE TRISULFATÉE HYDRATÉE ou ALUNOGÈNE.

自然攀 Ji-nen-han. Aussi, injustement appelé 攀石 Han-seki ou Ban-seki. (pierre d'alun).

La matière première qui sert au Japon à la fabrication de l'alun, est un dépôt blanc, terreux plus ou moins acide et mêlé d'impuretés dans les environs des fumaroles et les eaux thermales sulfureuses des nombreuses solfatares du pays. Quoiqu'on l'appelle généralement du même nom que le minéral précédent *Ban-seki*, nous avons cru devoir faire une distinction entre ces deux minéraux et restreindre le nom de *Banseki* à l'alunite ou au schiste alumineux et nommer le minéral du Japon du nom plus exact de 自然礬 *Ji-nen-han* (litt. alun natif).

La manière de préparer l'alun au Japon diffère de la méthode chinoise. Au Japon, on ramasse le dépôt blanc argileux friable, plus ou moins acide et quelquefois ferrugineux, qui se trouve sur les roches altérées par l'action continue des fumaroles ; on enferme cette substance argileuse dans des sacs en paille et on laisse ces sacs macérer pendant un ou deux jours dans une cuve remplie d'eau. L'eau extrait les matières solubles contenues dans la terre alunogène, tandis que les matières insolubles restent dans les sacs. Quand le liquide a obtenu son degré de concentration, on le filtre à travers des paniers couverts de nattes, et on fait bouillir la solution filtrée et acide, pendant quelques heures, dans une chaudière avec une lessive concentrée de cendre de charbon de bois. La solution impure d'alun potassique, qui s'est formée, est mise en repos ; on la décante, filtre et évapore jusqu'à concentration suffisante, pour obtenir par le refroidissement du liquide des cristaux d'alun.

Quand l'alun doit servir à l'usage médicinal on le recristallise souvent une fois, afin d'obtenir des cristaux plus purs et tout-à-fait exempts de fer.

On trouve l'alunogène et l'alun natif dans les endroits suivants :

PROVINCES.	DISTRICTS.	LOCALITÉS.	REMARQUES.
Idzumi	Minami-gōri	Soba-hara-mura. Iwaya-dani.	
Suruga	Abé-gōri	Tashiro-mura.	
Tōtōmi	?	?	
Sagami	Ashigara-shimo-gōri	Moto-Hakoné-mura.	
Hida	Yoshi-shiro-gōri	Kansaka-mura.	
Shinano	Mi-uchi-gōri	Amori-mura. Ko-ichi-mura.	Grande quantité.
	Adzumi-gōri	Naka-fura-yama.	
Kotsuké	Adzuma-gōri	Kama-hara-mura. Omai-mura. Ninomata-mura.	Grande quantité.

L'ALUMINIUM.

PROVINCES.	DISTRICTS.	LOCALITÉS.	REMARQUES.
Shimotsuké.	{ Nasu-gōri { Aso-gōri	{ Yumoto-mura. { Nasu-yama. Ashiwo-mura.	
Rikuzen...	Tama-tsukuri-gōri.	Naruko-mura.	
Rikuchiu...	{ Kadzuno-gōri { Iwai-gōri { Isawa-gōri	{ Osaru-sawa. { Sarusawa-mura. { Shita-ikawa-mura.	
Mimasaka...	Kumé-nanjo-gōri.	{ Minami-sho-mura. ou Nan-sho-mura.	
Nagato....	?	?	
Bungo.....	{ Hayami-gōri { Kusu-gōri	{ Tsurumi-Kitanaka- mura. { Tobi-yama, Noda- mura. { Minami - Kanawa - mura. { Tano-mura. { Yutsubo-mura. { Komatsu-yama.	Grande quantité.
Hizen......	Shimabara.......	Wunsen-ga-také.	
Tsushima...	Shimotsu-agata-gōri	Kurosé-mura.	

N° 189. — ALUN CRISTALLISÉ ou SULFATE DOUBLE D'ALUMINE ET DE POTASSE.

明礬 Miyo-ban. (alun limpide) Syn. 白礬 Haku-ban. (alun blanc). — 悶石 Mon-seki. — 鎮風石 Chin-fu-seki. — 明石 Miyo-seki (pierre limpide) — 硫酸礬土加里 Riu-san-han-do-ka-ri.

[Hzkm. vol. XI, fig. 86.—Keimo. vol. VI, p. 39.—Deb. p. 51 "Té-fan".—Hanb. p. 7. "Pih-fan".—Sm. m. m. p. 10 "Ming-fan" et "Peh-fan". —]

Le mot 礬 Han (chin. fan) comprend en Chine et au Japon toute une classe ou série de sels composés, dans lesquels le soufre se trouve à l'état d'acide sulfurique, de même que les anciens chimistes ont désigné ces substances sous le nom générique de « vitriolum » ou « couperose. » Et comme c'est le cas avec bien d'autres produits minéraux, dont on ne connait pas la composition chimique, on a distingué les différentes espèces de ces sels d'après les couleurs seules. Ainsi on parle dans les livres indigènes de :

白礬 *Haku-ban* (alun blanc).. Sulfate double d'alumine et de potasse.

綠礬 *Riyoku-ban* (alun vert).. Couperose verte impure et aussi le sulfate de fer et d'alumine.

黃礬 *O-han* (alun jaune)..... Sulfate de fer, partiellement oxydé.

膽礬 *Tan-pan* (alun bleu).... Sulfate de cuivre impur ou couperose bleue.

絳礬 *Ko-han* (alun rouge).... Sulfate de fer calciné (espèce de colcothar).

Comme tous ces sels trouvent spécialement leur application dans la teinture, on combine généralement avec le mot « *Han* » l'idée d'un sel minéral bien cristallisé, qui sert dans la teinture, soit comme mordant, soit comme matière colorante.

Quant à l'alun blanc ou alun ordinaire, qui nous occupe ici, l'histoire japonaise *Zoku-ni-hon-ki* nous apprend, que des habitants de la province d'Omi ont offert ce sel pour la première fois au Mikado Mon-mu dans l'an 698 ap. I. C., et ensuite que des habitants des provinces de Sagami, Hida, Wakasa et Sanuki ont envoyé ce sel au Mikado Gen-mei Tenno dans l'an 713 de notre ère. Ranzan dit que l'on ne trouve plus aujourd'hui d'alun dans la province d'Omi, mais il y en a beaucoup dans les provinces de Nagato, Bungo, Hizen, Higo, Noto, Kai, Sagami, Totomi, Hida et dans plusieurs autres localités. (Cf. p. 364).

L'alun recristallisé du Japon, dit 明礬 *Miyo-ban* est de très-bonne qualité et libre de toute impureté. Un sel moins pur et poudreux que l'on obtient de la lessive impure, s'appelle simplement 礬 *Han*.

L'alun est d'un usage général en Chine et au Japon pour la teinture, pour le collage du papier et en Chine surtout pour clarifier l'eau potable, prise des rivières. Il sert en médecine comme remède astringent, réfrigérant et styptique dans les cas d'apoplexie, d'aphonie, de jaunisse et plusieurs maladies de l'estomac, de la langue, des dents, du nez, des yeux et des oreilles. Sans posséder des connaissances chimiques les Chinois savent clarifier l'eau boueuse de leurs rivières, de manière à pouvoir l'employer comme eau potable, en la remuant avec un bambou creux, dans lequel ils mettent un morceau d'alun. Les particules argileuses se précipitent par ce procédé au fond du vase, qui contient l'eau.

N° 190. — ALUN CALCINÉ ou ALUN DÉHYDRATÉ.

枯礬 **Ko-han.** (Alun desséché). — Syn. 枯明礬 *Ko-miyo-ban*.— 無水硫酸礬土加里 *Mu-sui-Riu-san-Han-do-Ka-ri*.

Des masses poreuses, légères, blanches, très-pures se trouvent dans les pharmacies du Japon sous le nom de *Ko-han*. La poudre d'alun déhydraté est souvent employée en Chine et au Japon comme remède styptique sur les ulcères, et contre le scorbut et autres affections de la gencive, ainsi que contre les morsures de chiens, de serpents et d'insectes vénimeux.

La turquoise ou alumine phosphatée cuprifère 藍寶石 *Ran-ho-seki* (pierre précieuse de couleur bleue), la spinelle ou magnésie aluminatée 尖晶石 *Sen-sho-seki* (pierre à cristaux aigus) et le chrysobéril ou glucine aluminatée 金綠玉 *Kin-riyoku-gioku*, sont bien mentionnés dans quelques nouveaux ouvrages japonais de minéralogie, mais il n'y a pas des preuves suffisantes qu'aucun de ces minéraux ait été trouvé jusqu'ici en Chine et au Japon.

§ III
CLASSE DES SILICATES.
QUINZIÈME SECTION.

LES ZÉOLITES. 泡沸石 HO-FUTSU-SEKI.

Les zéolithes ou silicates doubles d'alumine et des métaux alcalins ou alcalino-terreux, dont l'eau de cristallisation cause un boursoufflement quand on les chauffe, ne sont pas encore bien connues au Japon. Aucun livre d'histoire naturelle indigène ne mentionne des minéraux appartenant à cette section, et nous n'avons pu observer nous-mêmes que les deux espèces suivantes. Nous ne doutons pas que, plus tard, on en découvrira d'autres encore, quand l'attention sera sérieusement portée sur ce sujet.

N° 191. — STILBITE ou ZÉOLITE NACRÉE ou ZÉOLITE RADIÉE.

棄理泡沸石 Yo-ri-Ho-futsu-seki. (pierre de structure nacrée qui émet de l'écume).

La stilbite se trouve quelquefois au Japon dans les veines métallifères, surtout dans celles de pyrite cuivreux, de sulfure d'antimoine. Nous en avons quelques échantillons provenant de la province d'Iyo dans l'île de Shikoku. Elles ont une structure radiée. On en a trouvé aussi dans la prov. de Kotsuké.

N° 192. — MÉSOTYPE ou NATROLITE ou ZÉOLITE FIBREUSE.

針狀泡沸石 Shin-jo-ho-futsu-seki. (pierre de structure à aiguilles, qui émet de l'écume).

Variété vitreuse et fibreuse. Notre échantillon vient de la province de Hiüga dans l'île de Kiushu. Aucune des deux zéolites mentionnées ne trouve une application pratique au Japon.

§ III

CLASSE DES SILICATES.

SEIZIÈME SECTION.

L'ALUMINE SILICATÉE. ARGILE. 粘土
NEN-DO. NEBAI-TSUCHI.

La Chine et le Japon produisent un grand nombre de matières amorphes et d'apparence terreuse. La distinction entre ces produits minéraux est très-difficile à faire, d'abord parce-qu'ils paraissent très-souvent formés par le mélange intime de différents minéraux aluminifères décomposés et ensuite parce que les différentes phases de décomposition des roches alumi-nifères (feldspaths, pegmatites, etc.) donnent lieu à un grand nombre de produits intermédiaires, depuis le silicate double d'alumine et de potasse ou de soude (les feldspaths) jusqu'au simple silicate d'alumine hydraté, qui forme le kaolin pur. Il suit de cette observation que ces matières ne se laissent pas définir bien nettement comme espèces, de l'autre côté toutes les argiles sont d'une très-grande utilité dans les arts et les cons-tructions en Chine et au Japon et les différentes variétés méritent par cette raison d'être bien exactement connues, surtout quant à leur composition chimique, leur degré de plasticité, de fusibilité etc. La difficulté de classer ces argiles augmente encore au Japon de ce que chaque province et même plusieurs localités dans la même province font usage d'une foule de noms diffé-rents, populaires ou triviaux, pour désigner quelquefois une même espèce d'argile et ensuite parce que l'analyse chimique n'a encore été faite que sur un nombre relativement restreint d'argiles.

[*Hzkm.* vol VII. — RANZAN, Keïmo, vol. III. — Enc. jap. *San-kai-mei-san-dzu-yé*, 1799, vol. V. — Le père D'ENTRECOLLES, Lettres édif. vol XVIII, p. 224-296 et vol. XIX. p. 173-203.— DU HALDE, Descr. de la Chine, vol. II. p. 213-246. — STAN. JULIEN. Hist. et fabric. de la porcel. chinoise, 1856, dans laquelle se trouve un résumé des méthodes chinoises pas M. A. SALVÉTAT et un mémoire du DR. HOFFMANN sur la porcelaine du Japon. — EBELMEN ET SALVÉTAT. Sur les matières employées à la Chine, dans la fabrication etc. de la porcelaine. Récueil des trav. scientif. de M. EBELMEN, Paris, 1855. — M. BROGNIART. Traité des arts céramiques. — A. JACQUEMART ET E. LE BLANT. Hist. de la porcel. Paris, 1861, p. 151-273.—J. BALLMONT, Fabr. de la porcel. en Chine et au Japon ; Musée univ. Mars 3. 31, 1877. — P. GASNAULT. La céramique de l'extrême-Orient, Gazette des beaux-arts, 1878 II. p. 890-911.— H. WÜRTZ. Analyses de terre à porcelaine d'Arita, Japon, Paris 1877.—GÜMBEL. Analysen von jap. Porzellanerde von Arita, Dingler's Polyt. Journal CCXXVII, p. 500-502.--Le Japon à l'Exposition universelle de 1878, 2e partie, p. 23-64. Paris, 1878.—R. W. ATKINSON, Notes on the Porcelan industry of Japan, Transact. Asiatic soc. Japan, vol. VIII. p. II, p. 267-276.—FRANKS. Japanese pottery, London, 1880. — NINAGAWA, Kwan-ko-dzu-setsu, Tokio, 1878.—AUDSLEY ET BOWES. the Keramic art of Japan, London, 1879.—O. DU SARTEL. La porcelaine de Chine, Paris, grand ouvrage richement illustré, Morel, 1881.]

N° 193.—KAOLIN. TERRE A PORCELAINE.

磁土 **Ji-do** (terre à porcelaine proprement dite). 糯米土 **Da-bei-do** ou *Mochi-gomé-tsuchi* (terre de riz glutineux) Syn. 陶土 *To-do* ou *Yakimono-tsuchi* (terre qui sert à la fabrication de tous les objets cuits dans un four (yaki-mono) ; ce nom inclut donc le grès cérame ou la terre à faïence, à poterie etc.) ; — 粘土 *Nen-do* ou *Nebai-tsuchi* (argile plastique ou litt. terre glutineuse) ; — 瓷土 *Shi-do* (terre à poterie en général, mais surtout celle qui sert aux objets grossiers [*Kawaraké*] ; en Chine cependant on emploie ce mot aussi pour désigner le vrai kaolin (1);— 泥土 *Dei-do* (terre boueuse ; ce nom inclut les espèces d'argile impure) ; 堊土 *A-do* ou 白堊土 *Haku-a-do* (nom officiel dans le *Hon-zo-ko-moku* ; ces deux

---

(1) Chez STAN. JULIEN. Fabric. de la porcel. chin. on trouve les mots 瓷土 *Tse-thou* (jap. *Shi-do*) p. 248 et 堊土 *Ngo-thou* (jap. *A-do*) pour désigner le kaolin pur.

derniers noms sont des noms génériques pour toute matière qui produit la porcelaine la plus fine et la plus belle. Ils s'appliquent donc aussi bien aux pegmatites et felsites ou feldspaths quartzeux, qu'à la terre à porcelaine véritable ou kaolin pur); — *Imari-tsuchi* (terre d'Imari, où se trouve un des centres de l'industrie céramique au Japon); *Nankin-tsuchi* (terre de Nan-king, Chine); *Cha-wan-tsuchi* (terre pour la fabrication des tasses à thé); 白壁土 *Haku-heki-do* (plâtre blanc).

Noms vulgaires et employés seulement dans quelques provinces :

Migaki-tsuchi (terre à polir) et *Migaki-ishi* (pierre à polir), dans la prov. d'Omi.

Boshu-suna (sable de Boshu) ou *Hamigaki-suna* ou *Hamigaki-tsuchi* (sable ou terre à polir les dents), dans la prov. d'Awa.

Shira-tsuchi (terre blanche). *Abura-Otoshi* (terre qui enlève l'huile ou la graisse).

Bara-tsuchi, (terre pulvérulente), dans la province de Satsuma.

A-tsuchi (terre qui vient d'autres pays), dans le district d'Imari, province de Hizen.

Kudaru-yama-tsuchi (terre de la montagne Kudaru), dans le district d'Imari.

Shigaraki-tsuchi (terre de Shigaraki), dans la province d'Omi.
To-ki-tsuchi (terre à vases cuits), dans la province d'Omi.
To-ki-haku-do (terre blanche à vases cuits).

Nom erroné qui appartient au felsite quartzeux ou pegmatite pulvérisée et lavée: 高嶺土 chinois *Kau-ling-tu;* jap. *Ko-riyo-do*.

Le nom kaolin que l'on a donné en Europe à l'argile pure (qui ne contient comme on sait pas plus de 43 % à 58 % de silice) vient d'une montagne 高嶺 *Kau-ling*, située à vingt lieues Est des fabriques de porcelaine à King-teh-chin, dans la province Kiangsi en Chine. Mais la matière extraite de cette montagne est d'une nature ferme et dure et ressemble selon la description qui en a été faite au pétrosilex (roche feldspathique) et non à la terre à porcelaine que nous appelons en Europe kaolin. Le *Kau-ling-tu* de la Chine n'est pas plastique, d'où il suit que nous avons eu tort en Europe d'appeler la terre à porcelaine du nom de kaolin, puisque ce sont les matières dures, fusibles et non-plastiques entrant dans la pâte, qui seules ont droit à ce nom.

Argile, sans coloration, terreuse, friable, persistante au feu, provenant de la décomposition des minéraux alumineux et alcalins (feldspaths), qui font partie de plusieurs roches, principalement de pegmatites, felsites et granites. La composition chimique n'est pas toujours identique et dépend beaucoup des circonstances qui ont influé sur la décomposition des roches qui ont produit le kaolin. Si on adopte la composition $Al^2 O^3 . 2SiO^2 + 2H^2O$ pour le kaolin pur et normal on obtient pour le kaolin pur et plastique ou kaolinite.

Silice.........	46.33
Alumine.......	39.77
Eau..........	13.90
	100.00

Les analyses faites sur un certain nombre des différentes pâtes usitées au Japon dans la fabrication de la porcelaine ont démontré que la matière principale n'est pas le kaolin pur ou kaolinite, mais plusieurs roches feldspathiques, plus riches en silice que le kaolin ; il faut donc parler au Japon plutôt d'une *roche* ou *pierre* à porcelaine que d'une *terre* à porcelaine. La dernière est toujours mélangée en proportions variables avec la pâte provenant de roches feldspathiques pour former la pâte à porcelaine, et quelques espèces de porcelaine japonaise fort transparente sont même fabriquées avec la pierre à porcelaine seule, sans aucun mélange de kaolin. Dans l'article suivant nous parlerons de la roche à porcelaine, qui porte dans son état préparé le nom de *Pé-tun* ou *Pé-tun-tsé* en Chine, et de *Ko-bei-do* (terre de riz dur) au Japon.

M. SALVÉTAT (l. c.) a démontré clairement que les argiles

ANALYSES DE PLUSIEURS ESPÈCES DE KAOLIN DU JAPON,

Comparées avec bon Kaolin de la CHINE, avec du Kaolin pur (débarrassé du quarz) de LIMOGES et du Kaolin argileux de SAINT-YRIEIX.

MATIÈRES.	JAPON										EUROPE		CHINE		MATIÈRES.
	KAOLIN, DIT KIDABUYAMA-TSUCHI (ARI-TA). H. WURTZ.	KAOLIN D'O-WARI EMPLOYÉ A MUROYAMA. ATKINSON.	KAOLIN PRÉ-PARÉ DE KOFU. ATKINSON.	KAOLIN DE SHIGARAKI OBU, EMPLOYÉ A KIYOTO KI-TOMIOYE. ATKINSON.	KAOLIN DE SATSUMA MA-TSKABUBO. ATKINSON.	KAOLIN DE SATSUMA KIRISHIMA-YAMA. ATKINSON.	KAOLIN DU SATSUMA DIT NEBATSUCHI. ATKINSON.	KAOLIN DE SATSUMA DIT HANATSUCHI. ATKINSON.	KAOLIN DE LA PROV. D'OMI N° 1. ATKINSON.	KAOLIN DE LA PROV. D'OMI N° 2. ATKINSON.	KAOLIN PUR DÉBARRASSÉ DU QUARZ ET DES GRAINS DE FELDSPATH. BERTHIER.	KAOLIN ARGI-LEUX DE SAINT-YRIEIX. SALVÉTAT.	KAOLIN DE SI-KANG, PROV. DE KIANG-SI, EN CHINE. SALVÉTAT.	KAOLIN DE TONG-KANG, PROV. DE KIANG-SI, EN CHINE. SALVÉTAT.	
Eau adhérente	—	—	—	3.16	1.67	0.70	1.93	1.51	4.13	9.18	14.06	12.62	8.2	11.2	Eau adhérente.
Eau combinée	7.607	6.30	8.09	7.00	11.87	10.85	11.74	7.09	7.55						Eau combinée.
Silice	49.931	54.65	59.09	56.87	60.72	59.42	51.79	60.30	52.13	56.03	43.05	48.37	55.3	50.5	Silice.
Alumine	38.738	32.35	29.11	28.86	22.08	27.90	30.91	27.62	27.98	30.82	40.00	34.96	30.3	33.7	Alumine.
Oxyde de fer	1.589	—	—	0.53	0.98	—	1.13	—	1.85	0.82	—	1.96	2.0	1.8	Oxyde de fer.
Chaux	»	0.90	2.12	0.69	0.48	0.13	0.49	1.02	0.90	0.81	—	—	—	—	Chaux.
Magnésie	0.208	0.37	0.45	0.47	0.65	0.26	1.17	0.46	0.42	0.40	2.89	traces	0.4	0.8	Magnésie.
Soude	1.445	2.22	—	0.06	0.92	1.01	0.34	1.19	3.09	1.35		2.40	2.7	—	Soude.
Potasse	0.440	3.27	0.47	2.08	1.02	0.01	0.65	0.70	—	0.64			1.1	1.9	Potasse.
	99.949	100.06	99.93	99.87	100.01	100.88	100.15	99.89	98.05	100.28	100.00	99.60	100.0	99.9	

On voit que les Kaolins du Japon et de la Chine sont un peu plus riches en silice que les échantillons de France ; ces derniers se rapprochent plus du Kaolin parfaitement pur. On sait très bien laver et purifier le Kaolin en Chine et au Japon. Les particules suspendues les plus fines, que l'on sépare du sédiment par décantation, sont employées pour les porcelaines les plus belles.

Outre son emploi dans les arts, le kaolin entre aussi dans la matière médicale chinoise. Mêlé avec du camphre il est considéré par les médecins comme un remède absorbant sur les brûlures et on le recommande comme une excellente poudre dentifrice. Le Kaolin lavé est livré en Chine dans le commerce sous forme de briquettes et celui du Japon en carrés d'environ trois décim. de longueur sur six centim. de largeur. La valeur de toutes les porcelaines fabriquées au Japon est estimée par le gouvernement (1878) à environ trois millions de dollars par an, soit à peu près 15 millions de francs.

et les roches feldspathiques-quartzeuses sont en Chine mélangées en proportions variables avec la nature du produit et il a prouvé aussi que la porcelaine en Chine est *plus siliceuse* que la porcelaine de Sèvres et d'Europe en général. Il en est de même au Japon, les pâtes et les porcelaines sont en général très riches en silice et contiennent moins d'alumine que celles de l'Europe, confirmant ce fait que les pétrosilex entrent plus largement dans la pâte que le kaolin. M. Würtz (l. c.) a trouvé que sur huit échantillons de matières à porcelaine, provenant d'Arita, un seul restait au-dessous de 74.5 % de silice et il en conclut que la porcelaine du Japon n'est pas du tout fabriquée avec de la terre à porcelaine. Ceci est un peu exagéré puisque presque toutes les pâtes à porcelaine au Japon sont un mélange de pétrosilex (roche à porcelaine) avec de la terre à porcelaine (kaolin) en différentes proportions selon la nature de la porcelaine.

Voir le tableau pour les analyses de kaolin japonais.

Nous trouvons mentionnés les endroits suivants comme lieux de provenance.

En Chine :

Prov. de Kiang-si .	La montagne Kai-hoa-chan.... / Tong-Kang..... / Si-Kang........	Au nord de la prov., près de Fiau-liang, dans le dép. de Yau-chau-fu (1).
» de Cheh-Kiang	Li-chuï........ / Long-chauen...	Dans le dép. de Chu-chau-fu.
» de Chihli.....	Ting-Chau	Dans le dép. de Chin-ting-fu.
» de Shensi	Hoa-ting,......	Dans le dép. de Ping-liang-fu, sur les frontières de Kang-Suh.
» de Shansi	Ping-ting, ...	Dans le dép. de Taijuen-fu.
» de Honan	Yu-chau, ...	Dans le dép. de Kai-fong-fu.
» de Fokien....	Te-hoa,........	Dans le dép. de Chauen-kiun-fu.

(1) Cette provenance a la réputation d'être la meilleure terre à porcelaine de toute la Chine. Les célèbres fabriques de King-tch-chin dans la prov. de Kiang-si en tirent leurs matériaux.

374   L'ALUMINE.

Au Japon :

PROVINCES.	DISTRICTS.	LOCALITÉS.	REMARQUES.
YAMATO	Sogé-gōri	Go-jo-mura, Ishihara	*To-do.* *Shigaraki-tsuchi.*
ISÉ	Kuwana-gōri	Ikai-mura	*Haku-do.*
OWARI	Kasugai-gōri	Séto Akatsu-mura	*Kairo-me-tsuchi.* *Nebai-tsuchi.* *Shiraka-tsuchi.*
	Chita-gōri	Nishina-mura Sakai-mura	*To-do.*
	Niwa-gōri	Rakuda-mura Maru-yama-shinden	dito.
SURUGA	Fuji-gōri	Habuna-mura Onakasato-mura	*A-do.* *Haku-do.*
OMI	Gamo-gōri Yechi-gōri Koga-gōri Inugami-gōri	Naka-yama-mura. Joändzi-mura. Bodaiji-yama. Bimanji-yama.	*Shigaraki-tsuchi* et *Toki-tsuchi.*
MINO	Ishitsu-gōri	Makita-mura	*Shiraka-tsuchi.* *Haku-a.*
HIDA	Ono-gōri	Kiyomi-mura	*To-do.*
SHINANO	Mino-uchi-gōri	Shinkoji-mura	*Haku-a.*
KOTSUKÉ	Kataoka-gōri Usui-gōri	Ishiwara-mura Shino-akima-mura	*To-do.*
SHIMOTSUKÉ	Ashikaga-gōri Nasu-gōri	Sukeda-mura Kosuna-mura	*To-do.*
IWAKI	Watari-gōri	Kotsutsumi-mura. Kashima-mura	*To-do.*
IWASHIRO	Shinobu-gōri	Niwasaka-mura Tama-no-i-mura	
	Aidzu-gōri	Fujiu-mura Yawata-mura Ishiyama-mura Takisawa-mura Ushigahaka-mura	*To-do.*
	Yama-gōri Kawanuma-gōri Naraba-gōri Onuma-gōri Asaka-gōri	Tonokuchi-mura. Sakamoto-mura. Daiku-mura Isago-hara-mura. Yui-mura Sandai-mura	*To-do.*

L'ALUMINE.   375

PROVINCES.	DISTRICTS.	LOCALITÉS.	REMARQUES.
RIKUZEN	Toda-gōri	Ushi-kai-mura	To-do.
	Kami-gōri	Miyazaki-mura	
	Tamatsukuri-gōri	Naruko-mura	
	Kurihara-gōri	Onikubi-mura	
RIKUCHIU	Hiyénuki-gōri	Yama-mura	To-do.
		Yen-monji-mura	
MUTSU	Tsugaru-gōri	Sōma-mura	To-do.
		Sugi-mura	
		Shomo-yu-guchi-mura	
UZEN	Mogami-gōri	Kanazawa-mura	To-do.
	Murayama-gōri	Nochi-sawa-mura	
	Tagawa-gōri	Yoka-mura	
KAGA	Nomi-gōri	Go-kokuji-mura	Gokoji-tsuchi.
		Nabéya-mura	To-do.
INABA	Iwaï-gōri	Tashiri-mura	Haku-do.
MIMASAKA	Sai-jo-gōri	Kami-Saibara-mura	Toki-do.
BICHIU	Teta-gōri	Kama-mura	To-do.
KI-I	Arita-gōri	Hiro-mura	To-ki-do.
		Nakano-mura	
AWAJI	Tsuna-gōri	Murotsu-mura	Haku-a-do.
		Isé-mura	
		Iké-no-uchi-mura.	Haku-a-To-do.
IYO	Ukena-gōri	Taka-no-gawa-mura	To-do.
		Kawato-mura	
		I-no-uchi-mura	
		Nishi-miyojin-mura	
	Yechi-gōri	Magobei-saku-mura	Haku-a.
CHIKUGO	Kosuma-gōri	Shiraki-mura	To-do.
BUZEN	Nakatsu-gōri	Soku-nen-in-mura	To-do.
	Tagawa-gōri	Kamino-mura	To-do.
		Soyéda-mura	
BUNGO	Ono-gōri	Kiura-ko-zan	Haku-do.
		Taté-ishi-mura	
		Kawa-kami-mura	
	Hida-gōri	Ono-mura	Haku-do.

PROVINCES.	DISTRICTS.	LOCALITÉS.	REMARQUES.
Hizen.....	Matsura-gōri...	Tomiyé-mura.... Tamano-no-ura-mura.......... Arita..........	Haku-a. To-ki-haku-do (1)
Higo......	Ashikita-gōri... Kikuchi-gōri...	Muko-jima...... Hiyékata-mura...	To-do. Haku-do.
Hiūga.....	Takanabé-gōri..	Ishi-kochi........	To-do.
Satsuma...	Awabé-gōri....	Kayodago........ Kominato-mura..	Haku-do.
Tsushima..	Shimo-agata-gōri	Itsu-no-hara-mura............	Haku-do.

N° 194. — PEGMATITE. FELSITE QUARTZEUX. PÉTROSILEX. PÉ-TUN-TSÉ. ROCHE ou PIERRE A PORCELAINE.

磁石 Ji-seki. 陶石 To-seki ou 陶器石 To-ki-seki, ou Yakimono-ishi. (pierre à porcelaine);— Syn. 天草石 Amakusa-ishi (pierre de l'île d'Amakusa); — 粳米土 Ko-bci-do ou Uru-gomé-tsuchi (terre de riz dur); — Migaki-ishi (pierre à polir); 白堊 Haku-a, partim. (ce nom inclut le kaolin et la pegmatite); — Idzumi-yama-ishi (pierre de la montagne des sources (Idzumi) dans la prov. de Hizen).

Noms en usage en Chine:

La pegmatite pilée et lavée (pâte) s'appelle en Chine 不 Tun (jap. Hotsu, terre, pâte) et 坯 Pei (jap. Hai, terre) ou 白不 Péh-tun (jap. Haku-hotsu, terre ou pâte blanche) ou 白不子 Péh-tun-tsé (jap Haku-hotsu-shi, tablettes ou carreaux de la pâte blanche). 高嶺土 Kao-ling-do (jap. Ko-riyo-do) ou 高嶺石 Kao-ling-shih (jap. Ko-riyo-seki), terre ou pierre de la montagne Kao-ling en Chine.

Synonymes en usage en Chine:

麻布口 Ma-pu-keau (jap. Ma-fu-ko, litt. bouche de toile de chanvre. C'est la pâte de petuntsé de qualité supérieure; — 糖口 Tang-keau (jap. To-ko) litt. bouche de sucre. C'est la pâte de seconde qualité; — 磁器口 Tsé-khi-keau (jap. Ji-ki-ko) litt. bouche de porcelaine. C'est la pâte de qualité inférieure;

---
(1) La meilleure qualité.

一釉不土 *Yu-tun-thu* (jap. *Yu-hotsu-do*) litt. terre-pâte brillante. C'est la pâte de pegmatite employée pour la dernière couche ou l'émail.

Noms vulgaires de la pegmatite pilée, broyée et lavée (pâte) au Japon :

白土 *Haku-do* ou *Shiro-tsuchi*. (terre blanche)................................. ⎫
ツヂ土 *Tsuji-tsuchi*........................ ⎪
サカイメ土 *Sakaimé-tsuchi*............... ⎬ Noms en usage à Arita, dans la province de Hizen.
表藥 *Uwa-kusuri* (médecine pour l'extérieur, c'est-à-dire l'émail)............... ⎪
インド土 *Indo-tsuchi*..................... ⎪
青磁土 *Sei-ji-tsuchi* (terre à porcelaine bleu-verdâtre, céladon)...................... ⎪
白河土 *Shira-kawa-tsuchi* (terre de la montagne *Sira-kawa* à Arita)............... ⎭

白石, 白土 *Shiro-ishi* et *Shiro-tsuchi*. (pierre et terre blanches), à Kaséda dans la prov. de Satsuma.

加茂川石 *Kamo-gawa-ishi* (pierre de la rivière Kamo)........................... ⎫
天草石 *Amakusa-ishi* (pierre de l'île d'Amakusa)............................... ⎬ Kiyoto.
肥後石 *Higo-ishi* (pierre de la prov. de Higo)................................. ⎭

ヒロミ石 *Hiromi-ishi* (pierre du village Hiromi, dans la prov. de Mikawa)......... } à Seto dans la province d'Owari.

九谷石 *Kutani-ishi* (pierre de Kutani, dans la prov. de Kaga).................... } dans la prov. de Kaga

Décrire les nombreuses variétés de petuntsé que l'on rencontre au Japon est chose extrêmement difficile, aussi longtemps que les formations géologiques des lieux d'où l'on tire cette pierre n'auront pas été étudiées d'une manière précise. Au centre du Japon, c'est-à-dire dans les provinces de Mino, Mikawa, Owari, Shinano, la pegmatite appartient à une formation de granite graphique, qui donne lieu aussi, par sa décomposition, à la formation des autres matières céramiques. A Amakusa, au contraire, elle vient dans les roches schisteuses des terrains de transition. A Arita, dans la province de Hizen, c'est un pétrosilex jaspoïde, qui renferme des grains de feldspath décomposé, et qui est souvent un peu coloré par des dendrites d'oxyde de manganèse. La matière de Yu-kan en Chine est, selon M. Salvétat, un pétrosilex analogue à la pegmatite de Saint-Yrieix en France. Dans plusieurs roches petrosiliceuses de *Khi-men* en Chine, M. Salvétat a observé des dendrites formées par l'oxyde de manganèse.

Dans la table suivante qui contient plusieurs analyses de pétrosilex du Japon et de la Chine, on remarquera que le percentage de silice varie entre 70 et 82 % et l'alumine de 12 à 17 % environ.

La description de la manière dont on prépare ce minéral pour la fabrication de la porcelaine n'entre pas dans le cadre de cet ouvrage, mais en général on peut dire que tous ces matériaux sont réduits en poudre, et la poussière soumise à la lévigation dans l'eau, pour en séparer les parties grossières. La portion la plus ténue, desséchée partiellement, est ensuite mélangée avec l'argile de kaolin, pour la confection des pâtes à porcelaine, qui doit se composer, comme on sait, d'une partie fusible (pétrosilex) et d'une partie infusible et plastique (kaolin).

Les nombreux échantillons de roche et de terre à porcelaine de Chine envoyés en France et examinés par des savants français, étaient tous des produits de décomposition de roches granitiques, comme le sont aussi les matières céramiques d'Owari, de Mino, de Mikawa et des autres provinces du milieu du Japon. Les résidus du lavage de ces pierres laissent d'abondantes parcelles de mica. Les pierres à porcelaine et Kaolins bruts d'Arita au contraire doivent leur origine à la pegmatite ou pétrosilex, c'est-à-dire à des roches composées uniquement de quartz et de feldspath.

Comme les pâtes à porcelaine de la Chine aussi bien que celles du Japon contiennent en règle générale plus de silice, plus d'oxyde de fer et moins d'alumine que les pâtes de porcelaine dure

ANALYSES DE PLUSIEURS ESPÈCES DE PEGMATITE (PÉTUNTSÉ) DU JAPON,

Comparées avec les pegmatites de la CHINE, et de SAINT-YRIEIX (FRANCE).

MATIÈRES	JAPON										CHINE					EUROPE	MATIÈRES
	Pegmatite du Japon. MALAGUTI.	Pegmatite dite Shira-tsuchi d'Arita. H. WURTZ.	Tsuji-tsuchi d'Arita. H. WURTZ.	Sakaime-tsuchi d'Arita. H. WURTZ.	Uwa-kusuchi d'Arita. H. WURTZ.	Indo-tsuchi d'Arita. H. WURTZ.	Sei-si-tsuchi d'Arita. H. WURTZ.	Shira-kawa tsuchi d'Arita. H. WURTZ.	Pegmatite pour émail de Mino Tarayama. ATKINSON.	Pegmatite de Kaseda Satsuma. ATKINSON.	Pegmatite de Kaimen (prov. de Kiangsi) en Chine. SALVÉTAT.	Pegmatite pour émail de Chine. SALVÉTAT.	Pegmatites de Yokan en Chine.			Pegmatite de Saint Yrieix en France.	
													N° 1. SALVÉTAT.	N° 2. SALVÉTAT.	N° 3. SALVÉTAT.		
Eau (perte au feu)....	—	3.330	2.518	3.320	3.715	1.155	1.297	0.910	1.99	1.04	2.94	2.30	2.40	2.40	2.06	0.40	Eau (perte au feu).
Silice	75.00	77.985	78.181	78.073	78.210	82.292	77.844	79.130	70.84	77.15	76.20	75.9	74.70	77.00	74.40	78.10	Silice.
Alumine	20.00	15.189	15.699	13.993	14.407	11.981	13.510	16.440	17.75	13.50	13.80	14.2	15.70	15.00	15.00	15.37	Alumine.
Oxyde de fer	—	0.865	0.863	1.020	1.408	0.139	1.530	1.280	0.45	0.94	trace	0.8	—	—	—	0.13	Oxyde de fer.
Oxyde de Manganèse..	—	0.013	traces	0.031	—	0.072	—	0.150	—	—	trace	0.3	0.10	—	—	—	Oxyde de manganèse.
Chaux	0.60	0.146	abs.	0.186	0.097	0.387	abs.	abs.	0.98	0.83	0.12	0.5	0.10	0.20	0.10	0.17	Chaux.
Magnésie	—	0.085	0.099	0.229	abs.	0.064	0.307	0.240	0.33	0.62	traces	traces	0.20	—	—	traces	Magnésie.
Potasse	} 3.50	0.508	0.351	0.961	0.142	0.506	} 3.993	} 1.490	3.89	3.34	3.28	2.8	} 6.40	} 4.70	} 6.90	2.84	Potasse.
Soude		1.409	1.744	1.722	1.385	2.981			3.95	1.85	5.05	3.5				4.68	Soude.
Soufre	—	traces	—	—	traces	—	—	—	—	—	—	—	—	—	—	—	Soufre.
	100.00	99.331	99.430	99.545	99.464	99.477	98.481	99.64	100.19	99.84	101.19	100.3	99.60	99.30	99.00	99.59	
Gravité spécifique à 0°C.	—	—	2.6962	2.6041	—	2.489	—	—	—	—	—	—	—	—	—	—	

L'ALUMINE.   379

des fabriques de Sèvres et de Saxe, il s'en suit que la porcelaine dure dans ces deux pays — abstraction faite des formes et décorations etc. — est inférieure à celle de Sèvres et de Saxe. Pour plus amples informations à cet égard nous devons renvoyer le lecteur aux travaux précieux de M. M. STAN. JULIEN, SALVÉTAT, BROGNIART et autres.

Les lieux de provenance en Chine des matières fusibles (pierre à porcelaine) sont vaguement indiqués par les auteurs indigènes. Les localités de *Khimen, U-men, Hwui-chau, Tho-chi* et les montagnes *Ping-li* et *Ku-keau*, tous dans les provinces de *Kiangsi* et *Ngan-hwui* sont les plus connues comme lieux de provenance des briques de *Pe-tun-tsé* ; mais il est plus que probable que ces matières se trouvent aussi dans les localités indiquées ci-dessus comme produisant des kaolins bruts. Au Japon nous connaissons les endroits suivants :

PROVINCES.	DISTRICTS.	LOCALITÉS.	REMARQUES.
OWARI	Kasugai-gōri..	Seto............	*Seto-tsuchi.*
		Kami-shidami-mura	*Kairomé-tsuchi.*
MIKAWA	?......	Hiromi-mura.....	*Hiromi-ishi.*
MINO......	Toki-gōri.....	Shimo-ishi-mura.	*To-seki.*
		Kasahara-mura...	
KAGA......	Nomi-gōri....	Gokoji-mura.....	*Gokoji-seki.*
KII.......	Arita-gōri....	Nakano-mura....	*To-ki-seki.*
		Yoshiwara-mura..	
AWA......	Itano-gōri....	Otani-mura......	*To-seki.* abondantes.
	Amabé-gōri...	Shishi-kui-ura, Masa-yama.......	
IYO.......	?......	?	
HIZEN.....	Matsura-gōri..	Idzumi-yama, Arita	*Idzumi-yama-ishi.*
HIGO......	Amakusa-gōri.	Otatoko-mura, île d'Amakusa......	*Amakusa-ishi* ou *Higo-ishi.*
BUNGO.....	Kunisaki-gōri.	Shimo-hara-mura.	
CHIKUZEN..	Kashuga-gōri..	Tsubo-kuro-mura.	

N° 195. — ARGILES PLASTIQUES.

Allem. TOPFERTHON.

粘土 **Nen-do** ou **Nebai-tsuchi**. (terre glutineuse) ; — Syn. *Neba-tsuchi* ; — 陶器粘土 *To-ki-nen-do* (argile plastique pour les faïences); — *Inabé-tsuchi* (terre d'Inabé); — 壁土 *Kabé-tsuchi* (plâtre pour les murailles); — 粗土 *Ara-tsuchi* (terre rude); — 色土 *Iro-tsuchi* (terre coloré); — 瓦器土 *Guwa-ki-do* (terre à poterie); — *Shiro Nen-do* (argile plastique blanche); —*Kaséyama-tsuchi* (terre de la montagne Kasé) et un grand nombre d'autres noms tirés de l'endroit où l'on trouve l'argile.

Sous le nom d'argiles plastiques nous comprenons les argiles qui ne peuvent former que des poteries, grès cérames ou des fayences plus ou moins belles, mais toujours *opaques*; tandis que les kaolins se transforment, à la cuisson, en porcelaine. Ces argiles forment une pâte très-plastique et tenace, comme l'explique très-bien le mot japonais 粘土 *Nebai-tsuchi*. Elles sont le plus souvent plus ou moins colorées, soit à cause de matières organiques soit, à cause d'une certaine quantité de fer qu'elles contiennent. Le Japon est fort riche en argiles, presque toutes les provinces produisent une ou plusieurs variétés de faïences et de poteries (*ishi-yaki*), que l'on rencontre dans ce pays. Quelques-unes sont très utiles et produisent de fort jolies espèces de poteries, faïence ou grès-cérame, comme par exemple le *Banko-yaki* qui a obtenu un légitime succès dans les pays étrangers. Plusieurs autres espèces de poterie et de faïence japonaises comme le *Bizen-yaki, Shigaraki-yaki, Raku-yaki, Tamba-yaki, Shitoro-yaki, Zézé-yaki, Takatori-yaki, Hagi-yaki, Idzumo-yaki, Doháchi, Nin-sei, Awata-yaki, Awaji-yaki, Ki-shiu-yaki, Satsuma-yaki, Higo-yatsu-shiro-yaki, Soma-yaki, Sanda-Seiji* etc., sont à présent bien connues des amateurs. Dans les pâtes de ces poteries il entre le plus souvent plusieurs différentes espèces d'argiles en proportions variables. Les technologues qui voudront entreprendre sur place une étude approfondie des matières premières et des procédés techniques suivis au Japon pour cette grande variété de poteries et faïences, trouveront un champ vierge devant eux. La seule source que nous possédons, savoir, la 2ᵉ partie du livre « Le Japon à l'Exposition universelle de 1878, publié sous la direction de la commission impériale japonaise, » est tellement obscure et inexacte dans ses indications, qu'il est impossible de se rendre compte des différents matériaux et des détails des procédés techniques d'une manière précise. Ainsi par exemple, ce livre ne mentionne pas moins de 31 différents matériaux (terre, pierres, sable) entrant dans la composition de la pâte et de la glaçure de la faïence de Satsuma, tandis qu'aucune de ces nombreuses matières premières n'a reçu une dénomination scientifique, le nom japonais seul étant donné sans aucun commentaire. Le nom *Shiro-tsuchi* par exemple y figure cinq fois, d'où l'on pourrait conclure, qu'il doit y avoir à Satsuma cinq différentes espèces ou variétés de cette terre. Le mot « *terre noire* » s'y trouve six fois, de sorte qu'il semble qu'il y ait autant de différentes espèces de « *terre noire* ». La composition chimique des principales d'entre elles n'est pas encore connue, quelques-unes seulement étant analysées par M. Atkinson.

Analyses de quelques argiles plastiques du Japon et de l'Europe.

Matières.	Prov. de Mino Takayama. *Biscuit.* ATKINSON.	GRÈS CÉRAME.		FAÏENCE. Prov. de SATSUMA. Neba-tsuchi. ATKINSON.	ARGILE PLASTIQUE DE HESSE. SALVÉTAT.	ARGILE PLASTIQUE DE DEVONSHIRE. BERTHIER.
		Prov. d'Isé Kuwana *Banko*, argile blanche. ATKINSON.	Prov. d'Isé Kuwana *Banko* argile rouge. ATKINSON.			
Eau.......	1.49	10.33	pas déterminé	13.67	14.50	11.20
Silice.....	71.99	64.65	60.17	51.79	47.50	49.60
Alumine....	15.67	22.56	23.28	30.91	34.37	37.40
Oxyde de fer	2.01	1.46	5.08	1.13	1.24	—
Chaux.....	1.22	0.23	1.20	0.49	0.50	—
Magnésie...	0.65	—	—	1.17	1.00	—
Potasse.....	4.20	0.03	—	0.65	—	—
Soude......	2.99	0.30	—	0.34	—	—
	99.92	99.55	»	100.15	99.11	98.20

En Chine, toutes les provinces produisent des argiles pour les poteries, dont on fait un grand usage dans la vie journalière.

L'ALUMINE.

A Shan-king-fu et Shih-hwan, dans la province de Kwantung, on fabrique les grandes pièces en poterie comme des bassins, baignoires etc., bien connues des étrangers. Dans les provinces Fuh-kien, Cheh-kiang, Ngan-hwui et Kiang-su on trouve aussi de nombreuses fabriques. Au Japon aussi on peut dire que chaque province produit une ou plusieurs espèces de poterie plus ou moins belles. Les endroits les plus célèbres par leurs argiles plastiques, faïences et poteries sont les suivants :

PROVINCES.	DISTRICTS.	LOCALITÉS.	NOMS DES FAÏENCES ET POTERIES.
YAMASHIRO	Kiyoto	Higashi-yama ; Maru-yama, Gojo-zaka ; Omuro	Fushimi-yaki. Awata-yaki, Raku-yaki. Nin-sei, Asahi-yaki.
	Kii-gōri	Fushimi; Atago-yama. Fukakusa-yama	
	Uji-gōri	Anshoji-yama	
		Uji-mura	
	Otaki-gōri	Okazaki-mura	
YAMATO	Sagara-gōri	Kasé-mura. Kori-yama	Akahada-yaki.
SETSSU	Arima-gōri	Sanda	Sanda-yaki (celadon).
ISÉ	Hama-ishiki	Ko-muki	Banko-yaki.
	Yokkaichi	Shida-yama	
OWARI	Kasugai-gōri	Kami-handa-mura. Shimo-shinano-mura. No-mura. Midzu-no-mura	Shino-yaki. Ki-seto-yaki. Ishi-yaki. Oribé-yaki.
	Aichi-gōri	Hira-hari-mura. Yama-guchi-mura	
TŌTŌMI	Unagami-gōri	Wachi-yama. Uchi-no-mura. Shitoro-mura	Shitoro-yaki.
OMI	Koga-gōri	Nagano-mura. Kamé-yama. Teshi-mura. Zeze	Zézé-yaki. Shigaraki-ishi-yaki.
IWAKI	Karita-gōri	Kuramoto-mura	Soma-yaki.
	Shirokawa-gōri	Otawa-mura. Kawakami-mura	
	Iwamai-gōri	Akai-mura	

PROVINCES.	DISTRICTS.	LOCALITÉS.	NOMS DES FAÏENCES ET POTERIES
Mutsu	Kita-gōri	Shimo-furo-mura. Shichi-no-hé-mura.	
Ugo	Akita-gōri Yamamoto-gōri.	Wakimoto-mura. Midzu-nashi-mura. Tsuru-gata-mura.	
Yechizen	Sakai-gōri	Naka-yama-mura.	
Kaga	Ishikawa-gōri.	Ohi-machi	Ohi-yaki.
Nagato	?	Hagi Matsu-moto	Hagi-yaki.
Idzumo	Kando-gōri Ishi-gōri	Kami-asa-yama-mura. Shishi-mura, Taguchi-yama Matsuyé-mura	Idzumo-yaki.
Bizen	Iwanashi-gōri. Tsutaka-gōri	Yonézawa-mura Yashimada-mura Hara-mura Yoshiga-mura	Bizen-yaki. Imbé-yaki. Hita-suké.
Bichiu	Kuwayo-gōri Jogō-gōri Aka-gōri	Oï-mura. Kasé-mura. Nimi-mura.	
Mimasaka	?	Saibara-mura.	
Kii	Arita-gōri	Yamamoto-mura Yoshiwara-mura Ota-mura	Kishiu-yaki.
Awadji	Tsuna-gōri Mihara-gōri	Iga-no-mura Kidoi-kawachi-mura.	Awaji-yaki.
Tosa	Kami-gōri	Wakura-mura	Oto-yaki.
Chikugo	?	Yanagawa	Chikugo-yaki.
Chikuzen	Kashuga-gōri	Tsubo-kuro-mura Sobara-mura	Takatori-yaki.
Bungo	Onō-gōri Koma-gōri	Kami-sagé-mura. Takasé-mura. Kudo-mura. Seki-mura. Miya-kawachi-mura. Tobata-mura.	
Higo	Yatsu-shiro-gōri	Shimo-Toyohara Yatsu-shiro	Yatsu-shiro-yaki.
Osumi		Chiyosa-mura. Kirishima-yama.	

384   L'ALUMINE.

PROVINCES.	DISTRICTS.	LOCALITÉS.	NOMS DES FAÏENCES ET POTERIES.
Satsuma		Nawa-shiro-gawa, ou Tsuboya, Ibusuki, Kaséda, Isakuda, Kannogawa (près d'Ichiku), Terawaki, Kukino, Noda (près d'Ijifu-in)	Satsuma-yaki.

N° 196. — TERRE RÉFRACTAIRE. ARGILE RÉFRACTAIRE.

耐火土 **Tai-kuwa-do**. (terre résistante au feu). — Syn. 道具土 *Do-gu-tsuchi* (terre pour les ustensiles). — 鑪坩土 *Rutsubo-tsuchi* (terre à creusets). — 瓷土 *Ji-do* (terre à poterie).

Argile assez rude souvent mélangée de gravier; elle sert surtout à la fabrication des supports, des cazettes, creusets et autres ustensiles.

L'usage de cazettes pour cuire les pièces fines et de valeur ne date au Japon que de la fin du dix-huitième siècle. Les cazettes sont faites de la même terre que celle qui sert à la fabrication des supports.

Des creusets, ressemblant à ceux de Hesse, ont été faits au Japon depuis les temps les plus reculés, avec un mélange de chamotte et de terre réfractaire. Depuis quelque temps on fabrique à Osaka et à Tokio des creusets plus fins avec une terre réfractaire plus pure et à l'Hôtel de la Monnaie à Osaka on fait aussi de bons creusets avec un mélange de graphite et de terre réfractaire japonaise. A Osaka on a commencé à fabriquer des briques réfractaires, analogues à celles de provenance anglaise, mais j'ignore si elles sont aussi bonnes que les dernières.

Lieux de provenance :

Yamashiro	Kiyoto-fu	Environs de Kiyoto.
Settsu	Osaka-fu.	
Owari	Kasugai-gōri	Seto.
Musashi	Tokio-fu.	
Suruga	Shida-gōri	Tani-inaba-mura.
Rikuchiu	Kasuno-gōri	Osaru-sawa.
Yetchiu	?	?
Harima	?	?

L'ALUMINE. 385

N° 197.—TERRE FIGULINE. ARGILES FIGULINES.

瓾 **Hai** ou **Kawara-shitaji**. (base des tuiles). Syn 瓦土 *Kawara-tsuchi*.— 人形土 *Nin-giyo-tsuchi*. (terre à poupées).
—*Fukakusa-tsuchi* (terre de Fukakusa, près de Kiyoto, où l'on fabrique beaucoup de poupées en terre cuite).

Presque toutes les provinces du Japon possèdent des argiles figulines et des tuileries. Les fours d'Osaka et des provinces de Musashi, de Kotsuké, Shimotsuké, Suruga et Tōtōmi jouissent d'une certaine célébrité, quant à la qualité des tuiles fabriquées, tandis que la manufacture de tuiles européennes de Mess. GÉRARD & Cie. à Yokohama jouit à juste titre d'une bonne réputation. Dans cette dernière tuilerie les argiles figulines sont traitées au moyen de procédés mécaniques. Les fours y étant mieux construits que dans les fabriques à la manière japonaise, les tuiles ont une plus grande dureté et sonorité, tandis qu'elles sont en même temps beaucoup moins perméables à l'eau. En général, on peut dire que les Japonais mettent à présent moins de soins dans la fabrication des tuiles qu'ils ne l'ont fait dans le passé ; aussi les vieilles tuiles sont-elles à bon droit très-recherchées et préférées, par les Japonais, aux nouvelles.

Comme on a commencé dans les dernières années à construire plusieurs édifices en brique, le nombre des fours où se fabriquent des briques d'assez médiocre qualité a augmenté dans des proportions considérables. Aujourd'hui on les trouve surtout dans les provinces de Settsu, Idzumi, Wakasa, Harima, Nagato, Musashi et Shinano.

N° 198. — ARGILES SMECTIQUES A CINQ COULEURS.

HALLOYSITE BERTHIER.

五色石脂 **Go-shiki-seki-shi** (litt. pierres onctueuses à cinq couleurs). — Syn. 五色符 *Go-shiki-fu* (pierre tachetée à cinq couleurs).

[*Hzkm.* vol. IX, fig. 23.—*Kei-mo*, vol. V, p. 33. v.—*Hanb.* p. 6. " Chih-shih-che ".—*Sm. m. m.* p. 11, 22, 99, 136. " Wu-sih-shih-chi ".—*Deb.* p. 51 " Pé-che-tsé" terres bolaires.—]

Ces espèces d'argiles, surtout celles qui ont une couleur blanche ou légèrement rougeâtre, ont joué et jouent encore un rôle important dans la médecine chinoise. Elles forment des masses irrégulières, grasses au toucher, assez friables ou molles. Elles happent à la langue et se délitent dans l'eau en formant une sorte de bouillie sans ductilité. Elles contiennent outre l'alumine hydrosilicatée des quantités variables d'oxydes de fer, de chaux et de magnésie. Les ouvrages indigènes distinguent, d'après les couleurs, les variétés suivantes :

1, 石白脂 *Haku-seki-shi*. (pierre onctueuse blanche).
2, 赤石脂 *Seki-seki-shi* ou *Shaku-seki-shi*. (pierre onctueuse rouge ou rougeâtre).
3, 黃石脂 *O-seki-shi* ou *Ko-seki-shi*. (pierre onctueuse jaune).
4, 青石脂 *Seï-seki-shi*. (pierre onctueuse bleu-verdâtre).
5, 黑石脂 *Koku-seki-shi*. (pierre onctueuse de couleur noire).

Nous avons examiné des échantillons de chaque variété, excepté la variété bleu-verdâtre, qui paraît être très-rare.

La première espèce, *Haku-seki-shi*, forme des masses ou briquettes friables, molles, onctueuses et blanches, qui happent à la langue et produisent l'odeur spéciale d'argile quand on y fait passer son haleine.

La variété rougeâtre est aussi friable que la blanche et en diffère seulement par sa couleur légèrement rougeâtre et par sa moindre onctuosité.

L'espèce jaune est moins friable que les variétés blanches et rougeâtres et elle est plus onctueuse au toucher.

Notre échantillon de la variété noire est un graphite impur mais d'après la description de Mr. RANZAN, le *Koku-seki-shi* de la province de Yamashiro semble être une espèce de terre d'ombre.

On estime au Japon surtout les variétés tendres, fortement onctueuses, d'un grain très-fin, tandis que les espèces dures ou sablonneuses sont considérées de très-mauvaise qualité. Outre son emploi dans la médecine comme remède absorbant, contre la dyssenterie et plusieurs "*maladies du sang* (1)" chez les femmes, on fait aussi usage de ces argiles smectiques comme matières colorantes dans la peinture et la fabrication des poupées japonaises. L'analyse faite pas Mr. MORLAND sur la variété rougeâtre de la Chine prouve que la composition de cet argile ressemble beaucoup à celle du Kaolin, sauf une petite quantité de fer et de magnésie qu'elle contient.

MATIÈRES.	HALLOYSITE OU «SHAKU-SEKI-SHI » de la Chine. J. MORLAND.	KAOLIN D'AUE. KLAPROTH.	HALLOYSITE DE HOUS-SCHA. BERTHIER.
Silice	42.93	46.00	46.7
Alumine	36.53	39.00	36.9
Oxyde de fer et de manganèse (2)	4.85	0.25	—
Chaux	0.94	—	—
Magnésie	14.75	14.50	16.0
Eau	100.00	99.75	99.15

Lieux de provenance en Chine :

PROVINCES.	LOCALITÉS.
KIANGSU.......	Su-chau.
CHIHLI	Tszé-chau.
SHANSI	Lungan-fu.
YUNNAN........	?
SSECHUEN......	?

---

(1) La définition de la plupart des maladies chez les auteurs chinois est d'ordinaire extrêmement vague. Comme il est impossible de savoir exactement quelles maladies ils comprennent sous le nom générique de " *maladies du sang* " nous donnons simplement le mot tel qu'il est employé par les auteurs indigènes.

(2) Le *Shaku-séki-shi* avait en outre des traces de fluore, qui sont calculées avec les oxydes de fer et de manganèse.

Au Japon :

	Daigo.... Yasé.....	la variété jaunâtre.
Yamashiro.....	Yamashina Kuwan-on-do........... Arashi-yama...... Kibuné, Midzunowo. Hatayé.......... Ohara........... Yoshida.......... Shirutani......... Takagaminé.......	variété noire, employée pour faire des crayons.
Yamato........	Yoshino..........	la variété blanche.
Idzu..........	?..........	la variété blanchâtre.
Ugo...........	Akita............	les variétés blanches et bleuâtres.
Ile de Sado...................		les variétés bleuâtres et rougeâtres (de très-bonne qualité).
Hizen.........	Nagasaki..........	la variété jaunâtre.
Higo..........	?	id.

N° 199. — TERRE COMESTIBLE.

石麨 ou 石麵 Seki-men. (pierre-farine). Sous ce nom j'ai dans ma collection une argile blanc-grisâtre, friable, fort grasse au toucher et très-pesante. C'est une espèce d'argile smectique ou terre à foulon. Mêlée avec la farine elle est mangée en Chine, dans les temps de famine, comme un supplément à une nourriture trop insuffisante, mais il paraît qu'au Japon, où heureusement les mauvaises récoltes sont beaucoup plus rares qu'en Chine, l'usage de manger « de la *terre* » n'est pas pratiqué. Notre échantillon vient d'Iwaki-mura, district Nomi-gôri, dans la province de Kaga. Cette argile ne contient pas de matières organiques, de sorte que l'effet, en mangeant cette terre, ne peut-être que de *tromper* l'estomac, et d'apaiser momentanément la faim, sans aucun résultat utile pour la nutrition.

N° 200. — MARNES ARGILEUSES.

粘土石灰 Nen-do-sek-kuwai. Syn 糞土 Fun-do ou *Koyashi-tsuchi* (terre à fumier ou terre à engrais). — 肥土

Hi-do (terre à engrais). Les argiles effervescentes se trouvent au Japon dans quelques provinces du milieu, Mino, Hida etc. où elles sont employées comme engrais dans l'agriculture.

APPENDICE AUX ARGILES.

Nous voulons donner ici une courte description de "*la Terre*" d'après les livres indigènes, afin de mettre au jour les idées étranges des savants chinois qui ont attribué à ces matières des propriétés médicales et préservatrices. Quoique les anciens ouvrages d'histoire naturelle médicale au Japon aient aussi fait mention de ces "*terres*", nous devons faire remarquer que le bon sens du peuple japonais à été contraire à l'usage de la majorité de ces produits malpropres. Nous suivrons l'ordre du *Hon-zo-ko-moku* et nous l'estimons inutile de faire beaucoup de commentaires sur ce chapitre. Le livre chinois distingue dans le 7e volume soixante et une espèces de terres.

N° 201. — TERRE A PORCELAINE.

白堊 Haku-ado ou Haku-a. (Voir p. 370)

N° 202. — TERRE DOUCE ou ARGILE SUCRÉE.

甘土 Kan-do ou Amaki-tsuchi (terre douce).
[*Hzkm.* vol. 7, p. 2.—*Keimo.* vol. 3, p. 2.—*Sm. m. m.* p. 99.]

Nous n'avons jamais vu cette "terre". D'après Ono Ranzan elle ne serait pas bien connue au Japon, mais il émet l'opinion que c'est une variété de l'argile, appelée au Japon *Kuro-boko*, qui se trouve dans le marais Ariga-iké à Kamo, dans la province de Yamashiro.

L'auteur chinois dit que cette terre possède un goût plus ou moins doux ou sucré. Délayée dans l'eau chaude il la recommande comme antidote dans les cas d'empoisonnement par des champignons vénéneux ou autres plantes nuisibles. M. Smith identifie (l. c.) cette terre au "*fuller's soap*" (savon à foulon). Il dit qu'elle est apportée des provinces de Shensi, Honan et Chihli et qu'on en fait usage pour faire disparaître les taches de graisse des vêtements. L'auteur chinois nous informe aussi que cette argile est employée en Chine, en guise de lessive de cendres, pour laver et dégraisser.

N° 203. — ARGILE ROUGE. ARGILE OCREUSE ROUGE.

赤土 Seki-do ou Shaku-do. Aka-tsuchi. (terre rouge). — Syn. 赭垩 Sha-a (terre ocreuse). — Tai-sha-do (terre sanguine). — Tan-do (rouge-terre). — Beni-tsuchi (carthame-terre).

[*Hzkm.* vol. 7, p. 2. — *Keimo.* vol. 3, p. 2. — *Hanb.* p. 6 " Hung-sha " — *Sm. m. m.* p. 157].

C'est une argile ferrugineuse, de couleur rouge. Elle contient généralement du gravier et du sable, qu'il faut en séparer par la décantation. Elle est employée au Japon comme matière colorante et aussi en médecine pour l'usage externe sur des brûlures et délayée dans le vinaigre sur des éruptions de la peau ; à l'état calciné on en fait un grand usage dans la maçonnerie, sous le nom de 丹土 *Ni-tsuchi*.

Une espèce d'ocre rouge qui se trouve chez les droguistes sous le nom de *Bengara* est venue dans des temps déjà anciens du Bengale, d'où elle a tiré son nom. Le " *Bengara* " japonais est du colcothar, préparé par la calcination du sulfate ferreux. Une autre espèce d'ocre rouge, très-fine, notre sanguine terreuse ou crayon rouge, jap. 代赭石 *Tai-sha-seki*, est connue, quand elle est lavée et calcinée, sous le nom de 鉄丹 *Tetsu-tan* (rouge de fer). Le *Bengara* et le *Tetsu-tan* s'emploient beaucoup pour les couleurs rouges dans la peinture des porcelaines. Dans toutes les provinces du Japon on trouve de l'argile ocreuse rouge, mais les provinces d'Uzen, Yechigo, Idzumo, Mino, Idzu, Sagami, Awa, et Tosa sont celles qui en produisent le plus.

N° 204. — OCRE JAUNE. ARGILE OCREUSE JAUNE.

黄土 O-do ou Ko-do. Ki-tsuchi (terre jaune). — *Ki-kabé-tsuchi*. (plâtre jaune)

[*Hzkm.* vol. 7, p. 3. — *Keimo* vol. 3, p. 3. — *Sm. m. m.* p. 137, 157, 235. —]

Argile jaune ou jaune-orangé, tendre et assez grasse au toucher, quand elle est pure. Elle contient outre l'alumine hydrosilicatée, de silice, de la chaux et de l'oxyde ferrique hydraté.

L'ocre jaune bien lavé et décanté afin de le séparer du gravier, sable etc., est beaucoup usité au Japon en peinture et en teinture. L'argile ocreuse jaune est employée pour en faire des moules pour le coulage des objets en fonte et en bronze, des cloches et plusieurs autres alliages. Les murs de l'intérieur des maisons japonaises sont souvent colorés avec cette argile, qui forme un joli plâtre.

L'auteur chinois attribue un grand nombre de vertus médicales à cette terre et il raconte même qu'un certain prince qui avait eu recours à un grand nombre de médecines sans être guéri de sa maladie, regagna sa santé en trois jours par le seul usage d'ocre jaune. On l'administre en Chine soit délayé dans l'eau chaude ou dans le vinaigre ou le vin. Pris à l'intérieur il est considéré comme un fébrifuge et un antidote pour toutes les espèces de poisons. Il est appliqué extérieurement sur les brûlures, tumeurs, éruptions de la peau, morsures et piqûres de scolopendres, d'abeilles et autres insectes. L'argile jaune qui a servi de moules dans les fonderies de cloches, 鑄鍾黃土 *To-sho-o-do,* est ordonnée, délayée dans du vin chaud, contre les rhumes et les maladies des testicules.

L'argile jaune ne joue pas seulement un rôle important dans la médecine chinoise, elle forme le trait caractéristique de l'aspect géologique de la plus grande partie des plaines de la Chine centrale ; elle est la cause de la couleur jaune des eaux du Hwang-ho et forme une partie intégrante du *Loess* chinois.

Lieux de provenance au Japon :

PROVINCES.	DISTRICTS.	ENDROITS.
YAMASHIRO	Kiyoto-fu	Inari-yama.
OWARI	{ Kasugai-gōri	Kami-handa-mura.
	{ Aichi-gōri	Hira-hari-mura.
MIKAWA	Kamo-gōri	Kaya-basa-mura.
SURUGA	Shida-gōri	Hara-mura.

PROVINCES.	DISTRICTS.	ENDROITS.
Idzu	Kamo-gōri	Atami-mura.
		Usami-mura.
		Ubaga-yato.
	Tagata-gōri	Karui-sawa-mura.
	Hachijo-shima	Suyé-yoshi-yama.
Mino	Yéna-gōri	Nasu-kawa-mura.
	Fuwa-gōri	Hiru-meshi-mura.
	Motosu-gōri	Monju-mura.
		Yama-guchi-mura.
	Kami-gōri	Kukuri-mura.
		Naka-mura.
		Yamanaka-mura.
	Gunjo-gōri	Soshina-mura.
Shinano	Takai-gōri	Biyo-on-mura.
Kotsuké	?	?
Shimotsuké	?	?
Iwashiro	Shinobu-gōri	Shiwajaka-mura.
	Aidzu-gōri	Yahata-mura.
Rikuzen	Natori-gōri	Shiga-mura.
	Kashuga-gōri	?
Uzen	Oitama-gōri	Taro-mura, higashi-yama.
Mutsu	Kita-gōri	?
Inaba	Hatsuto-gōri	Yamashi-dani-mura.
Sanuki	Toyoda-gōri	Awaï-mura.
Nagato	Toyo-ura-gōri	Takibé-mura.
Idzumo	Kando-gōri	Kami-asayama-mura.
Bingo	Nuka-gōri	Oya-mura.
	Ashida-gōri	Kuri-tsuka-mura.
Aki	Kamo-gōri	Kuni-chika-mura.
Suwo	Yoshiki-gōri	I-tetsu-shi-mura.
Awa	Katsu-ura-gōri	Tano-mura.
Higo	Aso-gōri	Kuro-buchi-mura.

N° 205. — ARGILE POURPRÉE (1).

紫土 Shi-do. Murasaki-tsuchi. (terre pourpre). — Syn. *Murasaki-Kabe-tsuchi* (plâtre pourpre.).

Argile ferrugineuse et calcifère, d'apparence terreuse, de peu de consistance, de couleur pourpre foncée, qui devient d'un brun-rougeâtre au feu.

---

(1) Cette espèce n'est pas mentionnée par l'auteur chinois.

Lavée et purifiée par décantation elle sert dans la peinture. Elle est usitée aussi pour orner les murs intérieurs des maisons.

Les endroits suivants nous sont connus comme lieux de provenance.

PROVINCES.	DISTRICTS.	LOCALITÉS.
Idzu	Kamo-gōri	Ami-shiro-mura.
Mino	Fuwa-gōri	Akasaka-mura, Kimbu-San.
Iwashiro	Yama-gōri	Iridatsuké-mura.
Rikuchiu	?	?
Mutsu	Tsugaru-gōri	Ojaki-mura.
Iwami	Mino-gōri	Yokota-mura.
Bungo	Ono-gōri	Takasé-mura.

N° 206. — ARGILE VERTE. GLAUCONITE. TERRE VERTE (1).

青土 Sei-do. Ao-tsuchi. — 淺黃土 Asagi-tsuchi. — Ao-kabe-tsuchi. (plâtre verdâtre).—Tatami-no-iro-tsuchi (terre à couleur des nattes). Terre fortement ferrugineuse qui contient beaucoup de silicate ferreux et peu de chaux et de magnésie. La couleur varie du jaune-verdâtre au vert foncé ou vert céladon.

Après avoir été soumise à la lévigation dans l'eau, pour en séparer les parties grossières, elle sert dans la peinture et comme matière colorante pour les murs.

Lieux de provenance qui nous sont connus :

PROVINCES.	DISTRICTS.	LOCALITÉS.
Mino	Motosu-gōri	Toyama-mura.
Hida	Masuda-gōri	Asahi-mura.
Shinano	Takaï-gōri	Biyo-on-mura.
Iwashiro	Kawanuma-gōri	Mutsuaï-mura.
Rikuzen	Miyagi-gōri	Okura-mura.
Uzen	Murayama-gōri	Sugé-Sawa-mura.
Mutsu	{ Kita-gōri	Shui-mura.
	{ Tsugaru-gōri	?
Kaga	Ishikawa-gōri	Obara-mura.
Bingo	Numa-kuma-gōri	{ Yanatsu-mura.
		{ Kuma-no-mura.
Awa	Mino-gōri	?
Higo	Aso-gōri	Kurokawa.

(1) Cette espèce n'est pas mentionnée dans le livre chinois.

N° 207. — TERRE NOIRE. TERRE D'OMBRE (1).

黑土 **Koku-do. Kuro-tsuchi.** (terre noire). Syn. *Kuro-boku.*

Terre friable, brunâtre, peu grasse au toucher, se délayant facilement dans l'eau, contenant des proportions variables de lignite terreux ou ulmite. Dans quelques échantillons nous avons trouvé une assez grande quantité de pyrite de fer.

Elle sert, après la lévigation, aux mêmes usages que les autres argiles colorées.

Lieux de provenance connus :

PROVINCES.	DISTRICTS.	LOCALITÉS.
OWARI	Kasugaï-gōri	Shimo-Shinano-mura.
TŌTŌMI	Unagami-gōri	Uchino-mura.
MINO	Mugi-gōri	Tomi-no-ho-mura.

N° 208. — TERRE OU PLATRE DES MURS SITUÉS VERS L'EST.

東壁土 **To-heki-do. Higashi-kabé-tsuchi.** (plâtre de l'est). Syn. *Asa-hi-no-ataru-kabé-tsuchi* (terre des murs éclairés par le soleil du matin).—*Roku-nen Higashi-hi-teru-dokoro-no-kabé-tsuchi* (plâtre des endroits éclairés pendant six ans par le soleil matinal.)

[*Hzkm.* vol. 7, p. 4.—*Keimo.* vol. 3, p. 3.]

Le plâtre vieux de cent ans ou plus encore est considéré encore supérieur. Délayé dans l'eau chaude l'auteur chinois le recommande dans la maladie dite " *Kuwakuran* " gonorrhée, hémorrhoïdes, dartre, les maladies de cœur et comme antidote dans les cas d'empoisonnement par l'aconit ou par la viande pourrie. Il prescrit aussi cette terre, comme remède externe, dans plusieurs maladies de la peau et des yeux.

N° 209. — TERRE OU PLATRE PRIS DES ENDROITS JUSTEMENT OPPOSÉS AU SOLEIL.

太陽土 **Tai-yo-do.** (terre-soleil).—*Nichirin-no-aru-hoga-ku-no-tsuchi* (terre de la direction où se trouve le soleil).

[*Hzkm.* vol. 7, p. 5. — *Keimo.* vol. 3, p. 4.]

---
(1) N'est pas mentionnée par l'auteur chinois.

LA TERRE. 395

L'auteur chinois attribue des qualités célestes à six différentes terres, prises dans tel endroit opposé, soit au soleil, soit à certaines étoiles ou encore à certaines figures du Zodiaque.

1° La terre opposée au soleil, ou *Tai-yo-do*, bouillie dans l'eau, est recommandée comme remède interne contre la toux et les maladies de poitrine des enfants.

2° Une deuxième variété, appelée 執日天皇上土 **Shitsu-jitsu-ten-sei-jo-do** (terre opposée à l'étoile " *Shitsu-jitsu-ten-sei* ") mêlée avec les feuilles de chêne est déposée à l'entrée des maisons, afin d'empêcher les voleurs d'y pénétrer.

3° La troisième espèce, dite 執日六癸上土 **Shitsu-jitsu-roku-ki-jo-do** ou *tora-no-hi-midzu-no-to-hôgaku-no-tsuchi* (terre opposée à l'étoile " *Shitsu-jitsu-roku-ki* ", enlevée le dixième jour du premier mois) sert à faire des poupées ou *mannequins* destinées à exorciser les voleurs.

4° La variété 二月上王日土 **Ni-guwatsu-jo-jin-jitsu-do**, ou *Niguwatsu-hajimé-no-midzuno-yé-no-hi-no-tsuchi* (terre enlevée le neuvième jour du deuxième mois) est recommandée pour la construction des murs des bâtiments destinés à l'éducation des vers-à-soie.

5° La terre dite 清明日戌上土 **Sei-mei-jitsu-jutsu-jo-do** ou *San-guwatsu-no-shitsu-no-hi-inu-no-hogaku-no-tsuchi* (terre opposée au chien du Zodiaque, prise au troisième mois), sera mêlée avec les poils de chien et employée pour la construction des murs des maisons, afin d'en empêcher la destruction par les rats.

6° La variété 神后土 **Shin-ko-do** ou *Saru-hogaku-no-tsuchi* (terre opposée au singe du Zodiaque) doit être enlevée le premier mois et servira aussi pour la construction des murs qui seront ainsi protégés contre la destruction par les rats.

N° 210. — TERRE AU-DESSOUS DE LA BÊCHE AVEC LAQUELLE L'EMPEREUR A REMUÉ LA TERRE TROIS FOIS AUX FÊTES ANNUELLES DU COMMENCEMENT DES TRAVAUX AGRICOLES, LE PREMIER MOIS DE L'ANNÉE.

天子耤田三推犂下土 Ten-shi-seki-den-san-sui-ri-ka-do. *Sho-guwatsu-suki-somé-no-karasuki-no-shita-no-*

tsuchi (terre sous le fer de la bêche avec laquelle on a commencé à remuer le sol au premier mois de l'année).

[*Hzkm.* vol. 7, p. 6. — *Keimo.* vol. 3, p. 4].

Cette terre céleste, remuée par le " fils du Ciel" *(Ten-shi)* lui-même, est recommandée par l'auteur chinois, délayée dans de l'eau froide, pour calmer l'esprit et fortifier le cœur des gens craintifs. Dans ce chapitre le *Hon-zo-ko-moku* fait encore mention de quatre autres terres célestes ou saintes qui servent d'amulettes contre les voleurs, la maladie des vers-à-soie, l'incendie et les rats.

N° 211. — TERRE DES CHEMINS, CHAUFFÉE PAR LE SOLEIL D'ÉTÉ.

道中熱土 **Do-chiu-netsu-do.** *Kaido-no-yaké-tsuchi* (terre chaude des chemins).

[*Hzkm.* vol. 7, p. 6.—*Keimo.* vol. 3, p. 6.]

Quand le voyageur est épuisé par la fatigue, la chaleur et la soif, l'auteur chinois lui recommande de s'appliquer des cataplasmes de cette terre, sur la poitrine et sur le ventre et de boire de l'eau dans laquelle on a remué de cette terre après avoir attendu qu'elle soit clarifiée par le repos.

N° 212. — POUSSIÈRE DE VOITURES.

車輦土 **Sha-ren-do.** *Kuruma-oyobi-téguruma-no-hokori* (poussière de charrette et de voiture).

[*Hzkm.* vol. 7, p. 7.—*Keimo.* vol. 3, p. 6.]

Prescrite comme remède externe contre la gale et autres maladies de la peau. Les personnes mortes, en apparence, par suite d'une soif longtemps endurée, doivent boire de l'eau délayée avec cette terre et clarifiée par le repos.

N° 213. — TERRE PRISE AU-DESSOUS DES PORTES DES MARCHÉS.

市門土 **Shi-mon-do.** (terre-porte-marché). — *Ichiba-no-mon-no-shita-no-tsuchi.* (terre au-dessous des portes du marché)

[*Hzkm.* vol. 7, p. 7.—*Keimo.* vol. 3, p. 6.]

Les femmes enceintes mettront durant les derniers mois de leur grossesse cette terre dans leurs ceintures et boiront une infusion chaude de cette terre faite avec du vin *(saké)* pour faciliter l'accouchement.

LA TERRE.

N° 214. — TERRE SOUS LES SEUILS DES PORTES.

戸根下土 **Ko-gen-ka-do.** *Shikii-no-shita-no-tsuchi.* (terre au-dessous des seuils).

[*Hzkm.* vol. 7, p. 7. — *Keimo.* vol. 3, p. 7.]

Délayée dans du vin chaud cette terre est prescrite pour adoucir les maux de ventre après l'accouchement.

N° 215. — TERRE DES BASSES-COURS DES MAISONS.

干歩峯 **Sen-po-ho.** (petit monticule dans la cour). — *Niwa-kobu* (basses-cours).

[*Hzkm.* vol. 7, p. 7. — *Keimo.* vol. 3, p. 7.]

Mêlée avec du gingembre frais et du vinaigre, cette terre sera appliquée extérieurement sur les bubons.

N° 216. — TERRE SOUS LES SEMELLES DES VIEILLES SANDALES.

鞋底下土 **Ai-te-ka-do.** *Waraji-no-shita-no-tsuchi* (terre sous les sandales en paille). — *Furuki-wara-kutsu-no-ura-ni-tsukitaru-doro* (terre attachée aux semelles d'anciens souliers en paille).

[*Hzkm.* vol. 7, p. 8. — *Keimo* vol. 3, p. 7.]

Quand on souffrira en voyage d'une indisposition causée par le changement d'eau potable on fera bouillir l'eau avec cette terre en la laissant se clarifier par le repos.

N° 217. — TERRE SOUS LES POTEAUX DES MAISONS.

柱下土 **Chu-ka-do.** *Hashira-no-shita-no-tsuchi* (terre sous les poteaux).

[*Hzkm.* vol. 7, p. 8. — *Keimo.* vol. 3, p. 7.]

Mêlé avec du blanc d'œuf cette terre est recommandée pour faciliter et accélérer la séparation du placenta chez les accouchées.

Elle aurait aussi la vertu de mitiger la douleur causée par les coliques.

N° 218. — TERRE SOUS LES PLANCHERS DES MAISONS.

牀脚下土 **Sho-kiyaku-ka-do.** *Yuka-no-shita-no-tsuchi.* (terre sous les planchers).

[*Hzkm.* vol. 7, p. 8. — *Keimo.* vol. 3, p. 7.]

Remède externe contre les morsures des chiens enragés. On y appliquera ensuite le moxa sept fois.

N° 219. — TERRE DES ENDROITS OU L'ON BRULE LES MORTS.

燒尸塲上土 Sho-shi-jo-jo-do. *Yakiba-no-tsuchi* (terre des endroits où l'on brûle les morts).—*Hi-ya-no-tsuchi* (terre des bâtiments où se fait la crémation).

[*Hzkm.* vol. 7, p. 8.—*Keimo.* vol. 3, p. 7.]

Mélée avec des oignons et un peu d'eau on fait de cette terre des pilules contre les fièvres intermittentes. On met la pilule dans l'oreille gauche chez les femmes et dans l'oreille droite chez les hommes. Pour chasser le cauchemar, pour apaiser les petits enfants criant la nuit et comme remède contre la sueur des pieds.

N° 220. — TERRE QUI SE TROUVE SUR LES TOMBES OU AU-DESSUS DES TOMBEAUX.

塚上土 Cho-jo-do. *Tsuka-no-uyé-no-tsuchi.*

[*Hzkm.* vol. 7, p. 8.— *Keimo.* vol. 3, p. 8.]

Recueillie le premier jour du cinquième mois ou le premier jour du premier mois et gardée dans un pot au-dessous de la maison, cette terre sert de préservatif contre les maladies épidémiques. L'auteur chinois la recommande aussi comme remède externe sur les furoncles.

N° 221. — TERRE SOUS LES RACINES DU MURIER.

桑根下土 So-kon-ka-do. (terre sous les racines du mûrier).—*Kuwa-no-ki-no-né-no-shita-no-tsuchi.*

[*Hzkm.* vol. 7, p. 9. — *Keimo.* vol. 3, p. 8.]

Quand on se sent le ventre enflé par suite de la formation de gaz au canal intestin on le frictionnera avec un mélange aqueux de cette terre et on brûlera ensuite de vingt à trente moxas.

N° 222. — TERRE DES NIDS D'HIRONDELLES.

胡燕窠土 Ko-yen-se-do. *O-tsubamé-no-su-no-tsuchi.* (terre du nid de la grande hirondelle).

[*Hzkm.* vol. 7, p. 9.—*Keimo.* vol. 3, p. 8.—*Sm. m. m.* p. 209.]

LA TERRE.

Un mélange de cette terre avec des excréments délayés dans l'eau est recommandé comme bain pour guérir les convulsions chez les enfants, plusieurs maladies de la peau et les piqûres d'insectes nuisibles. On appliquera les bains pendant trois jours.

N° 223. — TERRE DE L'INTÉRIEUR DES NIDS DE LANIUS BUCEPHALUS T. & S.
(PIE-GRIÈCHE BUCÉPHALE.)

百舌窠中土 Haku-jetsu-so-chiu-do. *Modzu-no-su-no-naka-no-tsuchi* [terre de l'intérieur du nid de la Pie-Grièche bucéphale *(Modzu)*.]

[*Hzkm.* vol. 7, p. 10. — *Keimo.* vol. 3, p. 8.]

Mêlée avec du vinaigre cette terre guérit les morsures d'insectes vénimeux.

N° 224. — TERRE DE GUÊPIERS.

土蜂窠 Do-ho-so. *Jigabachi-no-su-no-tsuchi.* (terre des nids de guêpes).

[*Hzkm.* vol. 7, p. 10. — *Keimo.* vol. 3, p. 8.]

Un mélange de lait de vache avec cette terre est prescrit contre la diarrhée intense chez les enfants. Appliqué comme remède externe il sera utile pour la guérison des abcès, furoncles, morsures d'araignées et piqûres d'abeilles. Elle est recommandée aussi dans les accouchements laborieux.

N° 225.—LARVES D'UN INSECTE DIT "*KURO-KOGANÉ-MUSHI*"

蟯蜋轉丸 Kiyo-ro-ten-guwan. *Kuro-kogané-mushi-no-marokasé-tsuchi.*

[*Hzkm.* vol. 7, p. 10. — *Keimo.* vol. 3, p. 9.]

Le jus exprimé de ces larves, mêlé avec du vin, est un bon remède contre la jaunisse et le "*Kuwakuran*" (diarrhée intense accompagnée de colique.)

N° 226. — MATIÈRE JAUNATRE, QUI SE FORME A LA SURFACE DE LA TERRE PENDANT LA SAISON PLUVIEUSE D'ÉTÉ.

鬼尿 Ki-bé, Ji-basu.

[*Hzkm.* vol. 7, p. 11.—*Keimo.* vol. 3, p. 9.]

Nous ne savons pas comment classer cette substance. Serait-ce une espèce de moisissure ? L'auteur chinois ordonne un mélange de cette matière avec de l'huile dans les maladies de la peau chez les hommes et les chevaux.

N° 227. — TERRE DES TROUS DE SOURIS ET DE RATS.

鼠 壤 土 So-jo-do. (terre agglomérée par les rats). *Nedzumi-no-ana-wo-ugatsu-toki-uyéye-idasu-tsuchi.*

[*Hzkm.* vol. 7, p. 11.— *Keimo.* vol. 3, p. 9.]

Mettre cette terre dans un sac, chauffer fortement et frotter le corps avec la terre chaude dans les cas de paralysie partielle et de douleurs des jointures.

N° 228. — TERRE DE TAUPINIÈRES.

鼢鼠壤土 Fun-so-jo-do. (terre agglomérée par les taupes). *Ugoromochi-no-mochitaru-tsuchi. — Muguramochi-no-mochitaru-tsuchi.*

[*Hzkm.* vol. 7, p. 11.— *Keimo.* vol. 3, p. 9.]

Prise à l'intérieur, mêlée de musc, cette terre guérira le grouillement de ventre chez les femmes enceintes. Un mélange de cette terre avec du vinaigre composera un bon cataplasme contre plusieurs espèces de tumeurs.

N° 229. — BOUE D'INSECTES DES MURS INTÉRIEURS DES MAISONS.

屋內墻下蟲塵土 Oku-nai-ju-ka-chu-jin-do. *Iyé-no-uchi-kabé-no-hotori-no-hokori-mushi-kuso.*

[*Hzkm.* vol. 7, p. 11.—*Keimo.* vol. 3, p. 9.]

Un mélange de cette boue avec de l'huile sera un liniment efficace pour obtenir la guérison des exanthèmes.

N° 230. — TERRE DE FOURMILLIÈRES.

蟻蛭土 Gi-tetsu-do. *Ari-dzuka-no-tsuchi.*

[*Hzkm.* vol. 7, p. 11.—*Keimo.* vol. 3, p. 9.]

Dans les accouchements difficiles, où le fruit est mort, on frottera le ventre doucement avec un sac rempli de cette terre, pour faciliter l'expulsion de l'enfant. Un mélange de cette terre avec du vinaigre est recommandé comme remède contre certaines blessures.

LA TERRE.

N° 231. — BOUE DE FOURMIS BLANCHES.

白蟻泥 Haku-gi-dei. *Ha-ari-no-kuso.*

[*Hzkm.* vol. 7, p. 12. — *Keimo.* vol. 3, 10.]

On ramassera cette matière de préférence sur les pins, on la mêlera avec le 黃丹 " *Ko-tan* ", on calcinera le mélange et on en mélangera le résidu avec de l'huile aromatique. Le liniment obtenu sera employé contre les tumeurs infectueuses et les maladies contagieuses de la peau.

N° 232. — BOUE DE VERS DE TERRE.

蚯蚓泥 Kiyu-in-dei. *Mimidzu-no-fun.*

[*Hzkm.* vol. 7, p. 12 — *Keimo.* vol. 3, p. 10.]

Elle est brûlée et ensuite mélangée avec de l'eau ; l'auteur chinois recommande cette liqueur filtrée comme boisson dans les cas de dyssenterie et de diarrhée. Mêlée avec l'extrait de réglisse et le calomel (*Kei-fun*) elle est employée comme remède externe dans les maladies des jointures chez les enfants ; mêlée avec du sel, contre les morsures d'animaux et d'insectes vénimeux ; on la recommande aussi comme remède diurétique et stomachique pour les enfants. Elle guérira les pieds gonflés, les maladies des oreilles, de la gorge et de l'estomac.

Nous avons observé que les vers de terre jouissent encore dans quelques parties du Japon de la réputation d'être un bon remède pour les enfants. A Nagasaki nous avons vu l'appliquer aux enfants.

N° 233. — BOUE D'ESCARGOT (LIMAÇON).

螺螄泥 Ra-shi-dei. *Nina-no-doro. Mina-no-doro. Bin-ro-ji-doro.*

[*Hzkm.* vol. 7, p. 13. — *Keimo.* vol. 3, p. 11.]

On lave cette substance avec de l'eau et on en applique le résidu desséché, délayé dans l'esprit de vin, pour combattre les maladies d'estomac.

N° 234. — PITUITE D'ANGUILLES.

白鱓泥 Haku-sen-dei. *Unagi-ni-tsukeru-doro.*

[*Hzkm.* vol. 7, p. 13. — *Keimo.* vol. 3, p. 11.]

Après avoir été lavée dans l'eau on additionnera cette matière avec de l'huile et on l'appliquera comme lotion sur les brûlures.

N° 235. — ORDURES D'ÉTABLES A PORCS.

猪槽上垢土 Cho-so-jo-ko-do. — *Buta-buné-no-uyé-no-tsuchi.* — *Buta-koya-no-aka.*
[*Hzkm.* vol. 7, p. 13. — *Keimo.* vol. 3, p. 11.]

Est recommandée dans les accouchements difficiles. On mêlera un "*go*" de cette terre avec un demi "*sho*" de farine et vingt grains de racine d'aconit. On fera bouillir le tout dans de l'eau et on donnera la liqueur filtrée à boire au malade.

N° 236. — BOUE IMPRÉGNÉE DE L'URINE DE CHIENS.

犬尿泥 Ken-jo-dei. *Inu-no-shoben-no-kakaritaru-doro.*
[*Hzkm.* vol. 7, p. 14. — *Keimo.* vol. 3, p. 11.]

On frottera à plusieures reprises le ventre des femmes enceintes avec cette boue, afin de protéger l'enfant contre les rhumes etc.

N° 237. — BOUE IMPRÉGNÉE DE L'URINE D'ANE.

驢尿泥 Ro-jo-dei. *Usagi-muma-no-shoben-kakaritaru-doro.*
[*Hzkm.* vol. 7, p. 14. — *Keimo.* vol. 3, p. 11.]

Remède à l'usage externe contre les morsures d'araignées.

N° 238. — BOUE D'URINOIR.

尿坑泥 Jo-ko-dei. *Ibari-ana-no-doro.*
[*Hzkm.* vol. 7, p. 14. — *Keimo.* vol. 3, p. 11.]

Remède à l'usage externe contre les morsures d'animaux et d'insectes vénimeux.

N° 239. — BOUE DES FOSSES A FUMIER.

糞坑底泥 Fun-ko-tei-dei. *Koyé-tsubo-no-soko-no-doro.*
[*Hzkm.* vol. 7, p. 14. — *Keimo.* vol. 3, p. 11.]

Après avoir été desséchée à l'ombre, on réduira cette matière en poudre, on la délayera dans un léger volume d'eau et on appliquera cette lotion dans les exanthèmes de la peau doués d'une mauvaise odeur.

N° 240. — BOUE CAUSÉE PAR LES GOUTTES DE PLUIE TOMBANTES.

筧溜下泥 **Yen-riu-ka-dei.** *Amadaré-ochi-no-doro.*

[*Hzkm.* vol. 7, p. 14. — *Keimo.* vol. 3, p. 11.]

Est recommandée comme remède externe contre les morsures du sanglier, les piqûres des abeilles et dans plusieurs maladies de la peau. Elle est ordinairement mêlée à de la graisse de mouton.

N° 241. — BOUE DES RIZIÈRES.

田中坑 **Den-chiu-dei.** *Ta-no-naka-no-hichiriko.* (boue au milieu des rizières). — *Ta-no-tsuchi* (terre de rizières).

[*Hzkm.* vol. 7, p. 15. — *Keimo.* vol. 3, p. 12.]

Si par hasard des sauterelles pénétraient dans les oreilles, on ferait un coussin garni de cette terre sur lequel on dormirait pour les faire sortir. Si accidentellement, une sauterelle pénétrait dans le gosier en buvant ou autrement, on donnerait un mélange de boue des rizières et de vin, comme remède.

N° 242. — BOUE DES PUITS.

井底泥 **Sei-tei-dei.** *I-no-soko-no-hichiriko.*

Recommandée comme remède externe dans les brûlures causées par l'eau bouillante et contre les fièvres des femmes accouchées. Dans ce dernier cas on étendra cette boue sur le ventre et la poitrine. On l'emploie en outre pour guérir les rhumes de tête, pour combattre l'insomnie et enfin contre les morsures des scolopendres ou millepieds.

N° 243. — ESPÈCE DE THÉ POURRI.

烏參泥 **U-da-dei.** — (Boue d'Uda). (1)

---

(1) Cette substance est identifiée par M. M. WILLIAMS (Chin. c. g. p. 90) et SMITH (m. m. p. 55) au Cachou ou *Terra japonica* " terre du Japon ". Dans un certain degré ou peut appeler cette substance *cachou*, quand on veut attacher au dernier mot la signification de tout suc ou extrait *astringent*, retiré de plantes. Dans les Indes le mot KHAATH (d'où notre cachou) est donné à un grand nombre de différentes préparations ou extraits astringents. Notre échantillon d'*U-da-dei* a en effet quelque ressemblance avec le cachou préparé de l'Acacia catechu, mais il en diffère par sa moindre solu-

L'usage de cette préparation vient de l'île de Java. Du thé en poudre est mis dans un tube de bambou, qui, après avoir été bouché, est enterré durant plusieurs semaines dans la boue. A l'état humide il servira à guérir les exanthèmes chez les enfants, d'où ce remède a pris autrefois le nom de *gai-ji-cha* (thé des enfants). Pris à l'intérieur il est recommandé contre les rhumes, la toux etc. L'auteur chinois attribue en outre des qualités hémostatiques à cette substance.

N° 244. — TERRE DES BOULES D'ARBALÈTE.
TERRE ARBALÉTRIÈRE.

彈丸土 **Tan-guwan-do.** *Dango-yumi-no-tama. Hajiki-tama-no-tsuchi.*

Délayée dans du vin chaud, cette terre est recommandée comme remède interne, dans les accouchements difficiles.

N° 245. — ESPÈCE DE MARNE ou TUFF VOLCANIQUE.

自然灰 **Ji-nen-hai.** (cendre naturelle).

Une lotion de cette terre mêlée à du vinaigre serait utile pour combattre plusieurs maladies de la peau.

N° 246. — ARGILE DE L'INTÉRIEUR D'ANCIENNES FOURNAISES.

伏龍肝 **Fuku-riu-kan.** *Kamado-no-soko-ne-yaké-tsuchi.*

L'auteur chinois attribue des qualités hémostatiques à cette substance et recommande son usage dans le crachement du sang chez les femmes, dans les hémorragies et les blessures causées par des chocs ou coups de bâton. Elle serait utile aux petits enfants qui crient fort pendant la nuit et pour diverses maladies qui frappent les nouveau-nés. Enfin elle servira comme antidote contre les poissons vénimeux et la viande nuisible.

---

bilité. Nous préférons donc l'appeler "*Espèce de thé pourri*", surtout parce que les Japonais nomment le cachou généralement du nom de 阿仙薬 *A-sen-yaku* et n'emploient pas le mot *U-da-dei* pour désigner cette dernière substance. Il est cependant fort remarquable que notre ancien nom "*terre du Japon*" fait aussi classer le cachou parmi les "*terres*". Quant à l'expression "*du Japon*", on sait que le cachou n'est pas préparé au Japon et que cette épithète ne lui convient pas. Le cachou vient de Malabar, Suratte, Pégu, Bahar et d'autres contrées de l'Inde.

LA TERRE.

N° 247. — CENDRES DES FOURS A CHAUX.

土 罄 **Do-kiu**. *Sekkuwai-no-yaki-kasu*.

En mêlant ces cendres avec de l'huile de colza, elles seront utiles comme remède externe dans la teigne et pour amollir les tumeurs.

N° 248. — TERRE DE VIEUX CREUSETS.

甘 鍋 **Kan-kuwa**. *Rutsubo*. (creuset).

Délayée dans du vin chaud elle est recommandée contre les maux de reins *(sen-ki)*; mêlée avec le calomel *(Keï-fun)*, contre les brûlures causées par l'eau bouillante.

Il faut employer la poudre des creusets qui ont servi à la fonte des métaux.

N° 249. — TERRE DE VIEUX OBJETS DE POTERIE.

砂鍋 **Sha-kuwa**. *Yaki-nabé*. — *Su-yaki-nabé*. — *Tsutchi-nabé*.

La poudre de cette terre est recommandée pour guérir des tumeurs ou des gonflements de couleur jaunâtre.

N° 250. — TERRE DE VIEUX OBJETS EN PORCELAINE BLANCHE.

白瓷器 **Haku-ji-ki**. *Shirodé-no-chawan*. *Nankin-chawan*.

Au lieu d'un couteau, il serait bon de faire usage d'un têt de porcelaine pour ouvrir les abcès murs. La poudre en est considérée comme remède hémostatique et astringent.

N° 251. — TERRE DE VIEILLES TUILES.

烏古瓦 **U-ko-guwa**. *Yané-no-uyé-no-furuki-kawara*. (vieilles tuiles au-dessus du toit).

On choisira les tuiles les plus vieilles et on emploiera la poudre contre la maladie dite "*shokatsu*" (diabète?) des femmes; dans les fièvres et les maladies de la bouche. Extérieurement on appliquera la poudre sur les brûlures, blessures et piqûres d'abeilles.

N° 252. — TERRE DE VIEUX CARREAUX DE PAVÉ.

古 磚 **Ko-haku**. *Furuki-shiki-kawara*.

Dans les coliques on se chauffera le ventre avec un carreau chauffé au feu et entouré d'étoffe. Dans la maladie des femmes dite " *Haku-tai-gé* " on mêlera la poudre de ces tuiles avec de la farine et on en fera des coussins, sur lesquels les femmes devront s'asseoir. On recommande aussi cette poudre contre la dysenterie, le beri-beri, les maux d'yeux etc.

N° 253. — SUIE DES TUILERIES.

煙膠 **Yen-kiyo**. *Kawara-wo-yaku-muro-no-uyé-no-sumi*.
Voir p. 200.

N° 254. — ENCRE DE CHINE.

墨 **Boku**. — *Sumi*.
Voir p. 197.

N° 255. — SUIE QUI S'EST DÉPOSÉE AU FOND DES MARMITES.

釜臍墨 **Fu-seï-boku**. *Kama-no-héso-no-sumi* ou *Nabé-sumi*.

Voir p. 200.

N° 256. — SUIE QUI S'EST DÉPOSÉE DANS LES PETITS FOURNEAUX.

百草霜 **Haku-so-so**. *Kamado-no-hitai-no-sumi*.
Voir p. 201.

N° 257. — SUIE QUI S'EST DÉPOSÉE SUR L'ENTABLEMENT DES TOITS.

梁上塵 **Riyo-jo-jin**. *Utsubari-no-uyé-no-hokori*.
Voir p. 201.

N° 258. — POUSSIÈRE ADHÉRENTE AUX PORTES D'ENTRÉE.

門臼塵 **Mon-kiu-jin**. *Mon-no-tobira-no-tsuku-ana-no-naka-no-hokori*.

Des qualités astringentes et hémostatiques sont attribuées à cette substance, que l'on recommande, mêlée avec le suc d'oignons, sur les blessures, plaies et exanthèmes.

N° 259. — POUSSIÈRE SUR LES CHALITS DES VEUVES.

寡婦牀頭塵土 **Kuwa-fu-jo-to-jin-do**. *Yamomé-onago-no-nédoko-no-uyé-no-hokori*.

Mélangée avec de l'huile cette poussière sera utile contre les maux de tête. On l'appliquera derrière les oreilles.

N° 260. — CENDRE DES FOURNEAUX A PORCELAINE.

瓷甌中白灰 **Shi-wo-chu-haku-kuwai.** *Yakimono-no-naka-no-jo.*

Voir p. 302.

N° 261. — CENDRE DES ENCENSOIRS.

香爐灰 **Ko-ro-kuwai.** *Ko-no-kémuri-no-katamari.*

Voir p. 302.

N° 262. — CENDRE CHASSÉE PAR LES SOUFFLETS DES FORGERONS.

鍛竈灰 **Ka-so-kuwai.** *Fuyigo-no-hai.*

Voir p. 302.

N° 263. — CENDRE DES BRASIERS. CENDRE DU CHARBON DE BOIS.

冬灰 **To-kuwai.** *Uzumi-bi-no-hai.*

Voir p. 302.

N° 264. — SAVON.

石鹼 **Sek-ken.** *Shabon.*

Voir p. 318.

L'auteur chinois a eu l'heureuse idée de finir l'énumération des 61 espèces de terre par le savon, comme s'il voulait laver et effacer autant de matières sales. Nous faisons de même et nous n'avons pas besoin d'ajouter que tout ce qui a été écrit sur "la terre d'après les livres indigènes" reste sous l'entière responsabilité des auteurs asiatiques.

La terre arable et le terreau des environs de Tokio, des provinces de Shimosa, de Kodzuké, Shinano, et Iwashiro a été analysée par M. E. KINCH. Voir les "Transactions of the Asiatic society of Japan", vol. VIII, p. 369-414. *"Contributions to the agricultural chemistry of Japan"*. Oct. 1880.

M. O. KORSCHELT a donné dans le journal de la société asiatique allemande (Mitth. d. Deutschen Ost-Asiat. Gesellsch. 25 tes Heft. Dec. 1881. p. 180-202.) une série d'analyses de terre arable des environs de Tokio. Nous traiterons ce sujet dans le deuxième volume de notre ouvrage.

§ III

CLASSE DES SILICATES.

DIX-SEPTIÈME SECTION.

LES FELDSPATHS 長石 CHO-SEKI
ou 白石 HAKU-SEKI.

Les granites, les syénites, les porphyres et argilophyres, les diorites, les trachytes et la plupart des roches non stratifiées étant très-bien représentées au Japon, il s'en suit que les feldspaths, qui forment une partie constituante essentielle de ces roches, se trouvent en grande quantité dans ce pays. Mais jusqu'ici on n'a pas très-bien distingué les différentes espèces de feldspath dans les livres indigènes, où on ne fait mention que d'une seule espèce, le *Chô-seki* et dans les livres chinois on confond encore cette pierre avec des minéraux calcaires. Voici ce que le naturaliste japonais M. RANZAN dit de cette pierre (*Keimo*. vol. V, p. 30) : « 長石 Chô-seki. (pierre « principale ou chef-pierre). Syn. *Bosatsu-ishi*. — 馬牙石 « *Ba-gé-seki* ou *Muma-no-ha-ishi* (pierre [à forme de] dent « de cheval). — 乳石 *Niu-seki* (pierre laiteuse). — 牛腦石 « *Giu-nô-seki* (pierre cerveau de bœuf) — Le *Chóseki* forme « des cristaux enchevêtrés ou encastrés dans une roche blan- « che et dure. Ces cristaux sont réunis comme le sont les dents « du cheval ; ils varient en grandeur de 1 *Bu* (3 mm.) jusqu'à « 7 à 10 *Bu* (20 à 30 mm). Quelquefois on les trouve cristal- « lisés sur une roche ou pierre. Ils sont généralement d'une

« couleur blanche, mais quelquefois ils sont plus ou moins bru-
« nâtres, comme le *Chô-seki* que l'on trouve dans les provinces
« de Tosa et de Mino.

« Les *Chô-seki* que l'on vend actuellement chez les droguistes
« ne sont pas de vrai *Chô-seki*, mais des cristaux prismatiques
« de gypse (? spath calcaire) de structure fibreuse et de 1 *Bu*
« (3 mm.) de largeur sur 10 *Bu* (30 mm.) de longueur ».

L'auteur chinois du *Hon-zo-ko-moku* mentionne le *Chô-seki*
dans le IXe volume p. 37. fig. 29, entre le gypse fibreux et le
spath calcaire. Il en dit ce qui suit : « 長石 **Cho-seki.**—Syn.
« 方石 *Hô-seki* (pierre carrée). 直石 *Choku-seki* (pierre ré-
« gulière). 土石 *Do-seki* (pierre terreuse). 硬石膏 *Ko-sekko*
« (gypse dur). Selon le savant Bétsu-roku, le Cho-seki est une
« pierre de la forme de dents de cheval. Selon le savant Kokei
« cette pierre a une forme semblable à celle du gypse, mais elle
« a de plus grandes dimensions. Le savant Sho dit qu'à cause
« de sa ressemblance avec le gypse ou " *Riseki* ", on l'appelle
« quelquefois *Cho-ri-seki*. Selon Li-shi-chin et l'auteur du
« *San-zai-dzu-yé* le *Cho-seki* est identique au *Ko-seki-ko* (gypse
« dur), mais le *Seki-ko* est moins dur, moins blanc et plus
« petit que le *Chô-seki*. Le Chô-seki se casse assez facilement
« dans la direction de ses clivages ; il est doué d'un éclat
« vitreux comme le mica ou le quartz. Il ressemble au *Hogé-
« seki* (spath calcaire rhomboëdrique), mais il en diffère en ce
« que les fragments du dernier ont toujours une forme carrée,
« tandis que le *Chô-seki* se casse en morceaux ayant la forme
« de dent de cheval. En outre, on peut les distinguer par leur
« conduite au feu; chez les anciens médecins il existe une gran-
« de confusion entre cette pierre et le gypse, et d'autres méde-
« cins le confondent avec le spath calcaire. Le *Chô-seki* doit
« être considéré comme une variété de l'espèce 方解石 *Ho-
« kai-seki* (spath calcaire) et par cette raison on lui a donné
« le nom de 方石 *Hô-seki*. Aussi est-il employé au même usage
« médicinal que le dernier. »

On voit que les auteurs chinois ont confondu avec leur 長石
Chô-seki une pierre calcaire quelconque. Mais au Japon on a

adopté ce mot pour désigner le feldspath et pour cette raison nous avons identifié le Chô-seki avec les feldspaths.

Nous avons pu examiner les espèces suivantes :

N° 265. — ORTHOSE OU FELDSPATH POTASSIQUE.

(*Orthoclase* ANGL.)

加里長石 Ka-ri-cho-seki. Syn. ヲルトクラース *Orutokurâsu*.

La variété granulaire cristalline est un constituant essentiel de plusieurs espèces de granite, de porphyre et de syénite du Japon, tandis que le minéral compact se trouve, combiné de quartz, dans plusieurs felsites ou pegmatites. Dans le granite graphique de Mikawa et le granite porphyroide de Nikko, dans la province de Shimotsuké, nous avons pu observer de grands cristaux d'orthose jaunâtres et légèrement rougeâtres.

N° 266. — SANIDIN OU FELDSPATH VITREUX. — RHYACOLITE.

玻璃長石 Ha-ri-cho-seki. Syn. サニジン *Sanijin*.

Cette espèce qui est considérée par plusieurs minéralogistes comme une variété d'orthose, est très-commune au Japon dans les trachytes et phonolithes. Nous avons eu sous les yeux des échantillons bien cristallisés des provinces de Satsuma, de Chikuzen, et d'Iwashiro; on le trouve aussi dans plusieurs brèches porphyriques (Felsittuff) du Japon.

N° 267. — ALBITE OU FELDSPATH SODIQUE.

曹達長石 So-da-cho-seki. Syn. アルビト *Arubito*.

Se trouve dans quelques diorites et porphyres du Japon, notamment dans ceux des provinces d'Omi, de Rikuchiu, district Hei-gōri, d'Iwashiro et d'Ugo.

N° 268. — OLIGOCLASE OU SPODUMEN A BASE DE SOUDE.

石灰曹達長石 Sek-kuwai-so-da-cho-seki. Syn. ヲリクゴラース *Origokurâsu*.

L'andésite (oligoclase-trachyte) du Haku-san, dans la province de Kaga et les trachytes des provinces Mutsu et Nagato contiennent de beaux cristaux blancs d'oligoclase.

N° 269. — FELSITE, PÉTROSILEX OU FELDSPATH COMPACT.

白石 **Haku-seki**. — Syn. 稠理長石 *Cho-ri-chô-seki*. Pour les autres synonymes voir p. 376, N° 194, ROCHE A PORCELAINE.

Le nom générique pour les felsites est *haku-seki*, c'est-à-dire pierre ou roche blanche, mais on donne aux variétés quartzeuses, qui sont employées dans l'art céramique, des noms spéciaux, comme nous l'avons démontré pages 376 et 377 de cet ouvrage. Si nous exceptions les granites, syénites et autres roches dans lesquelles le feldspath compact forme une partie intégrante, on trouve les felsites au Japon surtout dans les provinces de Kii, Hizen, Kai et Rikuchiu où cette roche forme même des montagnes entières.

Les localités où se trouvent au Japon les différentes espèces de feldspath peuvent être resumées comme il suit :

PROVINCES.	DISTRICTS.	LOCALITÉS.	REMARQUES.
SETTSU	Ubara-gōri	Ashiya-mura	provenant de granites décomposés.
OWARI	Kasugai-gōri	Seto-mura, Sasatoya	
		Oyama-mura, Iwasu	
		Akatsu-mura, Odorité, Shirosaka	
	Aichi-gōri	Yamaguchi-mura, Yoshidaté	provenant de la décomposition du granite graphique.
		Nishi-Nakayama-mura. Okehara	
		Ka-no-mura, Kayano	
MIKAWA	Kamo-gōri	Shirakawa-mura, Mitsu-ishi	
		Nishi-no-mura, Itatori	
		Oïwa-mura, Nitta	

PROVINCES.	DISTRICTS.	LOCALITÉS.	REMARQUES.
Kai	Koma-gōri	Miyamoto - mura, Otome-saka	Felsite et feldspath cristallisé en grande quantité. Contient souvent de la tourmaline.
Hitachi	Chikuba-gōri	Hongo-mura	Felsite et feldspath cristallisé.
Omi	Kurimoto-gōri	Maki-mura, Rosogatani........ Sekinotsu - mura, Gongentani.....	Felsite et feldspath en grande quantité. L'albite colorée légèrement rosée s'appelle ici *Niku-shoku-seki* (pierre couleur de chair). De beaux cristaux d'orthose blanc et blanc-jaunâtre.
Mino	Toki-gōri	Kasahara-mura	Orthose et felsite.
Hida Shinano	? ?	? ?	Feldspath provenant du granite décomposé.
Kotsuké	Usui-gōri	Kami-satomi-mura.	
Shimotsuké	?	Nikko, Nantaï-san.	Orthose cristallisé et felsite.
Iwaki	Shirakawa-gōri Ishikawa-gōri	Mishiromé-mura Shiwobara-mura	Felsite.
Iwashiro	Dato-gōri	Nihon-matsu-mura. Miyatsu-mura.	
Rikuchiu	Iwai-gōri Hei-gōri	Kuniko-mura, Chimaya-mura, A-sanama, Ili-machi-yama plusieurs villages.	Feldspath cristallisé. beaucoup de felsite.
Uzen	Tagawa-gōri	Takashaka-mura.	
Mutsu	Kita-gōri	?	

LES FELDSPATHS.

PROVINCES.	DISTRICTS.	LOCALITÉS.	REMARQUES.
KAGA	Ishikawa-gōri	Yamashiro-mura.	Orthose.
		Haku-san.	Oligoclase.
YECHIGO	Kambara-gōri,	Nakayama-mura.	
BINGO	?	?	Felsite.
NAGATO	Awa-gōri	Obata-mura.	
KII	Arita-gōri	Yoshiwara-mura..	Felsite en grande quantité.
AWA	Amabé-gōri	Masa-yama	Felsite.
SANUKI	Naka-gōri	Shakushima.	
IYO	Kagahaya-gōri	Ogoshima.	
TOSA	Fukuta-gōri	Fuji-mura.	
HIZEN	Matsura-gōri	Arita	Felsite.
HIGO	Amakusa-gōri	île d'Amakusa	

N° 270. — OBSIDIENNE.

黒曜石 **Koku-yo-seki**, (pierre-étoile noire).—Syn. 曜石 *Hoshi-ishi*, (pierre étoile). — 烏石 U-seki ou *Karasu-ishi* (pierre corneille ou pierre corbeau). — *Urushi-ishi*. (pierre laque, c'est-à-dire noire et brillante comme la laque noire japonaise). — 火山玻璃 *Kuwa-san-Ha-ri* (lave vitreuse ou verre volcanique). — 黒瑪瑙 *Koku-Mé-no* ou *Kuro-Mé-no* (agate noire). — 紋別石 *Mombetsu-ishi* (pierre de *Mombetsu*, un endroit dans l'île de Yesso). 十勝石 *Tokachi-ishi* (pierre de *Tokachi*, un autre endroit dans l'île de Yesso, d'où l'on tire cette pierre).

Lave vitreuse et amorphe, résultat d'un refroidissement rapide, à cassure éclatante et conchoïde, à esquilles minces et tranchantes et à couleur noire. On l'emploie rarement au Japon pour en faire des boutons, des "*netsuké*" et autres ornements. Beaucoup de têtes de flèches barbelées du nord du Japon sont taillées en obsidienne, cf. p. 274. — Elle vient au Nord du Japon, notamment dans l'île de Yesso. Nous connaissons les lieux de provenance suivants :

LES FELDSPATHS.

PROVINCES.	DISTRICTS.	LOCALITÉS.	REMARQUES.
SHINANO	Suwa-gōri	Shimo-mura et Hara-mura	s'appelle là Ho-shi-ishi.
	Ina-gōri	Ushimaki-mura..	s'appelle là I-do.
SHIMOTSUKÉ	Tsuga-gōri	Nikko-machi.	
MUTSU	?	?	beaucoup de grandes boules.
UZEN	Tagawa-gōri	Imano-gawa-mura.	de grandes boules.
KAGA	?	Sei-kai-mura	s'appelle là Niu-yo-seki.
ILE DE SADO	Satta-gōri	Idzumi-mura	en abondance. s'appelle là Urushi-ishi.
IDZUMO	?	?	
ILE D'OKI	Ochi-gōri	Dai-mura.	
SANUKI	Ano-gōri	Dans la mine de Nishi-no-sho.	
BUNGO	Kunisaki-gōri	Himéshima, Tama-saki	s'appelle là On-jaku.
HIGO	Kumamoto	Dans les environs du château.	
HOKKAÏDO (YESSO)	Oshima.. Kaméda-gōri... Kitami .. Monbétsu-gōri.. Tokachi . Naka-gawa-gōri.	Ishisaki. U-futsu-gawa. ?	en abondance.

N° 274. — PIERRE-PONCE OU PUMITE.

浮石 **Fu-seki**. (pierre flottante). Vulgo : **Karu-ishi** (pierre légère). Syn. 海南石 *Kai-nan-seki*. (pierre de l'île *Hai-nan*). — 海浮石 *Kai-fu-seki*. (pierre flottante dans la mer). — 羊肚石 *Yo-to-seki* (pierre viande de mouton). — 燒石 **Sho-seki** ou *Yaki-ishi*. (pierre brûlée).

[*Hzkm*. vol. IX, p. fig. 43. — *Keimo*. vol. V, p. 47. — *Sm*. m. m. p. 180. " *Fau-shik* " — Chin. Chr. p. 432 " *Fau-sik* ".]

LES FELDSPATHS.

Cette pierre spongieuse et légère d'origine volcanique est ordinairement d'un blanc sale ou bien de couleur grisâtre. Dans plusieurs échantillons du Japon nous avons remarqué des cristaux de feldspath disséminés. Les Chinois croient à tort que cette pierre s'est formée par l'action de l'eau de mer ou de l'écume de l'eau de mer. RANZAN a remarqué déjà avec raison que la pierre-ponce doit son origine à une autre cause. Voici ce qu'il en dit : « Le *fu-seki* est une pierre blanche ou
« grisâtre, très-poreuse que l'on rencontre souvent flottant
« sur l'eau de la mer. Selon le savant (chinois) RIDZO-CHIN
« elle serait formée par la pétrification ou l'incrustation des
« gouttes d'eau, mais au Japon on connaît plusieurs endroits
« qui prouvent que cette pierre est d'origine volcanique. Elle a
« probablement été projetée dans la mer (par les forces volca-
« niques), comme cela a eu lieu autrefois à Oshima, province
« d'Idzu et à Sakura-shima, province de Satsuma. On trouve
« aussi cette pierre dans les provinces d'Iyo, de Kii, de Sagami.
« Dans cette dernière province on l'appelle aussi *Hachi-no-su-*
« *ishi* (pierre nid d'abeilles). On l'emploie beaucoup pour le
« nettoyage des peaux d'animaux et en général comme matière
« à polir ».

L'auteur chinois recommande l'usage de cette pierre dans une foule de maladies.

Lieux de provenance au Japon :

PROVINCES.	DISTRICTS.	LOCALITÉS.	REMARQUES.
IDZU	Kamo-gōri	dans la forêt de la montagne Amagi.	
		Nishima-mura...	une ponce entremêlée de perlite. Cette pierre s'appelle 火德石 *Kuwa-toku-seki*.

PROVINCES.	DISTRICTS.	LOCALITÉS.	REMARQUES.
Sagami	Miura-gōri	Ko-tsubo-mura.	
Omi	Koga-gōri	Bodaiji-mura. Bodaiji-yama.	
Shinano	Saku-gōri	Asama-yama (volcan).	
Iwashiro	Kawanuma-gōri	Katado-mura.	
Iyo	Uwa-gōri	Hiburi-shima.	
Higo	Tamana-gōri	Takasé-gawa.	
Satsuma	?	Kirishima-yama. Sakura-shima.	
Hokkaïdo (Yesso)	Oshima — Kayabé-gōri	Shikabé-mura.	en abondance.
	Tokachi	Tokachi-gawa.	

N° 272. — PERLITE. OBSIDIENNE PERLÉE.

(Allem. PERLSTEIN.)

眞珠石 Shin-ju-seki. (Nouveau nom récemment adopté au Japon). Lave fondue en émail, composée de globules vitreux et de fragments d'obsidienne, de couleur gris bleuâtre.

Au Japon on la trouve dans la province de Yechigo à Shikasé-mura et dans la province de Shinano près de la montagne Ko-asama et au village Okada, district Sarashina, de la même province. Dans cette dernière localité, où elle se trouve en grande quantité, elle porte le nom de *Asagi-suna* (sable bleuâtre).

N° 273. — CENDRE DE PONCE OU ASCLÉRINE.

自然灰 Ji-nen-hai, Ji-zen-hai ou Ji-nen-kuwai. (Cendre native). Sous ce nom nous avons reçu du village Icho-no-miya, de la province de Tosa, une substance blanche poudreuse et d'apparence de cendres de ponce ou de cendre d'une lave blanchâtre.

N° 274. — SABLE VOLCANIQUE. LAVE SCORIFIÉE. LAVE
ALTÉRÉE. ARGILE HYDRAULIQUE. BRECCIOLE
VOLCANIQUE FRIABLE.

火山灰 **Kuwa-san-hai** ou **Kuwa-san-kuwai.** (cendre volcanique). Syn. *Tataki-tsuchi.* — *Tataki.*

[BENJ. SM. LYMAN. Geolog. Survey of Japan. Reports for 1878 & 79. Tokio. 1879, p. 120. — O. KORSCHELT. " Jap. Ackerboden ein Natürlicher Cement " Mitth. Deutsch. Ost. Asiat. Ges. 25. Heft. p. 180, 1881.]

Les Japonais ont su faire une espèce de mortier hydraulique depuis les temps les plus reculés, témoin les nombreux bassins d'eau douce et les petits viviers que l'on trouve dans les basses-cours des maisons. Mais cet ancien ciment japonais ne devient jamais aussi dur que le bon ciment de Portland de l'Europe et ne peut pas bien résister à un froid rigoureux d'hiver. L'ancien ciment japonais, comme on l'emploie dans l'île de Kiu-shiu, consiste généralement d'un tiers de chaux, un tiers de sable angulaire et un tiers d'une espèce d'argile rouge ou jaune-brunâtre, qui est probablement le produit de l'altération de lave ou de tuff (brecciole) volcanique. Le mortier hydraulique est étendu sur une base de gravier ou de granite brisé, pilé auparavant au moyen de maillets (*Tataki*). On a fait des recherches durant les dernières années, pour découvrir au Japon une pouzzolane ou sable volcanique qui donne, mêlée avec la chaux et le sable quartzeux, des ciments plus résistants et plus durs à l'usage des grandes constructions navales et des travaux exécutés par le bureau central des ponts et chaussées. A l'arsenal maritime d'Akanura, à Nagasaki, on emploie depuis plusieurs années une lave scorifiée de couleur jaune-rougeâtre des îles *Goto*. M. C. J. VAN DOORN, ingénieur hollandais au service du bureau des ponts et chaussées au Japon, a fait quelques expériences avec une espèce de tufaïte hydraulique (*trass*) des environs de la montagne Mikunitogé, entre les provinces de Kotsuké, Shinano et Musashi, mais il paraît que ces expériences n'ont pas abouti encore à un résultat pratique. C'est à tort que M. KORSCHELT (l. c.) affirme que l'on a fait usage pour les travaux du port de Nobiru, près de Sendaï, de ciment japonais naturel. M. VAN DOORN a employé pour ces travaux du ciment artificiel, fabriqué à Tokio d'après la méthode européenne. Ce ciment artificiel de Tokio acquiert une assez grande dureté et une résistance très-satisfaisante. A l'exposition de Tokio en 1881, j'ai observé des spécimens de lave scorifiée et altérée de couleur rougeâtre, provenant de la montagne Amagi (un ancien volcan) et des villages Naramoto-mura, Také-no-uchi-mura et Wada-mura, tous dans la province d'Idzu, district Kamo-gōri. Encore une autre espèce de mortier hydraulique, que l'on emploie à présent dans les environs de Tokio et de Yokohama, est préparée au moyen de granite graphique altéré et brisé des provinces de Mikawa, d'Isé et d'Owari. On mêle la poudre un peu grossière du granite altéré avec de la chaux récente. La masse s'endurcit assez bien. Dernièrement M. O. KORSCHELT a démontré (l. c.) que l'argile rouge aux environs de Tokio, prise à une profondeur de 3 à 15 pieds, peut produire, un assez bon mortier hydraulique quand on la mêle avec de la chaux récente dans la proportion de 1 partie de chaux éteinte sur 3 parties de terre, mais ce mortier hydraulique n'obtient pas non plus la dureté et le degré de résistance de notre ciment de Portland. M. KORSCHELT émet l'opinion que cet argile rouge hydraulique est un produit d'éruption volcanique, un résultat d'une pluie de cendre volcanique et il a trouvé qu'une terre analogue se trouve dans beaucoup d'autres endroits du Japon. Il l'a appelé " *Tuffboden* " terre volcanique ou terre-brecciole. Deux analyses faites par M. IIDA ont donné les résultats suivants :

MATIÈRES	Argile Hydraulique de *Kumaba* près de Tokio. Profondeur 5 pieds. HIDA.	Argile Hydraulique d'*Akasaka* Tokio. Profondeur 7 pieds. HIDA.
Eau combinée............	10.31	11.51
Matière organique	1.08	
Silice	32.50	34.05
Alumine	24.98	22.15
Oxyde ferrique	15.74	13.45
Chaux...................	1.20	0.61
Magnésie	traces	traces
Potasse.................	1.32	0.39
Soude...................	pas déterm.	1.47
Acide sulfurique..........	0.21	0.08
Acide phosphorique.......	0.08	0.08
Matières solubles dans l'acide hydrochlorique échauffé...	87.42	83.79
Silice	1.06	1.72
Alumine.................	0.83	1.24
Oxyde ferrique	0.12	0.27
Chaux..................	0.12	0.22
Magnésie	traces	0.06
Matières solubles dans l'acide sulfurique échauffé........	2.14	3.51
Silice	7.51	8.91
Alumine................. Oxyde ferrique.............	1.64	2.01
Chaux et alkali...........	0.56	0.85
Résidu insoluble..........	9.71	11.77
Total	99.27	99.07

Sans vouloir nier l'importance d'une argile, riche en zéolites et en silicate ferrique, qui peut donner avec la chaux un mortier hydraulique à bas prix d'une certaine dureté, quoique faible, nous ferons observer qu'un bon ciment doit se durcir mêlé avec du sable seul, sans addition de chaux, et comme personne n'a encore réussi à trouver un ciment naturel aussi bon au Japon, nous croyons que l'on fera bien d'y fabriquer plus de ciments artificiels à l'usage des grandes constructions maritimes, puisque l'expérience en Europe a appris que les ciments naturels ont perdu beaucoup de leur importance, depuis que l'on sait fabriquer un ciment hydraulique de très-bonne qualité sans l'intervention de pouzzolane ou de brecciole volcanique. Il n'y a aucune raison pour que le ciment artificiel de l'Europe, dit ciment de Portland, soit toujours, comme à présent, un article important des importations de l'Europe, puisque les matériaux pour la fabrication des ciments artificiels se trouvent au Japon en abondance.

§ III

CLASSE DES SILICATES

DIX-HUITIÈME SECTION.

LES GRENATS. 柘榴石 SEKI-RIU-SEKI ou ZAKURO-ISHI.

Les grenats sont grandement représentés au Japon et se trouvent assez communément disséminés dans les schistes argileux (phyllade et micaschiste), l'amphibolite et quelquefois dans le syénite et les diorites. On en rencontre aussi, sous forme de sable, dans les lits des rivières et dans les terrains d'alluvion formés aux dépens des roches nommées ci-dessus. Les provinces de Yamato, Kawachi, Shinano et Yetchiu sont celles qui en produisent le plus.

N° 275. — GRENAT ALMANDIN. GRENAT ROUGE VIOLET ET TRANSLUCIDE.

貴柘榴石 Ki-seki-riu-seki (1) ou Tattoki-Zakuro-ishi. (grenat précieux). Syn. 石榴子 Seki-riu-shi. — 賓榴石 Hô-riu-seki. (grenat gemme). — 石榴珠 Seki-riu-shu (galet ou

---

(1) Le mot 柘榴石 Seki-riu-seki ou Zakuro-ishi a la même signification que notre "grenat" et prend son nom de l'arbre *Punica granatum* ou grenadier appelé en japonais 石榴 Seki-riu, vulgo Zakuro ou Ziakuro. Les semences du fruit du grenadier sont nombreuses, de couleur rouge et de forme granulaire (lat. *granatus*); c'est de la Chine que cet arbre a été introduit au Japon et le premier de ces pays l'avait reçu des Indes.

gemme de grenat). — 二十六方石 *Ni-ju-roku-hô-seki* (pierre à vingt-six faces) — 八方タガ子 *Hachi-hô-tagané* (burin à huit faces). — 八角石 *Hakkaku-seki* (pierre à huit angles).

Les trois derniers noms s'appliquent aussi au grenat aplome ou grenat commun.

Nom inexactement employé par les droguistes du Japon pour désigner le grenat: 金剛石 *Kon-go-seki* (pierre extrêmement dure). Ce nom appartient proprement au corindon opaque ou spath adamantin (cf. p. 356).

[*Hzkm.* vol. VIII, fig. 15 sub 寶石 *Hô-seki.—Keimo*, vol. V, p. 10 sub *Hô-seki*. Cf. p. 202 et 362 de cet ouvrage. — *Sm. m. m.* p. 102 et 107 "*Hung-sha.*"—*Hanb.* p. 7 "*Hung-sha*".—]

Cette variété de grenat translucide est rare au Japon. RANZAN (l. c.) a déjà remarqué avec juste raison que le grenat rouge violet et translucide du Japon est moins beau que les pierres apportées de l'étranger. Le grenat almandin forme une des nombreuses 寶石 *Hô-seki* (pierres-trésor) de la Chine et du Japon, comme nous l'avons démontré pages 358-362 de cet ouvrage.

N° 276. — ESSONITE OU GROSSULAIRE.
(Allem. KANEELSTEIN.)

黄色柘榴石 *O-shoku-seki-riu-seki* ou **Ki-iro-Zakuro-ishi**. (grenat de couleur jaune). Syn. 肉桂石 *Nik-keï-seki*.

Le grenat jaune, l'essonite des minéralogistes, se trouve quelquefois à l'état de pierre ornementale en Chine, d'où il a été importé, mais rarement, au Japon. J'ignore si cette pierre a été importée en Chine de Ceylan ou si elle se trouve dans la Chine même. Aussi est-ce avec réserve que nous la mentionnons comme étant un produit de la Chine. Il est possible que la pierre 黃寶石 *O-hô-seki* ou 木難珠 *Boku-nan-shu*, que nous avons mentionnée p. 359, soit un synonyme de cette pierre.

N° 277.—GRENAT APLOME OU GRENAT COMMUN.
GRENAT BRUN.

褐色柘榴石 *Katsu-shoku-seki-riu-seki*. (grenat de couleur brunâtre). — 尋常柘榴石 *Jin-jo-seki-riu-seki* (grenat commun). Syn. 二十六方石 *Ni-ju-roku-hô-seki* (pierre à vingt-six faces). — 八方タガ子 *Hatchi-ho-tagané* (burin à huit faces). — 八角石 *Hak-kaku-seki* (pierre à huit angles).

Cette variété est fort répandue au Japon. Nous en avons eu sous les yeux de très-grands cristaux, de six à huit centimètres de diamètre. Les plus grands cristaux viennent de Wada-mura, district d'Inagôri, de la province de Shinano ; mais les plus jolis viennent de la montagne Ii-yama et des villages Ariminé-mura et Funami-mura, dans la province de Yetchiu.

Le grenat est rarement employé au Japon comme pierre d'ornement : son usage principal est de servir d'outil aux lapidaires et aux graveurs.

N° 278. — MELANITE. GRANAT NOIR.

黒柘榴石 **Koku-seki-Riu-seki**. Vulgo **Kuro-Zakuro-ishi**.

Les variétés noires ordinaires et noires brillantes se trouvent au Japon assez fréquemment enfermées dans un tuff volcanique, pépérine, brecciole etc.

N° 279 — EMERI ROUGE. GRENAT-PYROPE. GRENAT GRANULAIRE. GRENAT ARÉNIFORME.

柘榴砂 **Zakuro-sha** ou **Ziakuro-sha**. — Vulgo, 赤金剛砂 **Seki-Kon-go-sha** (émeri rouge) —Syn. 紅砂 *Ko-sha* (sable rouge).—玉工砂 *Giyok-ko-sha*. (sable des lapidaires).

Nom erroné qui appartient de droit au Corindon granulaire, mais qui est au Japon ordinairement donné à l'émeri rouge : 金剛砂 *Kon-go-sha* (sable extrêmement dur). Cf. pp. 202 et 358.

[*Hzkm.* vol. VIII, sub "*Hô-seki*". — *Keimo.* vol. V, p. 10, sub *Hô-seki.* — " *Hanb.* p. 7. Hung-sha "]

Sable d'un rouge-brun, qui consiste en petits fragments angulaires. Il est d'un usage universel chez les lapidaires, lunettiers et graveurs du Japon. On peut se le procurer facilement et à très-bas prix chez les droguistes. L'eau à aiguiser, dans laquelle ce sable se trouve suspendu, est recommandée comme remède externe sur les brûlures.

Lieux de provenance des différentes espèces de grenat :

En Chine :

PROVINCES.	LOCALITÉS.
KIANG-SI	Montagnes Lu-shan près de Kiu-kiang.
YUN-NAN	?
MANCHURIE	?

Au Japon :

PROVINCES.	DISTRICTS.	LOCALITÉS.	REMARQUES.
YAMATO	Yoshino-gōri	Kongo-san	grande quantité.
	Katsuyé-gōri	Anamushi-mura	Eméri rouge, s'appelle là *Kon-go-sha*.
KAWACHI	Ishikawa-gōri	Kamo-tani-gawa, Kasuga-mura	grande quantité. s'appelle là *Kon-go-sha*.
	Furu-ichi-gōri	Asuka-mura	
HITACHI	Makabé-gōri	Yamaö-mura	De beaux cristaux qui s'appellent là *Ni-ju-roku-ho-seki*.
SHINANO	Ina-gōri	Wada-mura	Cristaux de grenat commun s'appellent là *Hachi-ho-taga-né*.
	Adzumi-gōri	Hira-mura	
YETCHIU	Nikawa-gōri	Ariminé-mura	grande quantité.
		Funami-mura	De beaux cristaux qui s'appellent là *Hak-kaku-seki*.
SANUKI	Mino-gōri	Shira-kata-mura	grande quantité, mais en général de qualité inférieure.
	Udo-gōri	Kawatsu-mura	
	Kagawa-gōri	Tsuda-mura	
	O-uchi-gōri	I-yama	

N° 280. — TOURMALINE.

電氣石 **Den-ki-seki**. (pierre électrique). Syn. 引灰石 *In-kuwai-seki* (pierre qui tire les cendres.)

[PUMPELLY, « Geolog. researches in China, Mongolia & Japan », dans le Smithsonian Contributions to knowledge. Vol XV, 1867, p. 118.]

Variété noire, dure et opaque ayant la forme de prismes allongés à neuf faces. Je n'ai pas trouvé les variétés bleues ou rouges au Japon, mais le musée de Tokio possède des cristaux parfaitement incolores et fort jolis. Les cristaux de Miyamoto-mura, dans la province de Kai, qui viennent dans un pegmatite, ont souvent une longueur considérable et sont très-beaux. Les anciens livres indigènes ne parlent pas de ce minéral. Aussi le nom de *Den-ki-seki* (pierre électrique) lui a été donné au Japon tout récemment. M. PUMPELLY (l. c.) dit que la tourmaline rouge ou *rubellite* 寶電氣石 *Ho-den-ki-seki* (tourmaline précieuse) ou 桃花色電氣石 *To-kuwa-shoku-den-ki-seki* (tourmaline de couleur de fleur de pêcher [rose]) se trouve en Chine et y est travaillée comme pierre d'ornement, mais il ne mentionne pas l'endroit d'où les Chinois tirent ce minéral.

Lieux de provenance au Japon :

PROVINCES.	DISTRICTS.	LOCALITÉS.	
KAI	Koma-gōri..	Miyamoto-mura, Oto-mi-zaka, Butaihira.	de grands cristaux.
HIUGA	Usuki-gōri..	Taka-kuma-yama.	

N° 281. — EPIDOTE. THALLITE.

越石 **Yetsu-seki.** 綠石 *Riyoku-seki.* Syn. エピドート *Yepidôto.*

Des prismes hexagonales obliques de couleur vert jaunâtre ainsi que la variété granulaire d'épidote ordinaire viennent dans une roche crystalline quartzeuse (*? Epidosyte*) à Kisénuma, dans la province de Rikuchiu. Les auteurs indigènes ne font pas mention de ce minéral.

§ III

CLASSE DES SILICATES.

DIX-NEUVIÈME SECTION.

LES MICAS. 雲母 UM-MO ou KIRARA.

Comme les micas forment une partie essentielle de plusieurs roches primitives, notamment les granites et les micaschistes qui sont si généralement répandus au Japon, il est évident qu'ils ne manquent pas dans ce pays. On les trouve en outre disséminés, sous forme de paillettes brillantes, dans les sables des terrains alluviaux, d'où on les retire au Japon assez souvent pour les employer à satiner les papiers qui servent à orner les murs intérieurs des maisons. Les provinces de Mikawa, Mino, Iwaki et Wakasa sont celles qui en produisent le plus.

N° 282. — MICA ORDINAIRE. MICA A BASE DE POTASSE.

雲母 Um-mo. (mère des nuages). — 加里雲母 Ka-ri-um-mo. (mica potassique). — 尋常雲母 Jin-jo-um-mo. (mica ordinaire).

Synonymes dans les livres japonais :

Kirara. — Kira. — 石鱗 Seki-rin. (pierre nacrée ou litt. pierre écaille de poisson). — 雲碼 Um-mo (pierre mère des nuages). — 浮雲滓 Fu-un-sai (Résidu ou dépôt des nuages). — 雨華 U-kuwa. (fleur de la pluie). — 飛英 Hi-yeï. (fleur volante) —

LES MICA.   427

雲溪石 *Un-riyo-seki*. (pierre support des nuages). — 明石 *Mei-seki* ou *Miyo-seki* (pierre limpide). — 雲起 *Un-ki*. (pierre d'où sortent les nuages). — 雄黒 *Yu-koku* (noir masculin). — *Arabiya gurasu* (d'après le hollandais " *Arabisch glas* ", verre des Arabes).

Synonymes dans les livres chinois :

雲華 *Un-kuwa*, (fleur des nuages). — 雲英 *Un-yei*. (bouquet ou fleur des nuages). — 雲珠 *Un-shu* (galet gemme des nuages). — 雲液 *Un-yeki*. (liquide des nuages). — 雲砂 *Un-sha* (sable des nuages). — 磷石 *Rin-seki*. (pierre brillante comme les écailles de poisson, c'est-à-dire pierre nacrée).

(*Hzkm*. vol. VIII, p. 54, Fig. 19.—*Keimo*. vol. V, p. 16.—Enc. *Wa-kan-san-zai-dzu-yé*, vol. 60. p. 6. — *Chin. Chrest.* p. 433. " *Um-mo-seki* "= Talc).

La variété incolore et transparente existe au Japon, mais on n'y a pas encore trouvé de grandes lames transparentes. Les petites paillettes (mica incolore à forme de sable) sont cependant abondantes et se vendent chez les droguistes à bas prix. Voici ce que le naturaliste Ono Ranzan en dit : « Le mica de
« qualité supérieure est quelquefois importé chez nous de
« l'étranger ; il est transparent comme le cristal de roche et peut
« être divisé en lames infiniment minces, comme le papier. On
« le trouve partout, tant en Chine, qu'en Corée et au Japon,
« mais au Japon on ne trouve pas le mica de première qualité.
« Dans la sixième année de *Wa-do* (713 de notre ère) on a
« offert au Mikado Gen-mei du mica provenant des provinces
« de Yamato, Mikawa et Mutsu. »

Les auteurs chinois du *Hon-zo-ko-moku* et de la grande Encyclopédie ont rangé le mica parmi les pierres précieuses (玉類), entre l'outremer (lapis lazuli) et le quartz. L'encyclopédie donne la description suivante et assez curieuse de ce minéral : « Le
« mica se trouve au milieu des roches. Pour le chercher il faut
« d'abord choisir un endroit d'où montent des nuages et ensuite
« creuser les roches sans parler. On croit que ce minéral forme
« la base, ou l'origine des nuages, et est appelé, pour ce motif,
« 雲母 *Um-mo*, mère des nuages. On le trouve ordinairement

« associé avec le minéral 陽起石 *Yo-ki-seki* (trémolite ou
« grammatite). Si on expose le mica aux rayons du soleil on y
« remarquera les « *cinq couleurs* », et selon que l'une ou l'autre
« couleur est prédominante, on distingue les variétés suivantes :

« 1° 雲英 **Un-yei**. (Bouquet ou fleur des nuages), quand la couleur verte prédomine.

« 2° 雲珠 **Un-shu**, (galet-gemme des nuages), quand la couleur rouge est la plus marquante.

« 3° 雲液 **Un-yeki**, (liquide des nuages), quand le mica est blanc ou incolore.

« 4° 雲母 **Um-mo**, (mère des nuages), quand la couleur noire prédomine.

« 5° 雲砂 **Un-sha**, (sable des nuages), quand les deux couleurs, jaune et bleu-verdâtre, sont dominantes.

« 6° 礫石 **Rin-seki**, (pierre brillante comme les écailles des poissons), quand le mica est d'un blanc nacré.

« Pour réduire le mica en poudre on le plonge dans une les-
« sive salée bouillante. Le mica ne brûle pas et n'est pas con-
« sumé par le feu, il ne pourrit pas dans la terre, il ne se
« mouille pas dans l'eau. A cause de ces propriétés on l'emploie
« pour préserver les morts ensevelis dans la terre contre la
« putréfaction. »

Dans la médecine chinoise le mica est recommandé pour guérir les maladies dites " *Chu-bu* " et " *Kan-netsu* ", le mal de mer et le mal de voiture. Les maladies des " *cinq intestins* ", le mal aux yeux, toutes les plaies et blessures peuvent être guéris avec cette substance, qui a encore la réputation d'aider les accouchements difficiles et même de prolonger la vie.

Lieux de provenance au Japon :

PROVINCES.	DISTRICTS.	LOCALITÉS.	REMARQUES.
IGA	Nabari-gōri	Takino-hara-mura.	
ISÉ	Miyé-gōri	Midzu-zawa-mura.	
MIKAWA	Hadzu-gōri	Hachi-men-san	grande quantité.
	Nukada-gōri	Sakasaki-mura... Kitagata-mura... Nagaminé-mura...	» »
HITACHI	Kuji-gōri	Higashi-ka-uchi-mura.	

PROVINCES.	DISTRICTS.	LOCALITÉS.	REMARQUES.
OMI	Kurita-gōri	Sato-mura, Otani-yama.	
MINO	Do-ki-gōri	Jorinji-mura. Tashiro-mura. Iwa-mura. Hiru-kawa-mura.	
SHINANO	Ina-gōri	Ushimaki-mura.	
IWAKI	Ishikawa-gōri	Tanoki-mori-mura.	grande quantité.
IWASHIRO	Adachi-gōri	Iné-numa-mura.	
UGO	Akita-gōri	Nimbétsu-mura.	
WAKASA	Mikata-gōri	Mikata-mura. Tori-hama-mura. Tachiyaï-yama.	en abondance.
IDZUMO	Nigi-gōri	Ju-nembata-mura.	
BIZEN	Kojima-gōri	Kami-yama-saka-mura.	
	Tsutaka-gōri	Hosoda-mura.	
SUWO	Yoshiki-gōri	Kiri-hata.	
CHIKUZEN	Shima-gōri	Nagataré-mura. Awoki-mura.	
BUZEN	Kami-tsuké-gōri	Sudzukuma-mura.	

N° 283. — MICA A BASE DE MAGNÉSIE. — MICA VERT-NOIRATRE. — BIOTITE.

苦土雲母 **Ku-do-um-mo.** (Mica magnésique). —. Syn. 礦石ノ類 *Mo-seki-no-rui.* — 黒雲母ノ類 *Kuro-um-mo-no-rui.* Le mica magnésique n'a pas été distingué par les anciens auteurs chinois et japonais; il est donc compris dans le minéral *Mô-seki* (micaschiste) ou bien dans celui de *Kuro-um-mo* (mica noir). Cette espèce de mica est fort répandue au Japon. Nous connaissons les endroits suivants :

PROVINCES.	DISTRICTS.	LOCALITÉS.	REMARQUES.
MINO	Toki-gōri	Kuziri-mura.	
	Yéna-gōri	Fuchi-mura. Nakatsu-gawa-mura. Ugé.	beaucoup et de très-bonne qualité.
INABA	Adzumi-gōri	Matsu-kawa-mura.	
SHINANO	Hatto-gōri	Aka-matsu-mura.	

N° 284. — MICA D'UN BLANC ARGENTIN. — ARGENT DE CHAT.

銀星石 Gin-seï-seki (pierre étoile d'argent). — 銀精石 Gin-seï-seki (pierre esprit d'argent). — Syn. 銀雲母 Gin-um-mo (mica argentin).

(*Hzkm.* vol. X, p. 29, fig. 54. — *Keimo.* vol. VI, p. 14. — *Hanb.* p. 6 " Ying-tsing-shih ", — *Sm.* m. m. p. 148 " Ying-sing-shih ".)

Des paillettes lamellaires de mica argentin disséminées dans un schiste blanc-grisâtre. Il paraît que l'on vend en Chine aussi du mica vert et transparent sous ce nom. Car Mr. HANBURY dit qu'il a reçu non-seulement du mica argentin, mais aussi du mica vert et transparent sous le nom de *Gin-seï-seki* et M. SMITH l'identifie aussi avec le mica vert. RANZAN (l. c.) en donne la description suivante : « Le *Kin-seï-seki* et le *Gin-« seï-seki* sont des roches d'un blanc-grisâtre dans lesquelles « se trouvent disséminés de petits grains de mica. C'est donc « une pierre-mère d'une certaine variété de mica. On l'emploie « au Japon au lieu de la pierre *On-jaku* (serpentine) pour « chauffer le ventre des gens qui souffrent de coliques. On le « trouve au Japon dans les provinces de Yamato, d'Omi, de « Mikawa etc. On le trouve souvent mélangé à de la roche « *Seï-mô-seki* (micaschiste). »

Comme lieux de provenance en Chine on trouve mentionné Szé-chau-fu, dans la province de Kweichau, la province de Kiangnan, Taichau, dans la province de Shansi et la province de Nganhwui.

N° 285. — MICA JAUNE BRONZÉ. — OR DE CHAT.

金星石 Kin-seï-seki. (pierre étoile d'or). — 金精石 Kin-seï-seki. (pierre esprit de l'or). — Syn. 金雲母 Kin-um-mo (mica couleur d'or). — 金星礞石 Kin-seï-mô-seki.

(*Hzkm.* vol. X, p. 29 fig. 54. — *Keimo.* vol. VI, p. 14. — *Hanb.* p. 6. "Kin-tsing-shih". — *Deb.* p. 51. " Kin-tsin-ché ". — *Sm.* m. m. p. 148 " Kiu-sing-shih. ")

Des paillettes lamellaires couleur d'or ou jaune bronzé de mica pyriteux, disséminées dans un schiste grisâtre. Selon HANBURY et SMITH on vend en Chine du mica brunâtre sous ce nom et M. DEBEAUX a même identifié son échantillon au micaschiste noirâtre. Il est donc évident qu'il existe en Chine une grande confusion en cette matière.

Nous ferons observer que le mica jaune bronzé, notre or de chat, a seul droit à ce nom et que c'est à tort que les Chinois l'appliquent aux autres variétés de mica.

La poudre de cette pierre, comme celle du minéral précédent sert aux mêmes usages médicinaux. L'auteur chinois la recommande dans les hémorrhagies des poumons ; les deux dernières variétés de mica servent en outre comme pierre d'ornement et comme sable ornemental.

N° 286. — MICACHISTE LUISANT PARTIELLEMENT DÉCOMPOSÉ.

礞石 Mô-seki. Syn. 青金削 Sei-kin-sho. (paillettes bleues métalliques).— 青礞石 Seï-mô-seki.

(*Hzkm.* vol. X, p. 31, fig. 56.—*Keimo.* vol. VI, p. 14—.CLEYER. Med. Simpl. N° 154.—*Hanb.* p. 6. "Mung-shih".—*Deb.* p. 51. "Kin-mô-ché".—*Sm.* m. m. p. 148 "Mung-shih."—*Chin-Chrest.* p. 435 "Tsing-mung-shik" = coarse pyrites.)

Des paillettes lamellaires de micaschiste luisant et décomposé en partie. Selon la couleur, les Chinois distinguent trois variétés, savoir :

1° 青礞石 Seï-mô-seki, micaschiste de couleur verte noirâtre et aussi le mica magnésique verdâtre.

2° 金星礞石 Kin-seï-mô-seki, micaschiste (étoile d'or) en paillettes d'un jaune-bronzé (or de chat).

3° 銀星礞石 Gin-seï-mô-seki, micaschiste (étoile d'argent) en paillettes de couleur bleu-grisâtre luisant (argent de chat).

Cependant nous avons trouvé que les deux dernières variétés de *Mô-seki* sont identiques avec le *Kin-seï-seki* (or de chat) et le *Gin-seï-seki* (argent de chat). La seule différence étant que le mica se trouve dans le *Kin-seï-seki* et le *Gin-seï-seki* disséminé dans une roche (schiste) blanc-grisâtre, tandis que les paillettes de mica jaune et argentin sont réunies et juxtaposées dans le *Kin-seï-mô-seki* et le *Gin-seï-mô-seki*. Nous considérons donc les deux derniers minéraux comme des synonymes de *Kin-seï-seki* et *Gin-seï-seki* (cf. p. 430).—Quant au *Seï-mô-seki*,

c'est du micaschiste de mica magnésique partiellement décomposé, de couleur vert-noirâtre, et doué d'un éclat métallique. L'auteur de la chrestomathie chinoise (l. c.) a eu tort d'identifier le Seï-mo-seki avec le pyrite de fer, qui porte en Chine et au Japon un tout autre nom, savoir de 金牙石 Kin-ge-seki et 銀牙石 Gin-ge-seki. (Cf. l'article fer). Ranzan nous apprend que « les médecins préfèrent le *mô-seki* anciennement
« importé au Japon (de la Chine), car on en importe encore
« aujourd'hui beaucoup de mauvaise qualité. On peut recon-
« naître la qualité en mettant le minéral sur du charbon incan-
« descent. Les mauvaises espèces se boursoufflent et se gon-
« flent, tandis que la pierre de bonne qualité n'est pas changée
« par le feu. » Il dit aussi que l'on rencontre le *mô-seki* au
« Japon dans les endroits suivants : »

> Yamato .... Shimo-maki-mura.
> Kawachi .... Onji-miyojin.
> Rikuzen.......... Sendai.

En Chine on le trouve dans la province de Hupeh à Wu-chang-fu et dans plusieurs endroits de la province de Kiang-su.

Dans la médecine chinoise ce minéral est prescrit dans la bronchite chronique et mêlé à de la semence de croton, de sulfate de soude et de rhubarbe comme remède laxatif.

N° 287. — VERMICULITE [? ESPÈCE DE CHLORITE].

蛭石 **Tetsu-seki**, vulgo **Biru-ishi** ou **Hiru-ishi**. (pierre sangsue, ainsi nommée de la propriété qu'elle possède de s'exfolier fortement et de s'allonger comme une sangsue, quand on la chauffe sur un charbon ardent).—Syn. 蛭砂 *Tetsu-sha*, vulgo *Hiru-suna* ou *Biru-suna* (sable sangsue).— 金龍石 *Kin-riu-seki* (pierre dragon d'or). — 金花石 *Kin-kuwa-seki* (pierre fleur d'or).

(Cf. p. 259 de cet ouvrage.)

Prismes hexagones, d'une couleur gris-brunâtre, ayant la structure du mica et possédant à un haut degré la propriété de s'exfolier quand on les chauffe. Ils ressemblent beaucoup à la variété de chlorite que l'on a nommée *Ripidolithe*.

Ce curieux minéral se trouve en assez grande quantité au Japon et y joue le rôle de notre "*Serpent de Pharaon.*" On s'amuse à voir cette pierre s'agrandir considérablement et se mouvoir comme un ver quand elle est mise sur un charbon incandescent. Les paillettes dont les cristaux se composent prennent par le feu l'éclat métallique de l'or. (1)

Lieux de provenance au Japon :

PROVINCES.	DISTRICTS.	LOCALITÉS.	
KAI......	Tsuru-gōri...	Komagai-yéki....	s'appelle là *Biru-ishi*, et *Kin-riu-seki*.
HIDA......	Yoshiki-gōri..	Sakano-uyé-mura. Amawo-mura....	s'appelle là *Hiru-ishi*.
RIKUZEN...	Iwai-gōri....	Tera-sawa-mura. Suri-sawa-mura..	s'appelle là *Kin-kuwa-seki*.

N° 288. — CHLORITE HEXAGONALE ET LAMELLAIRE.

緣泥石 **Riyoku-dei-seki.** (pierre de boue verte).—*Chichibu-ao-ishi.*

La variété de couleur rose pâle s'appelle 櫻石 *Sakura-ishi* (pierre [fleur] du cerisier), d'après la forme de la coupe horizontale des prismes hexagonales, qui imite assez bien la fleur du cerisier japonais.

Prismes hexagonales plus ou moins allongés et composés de lames tendres, onctueuses au toucher et flexibles. Notre échantillon vient de la province de Mikawa.

---

(1) " Changer une pierre en sangsue et celle-ci en or " est un tour d'escamoteur que l'on peut faire avec ce minéral. Après que le minéral s'est exfolié sur le feu en prenant la forme d'un ver de terre, on obtient, en écrasant le dernier entre les doigts, une poudre ayant l'éclat de l'or.

§ III
CLASSE DES SILICATES
VINGTIÈME SECTION.

LES SERPENTINES. LES STÉATITES. 蠟石 RŌ-SEKI (pierres cireuses).

Les minéraux appartenant à cette section sont très-répandus au Japon où les stéaschistes, les micaschistes primitifs et les schistes argileux métamorphiques forment, avec les granites, syénites, diorites et autres roches plutoniques et avec les trachytes, dolerites et autres roches volcaniques, les roches fondamentales dont ce pays est formé. Les serpentines se trouvent au Japon presque dans chaque province ; les stéatites et minéraux talqueux se trouvent surtout dans les provinces du milieu de Japon, notamment dans les provinces de Mikawa, Idzumo, Bizen, Bingo et Nagato.

N° 289. — TALC GRANULAIRE OU TERREUX DE COULEUR BLANCHE OU BLANC-GRISATRE. CRAIE DE BRIANÇON.

滑石 ou 磒石 Kuwatsu-seki (pierre onctueuse ou pierre glabre) — 活石 Kuwatsu-seki (pierre vivante).

SYNONYMES DANS LES LIVRES JAPONAIS :

石仲寧 Seki-chu-neï. — 石液 Seki-yeki (pierre liquide). — 脆石 Jeï-seki (pierre fragile). — 留石 Riu-seki (pierre restante). — 雷河督子 Rai-ka-toku-shi (gouverneur de la rivière de tonnerre). — 白玉粉 Haku-giyoku-fun (poudre de gemme blanche). — 利竅 Ri-kiyo ([pierre] qui facilite le percement des trous.) — 石鯪 Seki-riyo.

Synonymes dans les livres chinois :

畫石 Guwa-seki (pierre à dessiner). — 液石 Yeki-seki (liquide-pierre) — 膋石 Riyo-seki (pierre graisseuse). — 脫石 Datsu-seki (pierre viande graisseuse). — 冷石 Rei-seki (pierre froide). — 番石 Ban-seki (pierre des barbares). — 共石 Kiyo-seki, (pierre aggrégée).

(Hzkm. vol. IX, p. 38, fig. 31.—Keimo. vol. V, p. 31.—Hanb. p. 6. "Kwei-hwô-shih" et "Hwa-shih". — Deb. p. 81. "Hôa-ché". — Smith m. m. p. 205 "Hwah-shih". — Stan-Julien, Fabrication de la porcelaine chinoise, p. 256. "Hoa-chi").

Substance granulaire-terreuse, tendre, de couleur blanche ou blanc-grisâtre, friable, très-douce et onctueuse au toucher, qui est rayée par l'ongle, qui ne possède que peu d'éclat graisseux et qui ne happe pas à la langue. Comme on confond assez généralement les différents minéraux de peu de dureté, qui sont onctueux au toucher, on trouve souvent en Chine et au Japon le talc granulaire, la stéatite, les argiles smectiques, l'amphibole, la serpentine et l'agalmatolite, tous désignés sous le nom de *Kuwatsu-seki*, de même qu'en Europe, on nomme ces différents minéraux tendres et onctueux souvent du nom général de " pierre de lard ", allem. " speckstein " et " stéatite ". En conservant les noms qui sont en usage au Japon pour ces minéraux, nous avons essayé d'y mettre plus de précision et de mieux définir chaque variété et chaque espèce.

Une variété très-pure, fine et blanche de talc granulaire-terreux blanc s'appelle 飛活石 Hi-kuwatsu-seki ou 塊活石 Ki-kuwatsu-seki et une variété qui est froide au toucher — selon le dire des Chinois — s'appelle 冷滑石 Reï-kuwatsu-seki (talc froid).

Outre son emploi dans la médecine chinoise comme remède diurétique, la poudre de ce minéral est employée pour diminuer la friction et en Chine pour en faire, avec du kaolin, une espèce de porcelaine, dont le P. d'Entrecolles a déjà fait mention dans les lettres édifiantes. Voici la description qu'il en donne : « On a trouvé depuis quelque temps une nouvelle « matière propre à entrer dans la porcelaine : c'est une pierre, « une espèce de craie qui s'appelle *Hoa-chi* (jap. *Kuwatsu-seki*) « Les ouvriers en porcelaine se sont avisés d'employer cette « pierre à la place de *Kao-ling*. Elle se nomme *Hoa* 滑, parce « qu'elle est glutineuse (onctueuse) et qu'elle approche en quel- « que sorte du savon. La porcelaine faite avec le *Hoa-chi* est « rare et beaucoup plus cher que l'autre : elle a un grain ex- « trêmement fin, et pour ce qui regarde l'ouvrage du pinceau, « si on la compare à la porcelaine ordinaire, elle est à peu près « ce qu'est le vélin au papier. De plus, cette porcelaine est « d'une légèreté qui surprend une main accoutumée à manier « d'autres porcelaines etc... »

M. Salvétat affirme « que le *Hoa-chi* de la Chine offre quel- « quefois un mélange de stéatite (talc) et d'amphibole; d'autres « fois, c'est de l'argile ferrugineuse ou du kaolin impur ». Nous constatons que le talc granulaire et de couleur blanche a seul droit au nom de *Kuwatsu-seki* et que c'est à tort qu'en Chine on applique ce nom à tout autre minéral.

Lieux de provenance connues :

En Chine :

PROVINCES.	LOCALITÉS.
Ngan-hwui....	Fung-yang-fu.
Kiangsi.......	Les montagnes Lu-shan, près de Kiu-kiang.

Au Japon :

PROVINCES.	DISTRICTS.	LOCALITÉS.	REMARQUES.
Iga.......	?.........	Taki-no-hara-mura.	
Kotsuké...	Kanra-göri.....	Akihata-mura, Matsu-no-kubo.	beaucoup de bonne qualité, s'appelle là "*Ró-seki*".

PROVINCES.	DISTRICTS.	LOCALITÉS.	REMARQUES.
Yechizen..	?.........	?	
Hoki......	Hino-gōri......	Kawakami-mura, Kitani-haku-kō-san..........	en grande quantité et de première qualité s'appelle là "Se-ki-hitsu-seki" (pierre-crayon).
Idzumo....	?.........	?..........	talc grisâtre.
Iwami.....	?.........	?..........	talc blanc.
Awa......	Asa-uyé-gōri...	Gaku-mura, Giyo-sui-ba..........	s'appelle là "Riu-on-seki".
		Yamaji-mura....	s'appelle là "Rei-kuwatsu-seki".
	Mei-sai-gōri....	Haku-u-mura....	bonne qualité s'appelle là "On-seki" (pierre chaude).

Nº 290. — STÉATITE. TALC MASSIF COMPACT OU CRYPTOCRISTALLIN. RENSSELAERITE (Dana). — SPECKSTEIN, Allem.

凍石 **To-seki**. (pierre-glace). — vulgo 蠟石 *Rô-seki* (1) (pierre cireuse). Syn. 印石 *In-seki* (pierre à cachet). — 青田石 *Seï-den-seki* (pierre de Seï-den en Chine).

Substance cireuse, compacte, douce au toucher, d'une cassure granulaire ou finement esquilleuse. Elle est susceptible de poli, de couleur blanc-grisâtre, jaunâtre, verdâtre ou quelquefois d'une teinte rosée, marbrée, tachetée ou veinée. On l'emploie beaucoup au Japon pour y graver des sceaux, des cachets et quelquefois des *netsuké* et autres ornements. La province de Bizen, surtout, produit cette pierre en grande quantité.

---

(1) On remarquera que le nom de *Rô-seki* est donné aussi assez souvent aux marbres colorés et tachetés, à la serpentine et à l'agalmatolite.

LES SERPENTINES.

Lieux de provenance au Japon :

PROVINCES.	DISTRICTS.	LOCALITÉS.	REMARQUES.
Mikawa...	?.........	?	
Shinano...	Suwa-gōri.....	Kame-sawa-mura.	
Kotsuké..	Asuma-gōri....	Yomo-mura.	
Shimotsuké	Aso-gōri.......	Ashiwo-dō-san.	
Rikuzen...	?.........	?	
Tamba....	Hikami-gōri....	Oshinya-mura.	
Tajima....	Asaku-gōri.....	Ikuno-gin-san. / Hiro-hisa-dani.	
Bizen.....	Wagé-gōri.....	Miishi-mura, Haku-seki-san.... Kosakaya-mura.. Notani-mura....	des variétés blanches, grisâtres, verdâtres, striées et rougeâtres en grande quantité.
	Iwanashi-gōri..	Tawara-kami-mura.........	
Bingo.....	?.........	?.........	stéatite jaune verdâtre avec des taches rouges.
Bitchiu....	Aga-gōri.......	Kosakabé-mura.	
Nagato....	?.........	?.........	stéatite vert foncé.
Hizen.....	Matsura-gōri...	Kiyama-mura, Otosan.	
Higo......	Kamimasuki-gōri	Suga-mura.	
Satsuma...	Kawabé-gōri...	Kaseda-gō, Kata-ura-mura.	

N° 291. — AGALMATOLITE. PAGODITE DE LA CHINE.

彫像石 Chô-zô-seki (pierre dans laquelle on taille des idoles). — 像石 Zô-seki (pierre à idoles). — Vulgo 唐蠟石 Tô-rô-seki (pierre cireuse de la Chine). — Syn. 圖書石 *Dzu-*

sho-seki ou *To-sho-seki* (pierre à imprimer des dessins et des caractères). — 粉石 *Fun-seki*. — 南京像石 *Nan-kin-zô-seki* (pierre à idoles de la Chine).

Cette pierre ressemble beaucoup à la stéatite compacte du Japon, mais elle est plus tendre encore. Les teintes jaunâtres et verdâtres sont les plus prédominantes, mais il y en a avec des taches et veines rouges et on trouve aussi des variétés brunâtres et nuagées. Souvent il est impossible de distinguer entre le minéral chinois et la stéatite du Japon, l'analyse chimique ayant démontré que plusieurs espèces d'agalmatolite chinoise ont une composition analogue au talc et à la stéatite, tandis que dans d'autres spécimens on n'a pas trouvé de magnésie ou seulement des traces de cette substance. Les Chinois taillent un grand nombre d'objets, des encriers, des images, de petites idoles, des vases à fleurs, des boites travaillées à jour, des étuis à pinceau, etc., avec cette pierre et ils les vendent à un très-bas prix, même au Japon, où l'on trouve beaucoup de ces objets sculptés de provenance chinoise. Beaucoup d'agalmatolites chinoises sont identiques avec la stéatite, d'autres échantillons correspondent à la pyrophyllite et d'autres encore avec la Pinite (*Dana*), comme on peut s'en assurer par les nombreuses analyses faites de ce minéral.

ANALYSES D'AGALMATOLITES DE LA CHINE,
COMPARÉES AVEC LA STÉATITE DE BAIREUTH.

MATIÈRES.	Agalmatolite de Chine SCHNEIDER.	Agalmatolite de Chine WACKENRODER.	Agalmatolite de Chine SCHEERER.	Stéatite de Baireuth BRANDES.
Eau.................	0.78	3.48	4.89	5.03
Silice...............	63.29	61.97	62.30	60.12
Alumine............	0.53	—	0.06	—
Oxyde ferreux......	2.27	0.67	1.62	3.02
Magnésie...........	31.92	33.03	31.32	30.15
Oxyde Manganeux...	0.23	—	—	—
	99.02	99.15	100.19	98.92

ANALYSES D'AGALMATOLITES OU PAGODITE DE LA CHINE,
COMPARÉES AVEC LA PYROPHYLLITE DE SPA.

MATIÈRES.	Pagodite de la Chine WALMSTEDT.	Pagodite de la Chine WALMSTEDT.	Pagodite de la Chine WALMSTEDT.	Pagodite de la Chine BRUSH.	Pyrophyllite de Spa RAMMELSBERG
Eau..................	5.16	5.20	5.11	5.48	5.59
Silice................	65.96	66.38	65.65	65.95	66.14
Alumine.............	28.58	27.95	28.79	28.97	25.87
Oxyde ferrique.....	0.09	0.06	0.28		
Magnésie...........	0.15	0.16	traces	—	1.49
Chaux...............	0.18	0.18	0.23	0.22	0.39
Soude et potasse...	—	—	—	0.25	—
	100.12	99.93	100.06	100.87	99.48

ANALYSES D'AGALMATOLITES OU PAGODITES DE LA CHINE,
COMPARÉES AVEC LA PINITE DE SAXE.

MATIÈRES.	Agalmatolite blanc-jaunâtre de la Chine VAUQUELIN.	Agalmatolite vert de la Chine KLAPROTH.	Agalmatolite rougeâtre de la Chine JOHN.	Pinite de Saxe JOHN.
Eau..................	5.0	4.00	5.00	5.13
Silice................	56.0	54.50	55.50	51.50
Alumine.............	29.0	34.00	31.00	32.50
Oxyde ferrique.....	1.0	0.75	1.25	—
Oxyde ferreux......	—	—	—	1.58
Chaux...............	2.0	—	2.00	3.00
Potasse.............	7.0	6.25	5.25	6.00
Oxyde manganeux..	—	—	—	0.12
	100.0	99.50	100.00	99.83

L'agalmatolite a été probablement comprise par les anciens auteurs chinois sous le nom générique de 滑石 *Kuwatsu-seki* (pierres onctueuses).

N° 292. — SAPONITE. PIERRE A SAVON.

鹼石 **Ken-seki**. (savon-pierre). — Syn. 桃花石 *Tô-kuwa-seki* (pierre fleur de pêcher).

Masse terreuse et très-friable, d'un lustre graisseux et de couleur blanchâtre ou légèrement rosée. Elle ne happe pas à la langue et se compose principalement d'hydrosilicate de magnésie et d'alumine. Les paysans en font quelquefois usage en guise de savon.

LES SERPENTINES.

Elle a été trouvée au Japon à :

Idzu......	Kamo-gōri.....	Okamo-mura....	Grande quantité.
Shinano... ⎫ Kai....... ⎭	....	La montagne Adzuma-daké entre ces deux provinces.	s'appelle là *To-kuwa-seki*.
Hiuga....................		Takachiho.	

N° 293. — ECUME DE MER ou SEPIOLITE.

海泡石 **Kai-hô-seki** (pierre écume de mer). — Syn. 水泡泥 *Sui-hô-deï* (boue-écume d'eau).

Cet hydrosilicate de magnésie a été trouvé dans l'île de Yesso, province de Kushiro, district Akan-gōri, près du lac de Akan. Il est d'un blanc grisâtre, léger, poreux et sec au toucher. Dans la province d'Idzu, district Kamo-gōri, Atami-mura, Tonosawa, Takenosawa et Idzuyama-mura, Jizo-do, on a trouvé des agglomérations de terre volcanique très-légère, teintée de jaune, de blanc, brune et tachetée ; par son apparence extérieure elle rappelle beaucoup l'écume de mer. On désigne cette pierre dans ces différentes localités sous le nom de " *Sarasa-ishi* " (pierre à couleur d'indienne) †.

N° 294. — SERPENTINE ou OPHITE.

Noms génériques pour les serpentines :

蠟石 **Rô-seki** (pierre cireuse). — 温石 *On-seki* ou *On-jaku* (pierre-chaude).

[Le nom de " *Rô-seki* " est donné aussi à quelques marbres, à la stéatite, à l'agalmatolite. Le nom de *On-jaku* est donné quelquefois à quelques espèces de lave et au tuff volcanique]

蛇紋石 **Ja-mon-seki** ou **Da-mon-seki** (pierre figure de serpent.)

Noms vulgaires en usage dans les provinces du Japon :

葡萄石 *Bu-do-seki* (pierre raisin). — 饅頭石 *Man-ju-ishi* (pierre à pain pâteux, préparé de farine de froment). — *Kurodachi*.

---

† On sait que les marbres teintés de différentes couleurs s'appellent aussi *Sarasa-ishi*. Cf. p. 332.

竹葉石 *Chiku-yô-seki* (pierre feuille de bambou).

白谷蠟石 *Shiro-tani-rô-seki* (pierre cireuse de Shirotani).

葡萄蠟石 *Bu-do-rô-seki* (pierre cireuse [avec des figures] de raisins).

Les serpentines sont moins douces au toucher et plus dures que la stéatite, quoiqu'elles se laissent rayer par une pointe de fer. ($D = 3$.) Elles ont une cassure esquilleuse ou quelquefois granulaire et possèdent un éclat cireux. Le Japon est extrêmement riche en serpentines, on y trouve une foule de variétés toutes différentes, parmi lesquelles beaucoup sont d'une grande beauté, quand les pierres ont été taillées et polies avec soin ; ces pierres étant faciles à scier et à tourner même, nous conseillerions aux lapidaires japonais de s'occuper un peu plus à en tailler des ornements, vases, bassins, tablettes, carreaux etc. qui ne peuvent manquer d'attirer l'attention de l'Europe en raison de la beauté de plusieurs variétés des serpentines du Japon, parmi lesquelles nous remarquons surtout :

1º Une variété vert foncé qui présente sur un fond vert-olive des branches ou taches d'un vert-jaunâtre,

2º Une variété noirâtre avec des taches ou embranchements grisâtres ou bien avec des figures rectangulaires noires (hornblende),

3º Une variété noire, parfaitement égale,

4º Une variété grise à taches noires ou avec des branches et veines noirâtres,

5º Une variété jaunâtre à taches et bandes grisâtres.

Lieux de provenance au Japon :

PROVINCES.	DISTRICTS.	LOCALITÉS.	REMARQUES.
Isé	Wataraï-gōri	Shimaji-yama, Kuruma-gawa-mura. Tori-michi-yama.	variété verdâtre avec des taches vert-bleuâtres. s'appelle là *Bu-do-ishi*.
Suruga	Abé-gōri Shita-gōri	Yokosawa-mura. Awobané-mura, Saruhata-yama..	beaucoup de très-bonne qualité. s'appelle là *Bu-do-ishi*.

LES SERPENTINES.

PROVINCES.	DISTRICTS.	LOCALITÉS.	REMARQUES.
MUSASHI...	?.........	?..........	variété vert-noirâtre.
HITACHI...	Kuji-gōri.......	Machiya-mura...	noir avec des veines blanc-grisâtres.
SHINANO...	Ina-gōri.......	Kuro-kochi-mura.	s'appelle là *Onseki*, var. verdâtre.
KOTSUKÉ...	Midori-no-gōri.. Kanra-gōri..... Toné-gōri......	Kami-hi-no-mura. Todoroki-mura.. Fuji-wara-mura. Murokawa.	vert-jaunâtre avec des taches noires.
IWAKI.....	Iwamayé-gōri...	Nishi-ogawa-mura, Ko-tama-gawa..	s'appelle là *Manju-ishi*.
IWASHIRO..	Adachi-gōri....	Minami-sugita-mura..........	var. grisâtre.
RIKUCHIU..	Hiyé-nuki-gōri. Iwaï-gōri...... Yesashi-gōri....	Uchi-kawamé-mura, Keï-to-san. Sarusawa-mura, Itakura........ Kuro-ishi-mura, Shohoji.	vert-jaunâtre.
YECHIZEN..	?.........	Ono............	jaunâtre avec des taches grisâtres.
YECHIGO...	Kubiki-gōri.... Uwa-numa-gōri.	Idébo-mura. Maiko-mura.	
ILE DE SADO.	....	Kita-garasu-mura.	Noirâtre.
HARIMA....	Jinto-gōri...... Yutsu-sai-gōri..	Fukumoto-mura. Tsuno-kamé-mura.	
BIZEN.....	?.........	Noda-mura et Ya-tani-mura......	vert et gris.
BINGO.....	Nuka-gōri......	Ko-nuka-mura...	vert et jaune avec des taches rouges, très bonne qualité, s'appelle là *Ji-shaku*.
SUWO	Tsuno-gōri..... Kuga-gōri......	Nagawo-mura. Fudani-mura et Notani-mura...	gris-bleuâtre s'appelle là *Onjaku*.

PROVINCES.	DISTRICTS.	LOCALITÉS.	REMARQUES.
AWA	Ama-gōri Naga-gōri	Suké-mura Koniu-mura	noir et noirâtre avec des taches blanchâtres.
IYO	Uma-gōri	Handa-mura et Hirano-mura.	
TOSA	Tosa-gōri	Ichi-no-miya-mura. Bensara-yama	noir et blanc et noir de bonne qualité, s'appelle là *Kurodachi*.
CHIKUZEN	Munékata-gōri	Oshima	vert, s'appelle là *Rô-seki*.
BUNGO	Ono-gōri Amabé-gōri	Sawata-mura Mines d'Ohira et de Kiura Seki-mura.	beaucoup de bonne qualité, s'appelle là *Chikuyo-seki*.
HIGO	Udo-gōri Kami-masuki-gōri Shimo-masuki-gōri	Minami-Ono-mura. Yabegō, Sugano-mura Yasumi-mura	*Chiku yo-seki.* *Shirotani-rô-seki.* beaucoup de très bonne qualité, s'appelle là *Chiku-yo-seki.*
HIZEN	Nagasaki	Hoku-kuwa-san.	
ILES LIU-KIU	Kikai-ga-shima.		*Rô-seki*, var. grisâtre.

N° 295. — OPHICALCE VEINÉ ET RÉTICULÉ.
OPHIOLITE CALCIFÈRE.

(MARBRE CAMPAN. MARBRE VERT ANTIQUE. MARBRE-SERPENTINE).

斑石 **Han-seki** ou **Madara-ishi** (pierre tachetée).—Vulgo 笹葉石 *Sasa-ba-ishi* (pierre feuille de bambou). — Syn. 大笹斑石 *O-sasa-madara-ishi* (pierre avec des taches comme les grandes feuilles de bambou).— 小笹斑石 *Ko-sasa-madara-ishi* (pierre avec des taches comme les petites feuilles de bambou). — 鼈甲斑石 *Betsu-ko-madara-ishi* (pierre à taches d'écaille de tortue). — 虎斑石 *Tora-madara-ishi* (pierre à taches du tigre). — 薄雲斑石 *Usu-gumo-madara-ishi* (pierre à taches nuagées légères. — 紅葉斑石 *Momidzi-madara-ishi* (pierre à taches comme les feuilles d'érable). — 霜降斑石 *Shimo-furi-madara-ishi* (pierre avec des taches comme la gelée blanche tombante).

C'est une espèce de serpentine calcaire de couleur d'un vert plus ou moins foncé. Elle contient des paillettes de talc, de chlorite et quelquefois des cristaux de hornblende. Elle ressemble beaucoup au marbre Campan et marbre vert antique. Taillée et polie elle est d'une grande beauté et pourra être exportée en Europe comme pierre d'ornement. Elle y sera sans doute très-appréciée pour des manteaux de cheminée, pendules, carreaux, fontaines, bassins, grandes vasques ornementales etc. Sa dureté est un peu plus grande que celle de la serpentine. On la trouve en grande quantité dans la province de *Hitachi* (Mito) et elle existe probablement dans d'autres provinces.

Lieux de provenance connus :

PROVINCES.	DISTRICTS.	LOCALITÉS.	REMARQUES.
HITACHI	Kuji-gōri	Takanuki-mura, Do-hei-san	Beaucoup, de première qualité, s'apppelle là *O-sasa-madara-ishi*, *Ko-sasa-madara-ishi*, *Bekko-madara-ishi*.
		Machiya-mura, Fuji-yama	*O-sasa-madara-ishi*.
		Kitasawaya	*Momidzi-madara-ishi*.
		Kosaburo	*Ko-sasa-madara-ishi*.
		Futatsu-ishi	*Bekko-madara-ishi*.
		Nikai-hira	*Shimo-furi-madara-ishi*.

N° 296. — BASTITE. DIALLAGE MÉTALLOÏDE.

SCHILLERSPATH. Allem.

斑輝石 Han-ki-seki (pierre tachetée brillante).

Espèce de serpentine feuilletée ou lamelleuse, d'un lustre métallique ou nacré et de couleur vert olive. Je l'ai remarquée disséminée dans une roche porphyroïde de la montagne Komagataké, dans la province de Kotsuké.

§ III
CLASSE DES SILICATES.

VINGT ET UNIÈME SECTION.

LES PYROXÈNES (AUGITE) 輝石 KI-SEKI.
LES AMPHIBOLES 角閃石 KAKU-SEN-SEKI.

Les minéraux appartenant à cette section sont fort répandus au Japon et s'y trouvent en grande quantité. Ainsi les pyroxènes viennent comme partie intégrante dans plusieurs roches volcaniques, telles que les trachytes, les mélaphyres, les tuff's volcaniques, les dolérites. Les différentes variétés d'amphibole se rencontrent surtout disséminées dans les schistes métamorphiques et en outre comme partie intégrante de plusieurs roches plutoniques, telles que les diorites, les syénites, les granites. A l'exception de la trémolite et de l'asbeste, aucun de ces minéraux n'a été décrit par les auteurs indigènes.

N° 297. — PYROXÈNE AUGITE.

輝石 **Ki-seki**. (pierre luisante ou brillante).—Syn. アウギート *Augito*.

Prismes obliques, rhomboïdaux, d'une couleur noir verdâtre. Nous l'avons remarquée dans le dolérite de la montagne *Ontaké*, province de Shinano, dans le mélaphyre (augite porphyre) d'Akita, province d'Ugo, dans les tuff's (*pépérine*) des provinces

LES PYROXÈNES.   447

d'Idzu et de Kadzusa et dans l'andésite de Chiuzenji, près de Nikko, dans la prov. de Shimotsuké, et de Tonokuchi, dans la prov. d'Iwashiro.

N° 298. — ANTHOPHYLLITE.

アントヒリ―ト *Antofirito*.
Masses fibreuses et lamellaires de couleur d'un brun-verdâtre et douées d'un lustre nacré.

N° 299. — AMPHIBOLE ALUMINEUX. HORNBLENDE.

角閃石 **Kaku-sen-seki** (pierre-corne-brillante). — Syn. 烏石 *U-seki* ou *Karasu-ishi* (pierre corneille ou pierre corbeau, à cause de sa couleur noire). — 落花石 *Rak-kuwa-seki* (pierre fleur tombée). — ホルンプレンド *Horunburendo*.

Cristaux prismatiques rhomboïdaux ou prismes à six faces de structure lamellaire et de couleur noire ou noir-verdâtre, ou bien des masses lamelleuses, d'un clivage facile et d'un éclat vitreux. Ce minéral est fort répandu au Japon, comme partie intégrante de *diabase hornblendeschiefer, amphibolite, diorite, syénite et andésite*. Il y vient aussi disséminé dans les roches talqueuses, calcaires, serpentineuses et dans les micaschistes. C'est surtout dans les trois dernières roches que l'on trouve les plus beaux cristaux, comme par exemple dans les endroits suivants :

PROVINCES.	DISTRICTS.	LOCALITÉS.	REMARQUES.
Ivo	Uwa-gōri	Go-danda-mura	s'appelle là "*Kana-ishi*".
	Uma-gōri	Betsu-shi-yama-mura	s'appelle là "*Karasu-ishi*".
Tosa	Aki-gōri	Tsu-ro-ura, Toji-yama	s'appelle là *Rak-kuwa-seki*.
	Hata-gōri	Muro-tono-saki	

N° 300. — AMPHIBOLE VERT. ACTINOLITE.
STRAHLSTEIN. Allem.

緑繊石 **Riyoku-sen-seki** (pierre fibreuse verte). — Syn. 寄石 *Ki-seki* (pierre curieuse). — 光線石 *Ko-sen-seki* (pierre radiée). — アクチノリート *Akuchinorito*. — 緑色ノ陽起石 *Riyoku-shoku-no-Yô-ki-seki* (Trémolite verte). — La variété vitreuse s'appelle 玻璃綠纖石 *Ha-ri-Riyoku-sen-seki*. La variété fibreuse et ponctuée 星綠纖石 *Sei-Riyoku-sen-seki*.

Il vient tantôt en cristaux bacillaires, et d'un vert clair et à structure lamelleuse, tantôt en masses fibreuses. La dernière variété, radiée ou fibreuse est la plus répandue au Japon, où nous l'avons remarquée dans les roches talqueuses et stéaschistes ; elle y est souvent alliée à la trémolite.

De beaux cristaux existent à :

PROVINCES.	DISTRICTS.	LOCALITÉS.	REMARQUES.
Mino	Mugi-gōri	Kaki-no-mura	avec du pyrite de fer magnétique.
Iyo	Uma-gōri	Betsu-shi-yama-mura	s'appelle là " Ki-seki.

N° 301. — TRÉMOLITE. GRAMMATITE. AMPHIBOLE MAGNÉSIEN ET CALCAIRE.

陽起石 **Yô-ki-seki** (pierre volatile au soleil ou bien pierre de la montagne *Yang-ki*, dans la province de Shantung en Chine). — Syn. 絲狀角閃石 *Shi-jo-Kaku-sen-seki* (pierre corne à forme de fil). — 羊起石 *Yô-ki-seki*. (Une variante phonétique de 陽起石.)

白石 *Haku-seki* (pierre blanche). — 石生 *Seki-seï* (pierre vivante). — 五精金 *Go-seï-kin* (cinq-esprits-métal). — 五色芙蘂 *Go-shiki-fu-kiyo* ou *Go-shiki-fu-yo*. — 五精陰華 *Go-seï-in-kuwa* (Fleur féminine des cinq esprits). — トレモリート *Torémorito*.

[*Hzkm.* vol. X, p. 1, fig. 44. — *Keimo*, vol. VI, p. 1. — *Chin. Chr.* p. 430 " Yeung-hi-shik " = asbestos. — *Hanb.* p. 6 " Yang-khe-shih " = asbestos tremolite. — *Sm. m. m.* p. 27 " Yang-ki-shih " = asbestous tremolite. — *Deb.* p. 50 " Yan-tsin ché " = amiante ou asbeste.]

La variété en masses fibreuses (grammatite), de couleur blanche ou blanc légèrement verdâtre et d'un éclat soyeux. On remarque souvent les deux couleurs sur un même spécimen. Quelques auteurs étrangers ont confondu le *yo-ki-seki* avec l'amiante ou asbeste ; le dernier, quoique très-rapproché de la trémolite, en diffère par ses fibres plus tendres et flexibles.

Aussi porte-t-il un autre nom au Japon, celui de *Seki-men* ou *Seki-ju*, vulgo *Ishi-wata*.

Les fibres de la trémolite de la Chine et du Japon sont tantôt droites, tantôt conjointes ou rayonnées. Elle y vient disséminée dans les calcaires saccharoïdes. Cette pierre est fort célèbre dans l'ancienne médecine chinoise comme remède réfrigérant et aphrodisiaque. Voici la description qu'en donne M. Ranzan : « La trémolite est blanche, brillante et de structure
« fibreuse comme le gypse fibreux, mais elle est beaucoup plus
« tendre et soyeuse, semblable au plumage du cygne. Tantôt
« les cristaux sont isolés et ont la forme de la dent de loup,
« tantôt ils sont réunis en masses rondes et radiées. Aux der-
« niers on donne quelquefois le nom de *But-tô* (tête de Bouddah).
« On la trouve associé aux minerais de cuivre. Il est dit dans le
« livre *Go-zatsu-so* que la trémolite se volatilise dans l'air sous
« l'action de la chaleur du soleil, d'où lui est venu le nom
« de 陽起石 *Yo-ki-seki* (pierre volatile au soleil). Ce minéral
« se trouve au Japon dans la province de Mino à Akasaka, dans
« la province d'Omi à Ishibé etc. »

D'après M. Smith (l. c.) cette pierre se trouve en Chine dans une montagne nommée 陽起山 *Yang-ki-shan*, près de Tsinan-fu dans le nord de la province de Shan-tung. Il ajoute que l'on ne permet l'exploitation de la mine que durant les mois d'hiver. L'idée erronée que ce minéral se volatilise sous l'influence des rayons solaires est probablement la cause de cette ordonnance.

N° 302. — ASBESTE. AMPHIBOLE EN FIBRES FLEXIBLES.

TRÉMOLITE AMIANTOIDE.

石綿形陽起石 **Seki-men-jo-Yô-ki-seki.** (Trémolite amiantoïde.) — Vulgo 石綿 *Seki-men* ou *ishi-wata* (pierre coton). — Syn. 綿石 *Wata-ishi* (coton-pierre). — 血止石 *Chi-domé-ishi* (pierre hémostatique).

[Sm. m. m .p. 26. sub 不灰木 *Puh-hwui-muh* (jap. Fu-kuwai-boku). — Chin. Chr. p. 430 sub 陽起石 *Yeung-hi-shik* (jap. Yô-ki-seki). — Deb. p. 50 sub *Yan-tsin-ché*.]

L'asbeste du Japon est assez dur et court et ne vaut pas celui de la Chine ou de l'Europe. Le 不灰木 *Fu-hai-boku* ou bois non-combustible, identifié par M. S<small>MITH</small> à l'asbeste, est au Japon un tout autre minéral, savoir des incrustations de carbonate de chaux. Voir p. 344. Pour les lieux de provenance voir l'article *amiante*.

N° 303. — ASBESTE DUR. BOIS DE MONTAGNE.

木狀石綿 **Moku-jo-Seki-men** (pierre-coton à forme de bois). — Syn. 石麻 *Seki-ma* (pierre-chanvre). — L'asbeste du Japon doit être classé en grande partie parmi l'asbeste dur ou bois de montagne. C'est peut-être le minéral identifié par M. S<small>MITH</small> au 不灰木 *Fu-hai-boku* (bois non-combustible). Au Japon cependant il ne porte pas ce nom, généralement on le désigne dans ce dernier pays sous le nom de *Seki-ma*.

N° 304. — AMIANTE. ASBESTE EN LONGS FILETS FLEXIBLES.

石絨 **Seki-ju** ou 絨石 **Ju-seki**. *Neri-ito-ishi* ou *Hoso-nuno-ishi* (pierre-fil préparé ou pierre-chanvre fin). — Syn. 細石綿 *Sai-seki-men* ou *Hoso-ishi-wata* (pierre-coton fin). — 血止石 *Chi-domé-ishi* (pierre hémostatique). — 綿石 *Wata-ishi* (coton-pierre).

[Sm. m. m. p. 26. — Chin. Cr. p. 430. — Deb. p. 50].

L'asbeste japonais des provinces de Bitchiu et de Bingo mérite seul le nom d'amiante; les autres lieux de provenance ne donnant qu'un asbeste court et assez dur.

Comme l'indique son nom de *Chidomé-ishi* ou pierre hémostatique, on emploie les fibres d'amiante quelquefois pour faire cesser l'écoulement du sang de blessures causées par des instruments tranchants. A cause de sa porosité cette substance possède en effet quelque action hémostatique. Nous n'avons jamais remarqué au Japon des tissus faits avec cette matière, qui est seulement considérée comme une espèce de curiosité de la nature. D'après M. S<small>MITH</small> (l. c.) on en fabrique, en Chine, des mèches de lampe, des briques et des creusets réfractaires, mais nous n'avons jamais vu nous-même ces objets en Chine.

LES SERPENTINES.

Lieux de provenance connus :

En Chine :

PROVINCES.	DISTRICTS.
SHANSI	Lu-ngan-fu.
CHIHLI	Yu-tien-hien.
SSECHUEN	Mau-chau.
SHANTUNG	King-Kwo-shan. Law-szu-shan.

Au Japon :

PROVINCES.	DISTRICTS.	LOCALITÉS.	REMARQUES.
MUSASHI	Chichibu-gōri	Kanasaki-mura.	
SHINANO	Saku-gōri	Miyako-sawa	s'appelle là *Ishi-wata*.
KOTSUKÉ	Kanra-gōri	Akihata-mura.	
YECHIGO	Uwo-numa-gōri	Nagasaki-mura	s'appelle là *Ju-seki*.
BITCHIU	Aga-gōri	Nishikata-mura	s'appelle là *chi-domé-ishi*.
BINGO	Nuka-gōri	Tosa-mura	s'appelle là *Wa-ta-ishi*.

Le Jade qui appartient à cette section sera décrit, pour d'autres raisons, sous la rubrique suivante des *"pierres précieuses."*

§ III
CLASSE DES SILICATES.

VINGT-DEUXIÈME SECTION.

LES PIERRES PRÉCIEUSES.
玉 GIYOKU ou TAMA ou 寶石 HŌ-SEKI,
ou 寶玉 HŌ-GIYOKU.

Parmi les pierres précieuses de la Chine et du Japon c'est le Jade oriental et le Jadéite qui tiennent le premier rang, de telle sorte, que le mot 玉 *Giyoku* ou *tama* (en chinois *Yù*) signifie en même temps le jade et les pierres précieuses en général. Le jade est donc pour ces nations le prototype des gemmes, qui réunit les cinq vertus (五德 *Go-toku*), qui sont :

1º 仁 **Jin**, bienfaisant, cordial, amiable, aimer tout le monde, aimer tout ce qui est bon et beau.
2º 義 **Gi**, cacher le bon cœur, modestie, discrétion.
3º 勇 **Yu**, audacieux, vaillant, brave, courageux.
4º 潔 **Ketsu**, honnête, juste, équitable, pur, simple.
5º 智 **Chi**, sage, délicatesse, politesse.

Le jade est limpide comme un homme cordial et bienfaisant. (*Jin*).

Quand il n'est pas encore taillé et poli, il cache sa beauté comme un homme modeste cache son bon cœur. (*Gi*).

LES PIERRES PRÉCIEUSES.   453

Il se casse plutôt que de se courber ou de s'humilier, comme le fait l'homme brave et courageux (*Yu*).

Sa pureté et son égalité parfaites représentent l'honnêteté chez l'homme (*Ketsu*).

Sa sonorité, le son pur et prolongé qu'il fait entendre de loin, quand on le frappe, ressemble à la sagesse d'un esprit bien élevé (*Chi*). Tous les sages, les poètes ont chanté en Chine ses vertus et ont comparé la vertu de l'homme au jade : "Prenez modèle sur la brillante vertu ; soyez comme le jade". Quant aux autres pierres précieuses le *Hon-zo-ko-moku*, dans le VIII. vol., p. 44-62 et le *Keimo* de M. RANZAN, vol. V., p. 1-20, font mention de quatorze espèces, savoir :

1º 玉 **Giyoku.** *Tama*................. Jade oriental.

2º 白玉髓 **Haku-giyoku-dzui.** *Tama-no-yani. Tama-no-abura*........... Calcédoine. Cf. p. 260.

3º 青玉 **Sei-giyoku.** *Aô-tama. Asagi-tama*....................... Jadéite. Jade impérial. Jade vert. Jade alumineux.

4º 青琅玕 **Seï-ro-kan.** *Aô-san-go-ju. Aô-méno* .... Litt. Corail bleu-verdâtre. Plasma ou Calcédoine verte. Cf. p. 261.

5º 珊瑚 **San-go.** *San-go-ju*.......... Corail rouge.

6º 馬腦 **Mé-no.** .... Agate et Cornaline. Cf. p. 264.

7º 寶石 **Hô-seki**.................. Litt. pierre-trésor. Rubis oriental et plusieurs autres pierres et galets, pas déterminables. Cf. p. 358.

8º 玻璃 **Ha-ri**. .... Gemme vitreuse comme le verre, pas déterminable. Peut-être une variété de *hyalite* ou de *quartz*.

9º 水精 ou 水晶 **Sui-sho.** *Sui-sho*.... Cristal de roche. Cf. p. 242.

10° 琉璃 **Ru-ri**................... Lapis Lazuli.
11° 雲母 **Um-mo**. *Kirara*............ Mica. Cf. p. 426.
12° 白石英 **Haku-seki-yei**......... { Quartz cristallisé. Cf. p. 251.
13° 紫石英 **Shi-seki-yei**. *Murasaki-sui-sho* .... } Quartz améthyste. Cf. p. 250.
14° 菩薩石 **Bosatsu-ishi**........... { Gemme bouddhique, pas déterminable.

Cette liste est loin d'être complète, parce qu'il y manque un grand nombre de pierres précieuses connues des Chinois et des Japonais, comme par exemple le réalgar, le diamant, le jayet, le cristal de roche sagénitique, le quartz fumé, quartz œil de chat, quartz aventuriné, sardoine, onyx, chrysoprase, opale, corindon, topaze, émeraude, aïgue-marine ou glucine, saphir etc.

Sous les rubriques de l'arsenic, p. 177, du carbone, p. 201 et 234, du silicium, p. 242-270, de l'aluminium, p. 356-363, des silicates, p. 413, 421-432, nous avons déjà mentionné un grand nombre de minéraux usités en Chine et au Japon comme pierres ornementales. Il nous reste donc à décrire ici les espèces non encore mentionnées. Remarquons d'abord que les femmes chinoises et japonaises ne se parent pas autant de gemmes et de pierres précieuses que celles de l'Europe et de l'Amérique. Les pierres les plus usitées, en Chine, sont : le jade, le jadéite, la calcédoine, le plasma, le corail rouge et quelquefois le jayet, l'agate et la cornaline. Au Japon, le corail rouge et la calcédoine légèrement verdâtre sont presque uniquement en usage pour les aiguilles de tête qui ornent la coiffure des femmes, tandis que le jade, l'agate, la cornaline et le cristal de roche ne servent que pour la fabrication des objets de luxe pour orner le *Tokonoma*, la table écritoire, ou l'intérieur des maisons.

N° 305. — JADE ORIENTAL. — JADE NÉPHRÉTIQUE PRÉCIEUX.

(JASPIS DE PLINE PARTIM. — TALCUM NEPHRITICUM LINN.)

玉 **Giyoku** ou **Tama**. — Synonymes dans le livre chinois. — 玄眞 *Gen-shin* (pierre naturelle véritable, c'est-à-dire gemme naturelle par excellence).

Synonymes chez ONO RANZAN : 龍輔 *Riu-ho* (aider le dragon).—懸黎 *Ken-kei* (suspendre le noir).—齒老温 *Shi-ro-on* (chauffer le vieillard).—孤穖 *Ko-on* (favoriser l'orphelin).—崑山 *Kon-san* (nom d'une montagne dans l'île *Poulo-Condore*, près de Saïgon, ou bien les montagnes *Kwen-lun* dans le Turkestan). —增琨 *Yo-kon* (bijou ou gemme d'ornement).—璆 *Kiu* (bijou ou gemme. — 流黃 *Riu-ô* (jaune fluide ou jaune courant). — 瓊支 *Kei-shi*. — 瑤蕊 *Yo-dzui* (gemme brillante étamine, pistil de fleur) — 曇采 *Yo-sai* (teinte des rayons du soleil).— 元眞 *Gen-shin* (pierre native véritable). — 白玉 *Haku-giyoku* (jade blanc). — 酥玉 *So-giyoku* (jade laiteux). — 純陽主 *Jun-yo-shu* (chef masculin pur) — 琨玉 *Kon-giyoku* (jade de meilleure qualité).

Pietra di hijada, (Espagne, Mexique, Pérou).
Gou (chez les Mantchou).
Kasch (chez les Tartares ou Turcs Orientaux).
Yeschm (chez les Persans).
Yescheb (chez les Arabes).
Yü (chez les Chinois).
Li-punamu (pierre verte) (chez les Maories de la Nouvelle-Zélande).

Le mot *Jade* dérive de l'espagnol *hijada* ou *ijada* (les reins, les lombes) et vient de la coutume des anciens Mexicains de porter cette pierre en amulette, contre les maladies des reins. Le nom *Néphrite* de νεφρός (reins) a une origine analogue. RICHTHOFEN (China. p. 485.4) pense que les noms, 1° du fleuve *Kara-kash* ou Khotan-dariya, 2° de *Kashgar* et 3° des montagnes *Kasia* (le Kwenlun occidental) dérivent très-probablement de la pierre *Kasch* (le nom tartare pour le jade). On sait que cette pierre se trouve en assez grande quantité dans les montagnes du Kwenlun occidental, le pays de Khotan etc. C'est surtout à la qualité qu'on lui attribue, d'être un spécifique contre la colique néphrétique et aux cures merveilleuses supposées de cette pierre qu'est due la célébrité du Jade en Europe. Les gisements de Jade dans le Mexique, d'où cette pierre semble être venue pour la première fois en Europe, ne sont pas encore bien connus, du moins on ne trouve pas l'indication des lieux de provenance.

[*Hzkm*. vol. VIII, p. 44, fig. 11. — *Keimo*. vol. V, p. 1. — *Sm. m. m.* p. 124. — *Mém. conc. les Chin*, vol. VI, p. 255-274 " Essai sur les pierres sonores de Chine". — Ibidem, vol. XIII, p. 389-395 " Notice sur les pierres de *Yu* par M. CIBOT ". — ABEL RÉMUSAT, " Histoire de la ville de Khotan " avec un appendice, " Recherches sur la substance minérale, appelée par les Chinois *Pierre de Yu* et sur le jaspe des anciens ", 1820.—CLÉMENT-MULLET,

Essai sur la minéralogie arabe. — J. HEDDE, ED. RÉNARD, A. HAUSSMANN et NATALIS RONDOT, " Etude pratique du commerce d'exportation de la Chine". — S. BLONDEL, " le jade, étude historique, archéologique et littéraire sur la pierre, appelée *Yu* par les Chinois", Paris, 1875.— GIRARD DE RIALLE, " Mém. sur l'Asie centrale, Paris, 1875.—" The jade quarries in Kienlung" dans *Macmillan's Magazine*. Oct. 1871.— H. v. SCHLAGINTWEIT-SAKUNLUNSKI, " Reisen in Indien und Hoch-Asien". Jena, 1872.— F. F. ROMER, "Jade, a hist. study of the mineral called *yu* by the Chinese", dans l'annual report of the Smithsonian Institute for 1876. — TH. W. KINGSMILL in Notes & Queries on China and Japan, vol. II, p. 173-4. — G. SCHLEGEL, ibidem, vol. III, p. 63-64. — RICHTHOFEN, China, vol. I, p. 36, 485. — SCHEERER Pogg. Ann. I, XXXIV. 379.— DAMOUR, Ann. Ch. Phys. III, XVI.]

Trois minéraux distincts ont reçu le nom de *jade*, savoir :

1° *Le vrai jade oriental* ou jade précieux ou jade néphritique ; c'est un silicate double, anhydre de magnésie et de chaux, allié à la trémolite, très-difficile à fondre au chalumeau et presque aussi dur que le cristal de roche.

2° *Le jadéite* ou jade impérial, ou jade vert-émeraude, qui ressemble beaucoup au jade oriental, par son apparence extérieure ; mais il en diffère 1 par sa composition chimique, qui est un silicate double d'alumine et de soude avec un peu de chaux, et 2° par sa plus grande fusibilité au chalumeau.

3° *Le jade ténace* de HAUY ou le *Saussurite*. C'est un silicate double d'alumine et de chaux qui doit être considéré comme une simple variété de *Zoïsite*. Il est plus fusible que le jade, mais il fond moins facilement que le jadéite. Il n'a pas de valeur en Chine comme pierre d'ornement.

On rencontre encore en Chine et au Japon de *faux jade*, c'est-à-dire de la calcédoine verte (plasma). On appelle la calcédoine légèrement verdâtre souvent du même nom (玉 *Giyoku* = *Yü* chin.) Et enfin on trouve en Chine le *jade artificiel*, un produit de l'art, qui se compose d'un émail verdâtre fort dur mais très-fusible au chalumeau. Le jade artificiel n'est pas sonore comme l'est le vrai.

Dans cet article nous ne parlerons que du vrai jade oriental. Il forme des masses compactes dures, fort tenaces, de teinte blanc verdâtre, à cassure terne, inégale et esquilleuse. Sa texture est grenue, comparable à celle de la stéatite, sa dureté est à peu près égale à celle du cristal de roche. Remarquons qu'en Europe, on n'a reconnu le jade comme une espèce minéralogique distincte que vers le milieu du dix-septième siècle, quoique les Chinois et les peuples de l'Asie centrale eussent fait usage de cette gemme depuis les temps les plus reculés. La cause vient de ce que l'on a confondu avant cette époque le jade et le plasma (calcédoine verte) et que ces deux minéraux forment ensemble le JASPE des anciens auteurs de l'ouest, comme l'a demontré M. RÉMUSAT dans ses recherches sur la pierre de Yü (l. c.). Quoique le vrai jade oriental n'ait pas encore été trouvé au Japon †, il n'en possède pas moins une grande célébrité dans ce pays, comme en Chine, d'où un grand nombre de vases sculptés et autres objets taillés en jade sont importés depuis des siècles au Japon. Grâce à ce fait j'ai pu examiner à l'exposition de Kiyoto en 1875 une grande et splendide collection d'anciens objets sculptés (surtout des vases) en jade, envoyés à l'exposition par plusieurs amateurs japonais, sur la demande du gouverneur de la ville de Kiyoto, M. MAKIMURA, grand admirateur de l'art chinois. A Tokio aussi plusieurs *Kuwa-zoku* (anciens nobles) possèdent encore bon nombre d'objets précieux en jade chinois. Quelques-uns ont été mis en vente à un prix tellement élevé que je doute fort qu'ils aient trouvé des acheteurs parmi les Européens. Les qualités précieuses du jade oriental consistent 1° dans sa dureté (6.5-7), 2° dans son éclat doux et particulier, doué de quelque chose de gras à l'œil, 3° dans son grain uni et très-fin et son poli assez beau, 4° dans sa grande pesanteur qui varie entre 2.91-3.35, 5° dans sa sonorité qui l'a fait employer par les Chinois pour fabriquer ce célèbre instrument de musique en pierre dit *King* (cf. mém. c. l. chin. l. c), 6° dans ses couleurs douces et agréables, variant du blanc graisseux, au blanc de petit-lait, blanc sale, blanc-verdâtre, vert pâle, vert jaunâtre, vert

---

† C'est par erreur que plusieurs auteurs (par ex. BLONDEL l. c. p. 17) ont dit que le Japon possède des gisements d'où l'on tire le jade. L'erreur provient de ce que la calcédoine verdâtre, qui se trouve au Japon et y est taillée en ornements, est appelée parfois 玉 Giyoku ou Tama par les gens du peuple. Les objets en jade au Japon sont tous venus de la Chine.

de mer, vert-bleuâtre, jusqu'au vert de pomme et vert foncé, 7° dans sa rareté relative et la difficulté de le tailler. Les auteurs chinois font encore mention de jade jaune foncé, bleu céleste, bleu foncé d'indigo et rouge crête de coq, mais il est plus que probable que ces espèces n'existent pas et n'ont jamais existé en réalité, ou bien qu'on les a confondues avec d'autres minéraux de diverses natures †. Les teintes verdâtres sont les plus communes, et les espèces blanchâtres, surtout celles qui sont fort pesantes et qui sont — suivant l'expression des auteurs chinois — d'un blanc graisseux "comme la graisse du sanglier", sont les plus estimées. Les jades à surfaces irisées, montrant selon les Chinois les teintes des nuages illuminés par les rayons du soleil couchant, sont aussi fort recherchés. Les connaisseurs en Chine distinguent encore une grande série de gradations de teintes d'une même couleur et au palais impérial à Péking on a même un étalon pour toutes les nuances de jade, afin de pouvoir apprécier le titre réel et la valeur exacte de cette pierre célèbre. Les espèces nuagées et veinées sont beaucoup moins recherchées par les Chinois et les Japonais; la teinte doit être parfaitement uniforme.

Le jade est travaillé en Chine au moyen de pointes et de roues d'acier, de corindon granulaire et de grenat granulaire. On s'étonne de l'habileté des lapidaires japonais qui savent tailler le cristal de roche, l'agate, la cornaline, la calcédoine en objets sculptés extrêmement frêles et délicats, mais les Chinois montrent une patience et une habileté plus grandes encore dans leurs

---

† Autant que nous sachions on ne trouve nulle part des espèces de jade possédant les couleurs rouges, oranges et bleu d'indigo mentionnées par les auteurs chinois.—Les objets que nous avons vus à Kiyoto variaient en couleur de blanc graisseux, blanc-jaunâtre, blanc-verdâtre, vert-jaunâtre au vert de mer.—LI-SHI-CHIN dit dans son ouvrage (l. c.) que l'on trouve le *jade rouge* à 夫餘 *Fu-yo*, c'est-à-dire dans la Mongolie orientale, chez les Kalka's au nord-ouest de la Corée. Comme cette localité produit beaucoup de galets de cornaline, d'agate et de calcédoine, je suis incliné à croire que le *jade rouge* n'est qu'une variété de cornaline ou de sardoine. Ce que M BLONDEL (l. c. p. 8) dit du jade rouge me confirme dans cette croyance. Une double coupe de soi-disant jade orangé faisant partie de la collection du DUC DE MORNY n'était que de la *Sardoine orientale jaune d'ambre*.

objets sculptés en jade (1), dont la délicatesse d'exécution est aujourd'hui, à juste titre, admirée par les amateurs européens. Au "British Museum" à Londres, dans les musées chinois du Louvre et du palais de Fontainebleau, le musée de minéralogie au jardin des plantes à Paris, le musée de la Haye, le palais japonais à Dresde et dans un grand nombre de collections particulières en France et en Angleterre on trouve à présent des jades admirablement travaillés. Quant à son caractère minéralogique le jade est lié étroitement à l'amphibole (la trémolite), dont il est considéré comme une simple variété. Mess. SCHEERER et DAMOUR ont trouvé (l. c.) à l'analyse la composition suivante du jade chinois.

Matières.	Jade de la Chine SCHEERER.	Jade de la Chine SCHEERER.	Jade de la Chine SCHEERER.	Jade de la Chine DAMOUR.	Jade de la Chine. DAMOUR.
Silice	58.91	58.88	57.28	58.46	58.02
Alumine..............	1.32	1.56	0.68	—	—
Oxyde ferreux..........	2.43	2.53	1.37	1.15	1.12
Oxyde manganeux	0.82	0.80	—	—	—
Magnésie..............	22.42	22.39	25.91	27.09	27.19
Chaux	12.28	12.15	12.39	12.06	11.82
Potasse	0.80	0.80	—	—	—
Eau	0.25	0.27	2.55	—	—
	99.23	99.38	100.18	98.76	98.15

D'où il résulte que le jade oriental est un silicate double de magnésie et de chaux comme la trémolite (2). Le jade vient comme masse amorphe dans quelques montagnes et sous la forme de galets dans quelques rivières.

---

(1) Un bon ouvrier-artiste chinois travaille souvent durant plusieurs années pour finir une seule pièce en jade.—Cf. CIBOT, Mém. c. l. chin. l. c.

(2) La composition du jade donnée par M. BLONDEL (l. c. p. 9), sans mentionner l'auteur de l'analyse, est entièrement fausse. Premièrement, sa définition disant que le jade est un silicate d'alumine et de chaux est inexacte, puisque cette pierre constitue un silicate double de magnésie et de chaux. Le jadéïte ou jade alumineux forme un silicate d'alumine, de soude et de chaux. Enfin, où M. BLONDEL a-t-il pu trouver que le jade contient cinq pour cent d'*oxyde de chrôme* ?

Lieux de provenance connus :

TURKESTAN ORIENTAL.	Pays de Khotan.	Rivière Karakash ou Khotan-darya, mont Kwenlun occidental. Khotan est appelé *Yu-thian* par les anciens Chinois et *U-ten* par les Japonais	Les lapidaires les plus célèbres se trouvent à *Aksu*, la capitale actuelle de la Tartarie chinoise, à *Kashgar* et à *Yarkand* l'ancienne capitale. Selon TIMKOVSKI la ville de Yarkand envoie chaque année à Khotan, pour être expédiés à la cour de Péking, de 4 à 6 mille kilogrammes de jade. Le jade est apporté de la Tartarie en Chine via Kiachta, surtout par les Boukhares (1).
	Pays de Yarkand	Rivière Yarkand ou Yarkand darya, Mᵗ Belur (Kwenlun) ...	
	Pays de Kashgar	Rivière Kashgar ou Kashgar darya	
SHENSI	Hing-ngan-fu ..	Sin-yang-hien, Mᵗ Ching. Peh-hoh-hien, Kan-tien-tsuh-tung.	
	Sin-gan-fu	Lan-tien-hien, Tsung-nan, Mᵗ Lan-tien. Ling-tung-hien, Mᵗ Li.	
	Shang-chau	Loh-ngan-hien, Mᵗ Yang-hwa.	
KWEI-CHAU	Sz'nan-fu	Ying-kiang-hien.	
KWAN-TUNG	Lien-chau-fu		
YUN-NAN	Wu-ting-chau ..	Tung-san (jade bleu).	
	Li-kiang-fu	Mᵗ Moh-peh (jade vert et noir).	
	Yun-chang-fu ..	Tung-yueh-ting et Mau-motosz.	
SHING-KING (Mantchourie)	Fung-tien-fu.		

---

(1) Les carrières de jade dans le Kwen-lun occidental ont été visitées et décrites par M. M. le Dʀ. CAYLEY et HERMANN VON SCHLAGINTWEIT (l. c.). Quelques auteurs chinois font en outre mention de 日南 *Jitsu-nan* (Tonquin) et 崑崙 *Kon-ron* (Poulo Condore) comme lieux de provenance, mais p'après *Li shi chin* presque tout le jade chinois venait de son temps, de Khotan 于闐 Chin. *Yu-thian*, jap. *U-ten*.

SIBÉRIE ORIENTALE ..	Gouv¹ d'Irkutsk .	M. ALIBERT a trouvé de beaux spécimens de jade oriental dans les rivières, qui prennent leur source dans les montagnes *Saiansk*.
NOUVELLE-ZÉLANDE..		L'île méridionale produit beaucoup de jade, mais les Chinois prétendent que cette espèce est de beaucoup inférieure à celle de Khotan. Cette île porte chez les Maories le nom de *Te-wali Punamu* (c'est-à-dire endroit de la pierre verte (jade).

Le *Hon-zo-ko-moku* parle du jade dans les termes suivants :

« D'après le savant *Ko-keï* on trouve du bon jade à 藍田 *Ran-*
« *den* (Lan-thian), litt. champ d'indigo, au village 徐善亭 *Jo-*
« *zen-tei* dans le pays de 南陽 *Nan-yo* (Shensi), dans la rivière
« 盧容 *Rô-yô* du pays de 日南 *Jitsu-nan* (Tonquin), tous dans
« la Chine proprement dite, et dans les pays barbares de 于闐
« *U-ten* (Khotan) et 疎勤 *So-roku* (Kashgar).

« Ce jade est blanchâtre comme la graisse du sanglier. On
« peut distinguer le vrai jade des faux jades et du jade artifi-
« ciel au moyen du son qu'il rend quand on le frappe.

« Dans le livre *I-butsu-shi* (description des objets étrangers)
« il est dit que le pays de 崑崙 *Kon-ron* † (les montagnes
« Kwen-lun dans l'Asie centrale ou bien Poulo Condore dans la
« mer de Chine) produit beaucoup de jade. Le vrai jade montre
« des teintes qui ressemblent à celles de l'aurore matinale. Au-
« jourd'hui on n'entend plus parler du jade de Ran-den, de
« Nan-yo et de Jitsu-nan ; la pierre vient actuellement d'*U-ten-*

† En cherchant à déterminer l'endroit où sont situées les montagnes 崑崙 *Kon-ron*, écrit aussi 崑山 *Kon-zan*, je trouve que l'île *Poulo Condore*, dans la mer de Chine, près de Saïgon, est connue sous ce nom et que les montagnes *Kwen-lun* dans l'Asie centrale s'écrivent, en chinois, avec les mêmes caractères. Comme il est un fait établi que la chaîne des montagnes Kwen-lun, aussi bien que la rivière Khotan-daria qui a ses sources dans ces montagnes, produisent le jade en grande quantité, je suis incliné à croire que l'auteur chinois a voulu désigner le Kwen-lun et non pas l'île de Poulo Condore.

« *koku* (Khotan). Les officiers Ko-ro-kei et Cho-kiyo-giyo de
« Shin (en Chine) ont fait les remarques suivantes sur le Kho-
« tan durant leur voyage dans ce pays :

« « Il y a au dehors du château d'Uten (Khotan) une rivière
« « qui s'appelle 玉河 *Giyoku-ga*. Elle a ses sources dans les
« « montagnes 崑山 *Kon-zan* (Kwen-lun) et elle se dirige vers
« « l'ouest jusqu'aux montagnes de 午頭山 *Go-to-san*, qui se
« « trouvent sur les frontières du pays de U-ten. Cette rivière
« « se divise en trois branches, la première, appelée 白玉河
« « *Haku-giyoku-ga* (fleuve du jade blanc), se trouve à trente
« « *Ri* (chinois) à l'est du château. La seconde 綠玉河 *Riyo-*
« « *ku-giyoku-ga* (fleuve du jade vert) se trouve à vingt *Ri* à
« « l'ouest du château ; la troisième branche dite 烏玉河 *U-*
« « *giyoku-ga* (fleuve du jade noir) se trouve à sept *Ri* à l'ouest
« « de la rivière Riyoku-giyoku-ga. Quoique l'origine de ces
« « trois rivières soit la même, la qualité du jade qu'elles pro-
« « duisent varie dans chacune de ses branches. » »

Li-shi-chin parle du jade dans les termes suivants : « Dans
« le livre *Tai-hei-giyo-ran* il est dit que l'on trouve le jade
« blanc à 交州 *Ko-shu* (Kiao-tchau), le jade rouge à 夫餘
« *Fu-yo* (un pays au nord-ouest de la Corée), le jade bleu-ver-
« dâtre à 稻婁 *Yu-rô* (pays d'I-leou dans la Tartarie orientale),
« le jade vert pâle à 大秦 *Tai-jin* (Tai-tseou), le jade noir à
« 西蜀 *Seï-shoku* (partie occidentale du pays de Chou, vers le
« Thibet), le jade bleu foncé, couleur d'indigo, à 監田 *Ran-den*
« (Lanthian). »

« On lit dans le livre *Wai-nan-shi* que l'on trouve à 鍾山
« *Sho-san* une variété de jade, qui ne change pas au feu, même
« quand on le soumet durant trois jours et autant de nuits à
« l'action du feu le plus ardent.

« D'après plusieurs auteurs le jade se trouve dans différents
« pays, mais on ne le tire actuellement que de l'*U-ten* (Khotan).
« Probablement les gisements des autres lieux, jadis connus,
« ne sont plus les mêmes.

« On distingue deux espèces de jade, celui qu'on trouve dans
« les montagnes et celui que l'on tire des rivières.... etc.

LES PIERRES PRÉCIEUSES.   463

On distingue, en outre, les variétés suivantes :

« 1° 火玉 **Kuwa-giyoku**, jade-feu, jade rouge, avec lequel on peut chauffer une marmite.

« 2° 暖玉 **Dan-giyoku**, jade qui donne une chaleur plus douce et avec lequel on peut se protéger contre les effets d'un froid rigoureux de l'hiver.

« 3° 寒玉 **Kan-giyoku**, (jade froid) avec lequel on peut se mettre à l'abri des grandes chaleurs d'été.

« 4° 香玉 **Ko-giyoku**, (jade odoriférant) qui donne un bon parfum.

« 5° 軟玉 **Nan-giyoku**, (jade mou).

« 6° 觀日玉 **Kuwan-jitsu-giyoku**, (jade-réfléchissant les rayons du soleil). »

Emploi médicinal du jade.

Plusieurs préparations médicinales de ce minéral célèbre sont recommandées par le *Hon-zo-ko-moku*, savoir :

« 1° 玉屑 *Giyoku-setsu* ou *Tama-no-Surikudzu*, jade réduit
« en poudre grossière, de la grosseur des grains de riz. Il sert
« de remède contre le mal d'estomac, la toux, la soif, il dimi-
« nuera le poids du corps, fortifiera les poumons, le cœur, les
« organes de la voix et prolongera la vie. Son action médicale
« sera encore augmentée si on le combine avec l'or, l'argent
« et la racine de *Baku-mon-do* (Ophiopogon japonicus Gawl).

« 2° 玉漿 *Giyoku-sho*, liqueur de jade ou jade liquide. Syn.
« 玉泉 *Giyoku-sen* (eau de puits de jade). 玉札 *Giyoku-satsu*
« (jade dissous).

« La meilleure qualité de liqueur de jade doit être préparée
« de la manière suivante. On prendra :

« Du jade réduit en poudre grossière (*Giyoku-setsu*)   1 partie.
« Racine de *Poterium officinale* L. (地楡草 *Ji-yu-so*) ....   1 »
« Riz..............................   1 »
« Eau de rosée ....   2 parties.

« On fait bouillir le tout dans une marmite en cuivre et on
« filtre le liquide obtenu. Il s'appelle 神仙玉漿 *Shin-sen-*
« *giyoku-sho* (liqueur divine de jade). L'eau de puits de jade
« jouit des mêmes qualités que la liqueur de jade.

« C'est un remède souverain pour guérir les mille maladies
« des *Cinq viscères*. Il fortifie et assouplit les muscles, il
« solidifie les os, il calme la tête ou l'esprit, il enrichit la chair
« et il purifie le sang. Si on en prend longtemps on ne sera
« plus jamais fatigué ni par le froid, ni par la chaleur, ni par
« la faim, ni par la soif. Si on absorbe cinq livres de cette
« liqueur avant de mourir, le corps se conservera intact pen-
« dant trois ans.

« C'est encore un bon remède contre les *douze Maladies* des
« régions des hanches chez les femmes. "

Argument pour prouver l'efficacité du jade comme remède.

« Un homme, du nom de *Ri-yo*, ayant appris, à l'époque
« de *Go-gi*, la manière d'employer le jade comme remède, allait
« le chercher à *Ran-den*, où il trouva environ une centaine de
« pierres grandes et petites. Rentré chez lui il les reduisait en
« poudre et en prenait une petite quantité chaque jour. Il jouis-
« sait d'abord d'une bonne santé, mais bientôt après il fut
« atteint d'une maladie mortelle. Alors ayant appelé sa femme
« et ses enfants auprès de lui il s'exprima ainsi :

«« Quand on veut guérir une maladie avec le jade, il faut
«« être un homme chaste et pur et ne pas boire du vin. On
«« doit se retirer dans les montagnes ou dans la forêt et fuir
«« la société. Moi, j'ai bu beaucoup de vin, j'ai même mené
«« une vie assez débauchée et si je vais mourir bientôt, ce
«« n'est certainement pas la faute de la médecine, mais la con-
«« séquence de mes propres péchés. Mais, écoutez, ma femme,
«« après ma mort, laissez mon corps exposé pendant quelques
«« jours avant de m'enterrer. Il doit y avoir quelque chose de
«« merveilleux. »»

« La femme obéissant au vœu de son mari fut fort étonnée
« de voir que le corps ne changeait pas de couleur et que la

« bouche ne sentait pas, même quatre jours après la mort,
« quoique ce fut à l'époque des grandes chaleurs de l'été.

« Le savant (chinois) CHIYO-KUWA a dit que l'on peut devenir
« un génie céleste, 仙人 Sen-nin, si on prend régulièrement
« quelques grains de jade chaque jour.

« Le savant KO-KEI affirme que le corps d'un homme, qui avait
« mangé près de cinq livres de jade, ne changea pas de couleur
« après sa mort et que le cadavre ayant été exhumé, plusieurs
« années après, ne montrait pas la moindre altération. De plus
« on observe qu'il y avait de l'or et du jade autour du tombeau.

« Depuis on a suivi (en Chine) la coutume, à l'époque de *Kan*,
« d'embaumer les cadavres des Empereurs et de les conserver dans
« un habit orné de perles et enfermés dans une caisse de jade. »

N° 306. — JADEITE. JADE VERT ALUMINATÉ. JADE FUSIBLE.

青玉 **Seï-giyoku** ou **Ao-tama**. — Vulgo 翡翠 **Hi-sui** (en Chine Feï-tsui). — 翡翠玉 **Hi-sui-giyoku** (en Chine Feï-tsui-yü). Syn. *Asagi-tama*. — 緑玉 *Riyoku-giyoku* (jade vert).

(*Hzkm.* vol. 8, p. 48. — *Keimo*, vol. V, p. 4. — Chin. Chrestom. p. 430
« *Fi-tsui-yuk* » = Chrysoprase. — MUIRHEAD in Doolittle's Voc. and Handb.
Chinese lang. vol. II, p. 256 « *Fei-tsui-yü* » = Chrysoprase. — PUMPELLY
Smithson. Contrib. vol. XV, p. 118.—DAMOUR. Compt. Rend. I. VI. 861.)

Des masses compactes, lourdes, dures, à cassure esquilleuse et de couleur verte ou verdâtre, ressemblant au jade vert et au plasma ou calcédoine verte et au chrysoprase, avec lequel il a été longtemps confondu. L'analyse chimique a démontré que le *Fei-tsui* de la Chine est une espèce distincte qui diffère du jade par la quantité d'alumine qu'elle contient et par sa plus grande fusibilité. D'après M.M. DAMOUR et COOK le jadeïte de Chine se compose de :

	DAMOUR.	COOK.
Silice............	59.17........	59.35
Alumine........	22.58........	24.07
Oxyde ferreux ...	1.56........	—
Magnésie........	1.15........	traces
Chaux..........	2.68........	0.77
Soude	12.93........	13.01
Potasse.........	traces........	0.18
Eau............	—........	0.30
	100.07	97.68

D'où il suit que le jadeïte forme un silicate double d'alumine et de soude, tandis que le jade est, comme on sait, un silicate double de chaux et de magnésie.

Le jadeïte est la gemme par excellence des Chinois qui en font par la taille des ornements, des anneaux, des bracelets etc.

Localités connues :

SHENSI........... Lia-yang-hien.
YUNNAN.......... Mau-mo-tosz.

Au Japon on n'a jamais trouvé ni jade ni jadeïte.

N° 307. — CORAIL ROUGE (CORALLIUM).

A. *Corail rouge précieux.* Classe *Alcyonaria*, ordre *Gorgonidae* (Corallium). 珊瑚 **San-go** (Nom générique du corail et en même temps le nom pour le corail rouge précieux). — Vulgo 珊瑚珠 **San-go-ju** (corail gemme). — Syn. 赤珊瑚 *Seki-san-go* (corail rouge). — 火樹 *Kuwa-ju* (arbre feu). — 烽火樹 *Hô-kuwa-ju* (arbre feu d'artifice). — 烽火柏 *Hô-kuwa-haku* (chêne feu d'artifice). — 紅珊瑚 *Kô-san-go* (corail rouge, couleur de carthame).

B. *Variété rouge-jaunâtre ou var. couleur de chair du corail précieux.* 阿ァ瑪ヾ港ヶ **Amakawa** ou **A-ba-ko** (Nom des Philippines chez les anciens auteurs japonais). C'est l'espèce la plus estimée, importée d'Europe (d'Italie) ou d'autres pays étrangers.

C. *Variété de couleur rosée, fleur de pêcher.* 桃紅色珊瑚 **Tô-ko-shoku-San-go** ou **Momo-iro-no-San-go**. Cette espèce est également fort-estimée.

D. *Variété de couleur rouge foncé.* 血玉 **Ketsu-giyoku**. (gemme sang). Vulgo チダマ **Chi-dama** (boule ou gemme couleur de sang). Syn. *Tosa.* — *Tosa-dama* (boule de la prov. de Tosa).

E. Les coraux de la classe des *Zoantharia sclerodermata*, ordre *Madrépores*, à formes dendritiques et à texture calcaire spongieuse, s'appellent en général 白珊瑚 **Haku-san-go** ou **Shiro-san-go**. (corail blanc).

F. Les coraux de la classe des *Zoantharia sclerodermata*, ordre *Oculinidae*, à formes dendritiques et à texture calcaire compacte d'un blanc de lait, s'appellent en général 石珊瑚 **Seki-san-go** (pierre-corail).—石花 *Seki-kuwa* (pierre fleur).

G. Les coraux de la classe des *Alcyonaria*, ordre *Tubipores* (coraux tubes d'orgue) en fragments ou à forme de sable, s'appellent 珊瑚砂 **San-go-sha** ou **San-go-suna** ou **Suna-san-go** (corail sable).

H. Les coraux de la classe des *Zoantharia sclerobasica* ou *Antipathidae*, corail noir ou *antipathe*, à formes arborescentes et avec un corallum corné, élastique, disposé en couches concentriques, s'appellent 黒珊瑚 **Koku-san-go** ou **Kuro-san-go** (corail noir). Syn. 琉球珊瑚 *Riu-kiu-san-go* (corail des îles Liu-kiu). — 島珊瑚 *Shima-san-go* (corail strié). — 熊野珊瑚 *Kumano-san-go* (corail de Kumano) [ville sur la côte de la prov. de Kii].

I. Les coraux de la classe *Alcyonaria*, ordre *Gorgonidae* (Gorgones, arbustes de mer, angl. *sea-shrubs*), à formes arborescentes très-branchues et avec un corallum strié et cannelé s'appellent en général 海松 **Kai-sho** ou **Umi-matsu** (pin de mer).

J. Les coraux de la classe *Alcyonaria*, sous-ordre *Rhipidogorgia*, (angl. *Fan-Coral*, gorgones à forme d'éventail), avec des branches étendues reticulées flabelliformes s'appellent 石帆 **Seki-han** ou **Ishi-hô** (litt. pierre voile de bateau). Syn. ウミヒバ *Umi-hiba* (Thujopsis de mer, à raison de sa ressemblance avec les branches et feuilles étendues et flabelliformes de cet arbre).

Nom bouddhique en usage dans l'Inde pour désigner le corail rouge précieux 鉢攞娑福羅 **Ha-hi-sha-fu-ra.**

(Hzkm. vol. 8, p. 50, fig. 13. — Keïmo. vol. 5, p. 6. — *Chin. Chr.* p. 430 « Shan-u » = red, precious coral. — *Chin. Commg.* p. 87 « Shan-hu » = Coral. — Gosse, Actinologia Brittannica, 1860. — Lacaze-Duthier, Hist. natur. du corail, 1872. — P. L. Simmonds, Commercial Products of the Sea. London, 1879.)

Quoique le corail ne puisse pas être classé parmi les minéraux, nous nous sommes permis de le mentionner ici parmi les

« pierres précieuses », parce qu'il forme à l'état taillé et poli la gemme par excellence des dames du Japon et des mandarins en Chine et aussi parce qu'il est décrit dans le *Hon-zo-ko-moku* immédiatement après le jade. Le corail est une des « *Sept gemmes précieuses bouddhiques* », 佛書七寶石 *Butsu-sho-shichi-hô-seki*, ou plus simplement 七寶 *Ship-po*, qui forment ensemble le trésor du paradis (†).

Les côtes de la Chine et du Japon produisent bien du corail, mais il est rarement de bonne qualité. Le corail de la Méditerannée est de beaucoup supérieur et, à ce titre, il est devenu un article d'importation dans ces deux pays. Du reste c'est un fait depuis longtemps reconnu que les bancs de beau corail paraissent se trouver seulement dans la mer qui entoure l'Italie et la Grèce et que les travaux réellement artistiques en Corail viennent surtout de l'Italie, Naples, Gênes, Livourne, Val du Bisagno.

Les teintes rosées délicates, parfaitement uniformes et celles couleur de chair sont le plus en vogue au Japon où on n'estime pas autant le corail de couleur plus foncée. Le corail sert surtout au Japon pour orner les épingles de tête et pour les petits colliers de boules de corail qui ornent la coiffure des dames. En Chine, le corail joue un role important comme « bouton rouge » sur le bonnet des grands officiers du gouvernement. La

---

(†) Les *Butsu-sho-shichi-hô-seki* s'appellent aussi 天竺七寶石 *Ten-jiku-shichi-hô-seki* (sept gemmes de l'Inde).

On trouve chez les auteurs indigènes différentes énumérations des « sept gemmes bouddhiques » 七寶 *Shippo*, nom que l'on a donné aussi en Chine et au Japon aux travaux en « *Cloisonné* », c'est-à-dire aux émaux artificiels sur les bronzes et les porcelaines. Les émaux du cloisonné imitent les sept gemmes bouddhiques de l'Inde. Voici trois versions :

1º 金 *Kin*. Or............... 1º Or............ 1º Or.
2º 銀 *Gin*. Argent............ 2º Argent........ 2º Argent.
3º 琉璃 *Ru-ri*. Lapis Lazuli... 3º Lapis Lazuli.... 3º Lapis Lazuli.
4º 硨磲 *Sha-ko*. Nacre........ 4º Nacre......... —
5º 馬腦 *Mé-no*. Agate......... 5º Agate .... 4º Agate.
6º 玻瓈 *Ha-ri*. { Gemme vitreuse 6º Gemme vitreuse. 5º Gemme vitreuse. (? cristal).
7º 眞珠 *Shin-ju*. Perles....... 7º Corail .... 6º Perles.
                                                                                 7º Corail.

Chine reçoit aussi du corail de l'Inde, des côtes-ouest de Sumatra, de Manille etc.

Les madrépores, oculines et gorgones servent surtout entiers comme ornement de salon, c'est-à-dire du *Tokonoma*.

Le naturaliste Ono Ranzan (l. c.) parle du corail dans les termes suivants : « Le corail est un produit de la mer où il se
« trouve fixé aux rochers. Aussi longtemps qu'il reste dans l'eau
« il n'a pas une grande dureté, mais il devient dur comme une
« pierre dès qu'il est retiré de l'eau. Les belles variétés de cou-
« leur rouge-jaunâtre lumineux, possèdent des lignes parallèles
« et fort délicates à la surface comme les tiges des Equiset-
« acées. Elles nous viennent de l'étranger, s'appellent ordinai-
« rement *Amakawa* et sont considérées de première qualité.

« Le corail rouge foncé, dit *Chi-dama*, qui se trouve dans
« la mer à Kumano, (dans la province de Kii) et qui nous vient
« aussi quelquefois de l'étranger est considéré comme étant de
« qualité inférieure. Le vrai corail produit un son particulier
« quand on le touche avec les dents ; il se distingue par cette
« propriété du faux corail qui ne donne pas ce son. On fabri-
« que le faux corail avec les dents de la baleine ou avec les
« cornes du cerf, colorés avec le suc de carthame (*Beni*). L'es-
« pèce dite 猩猩石 *Shô-shô-seki* qui nous est venue quelque-
« fois de Nankin (en Chine) est du corail, mais il ne possède
« pas les lignes parallèles des bonnes espèces. En outre, on
« fabrique du faux corail, dit 錬物 *Neri-mono*, au moyen de
« cire, de résine et d'autres substances analogues. Le corail
« que l'on pêche quelquefois dans la mer sur les côtes de Kii,
« de Noto, de Tajima, ne forme que de petites branches de deux
« à trois *Bu* (6 à 9 ^{mm}) de diamètre et de cinq à six *Sun*
« (15 à 18 centim.) de longueur.

« Le corail blanc, 白珊瑚 *Haku-san-go*, et le corail rouge
« fleur du pêcher, 桃紅色珊瑚 *Tô-kô-shoku-san-go*, se trou-
« vent à Yénoshima, dans la province de Sagami et à Kumano
« dans la province de Kii.

« On appelle 珊瑚砂 *San-go-suna* les petites graines de
« corail d'environ deux à trois *Bu* (6 à 9^{mm}) de grosseur
« qui se trouvent sur les côtes de la mer.

« Une autre espèce flabelliforme de corail s'appelle *Umi-*
« *hiba* (Thujopsis de mer) ou 石帆 *Seki-han* (pierre voile de
« bateau). Il possède un grand nombre de petits rameaux
« mais pas de feuilles. Les rameaux sont mous à l'extérieur,
« mais durs à l'intérieur. On en rencontre plusieurs variétés de
« différentes couleurs, ceux qui ont une couleur rouge ou jaune
« peuvent produire du corail à forme de sable à l'usage des
« fabricants de laque, quand on ôte l'écorce et quand on fait
« pulvériser la substance intérieure et dure dans un mortier.
« Quelquefois l'eau de la mer a déjà enlevé çà et là, quelques
« parties de l'écorce de cette espèce de corail.

« Une variété noire qui a de nombreuses petites branches
« réticuleuses s'appelle au Japon 黒珊瑚 *Koku-san-go* (corail
« noir) ou 琉球珊瑚 *Riu-kiu-san-go* (corail de Liu-kiu) ou 島
« 珊瑚 *Shima-san-go* (corail strié) ou 熊野珊瑚 *Kumano-*
« *san-go* (corail de Kumano) et 海松 *Kai-sho* ou *Umi-matsu*
« (pin de mer) en Chine. La surface de cette espèce est sou-
« vent couverte de sable adhérent. »

Les auteurs chinois recommandent le corail réduit en poudre impalpable contre les maux d'yeux (taches de la cornée),
comme remède hémostatique contre le saignement de nez et
comme remède purificatif pour les femmes. On sait que le
corail est une pierre précieuse fort estimée dans l'Inde où on
attribue toutes sortes de qualités mystiques et saintes au corail.
Les Romains ont fait usage de colliers de corail pour protéger
leurs enfants contre toute espèce de dangers et de maladies
et même de nos jours on l'emploie en Italie contre les maux
d'yeux et pour combattre la stérilité des femmes.

Lieux de provenance au Japon :

ILE DE SADO.	Dans la mer des districts Hamochi-gōri et Sawada-gōri.
TOSA	District Aki-gōri à Muronotsu-mura. District Takaoka-gōri, à Usa. On le pêche ici avec des filets en fil de fer. Le corail est d'un rouge foncé et s'appelle *Tosa-dama*. La plus grande quantité du corail japonais vient de cette province.
KII	Kumano.
SAGAMI	Yenoshima. Mauvaise qualité.

N° 308. — GEMME VITREUSE BOUDDHIQUE.

玻瓈 **Ha-ri** ou 頗瓈 **Ha-ri** ou 玻璃 **Ha-ri**. — Syn. 水玉 *Sui-giyoku* ou *Midzu-no-tama* (gemme eau).

(Hzkm. vol. 8, p. 52, fig. 16. — *Keïmo*, vol. 5, p. 12. — Enc. *Wa-kan-san-zai-dzu-yé*, vol. 60, p. 4.)

Cette pierre précieuse ne se trouvant pas au Japon, nous n'avons pas eu l'occasion d'en examiner un spécimen; nous ne sommes donc pas en état de la classer avec certitude. Néanmoins nous voulons mentionner cette gemme célèbre en nous en tenant à ce qu'en disent les auteurs indigènes. On verra qu'ils ne sont pas plus avancés que nous quant à la question de ce qu'il faut entendre par le « **vrai Ha-ri** » et que les avis diffèrent beaucoup entre eux sur la nature de cette pierre précieuse. Voyons d'abord ce qu'en dit le *Hon-zo-ko-moku* (l. c.). « Le mot *Ha-ri* était dans l'origine le nom d'un pays
« étranger d'où la pierre nous est venue. Elle est transparente
« comme l'eau et dure comme le jade, d'où lui vient son
« deuxième nom de 水玉 *Sui-giyoku* ou *Midzu-tama* (eau
« gemme ou eau jade). D'après le savant (Chinois) Zo-ki le
« *Ha-ri* est une gemme des pays de l'ouest que l'on trouve
« dans la terre. D'autres prétendent à tort que c'est de l'eau con-
« gelée ou transformée. Selon Li-shi-chin le *Ha-ri* vient des
« pays étrangers du sud (南番 *Nan-ban*, barbares du sud).
« On en trouve de trois couleurs différentes, savoir : couleur
« du *saké* (jaunâtre), violettes et blanches (incolores). Il est
« transparent et ressemble beaucoup au cristal de roche. On
« estime surtout les exemplaires qui possèdent des taches ou
« des figures de fleurs à l'intérieur. Les anciens pharmaciens
« l'employaient pour la préparation de certains médicaments.
« On l'imite souvent, mais la pierre artificielle est plus légère
« que la vraie. Dans le livre *Gen-shu-ki* il est dit que l'on
« trouve dans le pays de 大秦 *Tai-jin* (†) du *Ha-ri* de cinq
« différentes couleurs, mais la pierre rouge serait la plus estimée.

(†) 大秦 *Tai-jin*, en chinois *ta-chin*, est le nom d'un pays à l'ouest de la Chine. Quelques auteurs croient que c'est l'ancien empire Romain, tandis que d'autres l'ont identifié avec la Perse et avec la Syrie.

« Dans le livre *Shi-ko-shi-ki* on lit qu'un habitant de 扶南
« *Fu-nan* a apporté un miroir de *Ha-ri* bleu de la dimension
« d'un pied et demi et pesant quarante livres. Cette pierre était
« extrêmement pure, claire et sans aucun pore. Au palais im-
« périal (en Chine) se trouve une pierre-mère de *Ha-ri*, (玻瓈
« 母 *Ha-ri-bo*) qui fut présentée autrefois par les habitants du
« pays de 大食 *Tai-shi* (†). Cette pierre a la forme de scorie
« de fer. Les couleurs sont bleu, rouge, jaune et blanc.

« *Qualités médicinales du « Ha-ri »* :

« Le gout en est froid ; il n'est pas vénéneux. Il calme le
« cœur dans les fièvres, il éclaircit la vue et guérit l'inflamma-
« tion des paupières et de la cornée. ».

D'après le récit de l'auteur chinois il paraît donc que le *Ha-ri*
n'existe pas en Chine et qu'il y est apporté des pays étrangers,
l'Arabie ou peut-être la Perse. Mais il y a trop de versions
contradictoires pour pouvoir préciser la nature de la pierre.
D'un côté il est dit qu'il ressemble au cristal de roche, qu'il
est transparent, incolore comme l'eau et de l'autre on lui attribue trois, quatre à cinq couleurs différentes.

Le commentaire japonais sur le *Hon-zo-ko-moku* ne donne
pas non plus des renseignements plus précis, il augmente au
contraire la confusion, comme on en pourra juger par la traduction suivante de l'article *Ha-ri :* « Le *Ha-ri* ne se trouve ni
« au Japon, ni en Chine. C'est une des « sept gemmes de l'Inde »
« 天竺七寶 *Ten-jiku-shichi-hô* (§). Il est souvent imité avec
« le verre et c'est pour cette raison qu'on a quelquefois donné
« le nom de 玻瓈 *Ha-ri* à cette dernière substance (÷). Les
« marchands chinois à Nagasaki appellent le verre *Haurii*, ce

―――――――――

(†) 大食 *Tai-shi*, en chinois *Ta-shi*, est le nom donné par les Chinois
du moyen-age aux Arabes. Cf. la brochure intéressante du Dr. BRETSCHNEIDER:
« On the knowledge possessed by the Ancient Chinese of the Arabs ». London
1874, p. 9 et Mém. conc. les Chinois, vol. XVI, p. 574.

(§) Voir la note p. 468 où on trouve l'énumération des sept gemmes bouddhiques de l'Inde.

(÷) Les Japonais appellent le verre généralement du nom de 硝子 *Sho-shi*
ou *Bidoro*. Le dernier nom est une corruption du mot espagnol *vidrio*.
Les gens du peuple l'appellent aussi *giyaman*.

« qui est la prononciation chinoise du mot 玻瓈. Les droguistes
« japonais vendent sous le nom de *vieux Ha-ri* une substance
« qui ressemble beaucoup au quartz ordinaire (白石英 *Haku-*
« *seki-yei*), seulement les cristaux sont un peu plus aigus et à
« demi-transparents, comme le jade. Le *Ha-ri* est souvent imité
« avec le cristal. Dans la province de Higo (au Japon) il existe
« une pierre que l'on appelle 玻瓈石 *Ha-ri-seki;* cette pierre
« est une mauvaise espèce de cristal de roche. Dans les livres
« *Hon-zo-mo-sen* et *Yamato-Hon-zo* il est dit que *Ha-ri* n'est
« que l'expression bouddhique pour désigner le cristal de roche.
« LI-SHI-CHIN au contraire dit que le *Ha-ri* et le cristal de
« roche sont deux substances distinctes, mais comme le mot
« 水晶 *Sui-sho* (cristal de roche) ne se trouve pas parmi les
« sept gemmes de l'Inde on est incliné à croire que *Ha-ri* et
« *Sui-sho* sont une même et seule substance.

« Dans le livre *To-sho-nam-ban-den* (histoire des pays étran-
« gers à l'époque de *Tô*) il est dit que *Ha-ri* est le nom d'un
« pays étranger et dans le livre *Sei-jitsu* on trouve que le *Ha-
« ri* porte aussi le nom de 水玉 *Sui-giyoku* ou *Midzu-tama*
« (eau jade), parce qu'il est transparent comme l'eau et dur
« comme le jade. Les espèces qui montrent des taches à l'inté-
« rieur sont les plus estimées.

« Selon le livre *Hin-ji-sen* le *Ha-ri* forme une des plus jolies
« gemmes, à cause de son degré de transparence entre le
« cristal de roche et le jade. Il vient des pays ou des frontières
« de l'ouest (西域 *Seï-iki*).

« M. KEN (le dernier éditeur du *Kei-mo*) observe que RAN-
« ZAN qui croit à l'identité de *Ha-ri* et *Sui-sho* a néanmoins
« écrit que l'on falsifie le *Ha-ri* avec le cristal de roche, d'où il
« suit que RANZAN n'a pas une opinion bien arrêtée dans cette
« question. M. KEN est de l'avis que le vrai *Ha-ri* et le *Sui-sho*
« (cristal de roche) sont deux substances différentes.

« Le *Ha-ri* est plus transparent que le jade mais pas aussi
« clair que le cristal. Les étrangers apportent quelquefois des
« anneaux faits de *giyaman* (verre-cristal taillé) qui passent
« sous le nom de *Ha-ri*, ainsi que des vases et autres objets en
« verre cristal taillé et poli qui ne sont qu'une imitation du

« vrai *Ha-ri*. Quant au nom de *giyaman* que l'on emploie sou-
« vent au Japon pour désigner ces objets, c'est par erreur qu'il
« est donné au verre, le *giyaman* étant un couteau servant à
« couper le verre et à sculpter les bijoux. Ce couteau est fait
« avec de *Kon-go-seki* (diamant). »

D'après le récit des auteurs du *Kei-mo* qui sont entre eux d'opinions différentes, on ne peut accepter l'identité du vrai *Ha-ri* avec le cristal de roche.

Voyons maintenant la description de cette pierre dans la grande Encyclopédie sinico-japonaise (l. c.).

« La pierre *Ha-ri* est venue autrefois des pays étrangers du
« sud (*Nan-ban*). Il y en a de couleur de *saké* (jaunâtre),
« violette, et blanche (incolore). Elle est transparente comme
« le cristal de roche. Les variétés avec des points, comme si
« la pluie y était tombée, sont très-estimées. Les pierres imi-
« tées artificiellement ont une moindre densité que la vraie
« pierre et elles ont beaucoup de pores. Le véritable *Ha-ri* ne
« se trouve pas dans notre pays, mais on croit généralement
« que le *Ha-ri* est la même substance que le verre cristal des
« pays étrangers du sud (*Nan-ban*).

NOTE DE L'AUTEUR JAPONAIS. — Les Chinois appellent le verre (硝子 *Sho-shi*) du nom de 玻璃 *Ha-ri*.

On voit que l'auteur de l'encyclopédie incline à croire que *Ha-ri* et le cristal artificiel ou verre taillé sont identiques. Si nous résumons ce qui est dit par les auteurs indigènes, le mot *Ha-ri* peut signifier :

1º une pierre naturelle, dure, vitreuse, transparente et incolore comme le cristal de roche, mais différente de ce dernier ;

2º différentes pierres transparentes et colorées, avec des figures de fleurs à l'intérieur ;

3º du cristal artificiel, glace de miroir ;

4º le quartz et le cristal de roche.

Nous laisserons à résoudre la question de savoir à quelle substance appartient le *Ha-ri* véritable, mais nous pouvons ajouter que suivant notre opinion le vrai *Ha-ri* semble bien être une variété de hyalite ou de quartz et le *Ha-ri imité* du verre cristal ou glace de miroir ; dans tous les cas c'est un fait bien établi que les Chinois et les Japonais emploient souvent le mot *Ha-ri* dans leurs écrits pour désigner quelque chose de vitreux, ressemblant au cristal.

N° 309. — LAPIS LAZULI. OUTREMER.

琉璃 ou 瑠璃 ou 琉離 **Riu-ri** ou **Ru-ri.**—Syn. 火齊 *Kuwa-seï* (bijou de feu). — 扁青石 *Hen-seï-seki* (pierre bleue aplatie). Voc. minéralogique du Musée à Tokio. — 青金 *Seï-kin* (métal bleu-verdâtre) Chin. Chrest. p. 431. — 白青 *Haku-seï* Miner. jap. *Kin-seki-gaku-hitsu-kei* vol. I, p. 215.

[*Hzkm.* vol. 8, p. 53, fig. 18. — *Keimo*, vol. 5, p. 16. — Enc. jap. vol. 60, p. 6. — Chin. Chr. p. 431. « Tsing-kam » = Lapis Lazuli. — *Sm. m. m.* p. 129 « Liu-li ».]

La même confusion d'idées que nous avons remarquée dans les livres chinois au sujet de la gemme *Ha-ri* existe en ce qui concerne la pierre précieuse *Ru-ri*, mais ici la signification du mot *Ru-ri* au Japon nous vient en aide pour déterminer ce minéral. *Ru-ri* se dit au Japon, d'une gemme ou pierre couleur d'outremer. Ainsi on parle de *Ru-ri-iro*, couleur bleu foncé d'outremer, de *Ru-ri-yaki*, porcelaine de couleur bleu foncé, *Ru-ri-tama*, gemme couleur d'outremer. Quoique le lapis lazuli n'ait pas encore été trouvé au Japon, nous n'hésitons pas à le définir comme l'équivalent de *Ru-ri*, malgré les récits contradictoires du livre chinois qui veut donner ce nom à une certaine pierre ayant dix couleurs différentes. De plus nous trouvons que MM. Hoffmann, (†) Smith et d'autres auteurs ont aussi traduit, avec raison, suivant notre avis, le mot *Ru-ri* par lapis lazuli. L'usage journalier du mot *Ru-ri* et le sens dans lequel on emploie ce mot au Japon autorisent la définition adoptée par nous.

Voici ce que dit Ono Ranzan de cette pierre : « *Ru-ri* est « une des sept gemmes bouddhiques (佛書七寶 *Butsu-sho-*

(†) Cf. *Pantheon von Nippon*, dans le Nippon Archiv de Siebold, p. 53.

« ship-po). On ne le trouve ni au Japon, ni en Chine (†). Il est souvent imité en verre (coloré). Au Japon on dit que la « couleur bleu foncé et la couleur du *Ru-ri* sont identiques, « mais d'après Li-shi-chin il y a dix espèces différentes (cou« leurs) de *Ru-ri*. »

Le *Hon-zo-ko-moku* parle de cette pierre dans les termes suivants :

« Le savant (chinois) Zô-ki dit dans le livre *Nan-shu-i-* « *butsu-shi* (histoire des produits célèbres des pays du sud) « que *Ru-ri* est une pierre que l'on polit avec les cendres na« turelles (自然灰 *Ji-nen-hai*) et avec laquelle on taille des « ornements. Les livres bouddhiques la mentionnent comme « l'une des sept choses précieuses *Ru-ri*, *Sha-ko* (nacre), *Mé-nô* « (agate), *Ha-ri* (gemme vitreuse), *Shin-ju* (perles) (§).

« Selon Li-shi-chin il est dit dans le livre *Gi-riyaku* que l'on « trouve dans le pays de 大秦 *Tai-jin* (÷) une espèce de *Ru-* « *ri* qui a l'éclat de l'or et de l'argent. En outre on y trouve « du *Ru-ri* rouge, blanc, jaune, noir, bleu, vert, pourpre, « rouge foncé, violet, en tout dix espèces. La beauté des « pierres naturelles est très-remarquable de telle sorte que « *Ru-ri* est une des gemmes les plus estimées, mais à présent « il y a beaucoup d'imitations que l'on fabrique avec différentes « substances. Les pierres artificielles sont plus poreuses et plus « cassantes que les vraies.

« Dans le livre *Kaku-ko-ron* on fait mention d'une pierre « qui s'appelle 石琉璃 *Seki-ru-ri*. Elle se trouve en Corée, « est transparente, blanche, de la dimension d'un demi-*sun* (15 « mm). et tellement dure que l'on ne peut l'entamer avec un « couteau d'acier.

« Le livre *I-butsu-shi* nous apprend que l'on trouve une « certaine espèce de *Ru-ri* qui s'appelle 火齊 *Kuwa-sei*, dans « le sud de l'Inde (南天竺 *Nan-ten-jiku*). Cette pierre a la « forme du mica et possède un éclat violet d'or. Elle est assez

---

(†) Cette remarque de M. Ranzan est moins exacte, puisque le lapis lazuli se trouve bien en Chine.

(§) L'auteur chinois a oublié de mentionner l'or et l'argent.

(÷) Voir la note, p. 471.

« pesante et se laisse entamer avec le couteau, de telle sorte
« que l'on peut la diviser en paillettes ayant la minceur des ailes
« de la cigale. C'est une variété de mica transparent et résis-
« tant au feu, comme celui qu'on emploie pour les lanternes.

« D'après le savant Sho-sho on emploie cette pierre aussi dans
« la médecine, mais Li-shi-chin n'a jamais vu son application
« comme remède.

« Le *Ru-ri* est un remède réfrigérant que l'on applique dans
« les fièvres, pour combattre l'inflammation des yeux et en
« général pour refroidir les organes malades. On le prend dé-
« layé dans l'eau. »

D'après la description vague et inexacte du livre chinois il
est impossible de se rendre compte de la nature du *Ru-ri*. La
description de la variété de *Ru-ri*, appelée *Kuwa-seï*, répond
plutôt au mica qu'au lapis lazuli.

Voyons enfin ce que l'encyclopédie dit de cette pierre. « Le
« vrai *Ru-ri* est une pierre que l'on polit au moyen de cendre
« naturelle (*Ji-nen-hai*). Par la couleur, on en distingue dix
« espèces: rouge, blanc, jaune, noir, bleu, vert, pourpre, rouge
« foncé, violet. La beauté du vrai *Ru-ri* dépasse celle de toutes
« les autres gemmes. Cependant les espèces de *Ru-ri* qui se
« vendent chez les bijoutiers sont fabriquées, fades et poreuses.

« Dans les livres bouddhiques on place le *Ru-ri* parmi les
« « sept trésors » *Ru-ri*, *Sha-ko* (nacre), *Mé-nô* (agate), *Ha-ri*
« (gemme vitreuse), *Shin-ju* (perles).

« Note de l'auteur japonais. — Dans un autre livre on mentionne sept au-
« tres gemmes, savoir : l'or, l'argent : *Ru-ri*, *Ha-ri*, *Sha-ko*, *Mé-no*, *San-go*.

« On a écrit dans le livre *Kaku-ko-ron* que le *Seki-ru-ri* vient
« de la Corée et qu'on ne peut pas travailler cette pierre avec
« un couteau en acier. Il possède une couleur blanche, il a un
« demi-*sun* (15 mm.) d'épaisseur. Selon l'auteur de l'encyclopé-
« die il y a plusieurs différentes couleurs de *Ru-ri*, quoique
« tout le monde pense que le *Ru-ri* est toujours de couleur
« bleu. L'auteur n'a jamais vu le vrai *Ru-ri*, ni le vrai *Ha-ri*,
« il ne connait que les objets artificiels, imités en verre. En
« Chine aussi on ne connait que les pierres artificielles. »

N° 310. — GEMME BOUDDHIQUE « BOSATSU-ISHI » ou « BO-SA-SEKI. »

菩薩石 **Bo-sa-seki**. Vulgo **Bosatsu-ishi**. (pierre Bosatsu ou pierre Bodhisattva).—Syn. 放光石 *Hô-kô-seki* (pierre éclatante). 一陰精石 *In-seï-seki* (pierre esprit feminin). — 峨眉山石 *Ga-bi-san-seki* (pierre de la montagne Yun-ling ou *Ga-bi*).

[*Hzkm*. vol. 8, p. 62, fig. 22.—*Keimo*, vol. 5, p. 20.—*Enc. jap*. vol. 60, p. 8.]

Nous n'avons pas réussi à nous procurer au Japon cette pierre, qui ne semble être connue que par les anciens livres d'histoire naturelle. Comme nous l'avons fait pour les gemmes *Ru-ri* et *Ha-ri* nous nous bornerons à mentionner ce que disent les auteurs indigènes du *Bosatsu-ishi*, bien que les informations que ceux-ci nous donnent soient aussi confuses que peu concises. Voyons d'abord ce qu'en dit le naturaliste japonais Ono Ranzan, que nous trouvons en général plus exact et moins crédule que ses collègues chinois.

« Le *Bosatsu-ishi* ne se trouve ni au Japon, ni en Chine. Il « était autrefois apporté au Japon par les habitants d'*Amakawa* « (Philippines). Le vrai *Bosatsu-ishi* reflète les rayons du soleil « en cinq couleurs brillantes. A Hikari-hama, dans la province « de Noto (au Japon), on trouve une pierre analogue qu'on ap- « pelle là 舍利 *Sha-ri*. Cette pierre a une forme différente du « *Tsugaru-shari*. Elle a les dimensions du fruit du jujubier « (Zizyphus vulgaris Lam, en japonais *Natsumé*), elle est angu- « laire, de couleur jaune-rougeâtre, demi-transparente comme « l'agate, mais moins que le cristal de roche. Elle appartient à « la classe des *Bosatsu-ishi*. Dans la vallée Bosatsu-dani du « district Hoshi-gōri, de la province de Noto, on trouve une autre « pierre analogue. Elle est blanche et dure, elle vient encastrée « dans d'autres pierres et affecte la forme d'un prêtre dans ses « vêtements de cérémonie.

« A Ibuki-yama, dans la province d'Omi, on trouve aussi « une pierre qu'on appelle à tort *Bosatsu-ishi* ; c'est une es- « pèce de feldspath (長石 *Chô-seki*). Aucune des pierres (men- « tionnées) n'est du véritable *Bosatsu-ishi*.

« Dans le livre *Butsu-rui-so-kan-shi* le nom de 婆娑石 *Ba-
« sa-seki* est donné au *Bosatsu-ishi* ; il est dit que ce dernier
« se trouve dans quelques vallées des pays étrangers, qu'il varie
« dans ses dimensions et que les bonnes espèces possèdent une
« forme aplatie et une couleur bleu-verdâtre, avec des taches
« noires, comme le cornichon. Elles sont plus ou moins bril-
« lantes. Quand les taches ressemblent à celles du 膏石 *Kô-
« seki* ou du 攀石 *Ban-seki* (alunite) elle est de qualité in-
« férieure. Les espèces légères et de couleur jaunâtre comme
« le stéatite ou le talc sont aussi de mauvaise qualité. »

Le *Hon-zo-ko-moku* donne la relation suivante du *Bosatsu-
ishi* : « Le savant Sō-SEKI dit que le *Bosatsu-ishi* vient de la
« montagne *Ga-bi* 峨眉山 (Yun-ling) dans le pays de 嘉州
« *Ka-shu* (sur les frontières de Thibet et la province de Ssé-
« chuen). Il est de couleur blanche (ou transparente incolore),
« comme le 狼牙石 *Ro-ga-seki* (pierre dent de loup) (†) des
« montagnes 大山 *Tai-san* et comme le cristal de roche de
« 上饒 *Jo-kiyo*. Quand on l'expose aux rayons du soleil on voit
« les cinq couleurs et des auréoles ou cercles comme sur la
« tête de Bouddhah. De là lui vient son nom de *Bosatsu-ishi*
« ou pierre Bodhisattva.

« Selon LI-SHI-CHIN on trouve cette pierre à 峨眉 *Ga-bi*, à
« 五臺 *Go-dai* et à 匡盧 *Kiyo-rô*. Les cristaux sont des hexa-
« gones ; les grands ont la dimension d'une jujube ou d'une
« châtaigne ; ils sont transparents et reflètent les rayons du
« soleil dans différentes couleurs. Les petits ont le volume
« d'une cerise et possèdent cinq couleurs. C'est une espèce de
« quartz ou d'améthyste. Les anciens droguistes le vendent
« comme médecine. Son goût est doux, il n'est pas vénéneux.
« Il peut guérir les plaies et la maladie dite *Katsu-shi-chu*. Il
« possède une action hémostatique et sert d'antidote contre
« toutes sortes de poisons, telles que ceux des médecines ou
« des serpents, des abeilles ou autres insectes vénimeux. On
« le recommande aussi contre les maladies du cerveau, la ma-

(†) Probablement un synonyme chinois pour le feldspath ou *Chô-seki*
長石.

« ladie dite *Kïyo-kan* et les plaies dites *Fu-shu* et *Rin-biyo*.
« Il éclaircit la vue et guérit l'opacité de la cornée. On le
« prend en délayant la poudre dans l'eau. »

La grande encyclopédie japonaise donne la description suivante de cette pierre :

« *Bo-sa-seki* ou *Bosatsu-ishi*. Syn. *Ho-ko-seki*. *In-seï-seki*.—
« Le Bosatsu-ishi vient des montagnes *Ga-bi-san* (mont. Yun-ling
« aux frontières du Thibet en Chine). Les plus grands spécimens
« ont la dimension d'une châtaigne. Si on dirige les rayons du
« soleil sur cette pierre elle reflète plusieurs couleurs. Les pe-
« tites sont de la grandeur d'une cerise et rayonnent cinq
« différentes couleurs. Ces pierres appartiennent à la classe des
« minéraux quartzeux. Les habitants d'*Amakawa* (Philippines)
« apportaient autrefois cette pierre au Japon pour amuser les
« enfants ; mais on ne la trouve que très-rarement depuis qu'il
« est défendu aux étrangers de venir habiter notre pays. »

Les dessins grossiers du *Hon-zo-ko-moku* et ceux de l'Encyclopédie japonaise représentent un amas de cristaux hexagones sur une petite étagère chinoise. Les pierres jettent des flammes ondoyantes.

N° 311. — TOPAZE. ALUMINE FLUOSILICATÉE.

黃玉 **O-giyoku** (gemme jaune). 黃玉石 **O-giyoku-seki**. (pierre-gemme jaune).—Syn 淡黃玉 *Tan-ō-giyoku* (gemme légèrement jaunâtre; chinois *Tan-huang-yü*) Rev. Muirhead in Doolittle's Voc. vol. II, p. 258.— トーパズ *Topazû*.

[Pumpelly in Smithsonian Contrib. vol. XV, p. 112. 1867. — B. Smith Lyman, Rep. Geol. survey Japan for 1878-79, p. 212. — Doolittle Voc. vol. II, p. 258.]

Prismes rhomboïdaux vitreux, terminés par un biseau, comme ceux de la topaze de Sibérie. Les cristaux du Japon sont transparents, légèrement jaunâtres, presque incolores et quelquefois légèrement bleu-verdâtres, mais il y en a aussi de teintes légèrement brunâtres. Les anciens auteurs ne parlent pas de cette pierre et ce n'est que dans les dernières années que les grands cristaux de topaze de la province d'Omi ont attiré l'attention des Japonais. L'exposition de Uyéno à Tokio, 1877 et celle de Paris, 1878, montraient de beaux spécimens de grands cristaux limpides de topaze du Japon, ayant 8 à 9 centimètres de longueur.

Ce minéral se trouve au Japon à

OMI.. Kurita-gōri. Sato-mura, Otani-yama. { très bonne espèce; trois différentes couleurs, incolores, légèrement bleuâtre et jaune brunâtre.

MINO. Yéna-gōri.. Hiru-kawa-mura.

Selon M. PUMPELLY (l. c.) elle se trouve aussi en Chine, mais il n'indique pas les lieux d'où on la retire.

N° 312. — ÉMÉRAUDE. ALUMINE ET GLUCINE SILICATÉE.

綠玉 **Riyoku-giyoku** (gemme verte) ou 綠玉石 **Riyoku-giyoku-seki** (pierre-gemme verte). — Syn. 葱玉 *So-giyoku* (gemme vert-foncé); en chinois *Tsung-yü* (MUIRHEAD dans Doolittle Voc. vol. II, p. 257). — 綠寶石 *Riyoku-hô-seki* (chin. *lieu-pau-shih*) (pierre trésor de couleur verte). — *S'zmulu*, en Chine, du nom de l'île de Sumatra (PUMPELLY, Smiths. Contr. vol. XV, p. 118).—祖母綠 *So-bo-riyoku* (vert de grand'mère). (Syn. voc. du musée de Tokio, p. 25). — 葱珩 *Sô-kô* (Syn. voc. du musée de Tokio, p. 25). — 東翡翠 *To-hi-sui* (syn. Minér. jap. 金石學必携 p. 218). — エメラルド *Yémera-rudo*.

[PUMPELLY, Smiths. Contr. vol. XV, p. 118.—Doolittle, voc. vol. II, p. 257.]

L'éméraude n'a pas encore été trouvée au Japon, mais d'après M. PUMPELLY on la trouve, quoique rarement, chez les lapidaires chinois qui selon lui donnent ordinairement le nom de *Sz'mulu* à cette pierre précieuse (de l'île de Sumatra d'où on la tire probablement). Le nom officiel en Chine pour ce minéral est 綠寶石 *Lieu-pau-shih* (en japonais *Riyoku-hô-seki*), c'est-à-dire pierre-trésor verte. Il est possible que la pierre 翠寶石 *Sui-hô-seki* ou 馬價珠 *Ba-ka-shu* que nous avons mentionnée p. 359 de cet ouvrage ne soit qu'un synonyme de l'éméraude. C'est par erreur que M. HEPBURN identifie p. 57 dans son dictionnaire l'émeraude avec 瑠璃 Ru-ri. C'est l'outremer ou lapis lazuli qui correspond au Ru-ri.

N° 313. — AIGUE-MARINE.

海水色ノ緑玉 Kai-sui-shoku-Riyoku-giyoku (gemme verte couleur eau de mer). — Syn. アクハマリン Akuwamarin.

[PUMPELLY, Smiths. Contr. vol. XV, p. 118.]

Nous n'avons jamais rencontré l'aigue-marine au Japon où cette pierre paraît être inconnue. D'après M. PUMPELLY elle se trouve chez les lapidaires et bijoutiers chinois, qui la travaillent avec beaucoup de dextérité.

N° 314. — HYACINTHE. ZIRCONE SILICATÉE.

ヒアシント Hiyashinto. Syn 紅色ノジルコーン Akai-iro-no-jirukôn. — 赤玉 Seki-giyoku (gemme rouge) (MUIRHEAD Dool. Voc. p. 257) — 赤寶石 Seki-hô-seki (pierre trésor rouge) — Cette variété de zircone silicatée en dodécaèdres et de couleur rouge-brunâtre n'a pas encore été trouvée au Japon, mais elle a été observée par M. PUMPELLY chez les bijoutiers et lapidaires chinois qui en taillent des ornements et qui la confondent, souvent, selon cet auteur, avec le rubis.

N° 315. — SAPHIR. CORINDON BLEU.

蒼金剛石 So-kon-go-seki (corindon bleu saphir). — Appelé à tort 青玉 Seï-giyoku (gemme bleu-verdâtre) par MUIRHEAD dans Doolitle Voc. vol. II, p. 258 et par le vocab. du Musée de Tokio, p. 17. — 碧玉 Heki-giyoku (gemme bleue, dans le Kin-seki-gaku-hitsu-keï de Sugémura, p. 138). — 蒼鋼玉石 Sô-ko-giyoku-seki (corindon bleu). — サツフイル Satsufuiru (pron. Saffiru).

[PUMPELLY in the Smithson. Contrib. vol. XV, p. 118.]

Au Japon, nous n'avons pas rencontré le saphir, mais selon M. PUMPELLY (l. c.) cette pierre précieuse serait assez commune en Chine où l'on trouverait souvent de beaux spécimens d'une assez belle grandeur. Il n'y a pas de localités mentionnées.

§ IV

LES MÉTAUX PESANTS

    Les livres indigènes appellent les métaux pesants en général 五金 *Go-kin,* les cinq métaux (†). Plus spécialement on entend par les « cinq métaux » l'or, l'argent, le cuivre, le fer, l'étain. Le *Hon-zo-ko-moku* compte dans la classe des métaux pesants vingt-huit espèces de substances métalliques et la grande encyclopédie sinico-japonaise fait mention sous cette rubrique de vingt-six espèces avec treize sous-espèces, en tout trente neuf différentes substances.

    Comme on pouvait s'attendre d'auteurs qui ne connaissent pas la chimie et la minéralogie, on trouve beaucoup de notions erronées chez eux sur la nature des métaux et des minéraux métallifères. Du reste les listes dans le *Hon-zo-ko-moku* et dans la grande encyclopédie sont loin d'être complètes. Plusieurs minéraux importants ne sont pas mentionnés du tout, d'autres sont mal définis, d'autres encore ne sont pas classés parmi les substances métallifères, mais sous la rubrique des « pierres ordinaires. »

    (†) Le nombre « *Cinq* » a souvent, en Chine, un sens plus étendu, comme par exemple, dans les termes: les cinq couleurs, les cinq planètes, les cinq viscères, les cinq éléments, les cinq vertus, les cinq notes musicales, les cinq céréales, les cinq félicités, les cinq gouts etc.

Voici l'énumération des métaux et des substances métallifères d'après le *Hon-zo-ko-moku :*

1° 金 **Kin.** *Ko-gané. Ki-gané*...... Or.
2° 銀 **Gin.** *Shiro-gané* .... Argent.
3° 錫愡脂 **Jaku-ko-shi.** *Gin-no-arakané*............... } Minerai d'argent.
4° 銀膏 **Gin-ko.** *Shiro-gané-no-néri-kusuri*........... } Amalgame d'étain ou d'argent et de mercure.
5° 硃砂銀 **Shu-sha-gin**........ } Mélange de plomb, argent et cinnabre.
6° 銅 **Do** ou 赤銅 **Seki-do.** *Aka-gané*................. } Cuivre.
7° 自然銅 **Ji-nen-do.** *Saisaki. Kado-ishi*............. } Litt. cuivre naturel, mais en réalité du pyrite de fer cubique.
8° 銅礦石 **Dô-kô-seki.** *Aka-gané-no-aragané*........... } Pyrite cuivreux.
9° 銅青 **Do-seï.** *Aka-gané-no-roku-sho*................. } Vert-de-gris ou cuivre carbonaté artificiel.
10° 鉛 **Yen.** *Namari*............. Plomb.
11° 鉛霜 **Yen-so.** *Namari-no-ko-fuki*................. } Sous-acétate et carbonate de plomb.
12° 粉錫 **Fun-shaku.** *Oshiroi*..... } Céruse ou plomb carbonaté.
13° 鉛丹 **Yen-tan**............... } Minium ou oxyde rouge de plomb.
14° 蜜陀僧 **Mitsu-da-sô.** *Rokasu.* Litharge.
15° 錫 **Shaku.** *Sudzu*............ Étain.
16° 古鏡 **Kô-kiyô.** *Furu-kagami*.. Ancien miroir.
17° 古文錢 **Ko-bun-sen.** *Furuki-zeni*................. } Ancienne monnaie en bronze.
18° 銅弩牙 **Do-to-gé.** *Ō-yumi-no-tsuru-kaké*............ } Touron d'arc en cuivre.
19° 諸銅器 **Sho-do-ki.** *Moro-moro-no-akagané-no-utsuwa-mono*................. } Divers ustensiles en cuivre.

LES MÉTAUX PESANTS.

20° 鐵 **Tetsu.** *Kuro-gané* .... Fer.
21° 鋼鐵 **Ko-tetsu.** *Hagané* .... Acier.
22° 鐵落 **Tetsu-raku.** *Nabé-gané-no-tobi-kudzu* .... { Oxyde des battitures. Paillettes de fer (litt. fer tombé).
23° 鐵精 **Tetsu-seï.** *Kurogané-no-hokori* .... { Fer en poudre. (litt. fer fin ou esprit de fer).
24° 鐵華粉 **Tetsu-kuwa-fun.** *Kuro-gané-no-kofuki* .... { Fer en poussière. (litt. poudre de fleur de fer).
25° 鐵鏽 **Tetsu-shiku.** *Tetsu-no-sabi* .... } Rouille de fer.
26° 鐵蘂 **Tetsu-netsu.** *Tetsu-no-asé* Sueur du fer.
27° 鐵漿 **Tetsu-sho.** *Haguro* ..... { Oxyde de fer hydraté avec un peu d'acétate de fer.
28° 諸鐵器 **Sho-tetsu-ki.** *Moro-moro-no-tetsu-no-utsuwa-mono* .... { Divers ustensiles en fer.

Dans la grande encyclopédie japonaise on trouve vol. 59, p. 1-17 la description des substances suivantes sous la rubrique des métaux 金類 **Kin-rui** :

1° 金 **Kin.** *Ki-gané* .... L'Or.
2° 箔 **Haku, Kin-paku** .... { Or en feuilles minces.
3° 粉 **Fun, Kin-fun** .... Or en poudre.
    a. 金泥 **Kin-deï, Kon-deï** .. Litt. boue d'or.
4° 銀 **Gin.** *Shiro-gané* .... Argent.
5° 銅 **Do.** *Aka-gané* .... Cuivre.
    a. 自然銅 **Ji-nen-do** .... { Litt. cuivre naturel, mais en réalité pyrite de fer cubique.
    b. 銅青 **Do-seï** .... { Vert-de-gris. Cuivre carbonaté.
6° 鉛 **Yen.** *Namari* .... Plomb.

a.	鉛霜 Yen-so. *Namari-no-ko-fuki*	{ Sous-acétate de plomb et carbonate de plomb.
b.	白粉 Haku-fun. *Oshiroï*..	Céruse.
7°	丹 Tan. 鉛丹 Yen-tan	{ Minium. Oxyde rouge de plomb.
8°	密陀僧 Mitsu-da-so. *Rokasu*.	Litharge.
9°	錫 Shaku. *Sudzu*	Étain.
10°	鐵 Tetsu. *Kuro-gané*.........	Fer.
11°	生鐵 Sei-tetsu. *Dzuku. Nama-gané*	} Litt. Fer cru. Fonte.
12°	熟鐵 Juku-tetsu. *Umu-gané. Ma-gané*...............	{ Litt. Fer mur. Fer raffiné. Fer ductil.
13°	鋼 Ko-tetsu. *Hagané*........	Acier.
14°	鐵粉 Tetsu-fun. pron. *Teppun*.	Fer en poudre.
a.	鐵落 Tetsu-raku. *Tetsu-no-tobi-kudzu*	{ Oxyde des battitures, paillettes de fer.
15°	鐵砂 Shin-sha. *Hariya-no-sen-kudzu*................	{ Poudre obtenue en aiguisant les aiguilles à coudre.
16°	鑞 Shiku. *Sabi*.............	Rouille de fer.
a.	鐵漿 Tetsu-sho. *Haguro* .	{ Oxyde de fer hydraté avec un peu d'acétate de fer.
17°	亞鉛 A-yen. *Totan*	Zinc.
18°	鍮石 Chu-jaku. *Shinchiu-ishi*.	{ Pierre laiton. (calamine).
a.	真鍮 *Shinchiu*...........	Laiton.
19°	唐金 To-kin. *Kara-kané*......	{ Litt. métal chinois, bronze.
a.	黃唐金 O-to-kin. *Ki-kara-kané*................	} Bronze jaune.
20°	白銅 Haku-do. *Sahari*	Cuivre blanc.
21°	白鑞 Haku-ro. *Shiromé*......	{ Alliage d'antimoine et d'étain ou de plomb.
22°	鍍 To-kin. *Metsu-ki* pron. *Mekki*.	Dorure, objets dorés.
a.	鍍 Oku. *Gin-metsuki* pron. *Gin-mekki*............	{ Argenture, objets argentés.

LES MÉTAUX PESANTS. 487

23° 釘 **Ko.** *Itsu-kaké*............ { Ciselures en différents métaux. litt. des métaux conjoints.

a. 鍔 **To.** *Fuku-rin*.......... { Ciselures aux marges de différents objets.

b. 象眼 **Zô-gan** .... { Bronzes incrustés d'or, d'argent etc.

24° 赤銅 *Shaku-do*.............. { Alliage de cuivre et d'or ou de cuivre et d'antimoine.

　　　　四分一 *Shi-bu-ichi*　　{ Alliage d'or et d'argent.
a. 金四分一 *Kin-shi-bu-ichi*.

b. 銀四分一 *Gin-shi-bu-ichi*. { Alliage de cuivre et d'argent.

25° 錢 **Sen.** *Zeni* .... { Sapèque en bronze ou en fer.

26° 鏁 ou 緎 **Kiyo.** *Zeni-zashi*..... { Cordon avec lequel on tient et enfile les sapèques.

Nous ne suivrons pas l'ordre des auteurs asiatiques en traitant des minéraux métallifères, mais comme nous nous avons proposé la tâche de faire ressortir les idées souvent assez étranges des Chinois, nous voulons donner sous chaque chapitre un résumé de ce que l'on trouve chez les auteurs indigènes.

§ IV
CLASSE DES MÉTAUX PESANTS.

VINGT-TROISIÈME SECTION.

LE FER. 銕 TETSU, ou 鐵 TETSU, ou 鉄 TETSU, ou 黒金 KURO-GANÉ

[KAEMPFER, Hist. Liv. I. Ch. VIII.—SIEB. Nippon Archiv II. von den Waffen, p. 18. — STAN. JUL. CH. Ind. 1869, p. 52-57. — MC CLATCHIE « The sword of Japan » Trans. Asiat. Soc. Japan, vol. II, p. 55-63. 1874.--GEERTS, « Metallurgy of iron & c. » Trans. Asiat. Soc. Japan, vol. III, p. I, p. 6-15, 1875. —PLUNKETT, « On the mines of Japan ». Report to H. B. Ms Minister in Yedo, 1875.—H. S. MUNROE, « The mineral wealth of Japan ». Engineering and mining journal, vol. XXII, p. 370. Dec. 1876 ; réimprimé au *Japan Weekly Mail*, 3 Mars 1877, p. 146.—Official catal. intern. exhib. Philadelphia, 1876 p. 42 & 47.- C. NETTO, « On mining & mines in Japan », Mem. Science dep. Univ. Tokio, vol. II. 1879, p. 37-40.— GODFREY, « Notes on the geology of Japan », Quartely journal Geologic. society, Aug. 1878.—BENJ. SMITH LYMAN, Reports of progress for 1878 & 1879 of the Geolog. Survey of Japan. Tokio, 1879, p. 59-77.]

Les minerais de fer sont de tous les minéraux métallifères au Japon les plus abondants et les plus importants. Une assez grande variété de différents minéraux ferrifères existe au Japon, mais ce sont principalement le fer magnétique (fer oxydulé massif) et le fer magnétique titanifère à forme de sable alluvial qui sont les plus abondants. Le premier se trouve surtout dans les provinces de Rikuchiu, Iwaki et Kotsuké dans le nord du Japon ; le sable de fer magnétique existe dans presque toutes les provinces, mais surtout sur les rivages des provinces d'Idzumo, Bingo, Bitchiu et Hoki. D'après les dernières recherches de M. LYMAN (l. c.) les gisements de fer magnétique au Japon sont extrêmement riches et étendus, en sorte que l'importance pratique des gisements de fer seuls dépasse de beaucoup celle de tous les autres minerais réunis. Malgré l'abondance des bons minerais le Japon produit jusqu'ici (1882) peu de fer. La quantité totale peut s'évaluer à présent à environ 5,000 tonnes anglaises par an. Les quantités de fer malléable et de fer manufacturé importées durant les dix dernières années au Japon sont en moyenne de 14,000 tonnes anglaises par an, représentant une valeur de près de $1\frac{1}{2}$ million de dollars.

Les gisements du fer magnétique se trouvent au Japon dans les roches granitiques et feldspathiques ou dans les sables alluviaux et les débris résultant de la décomposition de ces roches.

N° 316. — FER NATIF. MÉTÉORITES. AEROLITHES.

自然鐵 **Ji-nen-tetsu** ou **Ji-zen-tetsu** (fer natif). — 天降鐵 **Ten-ko-tetsu** (fer descendu du ciel). — Syn. 隕星石 *In-seï-seki* (pierre astre tombée). — 天降石 *Ten-ko-seki* (pierre tombée du ciel). — 隕石 *In-seki* (pierre tombée). — 雨石 *U-seki* ou *Furi-ishi* (pierre tombée du ciel).

[O. KORSCHELT, « Ueber den Meteoriten von Tajima, 18 Febr. 1880 », dans les Mitth. Ost-Asiat. Ges. 25. Heft, Dec. 1881, p. 204. — E. DIVERS, Transactions Asiatic Soc. of Japan, vol. X, 1882. — Minéral. jap. *Un-kon-shi*, 2e vol. 3e partie, p. 6.]

Les anciens auteurs indigènes ne parlent pas d'une manière distincte de minéraux contenant le fer à l'état natif. Le traité des pierres japonaises *Un-kon-shi* fait seul mention (l. c.) d'une pierre, 雨石 *Furi-ishi* (pierre tombée), dans les termes suivants: « Selon le récit de M. KITAJIMA YOHAKU de Hagi, dans la
« province de Hizen, plusieurs pierres (aërolithes) sont tombées
« du ciel dans les environs du village de Hagi, province de Hizen.
« Le temps était couvert et le vent soufflait avec beaucoup de
« force. On a entendu un bruit semblable à celui du tonnerre
« et la terre tremblait au moment où les pierres s'enfonçaient
« dans le sol. Une des pierres avait la grandeur d'un panier à

« nettoyer le riz (environ 4 pieds carrés). Son poids était de
« 14 à 15 *Kuwammé* (52 à 56 kilogrammes) et elle était diffé-
« rente des pierres ordinaires (des montagnes). Cinq pierres ana-
« logues sont tombées en plusieurs endroits du voisinage; elles
« étaient de différentes couleurs, noir, rouge et blanc. On s'est
« aperçu, qu'elles avaient pénétré dans le sol à une profondeur
« de 3 *shaku* (0. 90 mètres) ; on les a apportées au temple *Shin-*
« *gon* à Hagi où on les conserve maintenant. Il est écrit dans
« le livre (chinois) *An-keï-shi* qu'une pierre est tombée du ciel
« dans la province de 洪州 *Ko-shu* en Chine, à la période de
« *Tem-puku*. Cette pierre avait une longueur de 7 à 8 *shaku*,
« sur 3 *shaku* de largeur ; la couleur était verdâtre comme le
« jade. Le ministre (chinois) Riu-ɪ a ordonné de conserver cette
« pierre dans un musée. »

M. KORSCHELT, directeur du laboratoire sous le département
d'agriculture à Tokio, fait mention (l. c.) d'un météorite tombé
dans la cour d'une maison appartenant à un paysan dans le
district Yabu-gōri, de la province de Tajima. La pierre s'était
enfoncée dans le sol à une profondeur de deux pieds et était encore chaude lorsqu'on l'en retira. Elle pesait 718 grammes et
appartenait d'après l'analyse à la classe des Chondrites.

MÉTÉORITE DE TAJIMA (18 Févr. 1880).

KORSCHELT.

Fer............	17.99		
Nickel.........	2.16		
Cobalt	0.40	....20.75....	Substances métalliques.
Phosphore.....	0.20		
Sulfure de fer..	2.01	.... 2.01....	Sulfure de fer.
Oxyde ferreux..	8.76		
Chaux.........	0.60	....35.56....	Matières solubles dans l'acide hy-
Magnésie	12.70		drochlorique (Olivine).
Acide silicique..	13.50		
Oxyde ferreux..	3.52		
Alumine.......	1.73		
Chaux.........	1.95		
Magnésie	8.90	....37.90....	Matières insolubles dans l'acide
Potasse	0.21		hydrochlorique.
Soude.........	0.34		
Acide silicique..	21.25		
Fer chromaté...	3.21	.... 3.21....	Fer chromaté.
	99.43	99.43	

M. le Dr Divers, professeur de chimie à l'école polytechnique à Tokio, a dernièrement analysé un autre météorite du Japon et donnera le résultat de ses observations dans le journal de la société asiatique du Japon. † La composition du météorite du Japon analysé par lui serait analogue à celle des météorites de l'Europe.

N° 317. — FER OXYDULÉ MAGNÉTIQUE. AIMANT NATUREL.

慈石 **Ji-shaku** ou **Ji-seki** (pierre aimante, c'est-à-dire qui aime le fer).—Syn. chez Ono Ranzan : *Hari-sui-ishi* (pierre qui attire les aiguilles [en fer]). — 指南石 *Shi-nan-seki* (pierre qui indique le sud).— 引鍼石 *In-shin-seki* (pierre qui tire les aiguilles). — 慈君 *Ji-kun* (souverain aimant).— 吸鐵石 *Kiu-tetsu-seki* (pierre qui aspire au fer). — 攝鍼石 *Setsu-shin-seki* (pierre qui tient les aiguilles). — 陵石 *Riyo-seki*. — 承石 *Shô-seki* (pierre du pays de Sho).— 綠伏石 *Riyoku-fuku-seki* (pierre qui contient le vert). — 磁毛石 *Ji-mô-seki* (pierre qui attire [la limaille de] le fer à forme de filament).

Syn. dans le *Hon-zo-ko-moku* : 玄石 *Gen-seki* (pierre qui est noire d'origine). (Ce nom appartient plutôt au fer magnétique massif ordinaire sans magnétisme polaire).— 處石 *Sho-seki* (pierre du pays de Shô).— 炼鐵石 *Kiyo-tetsu-seki* (pierre qui attire le fer). — 吸鍼石 *Kiu-shin-seki* (pierre qui aspire aux aiguilles).

[*Hzkm.* vol. X, p. 2, fig. 45.—*Keimo*, vol. VI, p. 2. — *Hanb.* p. 8 «Lin-tsze-shih».—*Sm. m. m.* p. 142 «Tsze-shih».—*Chin. Cr.* p. 434 «Ship shik» et «Tsz-shik» et «Shim-shik» = loadstone.— Rev. Muirhead in Doolittle Voc. vol. II, p. 257 «tzu-shih» et «hsi-tieh-shih».— Geerts Trans. As. Soc. Jap. vol. III, p. 7.]

Masses compactes, fort pesantes, couleur d'acier ou d'un gris brunâtre, très-attirable à l'aimant et faisant lui-même l'office d'aimant. Il forme au Japon des dépôts très-considérables dans les terrains primitifs des provinces de Rikuchiu, Bizen, Shinano, Kai et Mino.

Voici ce qu'en dit Ono Ranzan (l. c.) : « L'aimant naturel « est une substance noirâtre, couleur d'acier ou brunâtre. Il

† Au moment où nous mettons ces pages sous presse le Xe cahier de la société asiatique du Japon, 1882, n'a pas encore paru.

« contient souvent à l'intérieur du fer magnétique noir, à forme
« de sable, et on trouve toujours une poudre rouge-jaunâtre
« (l'hydrate ferrique) parsemée à l'extérieur. Il attire les aiguil-
« les en fer et communique à ces dernières la faculté d'attirer
« d'autres aiguilles, de telle sorte que l'on peut même suspen-
« dre successivement plusieurs dizaines d'aiguilles l'une à la suite
« de l'autre. Il est d'autant plus estimé qu'il possède une plus
« grande attraction pour le fer. On y distingue la tête qui est
« positive et la queue qui est négative dans son action, et
« on fabrique avec cette pierre des aiguilles de boussole en
« frottant les extrémités sur les deux parties correspondantes
« de l'aimant naturel. L'aimant naturel conserve son énergie
« (magnétisme polaire) le mieux quand on le couvre de limaille
« de fer ou bien quand on le plonge dans de la poudre de fer.
« Dans l'histoire japonaise *Ni-hon-ki* il est dit que l'aimant
« naturel de la province d'Omi, au Japon, a été offert pour la
« première fois au Mikado GEN-MEI, dans la sixième année du
« *Wa-do Nengo* (713 de notre ère) ; cependant de nos jours
« on ne le trouve plus dans cette province ; on retire à présent
« beaucoup d'aimant de première qualité de Sendai (prov. de
« Rikuzen), de Bizen, tandis que les provinces de Shinano, de
« Kai produisent une pierre de qualité moyenne et la province
« de Mino une espèce inférieure.

« En outre, on nous a apporté quelquefois des pays étrangers
« de l'aimant naturel d'excellente qualité. »

Le *Hon-zo-ko-moku* (l. c.) parle de l'aimant naturel dans les
termes suivants : « Selon le savant (chinois) ZO-KI on a donné
« à cette pierre le caractère 慈 *Ji*, qui signifie la bonté ou l'a-
« mour maternel, parce qu'elle attire le fer comme une mère
« l'enfant qu'elle aime pour l'embrasser.

« Selon LI-SHI-CHIN la pierre dite 玄石 *Gen-seki* (la variété
« non-magnétique du fer oxydulé natif) n'est qu'une variété
« non-magnétique de l'aimant naturel.

« Selon le livre *Betsu-roku* on trouve l'aimant naturel dans
« les vallées au nord des montagnes 大山 *Tai-san* et 慈山 *Ji-
« san* et le fer magnétique ordinaire se rencontre au sud de
« ces montagnes.

« Le savant (chinois) Ko-kei dit que les meilleures espèces
« de l'aimant naturel viennent en grande quantité dans le sud
« de la Chine. D'après le savant Sho les montagnes au nord du
« pays de 雄州 *Yu-shu*, celles des contrées 慈州 *Ji-shu* et
« 徐州 *Jo-shu* et les montagnes près de la mer du sud pro-
« duisent cette pierre, mais c'est surtout la pierre provenant
« du pays de *Ji-shu* qui est la plus recherchée, à cause de sa
« forte attraction pour le fer, dont elle peut porter un poids
« variant de une à deux livres et même plus, quand on ajoute
« graduellement du fer à la file.

« Les meilleures variétés ont généralement des filaments de
« poudre de fer adhérents, tandis que leur surface est couverte
« en quelques endroits d'une poudre jaune-rougeâtre. D'après
« les récits du livre *Nan-shu-i-butsu-shi* (histoire des produits
« des pays étrangers du sud) on doit conclure qu'il y a des
« masses d'aimant naturel dans la mer de 漲海 *Chô-kai* parce
« qu'il y arrive souvent que les bateaux solidement construits
« avec du fer sont tellement attirés par l'aimant qu'ils ne peuvent
« plus poursuivre leur voyage, etc....

« *Emploi médicinal.*

« Comme remède tonique dans la paralysie, le rhumatisme
« acut des jointures, fièvres, les maux d'oreilles, les tumeurs,
« les maux à la gorge, les convulsions chez les enfants, la débilité
« générale.

« Il fortifie le système osseux, les muscles, les organes de
« l'ouie, de la vue, le foie ; il sert aussi de remède hémosta-
« tique.

« Quand on aura avalé par hasard soit une aiguille soit un
« morceau d'une lame en fer tranchante, on peut prévenir tout
« danger quand on prend de la poudre de l'aimant naturel mêlée
« à de l'eau. A cause de son attraction pour le fer il envelop-
« pera les susdits objets aigus ou tranchants et les rendra in-
« offensifs.

« Pour guérir les maladies de l'utérus on prendra quarante
« petites pilules avec de l'eau tiède avant de se coucher et le
« lendemain matin deux *sen* de poudre d'aimant composée,

« mêlée à du *saké* ou avec un peu d'eau-de-riz. Cette poudre
« se compose de

Aimant naturel...................... 0.5 *Riyo*.
Fer................................. 2 *Sen*.
Racine de Ligusticum acutilobium (*To-ki*). 5 *Sen*.

« Pour guérir les hémorrhagies des hémorrhoïdes on prendra
« pour un *sen* de poudre de l'aimant naturel trempé sept fois
« dans du vinaigre. En même temps on pourra l'appliquer exté-
« rieurement en mêlant la poudre avec de la farine pour en
« faire une sorte de pâte (suppositoire).

« La poudre très-fine de l'aimant s'emploie comme telle sur
« les blessures afin de faire cesser l'écoulement du sang».

Lieux de provenance connus :

En Chine :

CHIHLI......	Kwan-ping-fu.....	Tsz chau.
HUPEH.......	Wu-chang-fu .	Mont. Tsz'hu, 50 Li nord-est de Tayé-hien.
KWANTUNG...	Kiung-chau-fu.	

N° 318. — FILS DE FER EN POUDRE QUI ADHÈRENT A L'AIMANT NATUREL QUAND ON LE PLONGE DANS LA POUDRE DE FER.

慈石毛 **Ji-seki-mo** (litt. poils de l'aimant naturel).
[*Hzkm.* vol X, p. 5. v.]

L'aimant naturel jouit d'une grande réputation médicale en Chine et l'auteur du *Hon-zo-ko-moku* recommande même la poudre de fer, qui reste adhérée à l'aimant, dans les cas de blessures, hémorrhagies, battements de cœur, mal aux hanches, sédiments blancs de l'urine etc., ce qui veut dire dans les cas d'anémie. En outre, on attribue à cette poudre la propriété d'embellir la peau et de faciliter les accouchements quand on la prend avec un peu de « *saké* ».

N° 319. — FER MAGNÉTIQUE MASSIF ORDINAIRE. MAGNÉTITE ORDINAIRE.

玄石 **Gen-seki** (pierre qui est noire d'origine). — Vulgo
岩鐵 **Gan-tetsu** (roche de fer) ou 磁鐵鑛 **Ji-tetsu-ko** (mi-

nerai de fer magnétique). Syn. — 鐵鑛 *Tetsu-ko*, pron. *Tekko* (minerai de fer.) — 玄水石 *Gen-sui-seki* (pierre obscure qui forme l'origine de l'eau).—處石 *Shô-seki* (pierre du pays de Sho en Chine).—綠秋 *Roku-shu* (automne vert).—帝流漿 *Te-riu-sho* (liquide courant impérial).—玄武石 *Gen-bu-seki* (pierre nord). — 元石 *Gen-seki* (pierre élémentaire, pierre fondamentale, pierre véritable ou pierre par excellence).

[*Hzkm.* vol. X, p. 6. — *Keimo*, vol. 5, p. 3. — GEERTS, Trans. As. Soc. Japan, vol. III, p. 7.]

Bien que ce minéral forme une seule et même espèce minéralogique avec l'aimant naturel, nous l'avons séparé de celui-ci pour mieux faire ressortir les noms donnés par les Chinois et les Japonais aux deux minéraux parents.

Masses pesantes, très-difficilement fusibles, souvent de fort grandes dimensions, d'un gris noirâtre, couleur d'acier, donnant une poudre noire et possédant à la surface souvent des teintes jaunes-brunâtres. Dans les provinces de Rikuchiu, Rikuzen, Iwaki, et Bungo on trouve du magnétite d'une grande pureté et en quantités fort considérables. Un échantillon de Hashi-no-mura, district Heï-gōri, prov. de Rikuchiu, nous a donné à l'analyse le résultat suivant :

Oxyde ferrique................	65.83
Oxyde ferreux.................	28.96
Oxyde manganeux.............	1.87
Silice.........................	3.50
Acide titanique...............	traces
	100.16

D'après ses propriétés et sa composition chimique le fer oxydulé massif de Rikuchiu ressemble donc au fer magnétique de Taberg, en Suède.

Quoique le fer magnétique à forme de sable est presque uniquement en usage pour l'extraction du fer selon l'ancienne méthode japonaise, les anciens auteurs indigènes parlent néanmoins du fer magnétique massif d'une manière distincte. ONO RANZAN (l. c.) dit avec raison : « que ce minerai n'est qu'une « variété de l'aimant naturel, qu'il vient dans les mêmes mon-

« tagnes avec celui-ci, et qu'il diffère du dernier en ce qu'il ne
« possède pas le magnétisme polaire. »

Le *Hon-zo-ko-moku* dit « que ce minerai se trouve (en Chine)
« au sud des montagnes 大山 *Tai-san* accompagné de (mine-
« rais de) cuivre. Au nord de ces montagnes il y existe de l'ai-
« mant naturel. Il se distingue du dernier de ce qu'il ne pos-
« sède pas la propriété d'attirer le fer.

« Dans l'article *Ji-seki* il est déjà dit que le *Gen-seki* n'est
« qu'une variété de l'aimant naturel et qu'il a par conséquent les
« mêmes propriétés médicales. Son goût est salé (? métallique),
« il n'est pas vénéneux. Il est incompatible avec la résine de
« pin, les fruits de chêne et les champignons.

« On l'emploie surtout pour combattre l'anémie chez les fem-
« mes stériles, afin de guérir la stérilité. »

Lieux de provenance connus :

PROVINCES.	DISTRICTS.	LOCALITÉS.	REMARQUES.
YAMATO....	Yoshino-gōri..	Saru-watari-yama. Ominé-yama......	s'appelle là *Ji-seki* ou *Ji-sha-ku*.
MUSASHI...	Chichibu-gōri.	Nakatsu-gawa.	
OWARI.....	?	?	
HITACHI...	?	?	
MINO......	Kamo-gōri....	Okuya-yama.	
SHINANO...	Saku-gōri.....	Ohi-nata-mura... Moraï-san.......	De très-bonne qualité. S'appelle là *Tetsu-ko* (pron. *Tek ko*).
KOTSUKÉ...	Kanra-gōri....	Naka-kosaka-mura, Kana-kubo-yama.	En grande quantité. S'appelle là *Tetsu ko*. On a érigé un haut-fourneau, système européen, à cet endroit.
SHIMOTSUKÉ.	Nasu-gōri.....	Nasu-kawa-mura..	De très-bonne qualité ; s'appelle là *Tetsu-ko*.

PROVINCES.	DISTRICTS.	LOCALITÉS.	REMARQUES.
IWASHIRO..	?........	?	
RIKUZEN...	?........	?	
IWAKI.....	Iwamaï-gōri...	Sakaki-goya-mura, Anaba..........	En grande quantité ; s'appelle là *Tetsu-ko*.
RIKUCHIU..	Yésashi-gōri...	Hito-kubi-mura, Ji-shaku-san.......	En grande quantité ; s'appelle là *Gan-tetsu*.
	Hei-gōri......	Hashi-no-mura... Kinoyené-mura...	En grande quantité et très-pur; s'appelle là *Tetsu-ko*. Les hauts-fourneaux de Kamaishi tirent leur minerai de ces endroits.
AKI.......	Nuka-gōri.....	Misaka-mura. Konuka-mura.	
BUNGO.....	Ono-gōri.....	Uchi-yama....... Kiura........... Iwaya........... Namerishodo..... Choba...........	En grande quantité et de bonne qualité.

N° 320. — FER MAGNÉTIQUE TITANIFÈRE, A FORME DE SABLE. FER TITANATÉ. ILMÉNITE. MENAKANITE. NIGRINE. SÉRINE. FER SABLEUX.

鐵砂 **Tetsu-sha** (pron.-*Tessha*) (sable ferrique ou fer sableux). — Syn. 玄砂 *Gen-sha* (sable noir). — 鐵礦砂 *Tetsuko-sha* (minerai de fer sableux).

[BENJ. SM. LYMAN, Rep. 1878 & 1879. — SÉVOZ, Annales des Mines, vol. VI, 1874. — GEERTS, Trans. Asiat, soc. Jap. vol. III.]

Ce minéral est l'un des plus intéressants du Japon à plusieurs points de vue. Il sert presque exclusivement à la fabrication du fer et de l'acier selon l'ancienne méthode japonaise, très-pratiquée encore dans les provinces d'Idzumo, Bitchiu, Bingo, Harima, Mimasaka, Hoki etc. C'est grâce à l'absence du soufre et à la grande pureté de ce minéral que les Japonais ont su faire depuis bien des siècles un acier excellent. Enfin ce minéral est tellement répandu dans presque toutes les provinces du Japon et on le trouve en si grande quantité, que l'on peut dire qu'il vaut à lui seul plus que tous les autres produits minéraux du Japon réunis.

Il forme un sable noir ou noirâtre, dont les grains sont quelquefois des octaèdres réguliers ou des dodécaèdres rhomboïdaux. Il est attirable à l'aimant et possède un peu d'éclat métallique. Tantôt il vient en nids ou parsemé dans les roches granitiques, les trachytes et autres roches volcaniques et métamorphiques, d'où on le retire en écrasant les roches et lavant le sable obtenu, mais le plus souvent on le trouve au Japon soit sur les plages ou bien comme dépôt dans les anciens terrains alluviaux. Ces anciens dépôts sablonneux sont souvent très-considérables et proviennent aussi de la destruction des roches précédentes par l'action de l'eau de la mer.

Le minerai du Japon correspond exactement quant à sa composition et ses gisements aux sables ferrugineux titanifères de la Nouvelle-Zélande, que l'on trouve souvent par couches de 3 mètres d'épaisseur sur les plages de ce pays et qui sont exportés à Northampton en Angleterre depuis plusieurs années pour en faire les meilleures espèces d'acier. Cependant les sables ferrugineux du Japon n'ont pas toujours la même composition, ni le même degré de fusibilité Les variétés noires brillantes se fondent beaucoup plus difficilement que les espèces noire-grisâtres ou noire-brunâtres.

M. Sévoz (l. c.) a trouvé dans un échantillon de fer magnétique sous forme de sable, provenant du Japon, 6 % d'acide titanique, 12 % de silice et les proportions ordinaires d'oxydes ferreux et ferriques. Un échantillon de Kanéda-mura, Miura-gōri, Sagami, d'un noir très-brillant, nous a donné les résultats suivants :

Oxyde ferrique	59.63
Oxyde ferreux	25.79
Acide titanique	5.31
Oxyde manganeux	1.20
Silice	8.00
	99.93

LE FER.

Lieux de provenance au Japon :

PROVINCES.	DISTRICTS.	LOCALITÉS.
OWARI	?	?
IDZU	Kimisawa-gōri	Jiuji-mura.
	Shin-Shima (îles).	
SAGAMI	Miura-gōri	Kaneda-mura. Naga-ura près de Yokoska.
	Kamakura-gōri	Kugiyo-mura, Saru-shima (île). Goku-raku-ji-mura.
SHIMŌSA	Kai-jo-gōri	Taka-kami-mura.
HITACHI	Kashima-gōri	Onuki-mura, Iso-hama (plage).
MINO	?	?
RIKUZEN	Motoyoshi-gōri	Shin-jo-mura, Naö-yama. Kama-ishi-yama, Do-boku-san. Tsuchi-kusa-yama, Naga-hata-yama. Aka-iwa-mura.
	Kurihara-gōri	Hana-yama-mura.
RIKUCHIU	Hei-gōri	Numa-fukuro-mura, Matsuki-yama, Shira-saka-yama, Sen-soku-yama, Awa-kawa-sawa. Hama-idzumi-mura, Kiri-ushi, Unosu, Fudai-mura, Wari-sawa.
	Kudo-gōri	Hashi-kami-yama, Hata-no-mura. Kokuji-mura, Yodahabu, Kokura-hira, Higashi-yama, Shima-umi-mura, Okago-mura. Tsunagi-mura, Taka-uchi-ga-wara, Ko-yama, Naka-hira, Aratsumayé, Hishi-tadé. Kawaï-mura, Naga-kubo, Nakaga-wa-mura, Tsunotani-mura.
	Iwaï-gōri	Ohara-mura, Arai-yashiki, Koshiji-yama, Takashiro-yama, Kami-osasa, Shimo-osasa. Hama-yoko-mura, Naka-sato-yama-mura, Yoshi-ga-hira-yama, Kugi-ko-mura, Keshi-yama.
MUTSU	?	?
UZEN	Mogami-gōri	Minami-yama-mura, Shimo-dai-shoku-san.
UGO	Yama-moto-gōri	Fuji-koto-mura.
	Semboku-gōri	Iwöuchi-mura, Tamagawa-mura.

PROVINCES.	DISTRICTS.	LOCALITÉS.
YECHIGO	?	Suitani-mura.
TAJIMA	?	?
HŌKI	Hi-no-gōri	Dans plusieurs villages.
IDZUMO	Iishi-gōri	Iruma-mura, Shifu, Heki, Sangatani. Kuriya-tani, Otaki. Tomi-hara-mura, Kaga-mura. Oda-mura, Sami-mura. Hata-mura, Kami-kurushima-mura. Kami-akashi-mura, Shimo-akashi-mura. Oro-mura, Kami-yama-mura. Tané-mura, Nogaya-mura, Fukano-mura. Yoshida-mura, Makigi-mura. Yakami-mura, Ujitani-mura, Harada-mura. Kawaté-mura, Takeö-mura, Toné-mura.
	Nita-gōri	Baba-mura, Omagé-mura, Komaki-mura, Kadoki-mura. Shimo-aï-mura. Nakanoyu-mura, Oüchi-hara, Koto-makura-mura, Gotauda-mura. Yuno-hara-mura, Muménoki-hara-mura. Yokota-mura. Kaji-mura, Takawo-mura. Kumé-mura, Kami-mitsunari-mura, Otosha-mura, Oyoshi-mura. Otani-mura, Amekawa-mura, Shimo-mitsunari-mura. Takésaki-mura. Yatani-mura. Ishi-hara-mura, Kuroda-mura, Shimo-yokota-mura. Nakayu-mura, Koshira-mura, Ototada-mura.
	Ohara-gōri	Kami-kuno-mura, Shimo-kuno-mura.
IWAMI	Mino-gōri	Tsumo-mura.
HARIMA	Shizo-gōri	Amagoya-san.

MIMASAKA..	Oba-gōri.........	Yashiro-mura, Kuginuki, Ogawa-mura.
	Nishi-saijo-gōri...	Hako-mura, Itsukibara-mura. Hadé-mura, Nagafuji-mura.
	Yoshino-gōri.....	Okaya-mura, Nakatani-mura.
	Sho-boku-gōri....	Kajiwami, Nakatani-mura.
	Mashima-gōri.....	Kanayama-mura, Kodoya-mura, Hoyeï-mura, Taguchi-mura, Mikan-mura, Shinsho-mura.
BITCHIU ...	Aga-gōri.........	Iwara-mura, Sané-mura, Hanami-mura, Naruchi-mura, Oïno-mura, Oku-mura.
	Tetta-gōri........	Kami-kamiyo-mura, Aburano-mura, Senya-mura, Kama-mura.
BINGO......	?............	Plusieurs villages.
IYO........	?............	?
TOSA.......	Nagaoka-gōri.....	Kita-yama.
	Hata-gōri........	Isa-mura.
CHIKUZEN ..	?............	?
BUNGO.....	Onō-gōri.........	Plusieurs villages.
HIGO......	?............	Plusieurs villages.
ILE DE YESSO	Iburi............	Yamakushinai (plage).
	Oshima..........	Kobui.

Cette liste ne comprend que les localités où se trouvent des dépôts *considérables* de sables ferrugineux. Comme nous l'avons dit, ce sable est tellement répandu au Japon qu'il ne manque sur aucune plage et dans aucune province du pays.

N° 321. — FER OXYDÉ. FER OLIGISTE. FER SPÉCULAIRE.

(ALLEM. *Eisenglanz*. — ANGL. *Specular iron*).

輝鐵鑛 **Ki-tetsu-ko** (Minerai de fer brillant). — Syn. 閃鐵鑛 *Sen-tetsu-ko*.

[GEERTS. Tr. Asiat. Soc. Japan, vol. III, 1875].

Cristaux tabulaires, minces, gris-noirâtres, très-étincelants et à surface miroitante. Il est probable que ce minéral était classé par les anciens auteurs indigènes avec le « *Gen-seki* » ou fer magnétique noirâtre, mais nous avons cru nécessaire d'adopter un autre nom japonais, celui de *Ki-tetsu-ko*, pour ce minéral.

Nous avons obtenu un bon specimen de la province de Hiüga et le Musée de Tokio en possède des échantillons venant des provinces de Rikuzen, Rikuchiu et Mutsu. Il ne paraît pas que ce minéral se trouve au Japon en grande quantité.

N° 322.—FER OLIGISTE MICACÉ. FER OLIGISTE ÉCAILLEUX.

(ALLEM. *Eisenglimmer*. — ANGL. *Micaceous iron-ore*).

雲母鐵鑛 **Um-mo-tetsu-ko** (Minerai de fer micacé). Des amas composés de petites paillettes minces, brun-noirâtres, métalliques, très-brillantes, souvent irisées. Ce minéral a été connu très-probablement par les anciens auteurs indigènes sous le nom de 雲母 *Um-mo* (mica).

Lieux de provenance connus :

Au Japon :

Ugo	{ Senboku-gōri.....	Yamadani, Kawasaki-mura.
	(Akita-gōri........	Oniko-sawa.
Izumo	Idzumo-gōri.......	Amiya-mura.

N° 323. — HÉMATITE DURE. FER OXYDÉ CONCRÉTIONNÉ.

(ALLEM. *Rotheisenstein*).

赤鐵鑛 **Seki-tetsu-ko** (Minerai de fer rouge). — 血石 **Ketsu-seki** (pierre-sang). — Syn. 赤石 *Seki-seki* (pierre rouge).—*Kananoru* (d'après Cananor à Malabar, d'où la pierre était importée autrefois).

[*Hzkm.* vol. X, p. 9.—*Keimo*, vol. 6, p. 4.— GEERTS, Tr. As. Soc. Jap. vol. III.]

Masses mamelonnées ou arrondies à l'extérieur, à structure fibreuse à l'intérieur. Les fibres convergent vers un centre commun et possèdent un éclat métallique et une couleur grise-rougeâtre. Elle vient aussi en masses rouges mamelonnées à structure lamellaire et forme alors une transition de fer oligiste en hématite.

La variété dure de la pierre hématite n'est pas très-commune en Chine et au Japon, l'espèce terreuse au contraire est assez abondante et répandue.

La poudre est employée comme remède hémostatique, très-estimé et pour une foule d'autres maladies (voir l'article suivant hématite terreuse). Une bonne espèce de hématite fibreuse vient à Sasagawa, district Kano-ashi-gōri de la province d'Iwami.

N° 324. — HÉMATITE TERREUSE. FER OXYDÉ TERREUX. SANGUINE. CRAYON ROUGE.

(ALLEM. *Erdiger Rotheisenstein*).

代赭石 **Taï-sha-seki** (pierre rouge de *Tai-chau*, prov. de Shansi en Chine).—Syn. chez ONO RANZAN : 黛赭石 *Tai-sha-seki* (pierre rouge foncé ou rouge noirâtre). 日善 *Jitsu-zen* (vertu du soleil).—大赭石 *Tai-sha-seki* (variante phonétique de 代赭石).—朱石 *Shu-seki* (rouge-pierre). — 紫朱 *Shi-shu* (pourpre-rouge). — 石朱 *Seki-shu* (pierre rouge). — 土朱 *Do-shu* (terre rouge). Syn. dans le *Hon-zo-ko-moku*: 須丸 *Suguwan* (vermillon en masse).—血師 *Ketsu-shi* ([pierre qui] dirige ou travaille le sang). — 土朱 *Do-shu* (rouge terreux).— 鐵朱 *Tetsu-shu* (rouge de fer). —

[*Hzkm*. vol. X, p. 6, fig. 46.—*Keimo*, vol. VI, p. 3, v.—*Hanb*, p. 8 «Tae-choe-shih» = red hematite.—*Sm*. m. m. p. 39. «Tai-ché-shih» = bloodstone.—*Chin. Cr*. p. 434 «Tai-ché-shik» = haematitic iron ore.—GEERTS, Tr. As. Soc. Jap. vol. III.]

Masses assez tendres, terreuses, d'un rouge-brun plus ou moins foncé, avec une fracture terreuse, tachant fortement les doigts. Cette pierre contient outre l'oxyde de fer une quantité plus ou moins grande d'argile.

L'auteur chinois en dit : qu'il faut examiner le *tai-sha-seki* « en colorant l'ongle de son doigt avec la pierre. Quand la cou-« leur est d'un rouge vif et brillant et ne s'efface pas très-faci-« lement on peut le considérer de première qualité.

« On l'emploie pour polir les objets en or, les sabres pré-« cieux et pour colorer les cornes des bœufs, afin de les main-« tenir en bon état. »

Dans la médecine chinoise on emploie la poudre lavée et levigée dans les rhumes, les hémorragies de toute nature, le fluor albus, l'hémorragie de l'utérus, l'insomnie, l'anémie, comme remède purificatif et tonique du sang et contre les convulsions des enfants dites « *kan* ». Un grand nombre de recettes ridicules dans lesquelles l'hématite entre comme matière principale est donnée par le *Hon-zo-ko-moku*.

Ono Ranzan a bien distingué les deux variétés d'hématite. Voici ce qu'il en dit (l. c.) : « Il existe deux variétés de héma-
« tite, l'une plus ancienne, l'autre plus récente. Le premier de
« ces minéraux vient en masses terreuses friables, d'un rouge
« foncé de 1 à 2 *sun* (3 à 6 centim.) ; la variété plus récente
« vient en masses beaucoup plus grandes, dures, présentant
« une fracture métallique couleur de fer. Elles sont souvent
« mamelonnées à leur surface comme la tête de Bouddah (1)
« d'où lui vient le nom de *Ibodé*. La variété dure de prove-
« nance étrangère se vend chez les droguistes, tandis que les
« variétés terreuses se trouvent au Japon en grande quantité
« dans les provinces de Mino (à Akasaka), d'Owari, de Totomi
« (à Kaké-gawa). »

Nous remarquons que la variété dure existe bien au Japon, notamment celle à structure lamellaire.

Lieux de provenance connus :

En Chine :

Shan-si.... Tai-chau, Tseh-chau-fu.
Shan-tung. Tsi-nan-fu et différents autres endroits.
Kwan-tung. Nau-hiung-chau.

Au Japon :

Suruga	Shita-gōri .... Aïga-mura..........	En grande quantité et de très-bonne qualité. La pierre s'appelle là « *Seki-seki-shi.* »
	Masutsu-gōri.. Hamatomé-mura.	

(1) Les figures en bronze au Japon représentant *Bouddah* ont, comme on sait, le crâne couvert de nombreuses élévations verruqueuses, qui doivent représenter la chevelure du saint C'est une tête « mamelonnée ». Les Japonais font par cette raison souvent une comparaison entre des pierres ou des minéraux mamelonnés et la tête de Bouddah 佛頭 *Butsu to*. La calcédoine mamelonnée s'appelle par la même raison 佛頭石 *Butto-seki* (pierre [mamelonnée comme la] tête de *Bouddah*).

LE FER.

PROVINCES.	DISTRICTS.	LOCALITÉS.	REMARQUES.
MINO	Fuwa-gōri	Akasaka-mura.	
KOTSUKÉ	Adzuma-gōri	Hara-iwa-moto-mura.	
MUTSU	Tsugaru-gōri	Nagashiri-mura	s'appelle là « Tai-sha-seki. »
UZEN	Tagawa-gōri	Onaga-shima-mura	Tai-sha-seki.
SADO (île)	Zatta-gōri	Aikawa.	
BUNGO	Ono-gōri	Oshiro-tani-yama, mine de Kiura	En grande quantité et de bonne qualité.
		Uchi-yama-mura	s'appelle là Tetsu-ko.
	Hayami-gōri	Kome-kosé-mura.	

N° 325. — FER HYDRATÉ CONCRÉTIONNÉ. HÉMATITE BRUNE. LIMONITE VITREUX.

(ALLEM. *Brauner Glaskopf*).

輝褐鐵鑛 **Ki-katsu-tetsu-ko** (Minerai de fer brun brillant).

Masses mamelonnées botryoïdes, de couleur brun-noirâtre, d'un éclat vitreux à la surface, donnant une poudre brun-jaunâtre. Chauffé dans un tube ce minéral fournit de l'eau.

Pour les lieux de provenance voir p. 513.

N° 326 — FER HYDRATÉ MASSIF. LIMONITE ORDINAIRE.

(ALLEM. *Dichter Brauneisenstein*).

褐鐵鑛 **Katsu-tetsu-ko** (Minerai de fer brun).

Masses plus ou moins compactes et quelquefois fibreuses de couleur brun-noirâtre, pas vitreuses comme la variété précédente du fer hydraté.

Pour les lieux de provenance voir p. 513.

N° 327 — FER HYDRATÉ CONCRÉTIONNÉ PISIFORME MANGANIFÈRE. LIMONITE PISIFORME MANGANIFÈRE.

(Allem. *Bohnerz*. Angl *Pea-iron-ore*).

無名異 Mu-miyo-i ou Mu-meï-i (Substance étrangère qui n'a pas de nom). — Syn. 土子 *Do-shi* (grain de terre ou boule de terre).

[*Hzkm.* vol. IX, p. 51, r. fig. 34.—*Keimo*, vol. 5, p. 37 r.—*Hanb.* p. 9 «Woo-ming-e» = Limonite.—*Deb.* p. 51 «Ou-ming-ché» = Oxyde de fer en petits rognons.—*Sm. m. m.* p. 135 «Wu-ming-i» = Limonite.—Geerts Tr. As. soc. Japan, vol. III.—Hoffmann, Fabr. de porcelaine au Japon, in Stan. Julien, Hist. de la porcel. Chin. 1856, p. 293.]

Globules sphéroïdaux de couleur brune foncée, plus ou moins luisantes, variant de la grosseur d'un petit pois à celle d'un grain de moutarde. Elles viennent le plus souvent libres et isolées, paraissant avoir été roulées par l'eau ; quelquefois elles sont réunies à l'aide d'un matrix ou ciment argileux. Le minéral de la Chine a été analysé par M. Morland (Hanb. l. c.) qui y a trouvé :

Oxyde ferrique	63.47
Sesquioxyde de manganèse	3.55
Silice	15.55
Alumine	4.98
Alumine et traces de phosphates.	1.12
Eau	11.07
	99.74

Le minéral de la Chine et du Japon diffère du fer hydraté pisiforme en Europe par sa plus grande dureté, ses grains un peu luisants et la quantité de manganèse qu'il renferme.

Ono Ranzan en parle dans les termes suivants : « Ce minéral
« vient en graines rondes de différentes grandeurs, variant de
« 1 *Bu* (3 mm.) à la grosseur d'un grain de millet. Il possède
« une couleur brun de châtaigne un peu foncée et est un peu
« luisant. Pulvérisé il forme une poudre brunâtre. On trouve
« au Japon, dans la province de Tōtōmi, la même espèce qui est
« importée chez nous de la Chine. Seulement les grains du
« minéral japonais sont un peu plus petits.

« Il existe deux minéraux d'une composition bien différente
« qui s'appellent *Mu-miyo-i*. Ainsi le minéral qui donne la
« matière colorante pour la porcelaine bleue (l'asbolite ou
« manganèse-cobaltifère) s'appelle aussi *Mu-miyo-i*, i. e. substan-
« ce étrangère sans nom. Les masses noires qui se forment au-
« dessous du sol dans les endroits où l'on a brûlé longtemps
« le charbon de bois se nomment aussi *Mu-miyo-i* ou bien
« 藥木膠 *Yaku-boku-kiyo* (gélatine ou colle de bois qui sert
« de médecine).

« Dans la mine d'argent d'Iwami se trouve une variété ter-
« reuse brunâtre de *Mu-miyo-i*. Les petites boules sont en-
« castrées dans d'autres roches. On brise les dernières pour
« ramasser les graines de *Mu-miyo-i*, on lave celles-ci et on les
« exporte dans d'autres provinces. Ce minéral vient aussi dans
« l'île de Sado et dans les provinces de Satsuma et d'Idzu. On
« l'emploie au Japon surtout comme hémostatique, mais on
« trouve beaucoup de *Mu-miyo-i* falsifié dans le commerce. »

Le *Hon-zo-ko-moku* donne les informations suivantes sur ce
curieux minéral : « LI-SHI-CHIN dit que le mot 無名異 *Mu-*
« *miyo-i* (substance étrangère sans nom) est un nom très-arbi-
« traire, puisqu'il ne signifie rien. Selon le savant (chinois)
« SHO, ce minéral provient du pays de 大食 *Tai-shi* (Arabie) ;
« il y vient sur ou dans d'autres roches et possède une couleur
« noire comme la houille. Mêlé à l'huile il est mangé quel-
« quefois comme l'*amé* (maltose-dextrine). On l'exploite à pré-
« sent dans les pays de 橫州 *Ko-shu* et 宜州 *Gi-shu*, dans
« les montagnes 八星 *Hachi-seï* et 龍濟 *Riu-seï*. Sa couleur
« est d'un brun-noirâtre, ayant tantôt la grandeur d'une balle
« de fusil, tantôt d'un grain de millet. Il n'y a pas de temps
« fixe pour le ramasser.

« Selon LI-SHI-CHIN il y a des gisements de *Mu-miyo-i* dans
« les grandes montagnes 川廣 *Sen-ko*. On le trouve partout
« chez les droguistes, qui le vendent d'ordinaire dans une en-
« veloppe contenant cent grains. Il ressemble quant à la forme
« au 蛇黃 *Ja-wo* (pyrite nodulaire radiée), mais sa couleur est
« différente. Le minéral se trouve aussi quelquefois dans les
« montagnes auprès des lieux habités. On fait bouillir le miné-

« ral avec les écrevisses, pour leur enlever leur odeur désa-
« gréable. Mêlé à l'huile des semences de *Pauwlonia* (Kiri) il
« sert à enduire les ciseaux qui servent à couper la flamme
« (? la mèche) de la lampe. »

L'auteur chinois recommande la poudre délayée dans du vinaigre pour guérir toutes espèces de blessures, contusions, tumeurs, plaies etc., et il donne un certain nombre de recettes composées à cet effet, que nous pouvons nous dispenser de traduire à cause du peu d'intérêt qu'elles présentent.

N° 328. — FER HYDRATÉ GÉODIQUE ARGILEUX. SPHAEROSI-
DÉRITE ARGILEUSE. AETITE. PIERRE D'AIGLE.

(ALLEM. *Thoneisenstein* ; ANGL. *Clay-iron-Stone*).

Nouveau nom : 粘鐵石 Nen-tetsu-seki (pierre ferrugineuse argileuse).

Ancien nom qui est plus usité : 禹餘糧 U-yo-riyo ou 禹餘粮 U-yo-riyo (riz laissé par [le grand professeur chinois] Wu ou U). — Syn. *Ishi-nadango* (pâte farineuse en pierre) nom employé dans la province de Sanuki.—*Hattai-ishi* (farine-pierre) dans la province de Sanuki.—*Hattai-seki* (farine-pierre) dans la province de Tosa. — *Ko-mochi-ishi* (pierre qui enfante) dans la province d'Isé. — 牡丹石 *Bo-tan-ishi* (pierre fleur de Paeonia Moutan Sims).—Syn. chinois 白餘粮 *Haku-yo-riyo*.

[*Hzkm*. vol. X, p. 9, r. fig. 47. — *Keimo*, vol. 6, p. 4. — *Hanb*. p. 9 禹粮石 « Yu-leang-shih » = brown clay iron ore. — *Sm*. m. m. p. 108 « Yu-yu-liang » = brown haematite. — GEERTS, Tr. As. Soc. Jap. vol. III.]

Masses globuliformes, creuses à l'intérieur (géodes), de couleur grise ou jaune-brunâtre, de peu de dureté et contenant un ou plusieurs noyaux mobiles de même substance. Quand les différentes couches dont les géodes sont composées, se trouvent cassées en partie de manière à les rendre visibles, et à imiter les pétales d'une rose, on donne généralement le nom de *Botan-ishi* (pierre fleur de pivoine) à cette pierre.

Dans l'ancienne pharmacie européenne les géodes de fer hydraté étaient connues sous le nom de *Lapis aetites* ou *pierre d'aigle*, d'après la croyance que les aigles en portent dans leur nid pour faciliter la ponte. On leur attribuait la vertu de favoriser l'accouchement.

Le *Hon-zo-ko-moku* recommande l'eau dans laquelle l'argile smectique rouge et le fer hydraté géodique en poudre ont été macérés, comme remède dans la diarrhée et la dysenterie.

Une préparation de cette pierre avec du gingembre et du vinaigre est prescrite contre le fluor albus.

La poudre levigée, mêlée d'une infusion de réglisse, sera administrée dans les maladies causées par l'accouchement.

ONO RANZAN en parle dans les termes suivants :

« On connaît deux variétés de cette pierre, celle d'origine
« japonaise et le minéral de l'étranger. Il a 1 à 2 sun (3 à 6
« centimètres) de diamètre ; c'est une géode assez dure de
« couleur jaune-noirâtre ou jaune-brunâtre. Sur la fracture il
« a l'éclat du fer. Ordinairement il contient à l'intérieur une
« poudre (ferrugineuse) et quelquefois il y existe des cloisons.
« La poudre qui se trouve dans ces géodes est employée en
« médecine, mais les droguistes la falsifient quelquefois en la
« mêlant avec la poudre, provenant de la pulvérisation des
« géodes (écorces extérieures) elles-mêmes. On peut découvrir
« cette fraude, parce que la poudre des géodes contient toujours
« des particules (sable) dures. La vraie médecine (prise à l'in-
« térieur des géodes) forme une poudre douce de couleur blan-
« che ou blanc-jaunâtre. On la rencontre au Japon dans les pro-
« vinces de Yamato, Noto, Kaï, Idzumo, Hiuga, Satsuma, Chi-
« kuzen, Tajima, Yetchiu, Omi et Mimasaka. »

En Chine on connaît les endroits suivants :

SHAN-SI .... Tseh-chau-fu.
SHAN-TUNG............ Plusieurs localités.

N° 329. — GRANDES GÉODES CREUSES DE FER HYDRATÉ ARGILEUX.

(ALLEM. *Thoneisenstein Geoden*).

(ANGL. *Kidney form clay-iron-stone*).

太一餘糧 **Taï-ichi-yo-riyô**.— 太一餘粮 **Taï-ichi-yo-riyô** (riz laissé par [le premier professeur de U ou Wu, *Taï*-

510 LE FER.

ichi). — Syn. *Iwa-tsubo* (pot en roche). — *Tsubo-ishi* (pot en pierre ou pierre-pot). — *Yoroï-ishi* (pierre cuirasse ou pierre cuirassée). — *Oni-no-tsubuté* (pierre à lancer le diable). — *Fukuro-ishi* (pierre poche).—*Taru-ishi* (pierre tonneau).—*Susu-ishi* (pierre sonnette). — 祈閣石 *Ki-sha-seki* (pierre à la prière)—天師食 *Ten-shi-shoku* (aliment de génie céleste).— 山中盈脂 *San-chu-yeï-shi* (graisse de montagne). Syn. dans le *Hon-zo-ko-moku*:

石腦 *Seki-no* (cerveau [ou esprit] de pierre). 禹哀 *U-aï*.
[*Hzkm*. vol. X, p. 11.—*Keimo*, vol. 6, p. 5.—GEERTS, Tr. As. Soc. Jap. vol. III.]

Ce n'est qu'une variété de l'espèce précédente de fer hydraté argileux, à grandes géodes creuses et d'une surface plus rude. ONO RANZAN (l. c.) en dit : « qu'elle a la forme de l'*U-yo-riyo*,
« mais qu'elle possède une couleur jaune-noirâtre ou brunâtre
« à l'extérieur et qu'elle est plus rude à la surface, qui est sou-
« vent couverte de sables et de petites pierres. Elle est dure,
« à cassure ferrugineuse et contient à l'intérieur une espèce de
« poudre noirâtre ou brunâtre. Les plus petites servent quel-
« quefois, lorsqu'on y a percé un trou, comme cruche à
« eau pour l'encrier (japonais) et les grandes pierres sont tail-
« lées en forme de pot à fleurs. Il paraît qu'elles contiennent
« d'abord un liquide qui se change en poudre ou en pierre, selon
« que le dessèchement est plus ou moins prolongé. Quelquefois
« cependant elle renferme un noyau mobile en pierre qui don-
« ne, comme un hochet, un son lorsqu'on remue la pierre. De
« là lui vient son nom de *Susu-ishi* ou pierre à sonnette. On
« trouve ce minéral au Japon dans les provinces d'Idzumi, Kii,
« Sanuki, Yamato, Yamashiro, Kitsubé-no-yama. Les meilleures
« espèces se trouvent dans la montagne Ikoma de la province
« de Yamato. »

Le *Hon-zo-ko-moku* affirme avec raison que l'*U-yo-riyo*, le *Tai-ichi-yo-riyo* et le *Seki-chu-o-sui* (voir l'article suivant) ont tous les mêmes propriétés médicales. Tandis que le minéral *U-yo-riyo* se trouve (en Chine) dans les marais, on exploite le *Tai-ichi-yo-riyo* dans les montagnes de 太山 *Tai-san*. (1)

---
(1) Situées dans la province de Shantung, 5 *Li* au nord de Tai-an-fu.

L'usage de cette substance dans l'anémie, la chlorose et comme remède tonique en général est très-répandu en Chine. On tient surtout à ce que la poudre soit extrêment fine et douce, sans aucune matière dure ou sablonneuse.

N° 330. — EAU SATURÉE D'ACIDE CARBONIQUE ET DE FER CARBONATÉ, A L'INTÉRIEUR DES GÉODES FERRUGINEUSES.

石中黃水 **Seki-chu-o-sui** (Eau ou liquide jaune à l'intérieur d'une pierre, c'est-à-dire solution ferrugineuse à l'intérieur des géodes). — Syn. 石中黃子 *Seki-chu-o-shi* (noyau jaune à l'intérieur d'une pierre).

[*Hzkm*. vol. X, p. 13. — *Keimo*, vol. 6, p. 6 r.]

D'après le *Hon-zo-ko-moku* c'est une solution de couleur jaune-rougeâtre qui se trouve quelquefois à l'intérieur d'une géode humide. Il faut boire le liquide aussitôt que possible après qu'on a brisé la géode, autrement la solution se solidifiera bientôt et deviendra inactive. Après qu'elle s'est solidifiée, elle devient l'*U-yo-riyo*. Elle sert de remède tonique et fortifiant.

Ono Ranzan en parle dans les termes suivants :

« Le *Seki-chu-o-shi* est un liquide jaune contenu dans une
« géode ferrugineuse. Il se change spontanément et peu à peu en
« une substance solide, pierreuse quand il est exposé à l'air †.
« Il vaut donc mieux appeler cette substance *Seki-chu-o-sui* (li-
« quide jaune à l'intérieur d'une pierre) au lieu de *Seki-chu-o-
« shi* (noyau ou fruit jaune à l'intérieur d'une pierre), puisqu'il
« est employé à l'état liquide. »

N° 331. — PETITES CONCRÉTIONS OU BOULES DE FER HYDRATÉ ARGILEUX GÉODIQUE, CONTENANT A L'INTÉRIEUR UNE SUBSTANCE FERRUGINEUSE BRUNÂTRE.

卵石黃 **Ran-seki-wo** (pierre jaune à forme d'œuf, elliptoïde). — Syn. 饅頭石 *Man-ju-ishi* (pierre à forme d'un petit pain rond dit « *Man-ju* ». — *Dango-ishi* (gateau-pierre). — *Dango-iwa* (gateau-roche). — *Tsuchi-dango* (terre gateau).

[*Keimo*. vol. 6, p. 6. r.]

---

† On sait qu'une solution de bicarbonate ferreux jouit en effet de la propriété de se solidifier au contact de l'air.

Cette pierre n'est qu'une variété d'*U-yo-riyo* (fer hydraté géodique), friable et douce au toucher. Selon Ono Ranzan elle a « la grandeur de 5 *bu* à 1 *sun* (1.5 à 3 centimètres). A l'ex-
« térieur sa couleur est jaunâtre comme une agglomération de
« terre jaune ; à l'intérieur elle contient une substance violet-
« noirâtre comme la pulpe violet-brunâtre qui se trouve dans
« l'intérieur des petits pains *Manju*.

« On trouve ce minéral à Nakatsu, dans la province de Buzen,
« dans le district Hikami-gōri de la province d'Awa, dans les
« provinces Suwo, Iyo, Hoki, Noto, Musashi, à Tsugaru, dans la
« province de Mutsu et à Araï-mura, dans la province de Kaï. »

N° 332. — FER HYDRATÉ ARGILEUX, DIT FER DES MARAIS.

(Allem. *Wiesenerz, Sumpferz*. Angl. *Bog-ore, Marsh ore*.)

Nouveau nom 沼鐵鑛 Sho-tetsu-ko (minerai de marais).
—Ancien nom 土殷孽 Do-in-ketsu (Stalactite terreuse ou ochreuse). — Syn. *Kitsuné-no-ko-makura* (petit coussin du renard). — *Kuda-ishi* (pierre tubuleuse). — *Kitsuné-no-rosoku* (bougie du renard nom en usage dans la prov. de Yetchiu).— *Kitsuné-no-makura* (coussin du renard) nom en usage dans la prov. de Chikugo.—Syn. chinois 土乳 Do-niu (lait ou tétin de terre).

[*Hzkm*. vol. IX, p. 59, r. fig. 38.— *Keimo*, vol. 5, p. 40. r.]

Masses concrétionnées plus ou moins argileuses, souvent en couches superposées, dues au dépôt successif du fer hydraté qui se trouve dissous dans les eaux. Le plus souvent elles ont la forme de stalactites ou d'un tube, d'où lui viennent les noms japonais caractéristiques mentionnés ci-dessus.

Ono Ranzan donne la description suivante de ce minéral :
« Le *do-in-ketsu* est une substance que l'on trouve, à forme de
« stalactite, dans la terre. Il est de grandeur variable, de la
« dimension du doigt à celle d'une porte-plume. Sa couleur est
« tantôt jaunâtre, tantôt plus foncée. On préfère en général
« les espèces fragiles d'une structure stratifiée, tandis que les
« variétés compactes, dures et rudes sont moins estimées.

« On trouve ce minéral au Japon en différents endroits, par

« exemple à Yawata-yama, dans la province de Yamashiro, à
« Inari-yama, dans la même province, etc.

« On donne à ce minéral des noms (populaires) différents,
« d'après les formes variables sous lesquelles il se présente.
« Ainsi on l'appelle *Kuda-ishi* (pierre tubuleuse) quand il a
« la forme d'un tube ; *Naga-imo-ishi* (pierre à forme d'une
« pomme de terre longue), quand il est long et cilindrique ;
« *Ishi-dai-kon* (pierre-radis) quand il a la forme d'une racine
« pivotante ; *Ishi-hiyotan* (pierre-gourde) quand il imite la gour-
« de et *Tsuno-no-kuwa-seki* (corne changée en pierre) quand il
« a une forme ressemblant à une corne pétrifiée. »

Lieux de provenance au Japon des différentes variétés de fer hydraté et de fer hydraté argileux :

PROVINCES.	DISTRICTS.	LOCALITÉS.	REMARQUES.
Isé	Miyé-gōri....	Ko-iké-mura.	
	Imbé-gōri ...	Nojiri-mura.	
Owari	Kasugaï-gōri..	Seto-yama.......	s'appelle là *Oni-saka-senbeï*.
	Chita-gōri....	Kanami-mura.	
Sagami	Tsukuï-gōri..	Ao-no-hara......	s'appelle là *Bo-tan-ishi*.
Musashi	Chichibu-gōri.	Furu-otaki-mura..	s'appelle là *Ko-seki*.
Mino	Mugi-gōri....	Itatsu-mura......	s'appelle là *Ko-seki* et *Sui-seki*.
Shinano	Saku-gōri....	Ashida-mura.	
Rikuchiu	Heï-gōri.....	Otobé-mura.	
Nagato	Mino-gōri....	Nagato-mura.	
Awaji	Tsuna-gōri...	Kami-omachi-mura.	s'appelle là *Do-in-ketsu*.
Awa	Miyodo-gōri..	Mayu-yama-mura .	s'appelle là *Do-in-ketsu*.
	Miyosaï-gōri..	Hirono-mura.....	
Chikugo	Ikuha-gōri...	Oshiwo-mura.	
Bungo	Ono-gōri	Kiura.	s'appelle là *Ki-boya*.
Higo	Yamaga-gōri..	Yahazu-miné.	
Hiuga	Takachiho....	dans la mine d'or de Nagaö.	

N° 333. — FER CARBONATÉ. SIDÉROSE. SIDÉRITE.

炭酸鐵鑛 Tan-san-Tetsu-ko (minerai de fer carbonaté). Syn. 白鐵鑛 Haku-tetsu-ko (minerai blanc de fer ou mine de fer blanche).

Le fer spathique est très-rare au Japon. Nous n'avons jamais trouvé, dans ce pays, des specimens bien cristallisés. Nous avons vu quelques rares échantillons de forme stalactique ou en concrétions mamelonnées. En dissolution, le fer carbonaté se trouve dans plusieurs eaux minérales fortement ferrugineuses du Japon, comme par exemple dans celles d'Arima près de Hiogo. Aussi vient-il, mêlé de fer hydraté et d'autres substances, comme dépôt pulvérulent ocreux auprès de ces sources minérales. Ces dépôts sont connus sous le nom de *Yu-no-hana* (fleur des thermes).

N° 334 — FER CHROMÉ. CHROMOFERRITE. CROMITE.
FER CHROMATÉ ALUMINÉ.

(ALLEM. *Chromeisenstein*).

客羅彌鐵鑛 Ku-rômu-tetsu-ko (minerai de fer et de chrome).

[BENJ. SM. LYMAN. Rep. 1878 & 1879, p. 188.]

Ce minéral n'est pas mentionné par les auteurs indigènes. Il vient en masses compactes, tenaces, dures, fort pesantes, d'un gris noirâtre, quelquefois tachetées de vert. Il a été trouvé au Japon dans la province de Bungo, district Ono-gôri, près de la mine de Kiura, à Washi-dani. Il y vient, comme partout ailleurs du reste, dans des roches de serpentine.

N° 335. — FER SULFATÉ. COUPEROSE VERTE. MELANTERITE.

綠礬 Riyoku-ban ou Roku-ban (alun vert ou couperose verte).—Syn. *Rô-ban, Rôha* ou *Rôva* (ces trois noms sont des contractions de *Riyoku-ban*).—*Aö-miyoban* (alun vert) dans la province d'Isé.—硫酸鐵 *Riu-san-tetsu* (fer sulfaté).

Syn. chinois : 皂礬 *So-han* (alun noir des teinturiers, c'est-à-dire qui sert à teindre en noir).—青礬 *Sci-ban* (alun bleu-verdâtre). — Les synonymes suivants sont employés, en Chine,

FABRICATION DU VITRIOL VERT OU COUPEROSE VERTE (綠礬 *RIYOKU-BAN*) POUR LA TEINTURE.

pour désigner le colcothar ou couperose chauffée au rouge 絳礬 *Ho-han* (alun rouge, c'est-à-dire qui devient rouge par la chaleur).—礬紅 *Han-kô* (rouge d'alun, c'est-à-dire le colcothar que l'on obtient après avoir chauffé la couperose).

[*Hzkm.* vol. XI, p. 52, v, fig. 87.—*Keimo*, vol. 6, p. 41. r.—CLEYER. med. simpl. N° 163 «Peh-fan.»—*Hanb.* p. 9 «Luh-fan».—*Deb.* p. 51 «Ta-fan».—ST. JUL. CH. p. 35.—*Sm.* m. m. p. 122». «Luh-fan».—BENJ. SM. LYMAN, Rep. 1878 et 1879, p. 37.]

Cette substance vient au Japon dans toutes les espèces inférieures de charbon de terre et dans les lignites chargés de sulfure de fer, après qu'ils ont été exposés quelque temps à l'action de l'air humide. Elle est la cause de la grande friabilité de plusieurs espèces de houille au Japon. De quelques-unes nous avons retiré jusqu'à 20 % de couperose. A l'état naturel ce sel se présente sous la forme d'efflorescences blanchâtres ou jaunâtres. Dans plusieurs eaux minérales du Japon, notamment celles de Kusatsu et dans les eaux de plusieurs autres solfatares, il y vient dissous.

On prépare ce sel au Japon en exposant à l'air, sous des hangars, soit la pyrite magnétique ou la pyrite prismatique, en ayant le soin d'humecter la matière et de la remuer de temps en temps pour en renouveler les surfaces. Par ce moyen la pyrite se combine avec l'oxygène de l'air et il en résulte du sulfate de fer. Quand l'opération est suffisamment avancée, on lessive la matière et on fait évaporer les liqueurs. La planche XX donne une idée de l'ancienne méthode japonaise. Comme il adhère souvent un peu de pyrite cuivreuse à la pyrite magnétique la couperose verte du Japon contient souvent du sulfate de cuivre. Dans quelques échantillons de la province de Shimotsuké nous avons trouvé de deux à trois pour cent de cuivre, tandis que d'autres espèces, surtout celles de couleur jaune-rougeâtre, contiennent une assez forte quantité de sulfate ferrique et d'alumine. Dernièrement les Japonais ont appris à préparer ce sel par un meilleur procédé. Ainsi Mr. LYMAN (l. c.) nous informe que l'on grille, à Kanazaki, dans la province de Tango, la pyrite mêlée à un peu de pyrite cuivreuse. Le minerai grillé est alors soumis à l'action de l'air et de l'eau et la matière obtenue est lessivée. On précipite ensuite le cuivre au moyen de vieux objets en fer, qui réduisent en même temps le sulfate ferrique en sulfate ferreux. La couperose obtenue est mieux cristallisée et beaucoup plus pure que celle manufacturée d'après l'ancienne méthode japonaise. En outre on prépare maintenant ce sel, comme produit secondaire, en faisant usage des scories obtenues dans les fonderies de cuivre au Japon. La couperose en prismes rhomboïdaux assez volumineux, *d'un bleu-verdâtre assez foncé* (c'est-à-dire contenant une assez grande quantité de sulfate de cuivre) s'appelle au Japon 紺 礬 ロ ウ ハ *Kon-de-ro-va* (couperose de couleur bleu-foncé). La couperose en plus petits cristaux d'une couleur *jaune-verdâtre* s'appelle 味 噲 礬 ロ ウ ハ *Miso-de-ro-va* (couperose de couleur de la sauce dite *Miso*).

La dernière variété seule est prescrite dans la médecine chinoise tandis que la première, qui est considérée nuisible à la santé, (à cause du cuivre qu'elle contient) s'emploie surtout dans la teinturerie. Quand on chauffe fortement la couperose sur un feu ardent on obtient une substance rouge, le colcothar, oxyde rouge de fer, qui s'appelle 礬 紅 Han-ko (rouge d'alun). C'est le vrai «*Bengara*» de première qualité. (cf. p. 390 de cet ouvrage).

D'après Ono Ranzan la couperose se fabrique au Japon à Hagi, dans la province de Nagato, à Tada dans la province de Settsu, à Ashiwo dans la province de Shimotsuké et dans les provinces de Harima, Noto, Mino etc.

En Chine on prépare ce sel en faisant griller et lessiver de la houille riche en sulfure de fer, qui s'appelle là 銅 炭 *Do-tan*. La préparation de la couperose verte en Chine se trouve décrite dans Stan. Julien et Champion (l. c.)

La couperose verte est d'un usage universel dans les deux pays comme matière pour la teinture des vernis et comme remède astringent dans les maladies des yeux, de la peau etc.

Lieux de provenance connus :

En Chine:

Shan-tung. Tsing-chau-fu, houillères de Lau-fu ho.
Shan-si... Ta-tung, Tai-yuen-fu, Sih-chau, Ping-ting-chau.
Hou-nan... Hang-chau-fu.
Ngan-hwui. Tung-yang-fu.
Ho-nan.... Chang-teh-fu.

LE FER.

Au Japon :

SETTSU....	Kawabé-gōri.....	Sasabé-mura.
OMI.......	⎰ Gamo-gōri......	Kotsu-hata-mura.
	⎱ Koga-gōri.......	Ishibé-mura.
MINO......	Toki-gōri.......	Kujiri-mura.
HIDA......	⎰ Ono-gōri........	Utsuchi-mura.
	⎱ Yoshiki-gōri	Saka-no-uyé-mura.
IWASHIRO ..	Adachi-gōri......	Yamanobé-mura.
RIKUZEN ...	Tomé-gōri.......	Uguisu-sawa-mura.
YECHIZEN ..	Nan-jo-gōri......	Maki-tani-mura.
IWAMI.....	Kano-ashi-gōri....	Sasagaya.
MIMASAKA..	⎰ Kumé-nan-jo-gōri.	Shimo-nika-mura.
	⎱ Kumé-hoku-jo-gōri.	Tsuboï-kami-mura.
BIZEN	Tsutaka-gōri	Yeyomi-mura.
TANGO	?...........	Kanazaki-mura.
BICHIU	Kawa-kami-gōri...	Sakamoto-mura.
AKI.......	Numata-gōri.....	Kégi-mura.
HIGO......	Aso-gōri........	Aso-yama.

N° 335. — ALUN JAUNE. SULPHATE FERRIQUE ET D'ALUMINE.

黃礬 **Ō-han** ou **Ōban** (alun jaune). Syn. *Ki-miyōban* (alun jaune). — 雞失礬 *Ke-shi-han*.

[*Hzkm.* vol. XI, p. 56, r. — *Keimo*, vol. 6, p. 41, v. — STAN. JUL. CH. Ind. p. 36.]

On trouve aujourd'hui rarement ce sel au Japon. Selon les livres chinois on le prépare de la même façon que la couperose verte, c'est-à-dire en grillant et lessivant des roches argileuses et pyritofères,

D'après ONO RANZAN (l. c.) on prépare ce sel au Japon dans les provinces de Bungo, Iyo, Dewa, Sagami. Il est employé dans la teinturerie.

N° 336. — COLCOTHAR. OXYDE ROUGE DE FER.

礬紅 **Han-ko** (rouge d'alun). Vulgo 辨柄 **Ben-gara**. — Syn. 絳礬 *Ho-han* (alun rouge). — 酸化鐵 *San-kuwa-tetsu* (oxyde de fer).

[*Hzkm*, vol. XI, p. 52, v. Sub Riyoku-ban. — *Keimo*, vol. 6, p. 41, v. — *Sm.* m. m. p. 122, « Fan-hung. »]

Substance rouge poudreuse qui s'emploie beaucoup au Japon dans la peinture sur porcelaine. Les produits céramiques rouges de la province de Kaga sont tous peints au moyen de cette matière. On l'emploie encore pour peindre des structures en bois, pour les vernis, pour colorer les murs, comme matière à polir etc. Le colcothar est souvent falsifié avec de l'ochre rouge.

N° 337. — FER SILICATÉ.

硅酸鐵 Keï-san-tetsu (silicate de fer). — Syn 色土 Iro-tsuchi (terre colorée).

Il existe au Japon un grand nombre de variétés de silicate de fer naturel. Elles varient par l'état d'oxydation du fer, par la proportion relative de l'acide silicique et du fer, par l'état anhydre ou hydraté du silicate et enfin par leur mélange avec d'autres silicates, notamment les argiles. Nous en avons mentionné quelques-unes p. 390-394 de cet ouvrage, sous la rubrique *Terre*.—Un examen détaillé, accompagné d'analyses quantitatives, n'a pas encore été fait de ces substances.

N° 338. — FER BISULFURÉ CUBIQUE. PYRITE COMMUNE. PYRITE MARTIALE. PYRITE JAUNE.

Nouveau nom : 黃硫鐵礦 O-riu-tetsu-ko (minerai de fer sulfuré jaune).

Anciens noms : 自然銅 Ji-nen-do ou Ji-zen-do (cuivre naturel ou cuivre natif) (1). — Syn. 金山力士 Kin-zan-riki-shi (lutteur de la montagne d'or). — 金力士 Kin-riki-shi (lutteur d'or). — 散佐里 San-sa-ri. — 武石 Bu-seki (pierre militaire).—Odomé-ishi.—Saï-saki.—Kado-ishi (pierre à angles). — Masu-ishi (pierre mesure). — Yama-no-kami-no-zeni (monnaie du dieu de montagne). — Syn. chinois 石髓鉛 Seki-dzui-yen (plomb de pierre moëlle).

[Hzkm. vol. VIII, p. 18, Fig. 5 — Keimo, vol. IV, p. 9. v. — Hanb. p. 8, « Tsze-jen-tung » = peroxide of iron in cubic masses. — Deb. p. 51. « Pé-tsé-tung » = Sulfure de fer naturel. — Sm. m. m. p. 121 « Tsze-jen-tung » = native peroxide of iron. — GEERTS. Tr. As. Soc. Japan, vol. III, p. 9.]

(1) Les anciens livres désignent à tort la pyrite cubique sous le nom de Ji-zen-do (cuivre natif), tandis que les nouveaux livres au Japon ont appliqué ce nom avec plus de raison au cuivre natif. Il ne faut donc pas confondre ces deux significations.

Des cristaux cubiques de trois à quinze millimètres, d'un jaune de laiton très-pâle, d'un éclat métallique, tantôt partiellement couverts d'une couche brunâtre, très-durs et étincelants sous le briquet. Quelquefois on rencontre des pseudomorphoses, c'est-à-dire des cristaux cubiques d'un brun foncé dans lesquels le sulfure de fer s'est converti soit entièrement, soit en partie en oxyde de fer hydraté brun, les cristaux conservant leur forme cristalline. La pyrite cubique se trouve au Japon assez généralement dans les diorites, les argiles schisteux, les schistes et dans les filons métallifères, surtout du cuivre pyriteux.

Il semble que l'usage fait par les anciens de cette substance pour allumer du feu au moyen du briquet et pour les pierres à fusil (d'où lui vient son nom de *pyrite*) a été connu aussi au Japon, puisque le synonyme *Bu-seki* (pierre militaire) indique son usage dans l'art militaire. (1)

Le minéral grillé, pulvérisé, lavé, est recommandé, mêlé avec du vinaigre, comme remède tonique et astringent.

Pour les lieux de provenance voir p. 522.

N° 339. — FER BISULFURÉ EN CUBO-ICOSAÈDRES, CUBO-DODÉCAÈDRES, ET TRAPEZOÈDRES. PYRITE COMMUNE. PYRITE MARTIALE.

Nouveau nom : 黃硫鐵礦 O-riu-tetsu-ko (minerai de fer sulfuré jaune).

Anciens noms : α. La variété jaunâtre ayant l'éclat de l'or 金牙石 Kin-ga-seki ou Kin-gé-seki (pierre dent d'or).— Syn. 方金牙 Hô-kin-gé (dents d'or carrés).—*Kanazako* (Nom en usage dans la province d'Idzu).

β. La variété légèrement blanc-jaunâtre, ayant l'éclat de l'argent 銀牙石 Gin-gé-seki (pierre dent d'argent).—Syn. 方銀牙 Hô-gin-gé (dents d'argent carrées).—*Dokin* (Nom en usaga dans la province de Tajima).—白虎脫齒 Haku-ko-datsu-shi (pron. *Biyakko-dachi*) c'est-à-dire «dents de tigres blancs.»— Syn. chinois 黃牙石 O-ga-seki (pierre dent jaune).

[*Hzkm.* vol. X, p. 34. v. Fig. 59.—*Keimo*, vol. 6, p. 16. r.—GEERTS. Tr. As. Soc. Japan, vol. III. p. 9.]

(1) On sait que les pierres à fusil étaient faites de pyrite avant que de l'être de silex.

Des amas de cristaux jaunâtres à forme de pyritoèdres variées, d'un grand éclat métallique, très-durs et pesants.

Les cristaux moins jaunes et plus blanchâtres s'appellent *Gin-gé-seki* (pierre dent d'argent), tandis que les cristaux ordinaires sont connus sous le nom de *Kin-gé-seki* (pierre dent d'or). Quand la pyrite se trouve dans les terrains alluviaux sous la forme de sable à petits grains cubiques on la nomme, au Japon, *Kiriko-suna* (sable carré ou sable à grains cubiques).

Le Japon est très-riche en cette variété de pyrite qui se trouve en abondance dans presque toutes les provinces.

Jusqu'ici on ne s'en est pas servi au Japon pour l'extraction du soufre ou la fabrication de l'acide sulfurique. Quelquefois on en fait usage comme ornement et la pyrite à éclat métallique et à forme de sable est employée de temps en temps pour orner les basses-cours et les pots à fleur.

Pour les lieux de provenance voir p. 522.

N° 340. — FER BISULFURÉ PRISMATIQUE A FORME DE NODULES. FER SULFURÉ BLANC.—PYRITE PRISMATIQUE NODULAIRE.

(ALLEM. *Speerkies*.)

Nouveau nom : 白硫鐵鑛 Haku-riu-tetsu-ko (minerai de fer sulfuré blanc). Ancien nom : 蛇黃 Ja-wo (jaune de serpent ou bezoar de serpent).—Vulgo 蛇含石 Ja-gan-seki (pierre qui se forme dans la bouche du serpent.)

[*Hzkm.* vol. X, p. 43. r. fig. 70. — *Keimo*, vol. 6. p. 26. r.—GEERTS Tr. As. Soc. Japan, vol. III, p. 9. — *Sm. m. m.* p. 195 « Shie hwang » = Serpent's bezoar. — *Hanb.* p. 9 « Shay-hau-shih » = nodular iron pyrites.]

Des masses rondes, plus ou moins aplaties et quelquefois des nodules plus irrégulières de un à deux centimètres de diamètre. Elles sont couvertes à l'extérieur d'une couche brunâtre plus ou moins épaisse de fer hydraté et elles contiennent à l'intérieur des cristaux prismatiques radiés de pyrite blanche.

En outre on rencontre ce minéral au Japon disséminé dans les lignites et dans plusieurs mauvaises espèces de houille.

Les auteurs chinois décrivent ce minéral comme un produit de l'altération de la terre qui a séjournée dans la bouche ou dans le ventre du serpent, pendant son sommeil d'hiver, mais l'auteur japonais du *Hon-zo-ko-moku Keimo*, Mr. Ono Ranzan, se montre moins crédule comme on pourra en juger par la définition suivante qu'il donne sur cette pierre :

« Le professeur (chinois) Li-shi-chin distingue les deux mi-
« néraux *Ja-wo* et *Ja-gan-seki*, mais il le fait à tort, puisqu'il
« est écrit dans le livre 本草彙言 *Hon-zo-i-gen* que *Ja-wo* et
« *Ja-gan-seki* sont une seule et même substance. Il est dit que
« cette pierre vient dans le ventre des serpents ou bien qu'on
« la trouve dans les trous où se tiennent les serpents. Ce sont
« là de purs mensonges.

« Les espèces qui nous viennent de l'étranger (Chine) ont
« la forme d'une boule un peu aplatie, comme le *Kashu-imo*
« (tubercule de Dioscorea japonica, Th.). Elles sont massives,
« possèdent une couleur brunâtre de fer oxydé et quelquefois
« plusieurs verrues à l'extérieur ; elles montrent une substance
« cristalline blanchâtre à l'intérieur et s'appellent d'ordinaire
« *Ja-gan-seki*.

« Une autre variété qui montre à l'intérieur une masse cris-
« talline radiée à éclat métallique s'appelle souvent (comme le
« fer sulfuré cubique) *Ji-nen-do*. Comme les deux variétés se
« ressemblent beaucoup on les confond généralement. »

L'auteur chinois recommande ce minéral dans les maladies de cœur, les convulsions chez les enfants et les maladies de la peau et donne plusieurs recettes dégoutantes pour des pilules au fer sulfuré.

Lieux de provenance connus des trois variétés de pyrite :

En Chine :

Kwang-si................	Ping-nan-hien.
Kiang-si................	Kwang-sin-fu.
Cheh-kiang.............	Shau-hing-fu.
Shen-si................	Hing-ngan-fu.
Yun-nan................	?

LE FER.

Au Japon :

PROVINCES.	DISTRICTS.	LOCALITÉS.	REMARQUES.
YAMATO	Yoshino-gōri	Wada-mura. Nishina-mura. Tochio-mura. Kawamata-mura, Todana-dani. Iketsu-gawa. Tachi-sato-mura. Shiyen-mura.	La pyrite s'appelle là du faux nom de *Do-ko* (litt. minerai de cuivre), probablement à cause qu'elle y vient alliée à la pyrite cuivreuse.
ISÉ	Imbé-gōri	Ishi-uchi-minami-ura.	
	Miyé-gōri	Midzusawa-yama	
	Idaka-gōri	Hachisu-mura.	
	Wataraï-gōri	Asama-mura	peu de fer sulfuré cubique, s'appelle là *jinen-do*.
KAI	Koma-gōri	Seitetsu-mura.	
SAGAMI	Tsukuï-gōri	Toriya-mura	s'appelle là *Koseki*. (litt. pierre minerai).
MUSASHI	Tama-gōri	Mihara-mura.	
MINO	Mugi-gōri	Warabinu-mura.	
	Gunjo-gōri	Hatasa-mura	la pyrite vient là associée au zinc sulfuré.
	Kamo-gōri	Iké-mura. Kashiwagi-mura.	s'appelle là du nom erroné *Do-ko* (litt. minerai de cuivre).
HIDA	Masuda-gōri	Nishi-mura.	
SHINANO	Minuchi-gōri	Otosuma-yama	s'appelle là *Ginshoku-no-hakuseki* (pierre blanche couleur d'argent).
	Takaï-gōri	Magari-mura	s'appelle là *Koseki* (litt. pierre minerai).

LE FER.

PROVINCES.	DISTRICTS.	LOCALITÉS.	REMARQUES.
SHINANO	Saku-gōri	Ohinata-mura.	
	Ina-gōri	Oshima-mura	s'appelle là *Kané-no-chiri-ishi*.
	Chikuma-gōri	Nakayama-mura, Kiso-tani	*Ubagané-ishi*. *Kimpaku-ishi*.
	Chisagata-gōri	Shimo-bu-seki-mura	beaucoup de pyrite cubique. *Bu-seki* et *odomé-ishi*.
SHIMOTSUKÉ.	Kawachi-gōri	Seïwo-mura.	
	Shiwoya-gōri	Gojiu-ri-mura.	
IWASHIRO	Daté-gōri	Handa-yama.	
	Aidzu-gōri	Iwashita-mura, Yafusa-mura. Tanaka-mura, Yunohana-mura	s'appelle là *Doko*.
	Kawanuma-gōri	Asawu-mura, Imaïtani-mura.	
	Onuma-gōri	Oïshida-mura.	
RIKUCHIU	Waga-gōri	Koshigé-mura, Yamaguchi-m. Ono-mura.	
	Isawa-gōri	Kami-koromo-gawa-mura.	
UZEN	Mogami-gōri	Minami-yama-m.	
	Murayama-gōri	Tanuki-mori-m.	
	Tagawa-gōri	Oshima-mura, Konabé-mura. Kino-mata-mura.	
UGO	Akita-gōri	Ani	très-bonne espèce.
YECHIZEN	Ono-gōri	Kitasoya-mura. Shimo-aki-bu-m.	porte là le faux nom de *Gin-do-ko*.
YECHIGO	Kambara-gōri	Otani-mura. Kami-sugi-kawa-mura.	
	Uwonuma-gōri	Iké-hira, Mitsu-mata-shin-den. Takiya-mura.	

LE FER.

PROVINCES.	DISTRICTS.	LOCALITÉS.	REMARQUES.
SADO (ILE).	Hamo-gōri.......	Toyoda-mura.	
TAMBA	Funaï-gōri.......	Okawachi-mura.	
	Taki-gōri........	Sumi-yama-mura.	
TAJIMA	Idzushi-gōri......	Naka-yama-mura.	
INABA	Hatto-gōri	Yamada-mura.	
HOKI	Kawa-mura-gōri..	Hashidzu-mura.	
IDZUMO	Sutto-gōri........	Hataya-mura.	
	Kando-gōri.......	Utogé.........	meilleure qualité.
	Nogi-gōri........	Shimo-jiu-nen-m.	
MIMASAKA ..	Yeïta-gōri........	Nan-kaï-mura. Naka-kita-domé-mura. Shimo-nikayama-té-mura.	
	Saisaïjo-gōri......	Tsukaya-mura.	
	Kumé-hokujō-gōri.	Tsuboï-kami-m.	porte le nom de Rova.
BIZEN	Wagé-gōri	Kashi-mura.	
BITCHIU....	Isu-gōri	Kanada-mura.	
KII	Isuï-gōri.........	Naka-furusawa-mura. Kasagi-mura. Amano-mura.	
AWA	Oyé-gōri.........	Nakamura-yama, Higashi-yama. Kami-tani-mura, Kawata-yama.	
	Naga-gōri........	Yuri-mura.	
	Miyosaï-gōri.....	Shinriyo-mura.	
	Mima-gōri	Naka-nishi-mura.	
	Ama-gōri........	Umi-kawa-mura. Asagawa-mura.	
IYO	Uma-gōri........	Betsu-shi-san-mura.........	porte le nom de Kagami-ishi (pierre miroir)
TOSA......	Nagaöka-gōri.....	Toyonaga-go.	
	Hata-gōri	Shimo-kawa-guchi-ura.	
HIZEN.....	Matsura-gōri	Goto (ile), Nara-wo-mura......	bonne qualité.
OSUMI	Okumi-gōri	Kokubu-go-kawa.	
	Kuwa-hara-gōri ...	Yamagano.	

Nº 341. — PYRITE MAGNÉTIQUE.

(ALLEM. *Magnetkies, Leberkies.*)

磁硫鐵鑛 **Ji-riu-tetsu-ko** (minerai de fer sulfuré magnétique). Vulgo 綠礬鑛 **Riyoku-ban-ko** (Minerai de couperose verte). — Syn. *Ro-va.* — *Roku-ban.* — (Les deux derniers noms sont ceux de la couperose verte).

Masses qui attirent l'aiguille aimantée, de structure plus ou moins lamellaire, d'une couleur jaune-brunâtre de tombac et d'un éclat métallique. Elles viennent au Japon assez souvent associées à la pyrite cuivreuse. C'est la matière qui sert surtout à la manufacture du fer sulfaté. Les anciens livres indigènes ne parlent pas de ce minéral d'une manière distincte.

Lieux de provenance au Japon :

PROVINCES.	DISTRICTS.	LOCALITÉS.	REMARQUES.
OMI......	Koga-gōri.......	Ishibé-mura......	s'appelle là *Rova.*
BITCHIU....	Kawakami-gōri...	Sakamoto-mura....	do.
SUWO......	Kuga-gōri.......	Goza-mura. Tanaki-mura.	
BUNGO.....	Ono-gōri........	Kiura.	
TSUSHIMA ..	Shimo-agata-gōri..	Shiné-mura.	

Nº 342. — PYRITE ARSÉNICALE. FER SULFO-ARSÉNIURÉ. MISPICKEL.

鋼色礜石 **Ko-shoku-yo-seki** (minerai d'arsenic couleur d'acier). — Vulgo 毒砂 **Doku-sha** (sable vénéneux). — Syn. 砒化鐵及硫化鐵 *Hi-kuwa-tetsu-to-riu-kuwa-tetsu* (arséniure et sulfure de fer). — 硫砒鐵鑛 *Riu-hi-tetsu-ko* (Minerai de fer, d'arsenic et de soufre).

Ce minéral a été mentionné déjà p. 171 de cet ouvrage. On le trouve assez souvent au Japon allié à la pyrite cuivreuse ou à l'étain sulfuré. Les localités suivantes le produisent en quantités considérables :

PROVINCES.	DISTRICTS.	LOCALITÉS.	REMARQUES.
Isé	?	Torimi	bonne qualité.
Shinano	Adzumi-gōri	Nishi-hodaka-mura.	
Shimotsuké	Aso-gōri	Ashiwo-mura	s'appelle là Yo-ko (minerai d'arsenic).
Yechigo	Kambara-gōri	Kami-matsukawa-m.	Yo-ko.
Hōki	Hino-gōri	Kanémochi-mura.	
Iwami	Kano-ashi-gōri	Toyo-kaségi-mura	Yō-seki.
Hiuga	?	?	

EXTRACTION DU FER.

N° 343. — FONTE DE FER. FER EN GUEUSES.
(Pig iron, Angl.).

生鐵 Seï-tetsu ou Nama-gané (fer cru). Vulgo 銑 Sen ou Dzuku. — Syn. 黑金 Koku-kin ou Kuro-gané (métal noir). — 烏金 U-kin (métal corbeau, c'est-à-dire métal noir). — Neri. — Magané. — 堅老 Ken-ro (vieillard robuste). — 黑鐵 Koku-tetsu (fer noir). — 烏鐵 U-tetsu (fer corbeau, c'est-à-dire fer noir). — 碱木兒 Toku-boku-ji (bois métamorphosé). — 鐵頭 Tetsu-to (tête en fer ou fer en bloc). — 元金 Gen-kin (métal primordial). — 金鐺 Kin-kai (métal fer ou fer métallique). — 白生鐵 Haku-seï-tetsu (fonte blanche). — 黝生鐵 Yu-scï-tetsu (fonte grise). — 黑生鐵 Koku-seï-tetsu (fonte noire).

[Hzkm. vol. 8, p. 32. fig. 9. — Keimo, vol. 4, p. 24. — Enc. jap. vol. 59. p. 10.]

La description de l'extraction du fer que nous voulons donner se rapporte seulement à l'ancienne méthode japonaise qui est encore employée dans les provinces du centre du Japon. L'érection de deux hauts-fourneaux selon le système de l'ouest à Kamaishi, dans la province de Rikuchiu, et d'un haut-four-

Planche XXI, Cf. Page 527.

LAVAGE DU MINÉRAI D'OXYDE DE FER MAGNÉTIQUE OU DU FER TIT.

KAI-MEI-BUTSU-DZU-YÉ (山海名物圖會) — *Vol: 1. Tab. 16.*

NÉTIQUE SABLONNEUX SUR DES NATTES DANS UNE FOSSE A EAU COURANTE.

neau à Inaka-Kosaka, dans la province de Kotsuké, ne semble pas encore (1882) avoir répondu à ce qu'on en attendait, quant à la quantité de fer qu'ils produisent et aux profits de l'exploitation. (1)

Le minerai employé pour la fonte selon l'ancienne méthode japonaise est invariablement le fer magnétique sablonneux titanifère. On obtient le minerai d'après trois différentes méthodes :

1° en ramassant dans les montagnes le granite à demi décomposé qui sert de gangue au minerai de fer, en le concassant avec des marteaux et en lavant la poudre obtenue afin de séparer le minéral de sa gangue ;

2° en lavant le sable ferrique qui se trouve dans les lits des rivières ;

3° en lavant le fer magnétique sablonneux sur les côtes de la mer ou dans les terrains alluviaux.

Quand les conditions locales le permettent on effectue le lavage des sables ferrifères, d'une manière très-ingénieuse et fort pratique, sur des nattes rudes en paille que l'on met dans une fosse spéciale d'eau courante. La planche XXI donnera une idée de ce procédé. La largeur de la fosse est construite de façon que l'eau courante, prise d'une rivière ou d'un ruisseau de montagne du voisinage, possède une vitesse d'environ 0.5 à 0.6 mètres par seconde. On jette le sable cru dans la partie supérieure de la fosse et on remue le tout au moyen d'une houe (鍬 Kuwa) et d'un panier en bambou (ショレン Joren) après que l'on a placé une série de nattes (ネコダ Nekoda) à la partie inférieure de la fosse. Les particules les plus pesantes du sable, qui constituent le minerai de fer proprement dit, se déposeront alors de plus en plus sur les nattes, tandis que la gangue plus légère est emportée par l'eau courante à une distance plus grande. Aussitôt que la quantité de minerai sur les nattes est assez grande, on plie celles-ci en deux et en les tenant à la

_____
(1) Une des causes est le prix beaucoup plus élevé, dans les dernières années, du charbon de bois nécessaire pour ces hauts-fourneaux. Il ne se trouve pas de bonne houille dans la vicinité des gisements de fer dans ces provinces.

main, on laisse le tout danser dans l'eau, afin de séparer les particules d'argile et de silice plus fines et plus légères, qui s'y trouvent encore. Finalement on transporte le minerai des nattes dans un bassin ou réservoir à eau, où le fer magnétique sableux est encore plus concentré en le lavant dans des sébiles de bois (淘カ 洗ヲ 板ヵ *Kané-yuri-ita*) d'une forme particulière. Le même procédé s'emploie au Japon avec succès pour les sables aurifères.

Le minerai lavé et trié est ensuite apporté dans des sacs de paille aux fonderies où se fait la fonte du fer. Les Japonais prétendent que le fer magnétique sablonneux pris dans les terrains alluviaux se fond plus facilement que les sables ferriques pris dans les rivières ou que le minerai provenant des roches.

Les fours sont bâtis d'après le même principe que nos hauts-fourneaux en Europe; cependant il y a une grande différence dans la forme des fourneaux et dans celle des appareils accessoires. Ce qui caractérise avant tout les fourneaux du Japon c'est leur bas prix, leurs petites dimensions et leur courte durée, chaque opération de trois à quatre jours exigeant un nouveau four; car chaque four est détruit après avoir servi une fois, les fondations des fours seules étant permanentes. Ces dernières, appelées 吹狀 *Fuku-toko* ou *fuki-doko* (foyer) sont faites avec beaucoup de soin. On commence à creuser, dans un sol sec et bien drainé, un trou rectangulaire de 3.6 mètres de profondeur, 4 mètres de longueur et 1.8 mètres de largeur. Cette espèce de cave est revêtue de grandes pierres en granit formant des murailles d'environ 0.2 à 0.25 mètres d'épaisseur. Auprès du fond de la cave on construit un tube de drainage horizontal. On remplit la cave d'argile à une hauteur de deux mètres et on place dessus une couche de charbon incandescents de 1.2 mètres de profondeur, 1 mètre de largeur et 3 mètres de longueur. On remplit le reste de la cavité d'une couche de cendres du bois de *Podocarpus Macrophylla*, Don. 植 (*Maki*) de 0.24 mètres de profondeur, jusqu'à ce que le tout soit au même niveau que le sol. Sur ce foyer ou base souterraine et permanente (*fuki-doko*) on construit le fourneau proprement dit au moyen d'argile jaune ordinaire. Le four ressemble plus ou moins aux fourneaux russes dits *Rachette* en usage dans l'Oural et quelques autres endroits de l'Europe, seulement il est beaucoup plus petit que ceux-ci. Les dimensions sont d'ordinaire, hauteur $= 1.12$ mètres, largeur au sommet 0.97 mètres extérieurement et 0.73 mètres à l'intérieur, de sorte que les murs ont au sommet une épaisseur de 0.24 mètres. La longueur du four à l'extérieur est de 2.9 mètres. Les murs du four sont un peu inclinés de deux côtés, de telle sorte que leur épaisseur en bas du fourneau est environ deux fois plus grande qu'en haut. La coupe verticale sur l'axe le plus court du four a par conséquent la forme d'un V, la cavité ayant la plus grande largeur au sommet et non pas au milieu comme dans les hauts-fourneaux de l'ouest. La hauteur du four japonais paraîtra à tout le monde extrêmement minime, mais il faut remarquer que le minerai employé est un sable assez fin de sorte que les particules de fer oxydulé peuvent se désoxyder pendant une descente très-courte au milieu de charbon incandescent. Des deux côtés une série d'une vingtaine de trous elliptoïdes, laissant passer un nombre égal de tubes à air, communiquant avec le soufflet, se trouvent à une hauteur de 2 décimètres au-dessus du fond du four. Par ces mêmes trous on peut contrôler la marche de la fonte et fourgonner les scories obstruantes au moyen d'une mince barre de fer. Il y a encore une ouverture plus grande, d'environ 1.5 décimètres de diamètre, aux deux extrémités du fourneau, tout auprès du fond, pour faire écouler les scories et la fonte brute.

Ce four est construit par des ouvriers spéciaux en un seul jour; pendant la nuit suivante on le sèche au moyen d'un feu de bois.

On commence alors à remplir le four avec du charbon de bois en gros morceaux, les tubes du soufflet sont placés, le charbon est allumé et le soufflet est mis en mouvement. Quand les charbons sont en pleine incandescence on ajoute une quantité d'environ 60 kilogrammes de fer magnétique sablonneux et après on remplit le four jusqu'au sommet de charbon de bois. Aussitôt que la masse entière a baissé de 1.5 décimètres on ajoute encore une soixantaine de kilogrammes de fer sablonneux et on couvre de nouveau de charbon jusqu'au niveau des bords du four. Ceci se répète environ 33 fois en douze heures pendant le premier jour et la première nuit. Le deuxième jour les chargements se répètent un peu plus vite et le troisième jour on donne 42 chargements en 12 heures.

Les scories coulent des ouvertures aux deux extrémités du four, accompagnées d'une partie de la fonte brute (*dzuku*). Après un travail continu, sans interruption, de 3 fois 24 heures, quand on aura chargé en tout environ 13,300 kilogrammes de fer sablonneux et environ 14,000 kilogrammes de charbon de bois, on cesse l'opération, on ôte les tubes à air, on brise le four argileux et on éloigne les charbons restant sur la masse du métal qui se trouve au fond du four. La partie supérieure, plus au moins solide et moins fusible est de l'acier brut (*kéra*). Cette croute d'acier est ôtée ; au-dessous de l'acier se trouve de la fonte liquide (*dzuku*) qui se solidifie instantanément après qu'on a éloigné l'acier. On obtient à Idzumo en moyenne 2,000 kilos d'acier brut, 1,500 kilos de fonte au fond du four et 700 kilos de fonte brute écoulée, en tout environ 4,200 kilos de métal ce qui équivaut 30 % de la quantité du minerai employé.

Les masses métalliques, après avoir été refroidies dans l'eau, sont brisées en morceaux par de gros marteaux ou par un poids tombant. Le même jour on rebâtit de nouveau le four en argile, afin que l'on puisse recommencer le travail le cinquième jour après la première fonte. Ainsi on peut faire environ sept opérations par mois.

La fonte et l'acier brut obtenus sont raffinés et travaillés en d'autres endroits dans des forges plus petites où on prépare aussi le fer en barres (fer malléable) avec ces matériaux.

Le soufflet usité est d'une construction particulière, formant une espèce de balançoir. La planche XXII, que nous empruntons à un ouvrage japonais, indique son action. Le travail est très-pénible de sorte que les ouvriers qui foulent le soufflet sont remplacés toutes les heures. Le tuyau près du soufflet a 8 centim. de diamètre et les petits à l'endroit où ils pénètrent dans le four 1.8 centim. de diamètre.

Planche XXII, Cf. Page 530.   SAN-KAI-MEI-BUTSU-DZU-YÉ (山海名物図会) — Vol. I., Tab. 17.

TATARA-KABÉ.
MURAILLE ENTRE LE SOUFFLET
ET LE FOURNEAU.

踏韛 *TATARA*
GRAND SOUFFLET DES FOURNEAUX DE FONTE.

SOUFFLET-BALANÇOIRE EN USAGE AU JAPON POUR FONDRE LE FER. 踏韛ヲ踏 *TATARA-WO-FUMU* — FOULER LE SOUFFLET.

Comme on n'ajoute pas de flux, les cendres du charbon et les parties argileuses et siliceuses, qui se trouvent toujours en assez grande quantité dans le minerai de fer magnétique sableux, servent comme tel, quoiqu'il doive y avoir une perte assez considérable de fer dans les scories, faute de matières basiques dans la charge. En faisant usage de fours plus étroits et plus longs on augmente en quelques endroits la quantité de fonte crude et on diminue l'acier brut. Pour la fonte seule la chaleur n'a pas besoin d'être aussi intense qu'avec les fours qui fournissent de la fonte et de l'acier brut dans une seule opération. A Idzumo ces derniers fours sont surtout en usage, tandis que les fours de la province de Bingo ne font que de la fonte (*dzuku*).

L'ancienne méthode japonaise pour faire de la fonte est en principe la même que celles employées par les autres nations orientales, c'est-à-dire que l'on mêle des minerais purs, riches, finement divisés dans de petits fours avec du charbon de bois. Selon la nature des minerais, l'intensité de la chaleur, la durée de l'opération, la quantité d'air fourni par les soufflets on obtient soit de la fonte, soit de l'acier, soit un mélange de ces deux variétés de fer. Que ces méthodes puissent être avantageuses dans les pays où l'on a de bons minerais, se laissant réduire facilement, des combustibles à bon marché et où le travail de l'homme coûte peu d'argent, ceci est prouvé par le fait que les Japonais préfèrent le fer et l'acier produit par eux-mêmes au produit étranger et par le fait bien connu que même en Europe, dans les Pyrénées, en Italie etc., on se sert encore de nos jours de méthodes analogues, nonobstant la sévère concurrence des grandes institutions métallurgiques de fer en Angleterre. Quant à l'usage du charbon de bois comme combustible, on sait généralement qu'il donne un fer beaucoup plus pur que la houille et qu'il était employé aussi en Europe jusqu'au commencement du dix-septième siècle, quand on a été obligé en Angleterre de chercher un autre combustible, les forêts ayant toutes disparues dans le voisinage des fourneaux. Les premières patentes pour l'usage de la houille étaient prises en 1627-1630, mais ce ne fut qu'un siècle plus tard, en 1740, que l'on employa la houille régulièrement dans les travaux métallurgiques du fer. Même en 1788 il y avait encore en Angleterre 26 hauts-fourneaux à charbon de bois sur 59 fours chauffés avec la houille.

Les améliorations les plus importantes dans la métallurgie du fer, améliorations qui restaient inconnues au Japon et dans les pays de l'Orient, étaient : 1° les soufflets à *air chaud*, 2° l'emploi des gaz de combustion et 3° les fourneaux régénératifs à gaz de M. SIEMENS pour changer la fonte en fer malléable.

M. LYMAN, qui a fait une étude spéciale sur place des fonderies de fer à Idzumo pense (l. c.) que le système japonais pourra être poursuivi à l'avenir avec profit en y apportant quelques améliorations, telles que: 1° l'application de la méthode hydraulique pour laver le minerai, comme elle est en usage en Californie ; 2° établir les fonderies dans les vallées en choisissant les endroits où on pourra disposer d'une chute d'eau comme force motrice ; 3° substituer l'usage du coke à celui du charbon de bois dans les lieux rapprochés des rivages de la mer, afin de diminuer le prix de revient de la fonte ; 4° ajouter de la chaux vive à la charge du four afin de diminuer la perte très-considérable du fer dans les scories ; 5° employer l'eau comme force motrice pour la manœuvre des grands marteaux qui servent à diviser les gueuses de fonte en petits fragments dont les forgerons et les taillandiers ont besoin ; 6° se servir de la même force pour mettre les soufflets en mouvement, au lieu et place de la force humaine actuellement employée et qui est très-couteuse ; 7° construire le four en employant des matériaux plus résistants, sans y apporter toutefois des changements radicaux quant à la forme etc.

Reproduisons maintenant quelques notices sur le fer, telles qu'elles sont données par les auteurs indigènes. Le *Hon-zo-ko-moku* dit : « que le caractère 鐵 **Tetsu** signifie originairement
« « *Couper* » et que l'on a donné ce nom au fer, parce qu'il
« possède une dureté telle, qu'il peut couper les autres métaux.
« On l'a nommé 黒金 *Koku-kin*, *Kuro-gané* (métal noir) parce
« qu'il appartient à l'un des cinq métaux du principe féminin,
« l'eau, qui est en même temps le principe du sombre, du noir.

LE FER.

533

« Le fer se trouve (en Chine) partout à 江南 Ko-nan (pro-
« vinces de Kiang-su et Ngan-hwui) et à 西蜀 Sei-shoku (pro-
« vince de Ssechuen) où l'on trouve d'importantes installations
« métallurgiques de fer.

« 生鐵 Sei-tetsu (fer cru) est le fer séparé de son minerai
« par une seule opération (fonte) ; 鑐鐵 Jiu-tetsu (fer mou)
« ou 熟鐵 Juku-tetsu (fer mur) est le fer raffiné par une cuis-
« son de la fonte pendant plusieurs jours ce qui fait perdre
« à cette dernière sa dureté (fer malléable) ; 鋼鐵 Ko-tetsu
« est cette variété de fer que l'on obtient en fondant ensemble
« la fonte et le fer malléable dans des proportions définies
« (acier). On l'emploie pour la fabrication des sabres, des
« épées, des lances et des couteaux ». « Selon le livre 土宿
« 本草 Do-shuku-hon-so, le fer se forme (dans la nature) sous
« l'influence du principe mâle, ou de l'esprit du soleil. Il n'est
« d'abord qu'une pierre salée ou pierre de lessive, 鹵石 Rô-
« seki. Elle se transforme en 150 ans, en fer magnétique et
« après 200 ans en fer ordinaire, lequel, à son tour, est chan-
« gé, dans l'espace de 200 années, en cuivre, argent ou or.
« Ainsi on peut accepter que l'origine du fer est essentiellement
« la même que celle de l'or et de l'argent.

« Dans la médecine, la fonte peut servir pour calmer le cœur
« et améliorer les viscères. On l'emploie aussi pour les maladies
« convulsives, contre les morsures d'insectes, les hémorrhagies
« etc. ; selon l'opinion de LI-SHI-CHIN, le fer étant un métal noir,
« doué du principe froid, ou féminin, il pourra guérir l'irrita-
« bilité d'un homme qui se met facilement en colère, absolu-
« ment comme on éteint le feu avec de l'eau ou comme on
« coupe le bois avec le fer. »

ONO-RANZAN (l. c.) en parle dans les termes suivants : « Ku-
« ro-gané est le nom général du fer. On en distingue trois
« espèces qui sont : 1° Seï-tetsu, la fonte, que l'on obtient en
« fondant le minerai une première fois ; 2° Jiu-tetsu, le fer
« ductil ou mou, qui est fabriqué par un deuxième affinage et 3°
« Ko-tetsu, acier, que l'on obtient par une troisième opération.
« Sha-tetsu sable-fer, ou Tetsu-sha, fer sable, est le nom du

« minerai de fer employé dans la fabrication des trois espèces
« de fer. On le nomme *Kanna*, dans la province de Bingo. On
« obtient le fer de ce minerai en le fondant avec une partie
« égale de charbon de bois dans un four à forme de creuset,
« qui possède à la partie inférieure un trou par lequel on laisse
« écouler le fer fondu pour le séparer de sa gangue. Le fer
« obtenu de cette opération est connu sous le nom de **Sei-**
« **tetsu**, *Dzuku* ou *Nabé-gané* (métal à chaudron) et on s'en
« sert pour en mouler différents ustensils.

« Tandis qu'on obtient la fonte dans un seul jour, elle a be-
« soin d'un affinage d'une semaine pour être convertie en fer
« malléable, et onze jours pour devenir de l'acier.

« Selon Li-shi-chin l'origine du fer serait la même que celle
« de l'or et de l'argent, mais cette opinion ne nous parait pas
« raisonnable, au moins au Japon, puisque les minerais de fer
« se trouvent (dans notre pays) toujours mélangés avec des
« matières terreuses (argileuses), tandis que les minéraux qui
« produisent l'or et l'argent forment des substances pierreuses ».

Les principales fonderies de fer, au Japon, se trouvent dans les provinces d'Idzumo, Bingo, Bizen, Bitchiu, Harima, Iwami, Wakasa, Suruga, Shinano, Kai, Tōtōmi, Mutsu, Hiuga et Satsuma.

Lieux de provenance de fer :

En Chine :

Chihli	Shun-tien-fu, Tsun-hwa-chau, Wang-ping-hien. Pan-ting-fu, Mwan-ching-hien. Yung-ping-fu, Tsien-ngan hien, mont. Mang. Shun-teh-fu, Sha-ho-hien, mont. Hai.	
Shan-si	Tai-yuen-fu, Tai-yuen-hien et Yu-tse-hien............ Ping-yang-fu, Kiuh-yu-hien, Yu-tsung-hien, Yo-yang-hien, Kih-chan, Hiang-ning-hien................... Pu-chau-fu................... Kiai-chau, Ngani-hien............ Kiang-chau, Kiang-hien, mont. Kiang. Lu-ngan-fu................... Fan-chau-fu, Hian-ni-hien, mont. Siyen.................. Tseh-chau-fu, Yang-ching-hien..... Ta-tung-fu, Hwai-tsung-hien....... Ping-ting-chau...............	Les minerais de fer sont ici chargés fortes quantités de charbon de terre.

LE FER. 535

SHEN-SI	Si-ngan-fu. Shang-chau, mont. Ti-ling. Pin-chau. Fung-tsiang-fu, Lung-chau et Mei-hien. Han-chung-fu, Tsung-ku-hien, Sia-yang-hien, mont. Lo-tsung, Mien-hien, mont. Tie. Fu-chau, Chung-pu-hien et I-kiun-hien.
KAN-SUH	Ping-liang-fu, Ping-liang-hien et Hwa-ting-hien. Kung-chang-fu, Ning-yuen-hien, mont. Te-yang. Tsin-chau, Tsing-ngan-hien et Hwui-hien. King-yang-fu, Ngan-hwa-hien, mont. Hung-ling. Ning-hia-fu.
SHAN-TUNG...	Tsi-nan-fu, Chi-chuen-hien et Sin-ching-hien. Tai-ngan-fu, Lai-wu-hien, monts Ta-shi et Kung. Yen-chau-fu, Yih-hien. I-chau-fu, Kü-chau, mont. Chi-pau. Tsing-chau-fu, Yih-te-hien, Kan-yuen-hien et Lo ngan-hien, Ling-tsé-hien et Lin-kü-hien. Tung-chau-fu, Pung-lai-hien.
KIANG-SUH ...	Kiang-ning-fu, Kiu-yung-hien, mont. Tsz. Chin-Kiang-fu, Li-yang-hien. Hwai-ngan-fu, Yen-ching-hien. Sü-chau-fu, Tung-san-hien, mont. Pe-ma.
NGAN-HWUI...	Ngan-king-fu. } Des forges d'a- Tai-ping-fu, Fan-chang-hien, Tekang. } cier.
HO-NAN	Ho-nan-fu, Kung-hien, Niyang-hien, Tung-pung-hien, Si-ngan-hien, Sung-hien. Nan-yang-fu, Nan-yang-hien, et Ne-yang-hien. Kai-fung-fu, Yu-chau. Chang-teh-fu, Sheh-hien. Ju-chau.
HU-PEH	Wu-chang-fu, Kiang-hia-hien, Wu-chang-hien, Tayé-hien. Hwang-chau-fu, Ma-ching-hien et Hwang-mei-hien.
SS'ECHUEN....	Ching-tu-fu, Tsing-tsing-hien. Tsz-chau. Mien-chau. Ning-yuen-fu, Hwui-li-chau, Mien-ning-hien, Yen-yuen-hien. Pau-ning-fu, Kwang-yuen-hien. Shing-king-fu. Chung-king-fu, Yung-tsang-hien, Hoh-chau, Tung-liang-hien. Chung-chau, Fung-tu-hien. Kwei-chau-fu, Wu-shan-hien et Yun-yang-hien. Sin-ting-fu, Kü-hien et Ta-tsoh-hien. Lung-ngan-fu. Tung-chuen-fu, Yen-ting-hien et Shi-hung-hien. Kia-ting-fu, Wei-yuen-hien et Yung-hien. Kung chau-fu, mont. Ku-sung.

536   LE FER.

KIANG-SI.....	Nan-chang-fu, Fung-sin-hien et Tsin-hien-hien. Kwan-sing-fu, Yoh-yang-hien, Yü-shan-hien, Kwei-shi-hien, Shang-tsao-hien. Kan-chau-fu, Wei-tsang-hien. Nan-ngan-fu, Ta-yü-hien.
HOÜ-NAN.....	Chang-sha-fu .... Shin-chau-fu .... Hang-chau-fu .... Yung-chau-fu .... Yung-shun-fu .... Pan-king-fu .... } Dans cette province on trouve avec les minerais de fer du charbon de terre. Chang-teh-fu .... Chin-chau .... Tsing-chau .... Li-chau .... Kweï-yang-chau .... Yo-chau-fu ....
KWEÏ-CHAU ..	Sz'chau-fu, mont. Lung-tang. Tung-jin-fu. Li-ping-fu. Shi-tsien-fu. Ta-ting-fu, Wei-ning-chau. Sz'nan-fu, Ngan-hwa-hien.
CHEH-KIANG ..	Kia-hing-fu, Hai-yen-hien. Tai-chau-fu, Ning-hai-hien, mont. Lung-su. Yen-chau-fu, Kien-te-hien, mont Tie. Wan-chau-fu, Ping-yang-hien, Ti-sung-hien, Sui-ngan-hien. Chu-chau-fu, Sien-ping-hien.
FUH-KIEN	Fu-chau-fu, Fuh-tsing-hien et Ming-hien. Tsien-chau-fu, Tun-ngan-hien et Ngan-chi-hien. Kien-ning-fu, Kien-ngan-hien, Tsung-ho-hien, Wu-ning-hien, Sung-chi-hien. Yen-ping-fu, Nan-ping-hien, Yu-ki-hien, Tsang-ting-hien. Chang-chau-fu, Lung-chi-hien. Fu-ning-fu, Ning-teh-hien. Yung-chun-chau, Teh-hwa-hien.
KWANG-TUNG .	Lien-chau, Yang-shan-hien. Shau-chau-fu, Ung-yuen-hien. Shau-king-fu, Yang-tsung-hien, Yang-kiang-hien, Sin-hing-hien. Kiung-chau-fu. Lo-ting-chau, Tung-ngan-hien, mont. Wu-tung-tu.
KWANG-SI	Liu-chau-fu, Yung-hien. Ping-loh-fu, Ho-hien mont. Ching-kang.

LE FER. 537

YUN-NAN.....
{ Yun-nan-fu, Kwung-ming-hien et Yung-men-hien.
Li-ngan-fu, Sin-go-hien et Shih-ping-chau.
Tsu-hiung-fu, Ting-ynen-hien à Tsu-yu-tsung.
Chin-kiang-fu, Sing-hiung-chau.
Kiuh-tsing-fu, Siuen-wei-chau, Nan-ying-hien, Loh-liang-chau, Chen-yih-tsau, Malung-chau, Nan-ying-chau.
Wu-ting-chau, Tameti-tsang, Tsetse-tsang, Ineh-tsang, Loti-tsang, Sanpu-tsang.
Yung-chang-fu, Aying.
Tung-chuen-fu, Mo-kwei et Ta-shui-tang.
Mung-hwa-ting.
Yung-peh-ting. }

N° 344. — FONTE RAFFINÉE.

(*Cast iron* ANGL.)

鑄鐵 **To-tetsu**. 鍋鐵 **Nabé-gané** (métal lèchefrite ou métal à chaudière).

La fonte obtenue par le procédé décrit sous N° 343 p. 528-531 est portée dans d'autres établissements moins considérables où elle est refondue en plus petites quantités et où on moule les nombreux objets en fonte en usage dans la vie journalière, comme les chaudières, lèchefrites, bouilloires etc. Les moules sont faits avec beaucoup de soin et ces objets ordinaires ont, en général, grâce à la dextérité et au bon goût des ouvriers, des formes tellement gracieuses que l'on peut dire, sans exagération, que chaque bouilloire ordinaire en fonte au Japon est, dans un certain sens, un objet d'art. Nous ne voulons pas dépasser les bornes de cet ouvrage et nous laisserons à d'autres le soin de décrire cette industrie vraiment remarquable et originale du Japon. Remarquons seulement que les vieux objets en fonte ont, au Japon, beaucoup plus de valeur que les nouveaux, et que les bouilloires antiques sont considérées de beaucoup supérieures aux nouvelles.

N° 345. — FER MALLÉABLE. FER EN BARRES.
FER DUCTILE. TÔLE.

熟鐵 **Juku-tetsu** (fer mûr). Vulgo 鑄鐵 **Jiu-tetsu** (fer mou). — Syn. 水鐵 *Sui-tetsu* (fer aqueux). — 豆腐鐵 *To-fu-*

tetsu (fer [mou comme le] fromage végétal (légumine).—熟鐵 *Juku-cho* (Fer mûr en feuilles, tôle). — 鍒鐵 *Jiu-tetsu* ou *Yawaraka-gané* (fer doux ou ductile). — 鍛鐵 *Kitaye-tetsu* (fer forgeable, fer ductile). — 竿鐵 *Sao-tetsu* (fer en barres). — 勞鐵 *Rô-tetsu* (fer fatigué ou fer travaillé). — 鐵板 *Tetsu-ita* ou *Ita-gané*, (tôle). — 鐵線 *Tetsu-sen* ou *Hari-gané* (fil de fer).

[*Hzkm.* vol. 8, p. 33.—*Keimo*, vol. 4, p. 25.—Enc. jap. vol. 59, p. 10—BENJ. SMITH LYMAN, Rep. 1878-79. p. 76.]

Pour affiner la fonte, c'est-à-dire la convertir en fer mou malléable, les livres indigènes donnent de courtes descriptions de méthodes qui diffèrent de la méthode actuellement pratiquée dans la province d'Idzumo et décrite, d'après des observations sur place, faites par M. LYMAN. (1)

Le *Hon-zo-ko-moku* dit (l. c.) « que l'on fabrique le fer raf-« finé, (鑐鐵 *Jiu-tetsu*, fer mou) en chauffant la fonte *pen-« dant plusieurs jours*, afin de faire perdre à la fonte sa dureté. »

ONO-RANZAN nous informe (l. c.) « que l'on obtient le fer « malléable, (熟鐵 *Juku-tetsu*, fer mûr), en chauffant la fonte « *pendant sept jours*. »

Selon M. LYMAN on fait usage à Kisuki, dans la province d'Idzumo, de deux petites forges pour transformer la fonte brute, ou l'acier cru, en fer malléable et en barres. La méthode suivie dans cette localité rappelle l'ancienne méthode *Catalane*, en usage dans les Pyrénées, sauf dans la forme des soufflets, qui sont tout-à-fait différents. Chaque forge japonaise a son soufflet rectangulaire, à piston horizontal, et il est employé, au Japon, par tous les forgerons. La première de ces forges, c'est-à-dire le foyer à fondre, a la forme d'une auge rectangulaire,

---

(1) Il arrive fréquemment que les descriptions, trop souvent insuffisantes, des auteurs indigènes ne concordent pas avec l'observation actuelle. Cela vient surtout de la mauvaise habitude des anciens écrivains de se copier mutuellement sans assez de critique et d'une espèce de respect mal placé pour tout ce qui a été écrit par les anciens auteurs, même quand on sait qu'ils ont publié des erreurs ; on comprendra donc la nécessité de contrôler les auteurs indigènes par l'observation sur place.

de 0.9 mètres de long, 0.18 mètres en profondeur, 0.45 mètres de large au sommet et 0.3 mètres au fond. Les côtés inclinés sont formés par des plaques épaisses de tôle de $1\frac{1}{2}$ centimètres et le fond du foyer est légèrement incliné en avant. La tuyère entre par le bas du foyer dans une direction parfaitement horizontale. On place, au milieu du charbon de bois embrasé, un lingot de fonte (*dzuku*) d'environ 25 kilogrammes et on continue à chauffer, en dirigeant l'air du soufflet sur le métal, jusqu'à ce que l'on ait obtenu une boule demi-liquide, qui contient, à l'intérieur, un corps granulaire plus dur, lequel est ensuite martelé. Par chaque journée de travail de 12 heures, on prépare ainsi dans le même foyer *huit* gateaux martelés; chaque opération prenant environ une heure et demie.

L'autre, le foyer à forge, possède aussi la forme d'une auge rectangulaire, mais ses dimensions sont un peu différentes. Il a un mètre de longueur sur 0.26 mètres de large tant au sommet qu'au fond; la profondeur est de 0.3 mètres à l'endroit le plus profond au centre du fond. La tuyère entre en arrière exactement au fond du four, et a un diamètre de 4 centimètres.

Dans cette forge on place la boule de fer obtenue dans l'autre foyer, on y ajoute environ un poids égal d'acier cru (*Kéra*) et aussitôt que les masses se sont ramollies sous l'action du feu et du soufflet, elles sont fortement martelées par réitération, coupées en morceaux, et martelées de nouveau jusqu'à ce qu'on ait obtenu des barres d'environ 4 kilogrammes chacune. Pendant que ces masses sont chauffées, le *laitier* et les scories coulent en avant et sont éloignées de temps en temps du foyer. Cette forge produit, en 12 heures, environ 150 kilogrammes de fer malléable en barres. La perte du métal est de $37\frac{1}{2}$ pour cent de la fonte et de l'acier cru employés.

L'encyclopédie japonaise dit « que d'après la forme on dis-
« tingue, dans le commerce, trois sortes de fer malléable qui
« sont: 1° 方鐵 *Hô-tetsu* (fer carré ou cubique) en morceaux
« carrés ou rectangulaires; 2° 把鐵 *Ha-tetsu* (fer en paquets
« ou faisceaux) et 3° 條鐵 *Jiyo-tetsu* (fer en barres ou en fil).

« Au Japon le fer malléable de première qualité se fabrique « surtout dans les provinces d'Idzumo et Harima ; la seconde « qualité dans les provinces de Bingo, Bitchiu, à Sendaï et à « Hiroshima (province d'Aki) ; la troisième qualité dans les « provinces de Hoki, Mimasaka, Iwami, Hiuga ; la quatrième « qualité à Tajima et dans plusieurs autres provinces.

« Suivant la dimension et le poids des pièces on distingue « encore dans le commerce les variétés suivantes :

1° 千割 Sen-wari

2° 小千割 Ko-sen-wari

3° 山形割 Yama-gata-wari (blocs à forme de montagne, c'est-à-dire triangulaires).

4° 平割 Hira-wari (en plaques).

5° 長割 Naga-wari (en longues barres).

6° 十六割 Ju-roku-wari

7° 万割 Man-wari

8° 小割 Kô-wari (en petits morceaux).

Remarquons, pour en finir, que la fabrication du fer malléable au Japon a considérablement diminué depuis que le commerce étranger apporte au Japon de grandes quantités de fer en barres et de tôle venant principalement de l'Angleterre et de la Belgique. Les formes commodes et diverses, les prix relativement modérés du fer malléable européen et le mauvais état des chemins, dans les districts miniers, sont les causes qui font que ce métal est devenu un article important du commerce étranger, tant en Chine qu'au Japon, malgré l'abondance de bons minéraux de fer dans ces deux pays.

N° 346. — ACIER BRUT FONDU.

生鋼鐵 Seï-ko-tetsu ou 生鋼 Seï-ko ou Nama-haga-né (acier cru). — Vulgo 鏅 Kéra. — Syn 氏羅 Ké-ra.

[Enc. jap. vol. 59, p. 10 v.]

Le *Kéra* japonais forme des masses grisâtres, très-dures, plus ou moins poreuses et à fracture granulaire. Les livres indigènes considèrent le *kéra* comme une espèce de *Juku-tetsu* ou fer malléable cru, mais il convient mieux de l'appeler acier brut fondu, parce qu'il ressemble beaucoup plus à l'acier qu'au fer ductil. On l'obtient dans la province d'Idzumo et dans quelques autres localités, en même temps que la fonte (*dzuku*) et on l'emploie pour en obtenir soit du fer malléable soit de l'acier raffiné (Cf. p. 538 de cet ouvrage).

N° 347. — ACIER RAFFINÉ. ACIER TREMPÉ.

鋼鐵 **Kô-tetsu** (fer dur). Vulgo 釼 ou 刃金 **Ha-gané** (métal lame de couteau). — Syn. 鉅鐵 *Kiyo-tetsu* (fer tenace ou acier). — 眞鋼 *Shin-ko* (acier véritable). — 跳鐵 *Jô-tetsu* ou *Cho-tetsu* (fer battu). — 熟鋼鐵 *Juku-ko-tetsu* (acier mûr). — 熟鋼 *Juku-ko* (acier mûr).

[*Hzkm.* vol. 8, p. 34, Fig. 10. — *Keimo,* vol. 4, p. 26. — Enc. jap. vol. 59, p. 11. — GEERTS, Trans. As. Soc. Japan, vol. III, p. 13.]

La fabrication de l'acier, au Japon, diffère d'une province à l'autre, en sorte qu'il est fort difficile de donner une formule générale du procédé. Selon l'encyclopédie japonaise on prépare l'acier raffiné, à Inga, dans la province d'Idzumo, en fondant ensemble un mélange de fonte et de fer malléable et en soumettant le produit obtenu itérativement au coup de marteau. Dans les provinces de Hoki et Mimasaka, on recouvre une espèce spéciale de fonte d'une couche de fer malléable; on les fond ensemble dans un creuset recouvert d'argile et on martèle le produit obtenu plusieurs fois.

A Izuba, dans la province d'Iwami, on ajoute de la fonte au fer malléable à demi-fondu, et on soumet le produit à des martelages réitérés.

A Chikusa, dans la province de Harima, on fabrique une espèce d'acier dur, très-difficilement fusible (*Sei-ko*, acier brut) qui est pénible et difficile à travailler. Car si on dépasse légèrement le juste degré de chaleur ou bien la durée de la forge, il se ramollit et devient du fer mou ; si, au contraire, la chaleur n'est pas suffisamment élevée, l'acier n'acquiert pas la dureté nécessaire.

Ono Ranzan (l. c.) parle de l'acier dans les termes suivants :

« On fabrique beaucoup d'acier au Japon dans les provinces
« de Harima, Idzumo, Hoki, Mimasaka, Iwami et autres. L'acier
« est d'autant plus fin et plus dur qu'il a été soumis avec plus
« de précision à l'opération dite 銷拍 Sho-haku (faire rougir,
« marteler et tremper). Quand on dépasse la limite de ce point
« critique de Sho-haku l'acier se ramollit de nouveau. On forge
« ordinairement :

15 fois pour les sabres et les épées,
13 fois pour les rasoirs,
11 fois pour les fers de rabot des charpentiers,
5 fois pour les couteaux de cuisine,
4 fois pour les couteaux ordinaires.

« Pendant le forgeage il faut avoir soin qu'aucune particule
« de cuivre ou de plomb ne se trouve sur l'enclume, car ces
« métaux rendent l'acier aussi immartelable que la fonte. »

Le *Hon-zo-ko-moku* dit sous ce chapitre (l. c.) ce qui suit :
« Il existe trois variétés d'acier suivant la manière dont on l'a
« travaillé :

1° l'acier obtenu par l'affinage d'un mélange de fonte (*Sei-tetsu*) et de fer ductil (*Jiu-tetsu*).

2° l'acier fabriqué par des raffinages réitérés, d'une espèce de fonte d'origine très-pure.

3° l'acier obtenu directement d'une espèce particulière de minerai qui se trouve près de la mer au sud-ouest de *Sho-kai* (en Chine).

« Les bonnes espèces d'acier doivent posséder un éclat bril-
« lant et une teinte bleu-grisâtre.

« Il existe dans la nature des minerais de fer qui ne peuvent
« jamais être travaillés en acier.

« Le fer ordinaire peut acquérir une ténacité et une dureté
« plus grande si on le trempe dans de l'eau froide contenant de
« l'argile en suspension. Si, au contraire, les lames contiennent
« des parties trop dures on peut les ramollir en plongeant l'objet
« dans l'huile, en chauffant au rouge et en forgeant ensuite ».

Plusieurs recettes médicales sont données par le *Hon-zo-ko-moku* dans lesquelles l'acier entre comme substance principale. On le recommande dans les hémorrhagies causées par des blessures d'incision, l'asphyxie, la mauvaise digestion, les battements de cœur et comme tonique en général.

L'art de faire de bonnes lames d'épée ou de sabre avait atteint au Japon sous le régime féodal un haut degré de perfection, comme le savent du reste, tous ceux qui connaissent les anciens sabres des *Samouraïs*.

Les armuriers célèbres étaient des hommes de distinction qui tenaient le premier rang parmi les artistes, et qui jouissaient même des honneurs spéciaux chez les nobles et les anciens *Daïmiyos* (princes). Pour fabriquer un sabre ils commençaient par forger de très-minces lames d'acier qui ensuite étaient forgées à nouveau et réunies par le martelage jusqu'à ce que le sabre eut acquis l'épaisseur et la forme voulues ; on le trempait et enfin on le cémentait. Les armuriers tenaient secrète leur manière de cémenter et il n'y a pas de doute qu'il y avait différents procédés pour cémenter les sabres. D'après ce que m'a dit un armurier, une des méthodes les plus usitées consistait recouvrir la lame d'un mélange liquide d'argile, de poudre de charbon de bois et d'eau. Dès que cette couche était sèche, on exposait le tout à une chaleur rouge, et les lames embrasées étaient très-lentement, et graduellement, réfroidies dans l'eau chaude. Les sabres étaient ensuite repassés à la file sur une série de pierres à aiguiser de plus en plus fines, dont les plus fines étaient très-précieuses. Enfin, on les polissait soigneusement, avec du charbon de bois de Magnolia hypoleuca Sieb. et Zucc. (Jap. *Hoô-no-ki*).

Les lames japonaises sont dures et peu élastiques; pour cette raison, elles appartiennent à la classe des aciers cémentés (1).

La planche XXIII figure une forge et coutellerie dans la ville de Sakaï au Japon.

N° 348. — FER COUVERT D'UNE COUCHE D'ACIER. FAUX ACIER. FER MARTELÉ ET TREMPÉ.

團鋼 **Dan-ko**. (Acier recouvert). Syn. 灌鋼 *Kuwan-ko* (acier trempé).

[*Hzkm.* vol. 8. p. 34. — *Keimo*, vol. 4. p. 27]

D'après ONO RANZAN (l. c.) le mot *Dan-ko* (acier recouvert) signifie le faux acier des sabres de mauvaise qualité. On le fabrique en soumettant le fer mou ordinaire à la trempe, soit la lame entière, soit seulement la coupe de la lame.

LI-SHI-CHIN dit dans le *Hon-zo-ko-moku* (l. c.) « que l'on « trouve (en Chine) une variété d'acier qui s'appelle *Dan-kô* ou « *Kuwan-kô*. Cette espèce n'est que de la fonte, recouverte « d'une couche de fer malléable et martelée ensuite. Ce n'est « pas de l'acier véritable, car on l'obtient par l'affinage des

---

(1) Ceux qui s'intéressent à l'histoire des anciens armuriers célèbres et de l'ancien sabre japonais trouvent des informations plus détaillées dans les ouvrages japonais :

1° 新刀銘盡大全 *Shin-to-meï-jin-dai-zen*. Histoire abrégée des noms de célèbres armuriers, gravés sur les nouveaux sabres.

2° 掌中新刀銘盡 *Sho-chiu-shin-to-meï-jin*. Petit traité des noms d'armuriers gravés sur les nouveaux sabres.

3° 鏨工譜畧 *Zan-ko-fu-riyaku*. Traité de l'art du graveur sur métal.

4° 金工便覽 *Kin-ko-ben-ran*. Aperçu de l'art du graveur sur métal.

5° 金工鑑定秘訣 *Kin-ko-kan-teï-hi-ketsu*. Exposition des modes propres à découvrir l'origine vraie des objets gravés.

Et surtout dans la grande Encyclopédie des anciens arts japonais intitulé :

6° 集古十種 *Shu-ko-ju-shu*. (litt. dix espèces d'anciens objets), la partie 刀劔 *To-ken* (sabre et épée), 3 vol. et

7° THOMAS MCCLATCHIE.— The sword of Japan ; its history and traditions, « Transactions of the Asiatic society of Japan vol. II. 1874, p. 55 » (extraits de deux ouvrages japonais le *Ko-tô-meï-jin* et le *Shin-to-ben-gi*).

Planche XXIII, Cf. Page 544. SAN-KAI-MEI-BUTSU-DZU-YÉ (山海名物圖會) — Vol. III. Tab. 9.

COUTELLERIE DE SAKAI (près Osaka).

« meilleures espèces de fer, jusqu'à ce qu'elles ne diminuent
« plus en poids. »

N° 349. — VIEUX FER TRAVAILLÉ. VIEUX FER DES USTENSILES.

勞鐵 Rô-tetsu (fer fatigué). 廢鐵 Hai-tetsu (fer pourri).
— 敗鐵 Hai-tetsu (fer pourri).

[Hzkm. vol. 8, p. 33.—Keimo, vol. 4, p. 26.]

D'après Ono Ranzan on entend par *Rô-tetsu* et *Hai-tetsu* le vieux fer provenant d'anciens ustensiles.

N° 350. — POUDRE DE FER OBTENUE DANS LES FORGES
OÙ SE FAIT L'AFFINAGE DU FER EN ACIER.

鐵粉 Tetsu-fun, pron. Teppun (fer en poudre, poudre de fer). Syn. *Senkudzu*.

[Hzkm. vol. VIII, p. 35, r.—Keimo, vol. 4. p. 27, r.—Sm. m. m. p. 121, « Tieh-fen. »]

D'après le *Hon-zo-ko-moku* le Teppun est de la poudre fine de fer qui s'échappe de la forge, pendant l'affinage du fer en acier.

Nous avons obtenu, sous ce nom, une poudre impure de fer, contenant beaucoup d'oxyde et une petite partie de poussière argileuse.

Délayée dans l'eau cette poudre est prescrite dans les maladies convulsives, les fièvres, les délires pendant les fièvres ; des mélanges de cette poudre avec l'herbe de Gentiane et du camphre Baroz sont prescrites contre le mal de tête et les maladies de la peau.

N° 351. — POUDRE CIMOLÉE, OBTENUE EN AIGUISANT
LES AIGUILLES EN FER.

鐵砂 Shin-sha (sable d'aiguilles). Syn. *Hari-ya-no-ya-suriko* (limaille des fabriques d'aiguilles). — *Hari-ya-no-sen-kudzu*. — 鋼砂 Ko-sha (sable d'acier).—*Hagané-no-senkudzu*.

[Hzkm. vol. VIII, p. 35. v.—Keimo, vol. 4, p. 27. r.—Sm. m. m. p. 121.]

Poudre semblable à la précédente, mais que les médecins chinois distinguent de la première. La limaille fine des aiguilles en acier est préférée à la poudre de fer ordinaire, mais d'après le *Hon-zo-ko-moku* on les mêle souvent ensemble, sans que l'on puisse découvrir la fraude. On la recommande dans les maladies pour lesquelles le *teppun* est prescrit et en outre pour noircir les cheveux et la barbe. A cet effet on mélange cette poudre avec celle de la noix de galle. La limaille d'aiguilles, délayée dans du vinaigre et mêlée à la racine d'Euphorbia Sieboldiana MORR. ET DEC. (*Kan-zuï*), est réputée comme un bon remède contre l'hydropisie.

N° 352. — OXYDE DES BATTITURES. PAILLETTES DE FER DE FORGE.

鐵落 **Tetsu-raku** (fer tombé). — Vulgo **Kanakudzu**. — Syn. *Nabé-gané-no-tobikudzu* (écailles qui sautent du fer).—鐵屑 *Tetsu-setsu* ou *Kana-kuso* (écailles ou scories de fer).—鐵㷲 *Tetsu-ga* (papillon de fer). — 鐵液 *Tetsu-yeki* (fer fluide c'est-à-dire les scories fluides qui s'écoulent pendant l'affinage du fer).

[*Hzkm.* vol. VIII, p. 36, v. — *Keimo*, vol. 4, 28, r. — *Sm. m. m.* p. 121. « Tieh-loh »]

Sous le nom de *Tetsu-raku* on entend non-seulement l'oxyde des battitures, mais aussi les scories de fer qui s'écoulent en bas du foyer, pendant l'affinage de la fonte. L'oxyde des battitures est employé fréquemment dans la pyrotechnie, et après l'avoir dissous dans du vinaigre on peut, selon le *Hon-zo-ko-moku*, en faire usage pour écrire. A cet effet, on trace les caractères sur un des côtés du papier avec la solution de fer, et on étend de l'encre de Chine ordinaire sur l'autre côté. L'écriture ressortira alors en blanc.

L'oxyde des battitures est recommandé comme remède dans les fièvres, les plaies, l'épilepsie, la mauvaise digestion, l'irritation mentale, chez les gens qui se mettent facilement en colère, et enfin, comme antidote dans les cas d'empoisonnement par l'oxyde rouge de plomb.

N° 353. — POUSSIÈRE DE FER QUI S'ÉLANCE DES FORGES.

鐵精 **Tetsu-seï** (esprit de fer ou poussière fine de fer). Syn. *Kuro-gané-no-hokori* (poussière de fer). — 鐵精粉 *Tetsu-*

seï-fun (poudre très-fine de fer). — 鐵渣 *Tetsu-sa* (précipité du fer). — 鐵花 *Tetsu-kuwa* (fleur de fer).

[*Hzkm.* vol. VIII, p. 37, v. — *Keimo*, vol. 4, p. 28, r.].

Cette poussière ferrugineuse s'emploie comme matière à polir les ustensiles et autres objets en cuivre ou en bronze. Dans la médecine chinoise elle est recommandée contre l'irritation du cerveau, l'épilepsie, la proctocèle, les maladies de l'utérus chez les femmes, et le gonflement du membre viril chez les hommes.

N° 354. — MÉLANGE IMPUR ET POUDREUX DE FER MÉTALLIQUE, DE FER HYDRATÉ ET DE SOUS-ACÉTATE FERRIQUE.

ESPÈCE D'ATIOPS MARTIAL.

鐵華粉 **Tetsu-kuwa-fun**, pron. **Tekkuwa-fun** (poudre de fleur de fer). — Syn. *Kuro-gané-no-kofuki* (efflorescence de fer). — 鐵孕粉 *Tetsu-yo-fun* (poudre qui se produit à la surface du fer).

[*Hzkm.* vol. VIII, p. 38, r. — *Keimo*, vol. 4, p. 28, r. — *Sm.* m. m. p. 122. « Tieh-hwa-fen ».]

Selon le *Hon-zo-ko-moku* on prépare cette substance en laissant séjourner des feuilles minces d'acier, préalablement couvertes d'une lessive salée, dans un réservoir dans lequel se trouve du vinaigre. On placera le tout pendant une centaine de jours dans un endroit obscur ou dans la terre. La couche qui s'est formée sur le fer est enlevée et pulvérisée dans un mortier. Avant de l'employer comme médicament, il faut la passer dans plusieurs eaux pour faire dissoudre les matières salées en suspension. Une préparation analogue, mais qui serait de couleur blanchâtre, est obtenue si on suspend le fer ou l'acier, couvert de sa lessive, dans un tonneau à *Shoyu*. Dans ce cas la poudre de la couche qui s'est formée en quelque temps porte le nom de 鐵亂粉 *Tetsu-in-fun* ou 鐵艷粉 *Tetsu-yen-fun* ou 鐵霜 *Tetsu-sô* (gelée blanche de fer).

Le *tekkuwa-fun* serait plus fort dans son action que la poudre de fer ordinaire. Il sert pour calmer le cœur et l'esprit, pour fortifier le cerveau et la moëlle épinière et comme remède tonique en général.

N° 355. — ROUILLE ORDINAIRE DE FER.
FER HYDRATÉ EN POUDRE.

鐵鏽 **Tetsu-shu** (couverture de fer) — Vulgo **Tetsu-no-sabi**.—Syn. *Kuro-gané-no-sabi* (rouille de fer).—鐵生衣 *Tetsu-seï-i* (couverture ou robe formée sur le fer).—鐵生 *Tetsu-seï* (produit naturel de fer). — 鐵上生衣 *Tetsu-jo-seï-i* (couverture formée sur la surface du fer).—鐵秀水 *Tetsu-shu-sui* (rouille eau du fer).

[*Hzkm.* vol. VIII, p. 39, r. — *Keimo*, vol. 4, p. 28, v. — *Sm.* m. m. p. 121. « Tieh-Siu. »]

Le *Hon-zo-ko-moku* recommande un onguent ou huile de rouille de fer contre toutes les espèces de maladies de la peau, les morsures d'araignées, de millepieds etc. Comme remède interne elle est prescrite dans les cas de maladies de la bouche, contre les fièvres, les jambes gonflées, les brûlures, contusions, et les accouchements difficiles.

N° 356. — SUBSTANCE SUI GENERIS QUI S'EST DÉPOSÉE SUR LES OBJETS EN FER. SUEUR DE FER.

鐵爇 **Tetsu-zetsu** (1). Syn. *Tetsu-no-asé* (sueur de fer). — Syn. en Chine 刀煙 *To-yen* (fumée de sabre). — 刀油 *To-yu* (huile de sabre).

[*Hzkm.* vol, VIII. p. 39, v. — *Keimo*, Vol, 4. p. 28, v. —]

D'après le *Hon-zo-ko-moku* c'est une substance semi-liquide particulière, qui se dépose sur les objets en fer poli dans les lieux où l'on brûle du bois ou du bambou.

Cette espèce de « rosée de fer » est recommandée par l'auteur chinois pour guérir des blessures, le goître etc. Elle pourra, selon cet auteur, servir aussi pour noircir les cheveux et la barbe et pour tuer des insectes.

---

(1) C'est par erreur que le caractère 爇 (*Zetsu* = brûler) a été traduit p. 485 N° 26 par *netsu*. La grande ressemblance du mot 熱 *Netsu* (fièvre) est la cause de cette erreur.

N° 357. — LIQUIDE AQUEUX CONTENANT DE L'HYDRATE FERRIQUE SUSPENDU ET UN PEU D'ACÉTATE DE FER EN DISSOLUTION.

鐵漿 **Tetsu-sho** ou 鐵醬 **Tetsu-sho**. — Vulgo **Haguro** ou **Ohaguro** (noir aux dents). — Syn. *Kané*.

[*Hzkm.* vol. VIII, p. 40, r. — *Keimo*, vol. 4, p. 28, v.].

D'après le *Hon-zo-ko-moku* c'est un liquide trouble rougeâtre, que l'on prépare en laissant des morceaux de fer rouillés séjourner longtemps dans l'eau ; au Japon les femmes mariées font beaucoup usage de ce liquide pour se noircir les dents, en le mêlant à de la poudre de noix de galle. On mêle à l'eau un peu de *Saké* qui, en s'acidifiant, fait dissoudre un peu de fer à l'état de sous-acétate. La liqueur est toujours fort trouble et dépose par le repos de l'hydrate ferrique.

Son emploi médicinal est le même que les autres préparations de fer que nous avons mentionnées ci-dessus.

L'auteur chinois énumère ici un certain nombre de différents ustensils et objets en fer sous le titre général de 諸鐵器 **Sho-tetsu-ki**. Il attribue à chacun de ces objets des propriétés médicinales.

N° 358. — PILON DE FER.

鐵杵 **Tetsu-kiu**, pron. **Tekkiu**. Vulgo **Tetsu-no-kiné** (pilon en fer).

Pour faciliter les accouchements difficiles on fera boire à la femme du *Saké* dans lequel on aura trempé un pilon en fer rougi au feu.

N° 359. — LE POIDS EN FER DE LA BALANCE CHINOISE.

鐵秤錘 **Tetsu-hiyo-sui** ou **Tetsu-heï-sui**. Vulgo **Chikiri-no-omori**. Syn. *Hakari-no-omori*.

[*Hzkm.* vol. VIII, p. 40. v. — *Keimo*, vol. 4, p. 29, r.]

On fait rougir le fer, on le trempe dans le *saké* et on le donne à boire aux femmes en couches. Le même remède est recommandé contre les hémorrhagies des hémorrhoïdes chez les hommes.

N° 360. — FUSIL.

鐵銃 **Tetsu-ju**. Vulgo **Teppô** (abréviation de テツノボウ *Tetsu-no-bô* barre en fer).—Syn. 鳥銃 *Cho-ju* (hache oiseau). — 火銃 *Kuwa-ju* (hache feu). — 鐵砲 *Tetsu-hô* (pron. *Teppo*) (instrument à tir en fer). — 銃筒 *Ju-do* (hache cilindrique).

[*Hzkm.* vol. VIII, p. 41, r.—*Keimo*, vol. 4, p. 29, r.]

« D'après le livre 國史略 *Koku-shi-riyaku* (abrégé de l'his-
« toire du Japon) un bateau marchand noir (portugais) est venu,
« dans la quatorzième année de *Tem-bun* nengo (1545), dans
« la mer de la province d'Osumi, sur la côte de l'île Tanégashi-
« ma (1). Tokitaka, le maire de Tanégashima, apprit l'usage
« du fusil des gens de ce navire. Le prince de la province
« de Bungo, M. Gi-kan ou Yoshikané, s'intéressait vivement à
« cette arme ; il ordonna de réunir un certain nombre d'ou-
« vriers-artistes pour leur apprendre l'art de fabriquer des
« fusils. C'est ainsi que cet art s'est propagé de plus en plus
« dans notre pays. »

Dans le livre 七修類稿 *Shichi-shu-rui-ko* (recueil de sept choses) on a donné le nom de 鳥嘴木銃 *Cho-shi-boku-yéi* au fusil. Il y est dit qu'un pilote japonais obtint le premier un fusil des Étrangers venus à Tanégashima et le fit connaître ensuite aux autres Japonais.

L'auteur chinois donne la prescription suivante de son emploi dans la médecine. On fait rougir un vieux fusil au feu, on verse du Saké par le tube et on donne ce vin à boire aux femmes en couches pour faciliter l'accouchement.

N° 361. — HACHE EN FER.

鐵斧 **Tetsu-fu**, pron. **Teppu**. Vulg. **Ono**. — Syn. *Yoki*. — 修艮 *Shu-kon*. — 斧子 *Fu-shi*. — 玄鉞 *Gen-yetsu* (hache

(1) On sait que c'est un bateau portugais, à bord duquel se trouvait Fernandez Mendez Pinto, qui a apporté au Japon les premiers fusils. Le gouverneur portugais De Melho, à Malacca, avait envoyé ce bateau « noir » au Japon en 1542, sous le commandant Alvarez, et Pinto, qui avait été déjà une fois au Japon à bord d'une jonque chinoise, il y venait donc pour la deuxième fois. Je ne sais pas pourquoi les Japonais mettent la date de l'arrivée de ce bateau en 1545, c'est-à-dire 3 ans trop tard.

noire). — 鐵糕聚 Tetsu-ko-bi (pulpe gateau en fer). — 蕭斧 Sho-fu.

[Hzkm. vol. VIII, p. 41. — Keimo, vol. 4, p. 29, v.]

Faire rougir une vieille hache au feu, la plonger dans le Saké, donner le vin à boire aux accouchées, tel est le remède que l'auteur chinois conseille pour faciliter l'expulsion du placenta et pour éviter le mal de reins après l'accouchement.

N° 362. — GRAND SABRE JAPONAIS.

鐵刀 Tetsu-to, pron. Tetto. Vulgo Katana. — Syn. 鐵鯉將軍 Tetsu-ri-shô-gun (général ou roi du carpe en fer). — 云都 U-to. — 大房 Dai-ho. — 小逡巡 Sho-shun-jun. — 青蘆葉 Seï-rô-yo (feuille bleuâtre de graminées). — 蚊龍子 Ko-riyo-shi (fils du serpent-dragon). — 吳鉤 Go-ko (fer courbé du pays de Go, en Chine). — 葛黨刀 Katsu-to-to. — 千牛 Sen-giu (mille vaches).

Le petit sabre s'appelle 短刀 Tan-to. Vulgo 脇刺 Wakizashi. (1) Syn. 不刺刀 Fu-shi-to (sabre avec lequel on ne se bat pas). — 拍髀 Haku-hi (frapper les jambes). — 露拍 Rô-haku (frapper la rosée).

[Hzkm. vol. VIII, p. 41, v. — Keimo, vol. 4, p. 29, v.].

« On frottera deux sabres l'un contre l'autre au milieu de
« l'eau. Cette eau doit être bue pour éviter les mauvaises con-
« séquences d'une morsure de serpent. L'auteur chinois re-
« commande l'usage de cette eau encore dans les cas de procto-
« cèle, mauvais accouchements et comme remède diurétique.
« Quand un insecte est entré dans l'oreille, il suffit de battre
« deux sabres l'un contre l'autre devant l'oreille pour rendre
« cet insecte inoffensif par le vacarme seul ».

N° 363. — ANNEAU EN FER QUI SE TROUVE A LA POIGNÉE DU SABRE.

大刀環 Tai-to-kuwan. Vulgo Katana-no-tsuka-no-kuwan.

[Hzkm. vol. VIII, p. 42, r. — Keimo, vol. 4, p. 30, r.]

(1) Le Tan-to est un peu plus petit que le Waki-zashi et s'employait autrefois surtout à commettre le hara-kiri. Le Waki-zashi était le petit sabre que l'on portait avec le grand sabre dans la ceinture. Le grand et petit sabre ensemble portaient le nom de 大小 Dai-sho.

« Faire rougir au feu, tremper dans le *Saké* et donner le
« *Saké* chaud à boire aux femmes en couches, pour faciliter
« l'accouchement ».

N° 364. — DES CISEAUX CHINOIS.

剪刀股 **Sen-to-ko.** Vulgo **Tô-hasami-no-momo.** Syn.
Tô-hasami-no-mata (fourchettes des ciseaux chinois). — 剪刀
Sen-to. — 剪刀 *Sai-to.* — 二儀刀 *Ni-gi-to.* — 齊司封 *Seï-shi-ho.*

[*Hzkm.* vol. VIII, p. 42, r.—*Keimo,* vol. 4, p. 30, r.]

« De vieux ciseaux seront bouillis dans l'eau et celle-ci sera
« donnée à boire aux enfants qui souffrent des convulsions. »

N° 365. — SCIE.

鐵鋸 **Tetsu-kiyo.** Vulgo **Nokogiri.** — Syn. *Noö-giri.* —
Noko. — *Nofugiri* dans la province de Kadzusa. — *Nokodzuri*
dans la province de Kotsuké. — *Zai* à Nambu. — 倉唐 *So-to.*
— 槍糖 *So-to.*

[*Hzkm.* vol VIII, p. 42, r. — *Keimo,* vol. 4, p. 30, r.]

On fait rougir au feu une vieille scie, on la trempe dans le
saké qu'on donnera à boire aux personnes qui ont avalé par
hasard des objets quelconques comme des morceaux de bambou
ou de bois etc.

N° 366. — AIGUILLE. AIGUILLE A COUDRE.

布鍼 **Fu-shin.** Vulgo **Hari.** — Syn. *Mononui-bari* (aiguille
à coudre). — 衣針 *I-shin* (aiguille pour les vêtements) — 鉄緦
Jutsu-ki ou *Naga-bari* (aiguille longue). — 貫線物 *Kuwan-sen-butsu.* — 桎鍼 *Za-shin.*

[*Hzkm.* vol. VIII, p. 42, r.—*Keimo,* vol. 4, p. 30, r.]

Quatorze aiguilles seront chauffées au rouge et trempées sept
fois dans le *saké,* qui sera administré aux femmes en couches
qui souffrent par suite d'une mauvaise situation de l'enfant
dans l'utérus.

N° 367. — TÊTES DE FLÈCHES EN FER.

鐵鏃 **Tetsu-zoku.** Vulgo **Yaziri.**

[*Hzkm.* vol. VIII, p. 42, v.—*Keimo,* vol. 4, p. 30, v.]

LE FER.

« Soixante-douze pièces de têtes de flèches seront bouillies
« dans l'eau. Cette eau est recommandée contre les fièvres, les
« maux d'estomac, et l'envie de vomir. »

N° 368. — CUIRASSES, HARNOIS.

鐵甲 Tetsu-ko, pron. **Tekko**. Vulgo 鎧 **Yoroï** ou **Gai**.
— Syn. 鉀 *Ko* (cuirasse). — 介 *Kai* (cuirasse). — 函 *Kuwan*
(boite). — 金鎧 *Kin-gai* (cuirasse en métal). — 文鎧 *Bun-gai*.
— 鐵衣 *Tetsu-i* (habit en fer). — 金衣 *Kin-i* (habit en métal). —
忽都 *Kotsu-to*. — 鐵鎧 *Tetsu-gai* (cuirasse en fer). — 身甲 *Shin-ko* (cuirasse du corps). — 衣甲 *I-ko* (habit-cuirassé). — 人鎧
Jin-gai (cuirasse de l'homme). — 千金使 *Sen-kin-shi* (envoyé
précieux). — 鐵室 *Tetsu-shitsu* (boite en fer). — 浴鐵 *Yoku-tetsu*
(bain en fer).

[*Hzkm.* vol. VIII, p. 42, v. — *Keimo*, vol. 4, p. 30 v.]

Une décoction aqueuse, faite avec des morceaux d'une vieille cuirasse et de plusieurs drogues est recommandée par l'auteur chinois comme boisson dans les cas d'hystérie et d'hypocondrie.

N° 369. — SERRURE EN FER.

鐵鎖 Tetsu-sa, pron. **Tessa**. Vulgo **Jô**.

[*Hzkm.* vol. VIII, p. 42, v. — *Keimo*, vol. 4, p. 30, v.]

La poudre ferrugineuse, obtenue par le frottement d'une serrure sur une pierre dure, sera mêlée à de la panne de porc, et cet onguent, étendu sur un morceau de coton, sera appliqué sur les petites ulcérations du nez.

N° 370. — CLEFS EN FER.

鑰匙 **Yaku-hi**. Vulgo 鑰 **Kagi**. — Syn. 管 *Kuwan* (tube).
— 管鑰 *Kuwan-yaku* (tube-clef). — 鎖匙 *Sa-hi* (clef à fermer). — 鑰鍉 *Yaku-tei* ou *Yaku-shi*. — 鑰牡 *Yaku-bo* (clef masculine). — 鑰鉤 *Yaku-ko* (clef en crochet).

[*Hzkm.* vol. VIII, p. 42 v. — *Keimo*, vol. 4, p. 31, r.]

L'auteur chinois conseille aux femmes hémoptoïques et à celles qui ont perdu la voix par une angine, de boire la décoction appétissante, faite avec des clefs en fer et du gingembre délayées dans du vinaigre et de l'urine humaine.

N° 371. — CLOUS EN FER.

鐵釘 Tetsu-teï, pron. **Tetteï**. — Vulgo **Kugi**.

[Hzkm. vol. VIII, p. 42, v. — Keimo, vol. 4, p. 31, v.]

Quand on souffre d'une dent cariée et du saignement de la gencive on fait rougir la pointe d'un clou au feu, pour la mettre ensuite dans la cavité de la dent.

N° 372. — COUTRE. FER DE CHARRUE.

鐵鏵 Tetsu-kuwa, pron. **Tekkuwa**. Vulgo. **Suki**.—Syn. 鏵子 *Kuwa-shi* (fils de charrue).

[Hzkm. vol. VIII, p. 43. — Keimo, vol. 4, p. 31, v.]

Selon la formule de l'auteur chinois, on prend 4 livres de fer d'un vieux coutre, on les fait rougir au feu sept fois en les trempant chaque fois dans du vinaigre. Le vinaigre ferrugineux servira de remède fortifiant dans les maladies de cœur, les rhumes des enfants, faiblesse générale du corps et de l'esprit. On prendra tous les jours, pendant une semaine, une petite tasse de cette liqueur après les repas.

N° 373. — LA POINTE OU L'EXTRÉMITÉ D'UN COUTRE OU D'UNE SPATULE.

鐵犂鏡尖 Tetsu-ri-san-sen. — Vulgo **Karasuki-no-saki**. — Syn. *Hera-saki*. — 犂璧 *Ri-heki*.

[Hzkm. vol. VIII, p. 43, r.—Keimo, vol. 4, p. 31, v.]

Une décoction faite avec de l'eau, mêlée de graisse, servira comme antidote contre l'empoisonnement par le cinnabre et autres préparations mercurielles.

N° 374. — COINS D'ESSIEU.

車轄 Sha-kuwatsu. Vulgo **Kuruma-no-kusabi**.—Syn. 車所也只 *Sha-sho-ya-ki*.—轄子 *Kuwatsu-shi*.

[Hzkm. vol. VIII. p. 43, v.—Keimo, vol. 4, p. 31, v.]

On fera rougir des coins de fer au feu, en les trempant ensuite dans du *saké* ou dans l'eau. Le *saké* encore chaud est recommandé dans les cas de mal de gorge, de dyssenterie, de fièvres et d'hémorrhagies chez les enfants.

N° 375. — FREIN OU MORS DE CHEVAL.

馬銜 **Ba-gan.** Vulgo **Kutsuwa.** —Syn. *Kukumi.—Hami. —Kutsu-bami,—* 馬勒 *Ba-roku.*

[*Hzkm.* vol. VIII, p. 43, v.—*Keimo*, vol. 4, p. 31, v.]

La décoction aqueuse est recommandée contre les convulsions des enfants, le mal de gorge des chevaux, les crachements de sang et pour faciliter l'accouchement des femmes.

N° 376. — ÉTRIERS.

馬鐙 **Ba-to.** — Vulgo **Abumi.** —Syn. 金葉 *Kin-yo* (feuille de métal). — 踏鐙 *Tô-tô* (étrier pour mettre les pieds).

[*Hzkm.* vol. VIII, p. 43, v, — *Keimo*, vol, 4, p. 32, r.]

« Pour éteindre le feu-féminin, les phénomènes de phos-
« phorescence et de fluorescence, les feux follets etc., qui jouis-
« sent tous d'une très-mauvaise réputation, il faut faire un
« grand vacarme en battant les étriers l'un contre l'autre. Les
« mauvais esprits s'enfuiront aussitôt. »

§ IV

CLASSE DES MÉTAUX PESANTS.

VINGT-QUATRIÈME SECTION.

LE MANGANÈSE 錳 MO [MAN en chinois] ou 滿俺 MANG-AN (1) ou 滿瓦奴母 MAN-GA-NU-MU ou マンガーン MANGĀN.

Quelques minéraux de manganèse sont employés depuis un temps immémorial dans l'art de la céramique, en Chine et au Japon, pour obtenir les couleurs noires, violettes, bleu-violet et bleues ; mais la nature de ces minéraux est restée ignorée jusqu'à nos jours, c'est-à-dire depuis qu'on a commencé, dans les pays de l'Extrême-Orient, à étudier la chimie et la minéralogie selon le système de l'Occident. Le peroxyde de manganèse et le peroxyde de manganèse cobaltifère (l'asbolite ou cobalt noir terreux) sont les deux minerais de manganèse qui s'emploient surtout dans les manufactures de porcelaine et de poterie sous le nom de 吳硃 Go-shu (galets ou cailloux roulés du pays de Go (2) en Chine) ou de ゴス Gosu. Dans les provinces du nord du Japon, et surtout dans l'île de Yesso (Sapporo) on trouve

---

(1) Selon l'orthographe adoptée par nous, il aurait fallu écrire *Man-an*, mais comme le *n* final a, au Japon, un son presque égal à *ng*, nous avons écrit cette fois-ci, *mang-an*, afin de rester d'accord avec l'orthographe française du mot *manganèse*.

(2) Ancien nom pour désigner la province de *Kian-su* (Nan-kin).

des quantités considérables de manganèse bioxydé et de manganèse oxydé hydraté. Disséminés, sous forme de dendrites, dans les felsites, pétrosilex et autres roches, les oxydes du manganèse sont fort répandus dans toutes les provinces du Japon.

N° 377. — MANGANÈSE OXYDÉ HYDRATÉ.
MANGANITE. ACERDÈSE BEUD.

含水滿俺鑛 Gan-sui-mang-an-ko (minerai de manganèse qui contient de l'eau.)—Syn. 黝滿俺鑛 Yu-mang-an-ko (minerai de manganèse gris-noirâtre.) — マンガニト Manganito.

Cristaux prismatiques, hexaédriques d'un gris de fer, éclatants, donnant par la pulvérisation une poudre brune. Il affecte aussi la forme mamelonnée et à couleur noirâtre ; il est plus ou moins mélangé de bioxyde de manganèse et de matières terreuses. De beaux cristaux associés à l'anthophyllite se trouvent au Japon, dans la province de Yetchiu, district de Nikawa-gōri, au village Ariminé.

N° 378. — MANGANÈSE BIOXYDÉ. PYROLUSITE.
(Weich Mangan-Erz, Allem.)

軟滿俺鑛 Nan-mang-an-ko (minerai de manganèse tendre). Vulgo 酸化滿俺 San-kuwa-Mang-an (oxyde de manganèse). — Syn. 滿俺 Mang-an (nom populaire dans les provinces de Mutsu et d'Ugo). — 礞金 Mo-kin (chinois Mung-kin). (Port. Smith, materia medica, p. 143). — 過酸化滿俺 Kuwa-san-kuwa-mang-an (peroxyde de manganèse).— ピルシト Pirorushito.

Des masses amorphes, pesantes, noires ou noirâtres, souvent mélangées de psilomélane ou manganèse oxydé barytifère et de matières terreuses. Dans ces dernières années on a commencé à exploiter ce minéral et à l'introduire dans le commerce.

M. Smith dit qu'on trouve ce minéral en Chine dans la province de Hou-nan, à Chinchau, et le Dr. Williams affirme qu'il existe aussi, associé d'épidote dans la province de Yunnan.

Au Japon les localités suivantes nous sont connues comme lieux de provenance du manganèse bioxydé :

PROVINCES.	DISTRICTS.	LOCALITÉS.	REMARQUES.
Mutsu	Tsugaru-gōri	Iwasaki, Tamasaka. Kiu-toji-yama, Muji.	en grande quantité.
Uzen	Oki-tama-gōri	Takizawa-mura, Muma-goshi-yama	s'appelle là Go-shu.
Ugo	Akita-gōri	Numataté-mura, Inari-sawa, Imahori-sawa.	
Hitachi	?	?	
Noto	Hakui-gōri	Hi-uchi-dani-mura, Saishiki-dani	grande quantité.
Hokkaïdo (île Yesso).	Ishikari-shu	Sapporo	grande quantité.

N° 379. — MANGANÈSE OXYDÉ BARYTIFÈRE. PSILOMÉLANE.

(*Hart Mangan-Erz*, Allem.)

硬滿俺鑛 **Ko-mang-an-ko** (minerai de manganèse dur). — Syn. 黒滿俺鑛 *Koku-mang-an-ko* (minerai de manganèse noir). プシロメラーン *Pushiromerân*.

Masses concrétionnées, botryoïdes, mammelonnées, ayant rarement la forme de stalactite, couleur de fer ou gris-noirâtre et d'une dureté beaucoup plus grande que celle du bioxyde de manganèse, auquel on le trouve souvent adhérent ou associé au Japon.

Lieux de provenance au Japon :

PROVINCES.	DISTRICTS.	LOCALITÉS.	REMARQUES.
Mutsu	Tsugaru-gōri	Iwasaki, Tamasaka.	
Ugo	Akita-gōri	Numataté-mura.	
Ogasawara-shima (îles Bōnin)		dans les deux petites îles Hira-shima et Chichi-shima.	

N° 380 — MAGANÈSE OXYDÉ TERREUX. OUATITE. PSILOMÉLANE TERREUX.

(*Wad, Bog-Manganese* Angl.)

沼滿俺鑛 **Sho-man-an-ko** (minerai de marais de manganèse).

LE MANGANÈSE.

Des masses impures, amorphes, terreuses, brunes ou noir-brunâtres, ternes, souillant fortement les doigts, d'une pesanteur spécifique et dureté beaucoup moindres que celles du manganèse bioxydé. On a rencontré ce minéral, au Japon, dans la montagne Dando-san, district Shitara-gōri, province de Mikawa.

N° 381. — MANGANÈSE CARBONATÉ. RHODOCHROSITE. DIALOGITE.

(*Roth Mangan-Erz, Rosenspath* ALLEM.)

炭酸満俺鑛 Tan-san-mang-an-ko (minerai de carbonate de manganèse). Syn 紅満俺鑛 Ko-mang-an-ko (minerai de manganèse rouge). — ロドグロシト *Rodoguroshito*.

Incrustations ou agglomérations massives granulaires de couleur rose pâle, mélangées d'un peu de carbonate de chaux et de fer et se dissolvant assez facilement dans l'acide chlorhydrique. On a trouvé ce minéral dans la province d'Ugo, district Kita-akita-gōri, sur la montagne Mukai-gin-san.

N° 382. — MANGANÈSE SILICATÉ. RHODONITE.

(*Kieselmangan*, ALLEM.)

硅酸満俺鑛 Kei-san Mang-an-ko (minerai de silicate de manganèse). Syn. ロドニト *Rodonito*.

Masses concrétionnées dures, granulaires, de couleur rose, susceptibles d'être polies.

Le musée de minéralogie de Tokio possède des specimens venant de la province de Bungo, Onohira-kōsan.

§ IV
CLASSE DES MÉTAUX PESANTS.

VINGT-CINQUIÈME SECTION.

LE CHROME 銘 KO ou 鉻 RO ou 客羅彌 KŪ-RŌ-MU (litt. en japonais Kaku-ra-mi) (1) ou 格羅謨 KŪ-RŌ-MU (litt. Kaku-ra-mu) コロ―ム KORŌMU ou クロ―ム KURŌMU.

Qoiqu'il soit probable que l'oxyde de chrome existe, au Japon, comme principe colorant de plusieurs roches silicatées (serpentine, diallage etc), on ne connaît jusqu'à ce jour (1882) qu'un seul minéral de chrome : le fer chromé 客羅彌鐵鑛 *Ku-ro-mu-tetsu-ko*. Nous avons déjà mentionné ce minéral sous la rubrique du fer, page 514 de cet ouvrage.

Autant que nous sachions on n'a pas encore utilisé ce minéral au Japon, comme matière première à la préparation de l'oxyde de chrome, des chromates et sels de chrome. Aucun des anciens auteurs chinois ou japonais ne parle de cet élément, qui leur était totalement inconnu. Du reste, le chrome n'a été découvert en Europe qu'en 1797, par Vauquelin.

---

(1) La valeur phonétique des caractères s'est changée au Japon par convention, les chimistes et minéralogues de ce pays ayant adopté pour le chrome les mêmes caractères que ceux usités en Chine.

§ IV

CLASSE DES MÉTAUX PESANTS.

VINGT-SIXIÈME SECTION.

LE COBALT 鈷 KO ou 鎬 KŌ. 格拔爾多 KO-BĀ-RU-TO (litt. en jap. KAKU-BATSU-RU-TA). 苦抱爾 KŌ-BĀ-RU (litt. KU-HO-RU) ou コバルト KO-BARUTO ou 箇格爾土 KO-BA-RU-TO.

Le cobalt noir terreux ou peroxyde de manganèse cobaltifère forme le minéral de cobalt le plus important en Chine et au Japon. Mais comme au Japon, les frais d'exploitation du minéral, et de sa préparation sont à présent plus élevés que le prix de l'oxyde de cobalt d'Europe, on ne s'occupe plus, comme autrefois, à le chercher dans le pays même. On a importé, dans ces dernières années, de l'oxyde de cobalt et du smalt de l'Europe au Japon pour une valeur de 25,000 à 30,000 dollars par an.

[*Hzkm.* vol. IX, p. 51, r. et vol. X p. 18 r.; — *Keimo*, vol. V, p. 37 et vol. VI, p. 9, r. — Technologie chinoise 天工開物 *Ten-ko-kaï-butsu*, vol. 2t p. 15. — Enc. sinico-jap. 和漢三才圖會 *Wa-kan-san-zaï-dzu-yé*, vol. LXI, p. 38, v. — Le P. D'ENTRECOLLES in DU HALDE, Description de la Chine. La Haye, 1736, vol. II p. 224. — STAN. JULIEN, Hist. et Fabr. de la porcelaine chinoise, Paris, 1856, pp. XXXI, 149, 160 et 260. — Dr. HOFFMANN, Notices sur les principales fabriques de porcelaine au Japon, in STAN. JULIEN, Hist. e Fabr. de la porc. chin. p. 293. — NATALIS RONDOT, Etude pratique du commerce d'exportation de la Chine, Paris, 1844, p. 81. — *Sm*. m. m. p. 67. — WILLIAMS, chin. comm. g. p. 103.]

N° 383. — COBALT NOIR TERREUX. PEROXYDE DE MANGANÈSE COBALTIFÈRE. ASBOLITE. ASBOLAN.

(*Kobalt Mangan-Erz*, ALLEM.)

Noms en usage au Japon :

畫燒青 Guwa-sho-seï (bleu pour les dessins au feu). — Vulgo ゴス Go-su. — Syn. 吳硃 Go-shu (caillou roulé du pays de *Go* (Kiangsu, Nankin) en Chine). — *Awo-yé-no-kusuri* (médecine pour les peintures bleues). — *Seto-konjo* (bleu de Seto (1). — 碗石 Wan-seki (pierre [qui sert pour dessiner les] tasses ou coupes). — 茶碗藥 Cha-wan-kusuri (médecine [pour dessiner les] tasses à thé). — 菩抱爾土 Ko-ba-ru-to (variante phonétique de « cobalt ».)

Noms en usage en Chine :

青料 Chin. **Tsing-liao** (jap. Seï-riyo) (substance ou matière bleue). — Syn. 青花料 Seï-kuwa-riyo (substance [pour peindre] des fleurs bleues). — 廣翠 Ko-sui (bleu de Canton). — 頂翠 Cho-sui (bleu de premier choix). — 深藍 Shin-ran (bleu foncé). — 浙料 Seki-riyo (bleu [litt. *Matière*] de [la province de] Che-kiang). — 佪圓子 Cho-yen-shi (morceaux ronds de première qualité). — *Seki-shi-seï* (bleu de petites pierres).

NOMS INEXACTS QUE L'ON A DONNÉ A TORT A L'ASBOLITE :

無名異 Chin. **Wu-ming-i**; jap. **Mu-miyö-i** ou **Mu-meï-i** (substance étrangère sans nom). C'est le nom qui appartient de droit au fer hydraté concrétionné pisiforme manganifère, (voir p. 506 de cet ouvrage). — 扁青 Hen-seï (bleu en morceaux aplatis) ; 石青 Seki-seï (pierre bleue) ; 大青 Tai-seï (grand bleu) ; 碧青 Heki-seï (bleu de ciel) ; 白青 Haku-seï (blanc bleu), *Iwa-konjo* (bleu de rocher) sont tous des noms qui appartiennent à différentes nuances du *bleu de montagne* ou cuivre carbonaté bleu, azurite, *pierres d'Arménie*, et *smalt*, (voir p. 568 et l'article cuivre de cet ouvrage).

L'asbolite se trouve au Japon sous la forme d'un ciment noir terreux entre des agglomérations de petites pierres siliceuses ou cailloux roulés. Il paraît qu'en Chine ce minéral se

---

(1) *Seto*, dans la province d'Owari, est un des centres manufacturiers pour la fabrication de la porcelaine au Japon.

trouve en masses plus volumineuses et dures, puisque les auteurs chinois en distinguent trois qualités, savoir :
1º 岩手 **Iwa-dé**, morceaux durs comme la roche, c'est la meilleure qualité.
2º 保夜手 **Ho-ya-dé**, morceaux fragiles et poreux, qualité moyenne.
3º 吳須手 **Go-su-dé**, morceaux friables et mats, qualité inférieure.

Dans le commerce le minéral chinois se livre en masses plus ou moins arrondies, d'une couleur noire verdâtre, peu luisante. Évidemment ces masses ont subi une certaine opération de grillage et de lévigation. Au Japon, on estime le minéral grillé et préparé de la Chine pour la céramique beaucoup plus que celui du Japon. Actuellement on emploie dans les fabriques de porcelaine, au Japon, beaucoup d'oxyde de cobalt pur d'Europe, parce qu'il est meilleur marché que le minéral chinois (1). Par suite du manque de connaissances chimiques chez les anciens auteurs chinois et japonais il règne une telle confusion de noms dans leurs écrits, quant à cette substance, qu'il nous a été difficile de mettre un peu de clarté dans leurs descriptions et d'identifier les substances dont il y est question. Le cuivre carbonaté bleu, le smalt, le cobalt oxydé, le cobalt noir terreux manganèsifère, le cobalt arsénical ont reçu pêle-mêle les mêmes noms. Si nous essayons aujourd'hui de donner à chaque espèce un nom approprié et autant que possible historique, c'est dans l'espérance que les auteurs chinois et japonais voudront bien suivre à l'avenir notre exemple, car il est parfaitement impossible de se former des idées exactes sur la nature de ces matières d'après les descriptions confuses données par les anciens auteurs.

On sait que la peinture en bleu sous couverte est un des caractères distinctifs des porcelaines bleues de Chine et du Japon. Avant d'appliquer la couleur au pinceau sur le cru en Chine, et sur le dégourdi au Japon, on fait griller et broyer le peroxyde de manganèse cobaltifère, afin de le séparer des matières siliceuces et pierres adhérentes. Des essais empiriques seuls ont amené

---

(1) Le minéral chinois de bonne qualité coûte au Japon 8 à 10 dollars par livre de demi-kilogramme, tandis que l'oxyde de cobalt d'Europe ne coûet que $ 5 à 5 1/2 par demi-kilo.

les Chinois et les Japonais à découvrir les nuances si variées de leurs porcelaines bleues. Mêlé simplement à la couverte blanche, le peroxyde de manganèse cobaltifère donne des glaçures bleues au grand feu, tantôt pâles et tantôt foncées ou plus ou moins violacées, suivant les dosages employés et suivant la quantité du cobalt dans le minerai impur dont on se sert (1). Mr. STANISLAS JULIEN (l. c.) a décrit [d'après les annales de *Feou-liang* et d'après l'histoire des porcelaines de *King-te-tchin, King-te-tchin-thao-lou*] la manière dont on recueille, en Chine, le manganèse cobaltifère et il donne également des extraits de l'encyclopédie *Ten-ko-kai-butsu* et des lettres du Père d'ENTRECOLLES sur ce sujet.

Nous nous bornerons donc à traduire l'article *Cha-wan-kusuri* de l'Encyclopédie sinico-japonaise *Wa-kan-san-zai-dzu-yé* :

« La variété qui nous vient de 浙江 Sek-ko (*Tche-kiang* en
« Chine) possède une couleur noire, légèrement bleu-verdâtre.
« Quand elle est très-dure, on lui donne le nom d'*Iwa-de* (mor-
« ceaux durs comme la roche). C'est la meilleure qualité et le
« prix en est très-élevé. Quand le minéral est poreux ou fragile
« (moins dur) on l'appelle *Hoya-de*. On le considère alors com-
« me de deuxième qualité. On le broie très-finement et on l'em-
« ploie, mélangé avec du *Yen-yaku* (oxyde de plomb), pour la
« peinture de la porcelaine. Les dessins ne deviennent bleu
« qu'après la cuisson au four. Il y a encore une troisième et
« mauvaise espèce de *Cha-wan-kusuri*, qui ne possède pas le
« moindre éclat et qui est connue sous le nom de *Gosu-de*. »

Le minerai des provinces d'Owari et de Mino au Japon était autrefois grillé, lavé et broyé et on l'employait surtout dans les fabriques de porcelaine à Seto, province d'Owari. Les manufacturiers de la province de Hizen se sont servis surtout du minéral chinois. Aujourd'hui on connaît au Japon la manière d'isoler l'oxyde de cobalt du minerai d'après les méthodes usitées en Europe, savoir : grillage du minerai, dissolution dans

---

(1) L'usage très-répandu et peu soigneux que l'on fait maintenant de l'oxyde de cobalt d'Europe est la cause principale du déclin qu'on signale dans la manufacture de la porcelaine bleue *(Sometsuké)* au Japon. Le minérai de la Chine a, précisément à cause de ses impuretés, donné naissance aux belles nuances de bleu que l'on admire encore dans les porcelaines du dernier siècle. On choisissait alors le minéral fort scrupuleusement, d'après des essais empiriques.

l'eau régale, séparation du cuivre et du fer par le carbonate de chaux et précipitation de l'oxyde de cobalt au moyen de chlorure de chaux (hypochlorite de calcium), mais le prix de revient est trop élevé et l'on a abandonné le minéral du Japon.

La glaçure dont on se sert au Japon, pour les porcelaines bleues, se compose d'argile blanche finement broyée et étendue d'eau, et de la cendre des gousses et de l'écorce de l'arbre *Distylium racemosum*, SIEB. ET ZUCC., jap. 蚊母樹 *Bun-bo-ju*, vulgo *Yusu-no-ki* ou *Isu-no-ki* ou *Hiyon-no-ki*, tandis que les Chinois font usage d'un mélange incinéré de feuilles de fougères et de chaux. Nous faisons suivre ces indications d'une table donnant la composition du minerai de la Chine et du Japon comparé avec le minerai de Lausitz, analysé par KLAPROTH. Les échantillons analysés par M. EYKMAN étaient préparés ; M. SALVÉTAT ne dit pas si le spécimen analysé par lui était le minéral naturel ou préparé.

Composition.	Peroxyde de manganèse cobaltifère de *Lausitz*, *Rengersdorf*.	Peroxyde de manganèse cobaltifère Tsing-liao de la prov. de Yunnan en Chine	Minéral préparé de la Chine N° I (vendu au Japon)	Minéral préparé de la Chine N° II (vendu au Japon)	Peroxyde de manganèse cobaltifère *Gu-wa-sho-sei* d'Owari, Japon. Minéral cru, séparé seulement des pierres athérentes.
	KLAPROTH.	SALVETAT.	EYKMAN.	EYKMAN.	GEERTS.
Eau.................	17.0	20.00	0.55	0.95	18.1
Perte au feu.........			—	—	
Oxyde de cobalt.....	19.4	5.50	9.75	12.90	14.0
Oxyde de manganèse.	16.0	27.50	34.91 (1)	48.11 (1)	25.6
Oxyde de fer........	—	1.65	4.24	3.28	7.1
Oxyde de cuivre.....	0.2	0.44	1.25	1.68	0.3
Oxyde de nickel.....	—	traces	2.40	5.97	trace
Alumine.............	20.4	4.75	29.64	19.90	18.5
Chaux...............	—	0.60	0.66	0.22	0.4
Magnésie............	—	traces	traces	traces	—
Soude...............	—	—	1.02	1.23	—
Potasse.............	—	—	0.11	traces	—
Silice...............	24.8	37.46	14.90	5.63	16.4

(1) Calculé comme oxyde manganeux-manganique.

Comme lieux de provenance nous trouvons mentionnées les localités suivantes.

En Chine :

PROVINCES.	DISTRICTS.	LOCALITÉS.	
TCHE-KIANG..	Chau-hing-fu..	Sin-kiun............ Kin-kiun............ Hoa-kiun............	bonne qualité.
YUN-NAN....	?........	?	
KIANG-SI....	Choui-chau....	....	qualité inférieure.
KWANG-TUNG.	....	....	

Au Japon :

OWARI.....	Kasugaï-gōri ...	Akatsu-mura........ Kami-midzu-no-mura Seto-mura-no-ohora.	s'appelle là *Kofurudo* (1)
Mino.......	Do-ki-gōri.....	Hida-mura.......... Shimo-ishi-mura .... Asano-mura......... Hara-mura.......... Tokiguchi-mura..... Kasawara-mura ..... Takayama-mura.....	assez grande quantité s'appelle là *Konjo-seki.*
	Yéna-gōri......	Tsumaki-mura. Kukuri-mura.	
	Kani-gōri......	Tsuchi-tori.	

N° 384. — MINERAI DE COBALT. ? SAFRE ou COBALT OXYDÉ.

回回青 Chin. **Hoeï-hoeï-tsing**; jap. **Kuwai-kuwai-seï** (bleu des Musulmans barbares occidentaux). — Syn. 佛頭青 *Butto-seï* (bleu de la tête du Bouddha). — 陶青 *To-seï* (bleu pour la porcelaine). — 回青 *Kuwai-seï* (abréviation de *Kuwai-kuwai-seï*).

[Techn. Chin. *Ten-ko-kai-butsu*, vol. 2, p. 14. — *Hzkm.* vol. X, p. 18, r. sub. *Hen-seï.* — STAN. JULIEN, Hist. porc. Chin. p. 155.]

Les auteurs chinois font mention d'une espèce de minerai de cobalt fort estimée dans l'art céramique, parce qu'il donne une couleur bleue très-brillante et qu'il peut résister à une

---
(1) *Kofurudo* est une corruption de Cobalt, *Kobaruto*.

très-haute température dans un fourneau, sans perdre la couleur : « Ce bleu—dit l'auteur du *Ten-ko-kai-butsu*—est appelé
« le bleu des *Hoeï* (c'est-à-dire des Mahométans barbares de l'ou-
« est) parce qu'il était anciennement apporté en tribut des ro-
« yaumes étrangers. »

M. NATALIS RONDOT dit : « Que les Chinois font maintenant
« un grand usage du bleu de cobalt, qu'ils appellent *Hoeï-tsing*,
« et qu'ils le tirent d'Angleterre. »

Au Japon le nom de *Kuwai-seï* n'est pas généralement connu et ce nom n'est plus employé pour désigner le bleu de cobalt (smalt) ou l'oxyde de cobalt noir ; comme nous n'avons pas eu l'occasion de voir un échantillon du *Hoei-tsing* chinois, il ne nous est pas possible d'établir l'équivalent exact de cette substance, quoiqu'il soit certain que c'est un minerai de cobalt et vraisemblablement, que c'est le safre ou bien l'oxyde de cobalt plus ou moins pur. STANISLAS JULIEN fait, p. XXXI, dans la préface de son Histoire de la porcelaine chinoise, le récit suivant sur cette matière : « Le gouverneur de Yunnan, *Ta-tang*,
« l'obtint le premier des étrangers dans la période *Tching-te*
« (1506-1521 de notre ère). Il coutait, à poids égal, deux fois
« plus cher que l'or. Quand on sut qu'il pouvait supporter
« l'action du feu, l'empereur (de la Chine) ordonna de l'em-
« ployer à peindre la porcelaine, à laquelle il donnait une grâce
« antique. C'est pour cette raison que les porcelaines à fleurs
« bleues de la période *Tching-te* (1506-1521) sont la plupart
« d'une beauté exquise. Dès la période *Kia-tsing* (1522-1566)
« il fut ordonné d'employer ce bleu (étranger) pour décorer les
« porcelaines impériales. On mettait au premier rang celui qui,
« après avoir été écrasé, offrait des points rouges comme le
« cinabre. Celui où l'on remarquait des étincelles d'argent n'était
« que de seconde qualité. Si l'on employait ce bleu de cobalt
« pur, la couleur tendait à s'éparpiller, au lieu de rester con-
« centrée au même endroit. On était obligé d'y mêler du bleu
« de manganèse cobaltifère, dans la proportion tantôt d'une
« once sur dix, tantôt de six sur quatre. »

Au Japon, nous avons vainement tâché de nous procurer le *Kuwai-kuwai-seï*.

LE COBALT.

N° 385. — COBALT ARSÉNIURÉ. COBALT ARSÉNICAL. SMALTINE. SMALTITE.

砒格拔爾多鑛 **Hi-ko-ba-ru-to-ko** (minerai de cobalt arsénical.)—Syn. 砒苦抱爾鑛 *Hi-ko-ba-ru-ko* (variante phonétique du nom précédent). — 砒化格拔爾多 *Hi-kuwa-ko-ba-ru-to* (cobalt arséniuré.)

Synonymes en usage en Chine :

青石 chin. *Tching-chi ;* jap. *Seï-seki* (bleu-pierre). — 黒石 chin. *He-chi ;* jap. *Koku-seki* (noir pierre.)

[WILLIAMS. chin. comm. g. p. 103.—NATALIS RONDOT. Et. comm. p. 81.— Sm. m. m. p. 67.—STAN. JUL. Hist. de la porc. chin. p. 157.]

Sur l'autorité de M. NATALIS RONDOT, qui dit (l. c.) : « On « exploit dans les montagnes du *Haï-nan* des mines de cobalt « arsénical, que les Chinois appellent *Tsing-chi*, 青石, ou *Hé-« chi*, 墨石 ; on l'emploie grillé et pulvérisé pour colorer le « verre en bleu, » nous avons mentionné le cobalt arséniuré comme un produit de la Chine. Au Japon, cependant, on n'a pas encore découvert ce minéral, quoiqu'il soit assez vraisemblable qu'il existe dans ce pays dans les dépôts métallifères, surtout les mines de cuivre pyriteux, des terrains primitifs. Nous n'avons pas vu nous-même le minéral de la Chine, mais comme M. WILLIAMS (l. c.) affirme aussi l'existence du cobalt arsénical à Haïnan (1), nous n'avons pas de doute que ce minéral se trouve dans cette île. Toutefois M. PORTER SMITH dit (l. c.) que les Chinois préparent une espèce de smalt en grillant le cobalt arséniuré natif et que l'on dit que ce minéral est apporté (en Chine) du Cambodge.

N° 386. — SMALT. BLEU D'EMPOIS. AZUR. BLEU DE COBALT.

大青 **Tai-seï** (grand bleu). Vulgo 燒紺青 **Sho-kon-jo** (bleu fondu) ou **Hana-kon-jo** (bleu de fleurs). — Syn. 洋青 *Yo-seï* (bleu européen). — スマルト *Sumaruto* (smalt.)

[*Bzkm.* vol. X, p. 51, r. — *Keimo*, vol. VI, p. 9, r. — *Ten-ko kai butsu* vol. 2, p. 15.]

---

(1) WILLIAMS : « There are mines of arsenical cobalt in the island of Haïnan, and their produce is used in native glass manufactures, after having been roasted and pulverized. »

LE COBALT.

Le smalt ou azur, verre siliceux coloré en bleu par l'oxyde de cobalt impur, est connu en Chine et au Japon, mais il n'a jamais été bien distingué des autres couleurs minérales bleues, sous forme de poudre, comme les différentes variétés de bleu de montagne (cuivre carbonaté bleu) etc.

Ono Ranzan (l. c.) dit : « Une autre variété de *Tai-seï*, qui « s'appelle *Hana-kon-jo*, est importée par les Hollandais. Sa « couleur est bleue, mais sans avoir beaucoup d'éclat. On ne « peut pas, par cette raison, employer cette couleur pour les « meilleurs dessins et elle sert seulement pour écrire (des « caractères) sur les tableaux en bois, dits *Kamban* (enseignes). « On ne connait pas la composition de cette substance, mais « l'auteur du *Yamato-hon-zo* dit qu'elle est une espèce de verre « bleu, réduit en poudre impalpable. »

L'auteur du *Ten-ko-kai-butsu* dit (l. c.) « que *Tai-sei* est le « nom communément employé en Chine pour désigner le *Hoeï-« tsing* 回青, *Kuwai-seï* en japonais ; » ceci est certainement une erreur, puisque le *Hoeï-tsing* est, d'après la description qu'en donnent les auteurs chinois, une substance noirâtre, qui ne devient bleue qu'après la cuisson avec des matières siliceuses. *Tai-seï* et *Kuwai-seï* sont par conséquent des substances bien différentes, l'une est un verre coloré en bleu par l'oxyde de cobalt, l'autre est un minéral noir de cobalt.

§ IV

CLASSE DES MÉTAUX PESANTS.

VINGT-SEPTIÈME SECTION.

LE ZINC. 鋅 SHIN ou 亞鉛 A-YEN.

N° 387. — ZINC SULFURÉ. BLENDE. SPHALERITE.

閃亞鉛鑛 Sen-a-yen-ko (minerai de zinc brillant). — Syn. 硫化亞鉛 *Riu-kuwa-a-yen*. (zinc sulfuré.)

Ce minerai se trouve au Japon presque toujours accompagné de sulfure de plomb et quelquefois de chalcopyrite. Les masses sont d'une structure lamellaire, fragiles et faciles à diviser en lames éclatantes. La couleur est le plus souvent d'un gris brunâtre métallique, plus ou moins ressemblant au galène. Elles donnent une poudre grisâtre. Quelquefois on rencontre des amas de cristaux tetraèdriques maclés, sans aucun mélange de galène. Un de ces derniers échantillons bien cristallisé nous a donné à l'analyse le résultat suivant :

CRISTAUX DE ZINC SULFURÉ DE YECHIZEN. JAPON.

Zinc 59.31
Soufre............................ 32.80
Fer 7.00
                                   ─────
                                   99.11

Quoique le blende se trouve au Japon en plusieurs endroits il ne paraît pas qu'il y existe en quantités suffisantes pour permettre d'en extraire le zinc avec avantage. Jusqu'à ce jour (1882) on n'utilise pas ce minerai au Japon dans la métallurgie

LE ZINC.   571

du zinc et tout le zinc dont on a besoin est importé **au Japon
de l'étranger (1)**.

Lieux de provenance au Japon :

PROVINCES.	DISTRICTS.	LOCALITÉS.	REMARQUES.
MINO	Mugi-gōri	Katachi-mura.	
SHIMOTSUKÉ	Shiwoya-gōri	Nokado-mura.	s'appelle là *Yen-ko* (minerai de plomb.)
RIKUCHIU	Waga-gōri	Yuda-mura. Yamaguchi-mura.	
MUTSU	Tsugaru-gōri	Hakko-san.	
UZEN	Tagawa-gōri. Mogami-gōri.	Otori-mura. Minami-yama-mura.	
UGO	Akita-gōri	Ani	Bonne qualité, s'appelle là *Yani*.
YECHIZEN	Ono-gōri	Kami-akibu-mura.	
TAJIMA	Asako-gōri	Ikuno-no-gin-zan	assez grande quantité.
SUWO	Kuka-gōri	Usa-mura	s'appelle là *Koseki* (c. à. d. minéral métallifère.)
KII	Hidaka-gōri	Kami-hatsu-kawa-mura.	
HOKKAÏDO (île de Yesso.)	Iburi-shu. Yama-goyé-gōri	Yurap	bonne qualité, s'appelle là *Gin-ko* (c. à. d. minerai d'argent.)

N° 388. — ZINC HYDROCARBONATÉ. HYDROZINCITE.
CALAMINE TERREUSE.

(*Zinkblüthe*, ALLEM.)

鑪甘石 **Ro-kan-seki** (pierre [qui devient] douce au fourneau). Syn. 含水炭酸亞鉛鑛 *Gan-sui-tan-san-a-yen-ko* (minerai de zinc hydrocarbonaté).—浮甘石 *Fu-kan-seki* (pierre douce flottante, c'est-à-dire légère.) — 甘石 *Kan-seki* (pierre

---

(1) On a importé dans les dernières années une moyenne de 600,000 kilogrammes de zinc au Japon. Il nous semble que les mines où on trouve le blende au Japon ont besoin d'une inspection plus minutieuse, avant de pouvoir émettre l'opinion que la quantité de minerai ne suffit pas à l'extraction du métal. Nous avons vu de très-bons échantillons de zinc-blende au Japon.

douce).—白蘆甘 *Haku-ro-kan* (calamine blanche).—爐先生 *Ro-sen-seï* (professeur du fourneau, par allusion à ses qualités précieuses dans la médecine) (1).

[*Hzkm.* vol. IX, p. 48, v.—*Keimo*, vol. 5, p. 36, r. *Hanb.* p. 8. « Fow-kan-shih » ou « Loo-kan-shih. »—*Sm.* m. m. p. 236 « Lu-kan-shih. »]

Masses terreuses reniformes, ou des incrustations concentriques blanches, fragiles. Elles ne se trouvent pas au Japon, mais en Chine, d'où on les apportait autrefois au Japon pour la préparation de certaines médecines et aussi pour en faire du laiton avec le cuivre. On distingue un grand nombre de variétés de calamine (*Ro-kan-seki*) et d'après la description qu'en donnent les livres indigènes, il est vraisemblable que l'on a compris sous ce nom diverses espèces de calamine (Hydrozincite, Smithsonite, zinc hydrosilicaté, etc.) La variété blanche et terreuse cependant jouit à juste titre de la meilleure réputation et cette variété a été analysée par M. J. D. PERRINS (Hanb. l. c.), qui a trouvé les résultats suivants :

COMPOSITION.	ZINC HYDRO-CARBONATÉ de Bleiberg HYDROZINCITE SMITHSON.	ZINC HYDRO-CARBONATÉ de Taft EN PERSE HYDROZINCITE GOEBEL.	ZINC HYDRO-CARBONATÉ de la Chine. HYDROZINCITE PERRINS.
Oxyde de zinc............	71.4	73.35	72.64
Acide carbonique.........	13.5	15.17	14.95
Eau.....................	15.1	11.13	10.63
Carbonate de plomb.......	—	—	1.78
	100.0	99.65	100.00

Voyons maintenant ce que les auteurs asiatiques disent de ce minéral célèbre. Ils nous fourniront la preuve que les nations de l'Extrême-Orient ont connu le laiton et ont su le fabriquer ainsi que plusieurs autres alliages, grâce à ce minéral, avant que l'on eût quelque connaissance du métal zinc.

---
(1) Ceci rappelle les anciens noms des alchimistes pour le zinc oxydé floconneux *nihil album, laine philosophique, pompholix*.

LE ZINC.

ONO RANZAN (l. c.) en parle dans les termes suivants :

« Le *Ro-kan-seki* est importé, chez nous, de l'étranger. On
« préfère le minéral importé autrefois dans notre pays, actuel-
« lement le minéral varie beaucoup en qualité.

« La meilleure espèce de *Ro-kan-seki* (la calamine terreuse
« blanche) s'appelle 泡様 *Awa-yo*, c'est-à-dire « semblable à
« l'écume. » Elle est blanche, fragile, cassante et ressemble à un
« amas d'écume (savonnettes) (1). On lit dans le livre (chinois)
« *Hon-zo-gen-shi*, que ce minéral possède une forme semblable
« au cerveau du mouton et qu'il est appelé pour ce motif 羊腦
« 蘆甘 *Yô-nô-rô-kan* (calamine cerveau de mouton.)

« Le livre (chinois) *Kuwan-tei-ben-po* donne à ce minéral
« le nom de 白蘆甘 *Haku-ro-kan* (calamine blanche). Une
« deuxième variété qui n'a pas cette forme d'écume, mais qui
« se présente en masses dures, pesantes et aplaties, de couleur
« blanche légèrement rougeâtre, s'appelle 茶盌様 *Cha-wan-yô*
« (semblable à une tasse à thé.) Le livre *Hon-zo-gen-shi* donne
« à cette variété le nom 片子爐甘 *Hen-shi-ro-kan* (calamine
« en morceaux aplatis) (2).

« Une troisième espèce possède une couleur jaunâtre ; il y a
« encore une autre variété qui est bleue. L'espèce blanche est
« la meilleure de toutes, vient ensuite le minéral jaunâtre com-
« me seconde qualité et enfin la variété bleuâtre qui est la
« moins estimée. Quand on fait rougir ce minéral [avec du
« charbon] dans un creuset, il se fond [en métal] et prend la
« forme du creuset. Le métal obtenu s'appelle 倭鉛 *Wa-yen*
« (plomb japonais) (3) [le zinc] selon le livre (chinois) *Ten-ko-*

---

(1) C'est-à-dire mamelonnée.
(2) Probablement la calamine hydrosilicatée.
(3) Le caractère 倭 *Wa* a été employé par les Chinois pour désigner le Japon, avant que le nom 日本 *Ni-hon* (origine du soleil) ait été en usage. Le caractère 倭 *Wa*, prononcé *Wai*, signifie proprement « *petit* » et le nom de 倭國 *Wa-koku* ou *Wai-koku* pour le Japon a donc été donné au Japon par les Chinois en signe de mépris, « *petit pays.* » Comme le zinc n'est nullement un produit du Japon et n'a jamais été un métal caractéristique pour ce pays, je suis incliné à croire que le terme chinois 倭鉛 *Wa-yen* pour le zinc signifie dans son origine « *petit plomb* » et non pas « *plomb japonais.* » Le mot 亞鉛 *A-yen*, en usage au Japon, signifie plomb de deuxième rang.

« *kai-butsu*. Il est certain que le *Wa-yen* et le 亞鉛 *A-yen*
« ou *To-tan* sont les mêmes substances. En Chine on appelle
« ce métal quelquefois (à tort) 水錫 *Sui-shaku* (étain d'eau).
« Dans le livre *Hon-zo-ko-moku* il est dit que l'on prépare le
« laiton en fondant le cuivre avec la calamine. »

L'ouvrage chinois *Hon-zo-ko-moku* donne sur ce minéral les renseignements suivants :

« On a donné à la calamine terreuse blanche (*Rô-kan-seki*) le
« synonyme 爐先生 *Ro-sen-seï*, litt. professeur du fourneau,
« parce qu'il jouit de propriétés très-précieuses pour la méde-
« cine. D'après LI-SHI-CHIN on a donné le nom 甘 *Kan* à ce
« minéral, parce qu'il devient doux en sortant du fourneau.

« On trouve la calamine en grande quantité à 川蜀 *Sen-shoku*
« et 瀋東 *Sho-to*.

« Les meilleures espèces viennent de 大原 *Tai-gen* (la capi-
« tale de la prov. Shan-si), 澤州 *Taku-shu*, 陽城 *Yo-jo*, 高平
« *Ko-hei*, 靈丘 *Reï-kiu*, 融縣 *Yu-ken* et 雲南 *Yun-nan*.

« On dit que ce minéral forme le germe de l'or et de l'argent.
« Les dimensions en sont très-différentes, il est poreux, happe
« à la langue comme l'argile smectique et a la forme du cer-
« veau de mouton. La calamine que l'on extrait des mines d'or
« possède toujours une couleur légèrement jaunâtre et est con-
« sidérée de meilleure qualité. Celle que l'on extrait des mines
« d'argent a une couleur blanchâtre, quelquefois bleu-verdâtre
« ou tirant sur le rouge. Quand on fond ce minéral avec le
« cuivre ce dernier est converti en un métal jaune (le laiton).
« Tous les alliages, connus sous le nom de 黃銅 *Ô-do*, sont
« faits de cette manière.

« On lit dans le livre *Zo-kuwa-shin-nan* '' que le *Kan-seki*
« '' (la calamine) doit subir l'influence (litt. l'air) de l'or et de
« '' l'argent pendant trente ans pour se former. '' On en pré-
« pare aussi une substance médicinale en la fondant avec l'acide
« arsénieux.

« Dans le livre *Guwai-tan-hon-zo* on a écrit '' qu'on obtient
« '' une livre et demie de laiton en fondant ensemble une livre
« '' de cuivre et une livre de calamine. '' Il s'en suit donc que

« le cuivre en se transformant prend un ingrédient quelconque
« de la calamine.

« Le 眞鍮石 Shin-chiu-seki (laiton) est un produit de la
« Perse (波斯 Ha-su); il est jaune comme l'or et devient
« rouge et non pas noir quand on le chauffe au feu.

« D'après LI-SHI-CHIN il faut griller la calamine dans un feu de
« charbon, la tremper sept fois dans l'urine de très-petits enfants,
« la laver à l'eau et la pulvériser avant de l'employer en médecine. »

L'auteur chinois donne ensuite une série de recettes médicinales dans lesquelles la calamine entre comme matière principale. C'est surtout dans les maladies d'yeux, inflammation des paupières etc., qu'elle est recommandée, mêlée d'eau, d'os de sèche, borax, cinabre, sulfate de soude efflorescent, sulfate de cuivre, camphre de Bornéo etc.

N° 389. — ZINC SULFATÉ. COUPEROSE BLANCHE. GOSLARITE.

皓礬 **Ko-han** (alun blanchâtre). Syn. 亞鉛礬 *A-yen-han* (alun de zinc ou couperose de zinc). — 硫酸亞鉛鑛 *Riu-san-a-yen-ko* (minerai de zinc sulfaté.)

Le zinc sulfaté impur, ferrifère, de couleur jaune-rougeâtre s'appelle en Chine 黃礬 *Ō-han* (alun jaune), nom qui appartient de droit au sulfate de peroxyde de fer et d'alumine, (voir p. 517 de cet ouvrage.)

[*Hzkm.* vol. XI, p. 56, r. — *Keimo*, vol. VI, p. 40. — STAN. JUL. CH. p. 36. — *Sm. m. m.* p. 236.]

Au Japon on ne trouve que le zinc sulfaté artificiel, préparé par la dissolution du zinc dans l'acide sulfurique. D'après M. SMITH un sel impur est venu en Chine de la Perse et se trouve aussi dans les provinces de Kansuh et Shensi.

N° 390. — OXYDE DE ZINC. CONDENSÉ DANS LA PARTIE SUPÉRIEURE DES FOURNEAUX. TUTHIE DES FOURNEAUX. FLEUR DE ZINC.

亞鉛花 **A-yen-kuwa** (fleur de zinc). Syn. 酸化亞鉛 *San-kuwa-a-yen* (oxyde de zinc). — 白鉛花 *Haku-yen-kuwa* (fleur de plomb blanc). — 白鉛丹 *Haku-yen-tan* (oxyde [poudre médicinale] de plomb blanc).

[*Sm. m. m.* p. 235.]

576   LE ZINC.

Cette substance n'est pas décrite dans les anciens ouvrages indigènes, mais elle a été cependant connue en Chine et au Japon et a été employée en médecine comme la calamine terreuse blanche. Aujourd'hui on prépare au Japon l'oxyde de zinc pour la pharmacie d'après les méthodes de l'occident.

N° 391. — ZINC.

亞鉛 **A-yen** (plomb de deuxième rang). Vulgo **Totan** (corruption du mot Tamul pour le zinc *Tutum* ou *Tantanagum*, d'où est dérivé aussi notre ancien nom *Tuthie* ou *Tutenague*). — 鋅 *Shin*.

Noms en usage en Chine : 倭鉛 *Wa-yen* (plomb japonais ou petit plomb, cf la note p. 573 de cet ouvrage). — 白鉛 *Haku-yen* (plomb blanc.)

[Enc. *Wa-kan-san-zai-dzu-yé*, vol. 59, p. 12, v. — Chin. Commg. p. 97. — Sm. m. m. p. 235. — Deb. p. « Tung-tsé-nay. » — Stan. Jul. Ch. p. 46. — *Ten-ko-kai-butsu*, vol. 7, p. 13, fig. VI.]

Le zinc, comme métal pur, n'était pas connu des anciens auteurs chinois et japonais bien qu'on connut des alliages de ce métal, faits au moyen de la calamine, du cuivre, de l'étain etc. Paracelse (1493-1541) fait le premier mention du zinc métallique, mais il paraît que ce métal a été connu en Perse avant de l'être en Europe. Le zinc n'a été manufacturé en Europe que depuis le milieu du dix-huitième siècle. Le *Ten-ko-kai-butsu* (1771) et l'encyclopédie *Wa-kan-san-zai-dzu-yé* (1805) sont les plus anciens livres en Chine et au Japon qui parlent du zinc métallique. Jusqu'à ce jour (1882) on ne s'est pas occupé au Japon de la métallurgie du zinc, et tout le zinc dont on a besoin est importé d'Europe. La quantité que l'on importe actuellement peut s'évaluer à 600,000 kilogrammes par an. Le fer galvanisé en plaques et en fil est aussi un article d'importation assez considérable.

L'encyclopédie sinico-japonaise parle du zinc dans les termes suivants :

« Le nom populaire *Totan* nous vient des pays barbares (1). « Ce métal nous était inconnu dans les anciens temps. Comme il

---

(1) Du mot Tamul, *Tutum*, *Tantanagum*.

« ressemble au plomb, on lui a donné le nom de 亞鉛 *A-yen*,
« c'est-à-dire plomb de deuxième rang. Les pièces ont ordinai-
« rement une longueur de 1 *shaku* (0.303 mètres), une largeur
« de 5 à 6 *sun* (0.1515-0.1818 mètres) et un diamètre au-
« dessous de 1 *sun* (0.03 mètres). On le fond en différentes
« formes. Il y a une espèce qui imite la forme du mortier
« en fer des droguistes japonais, dit 藥研 *Yagen* (1), et
« une autre qui ressemble à une corolle de fleurs (茄 *Hana-*
« *bira*) (2).

« La meilleure espèce nous vient de Canton et une qualité
« moins bonne du Tonkin et du Pegu. Il faut ajouter une
« certaine quantité de ce métal (au cuivre) pour obtenir le
« bronze et le laiton, ce qui fait que le zinc est un métal
« de très-grande valeur. On pense généralement que le zinc est
« obtenu de la calamine (*Ro-kan-seki*), mais on n'est pas en-
« core tout-à-fait fixé sur ce point. Cependant le *Hon-zo-*
« *ko-moku* dit : « que l'on obtient du laiton en fondant le
« « cuivre avec la calamine. » Si cette affirmation est exacte,
« il est probable que le métal zinc s'obtient aussi de cette
« pierre. »

Le livre chinois *Ten-ko-kai-butsu* dit ce qui suit sur le zinc :
« Le métal zinc n'est pas mentionné dans nos anciens livres,
« les nouveaux auteurs en font seulement mention. On le
« prépare en fondant la calamine (*Ro-kan-seki*) dans un
« four et il vient principalement des montagnes 大行山
« *Tai-ko-san* des pays de 山西 *San-seï* et 荊衡 *Keï-ko*. On
« prend 10 *koku* de calamine pour une seule opération, on
« enferme ce minéral très solidement dans des creusets cou-
« verts et on chauffe ces derniers à petit feu, au moyen de
« charbon en boules, afin d'éviter que les creusets éclatent.
« Le combustible se trouve au-dessous des creusets et quand
« ces derniers sont chauffés au rouge, la calamine se convertit
« en métal. Après le refroidissement on casse les creusets et
« on recueille le métal fondu. On perd deux pour dix (20 %)
« du minéral. Quand le zinc n'est pas allié au cuivre, il se

(1) c'est-à-dire des lingots creux d'un côté.
(2) zinc « en rosettes. »

« volatilise en fumée blanche [quand on le chauffe à l'air]. Il
« ressemble beaucoup au plomb, mais ses propriétés sont plus
« ardentes, pour cette raison on lui a donné le nom de 倭鉛
« *Wa-yen*. »

§ IV

CLASSE DES MÉTAUX PESANTS.

(VINGT-HUITIÈME SECTION.)

L'ÉTAIN 錫 SHAKU ou SUZDU.

Les minerais d'étain ne sont nombreux ni en Chine ni au Japon, où on ne les trouve qu'en quantités insuffisantes pour satisfaire aux besoins de ces deux pays, aussi l'étain y est-il devenu un article régulier d'importation. Au Japon on a importé pendant les dernières années de 130,000 à 150,000 kilogrammes d'étain par an, tandis que la production annuelle dans le pays même ne dépasse pas (1882) 8,000 kilogrammes. Il n'est pas probable que la production pourra augmenter beaucoup au Japon, puisque à l'exception d'une seule, celle de Taniyama, dans la province de Satsuma, les mines semblent être fort pauvres en minerai.

N° 392. — ÉTAIN OXYDÉ. CASSITÉRITE.

(*Zinnstein*, ALLEM. ; *Tinstone*, ANGL.)

錫石 **Shaku-seki** (étain pierre). L'étain oxydé concrétionné à forme de grains, porte le nom de 錫砂 **Shaku-sha** ou **Sudzu-suna** (étain sableux). Syn. 酸化錫鑛 *San-kuwa-shaku-ko* (minerai d'oxyde d'étain). — 山錫鑛 *San-shaku-ko* (minerai d'étain de montagne; *Mine-tin*, anglais).—氷錫鑛 *Sui-shaku-ko* (minerai d'étain d'eau ; *Stream-tin*, anglais.)

[*Hzkm.* vol. VIII, p. 26, r. — *Keimo*, vol. 4, p. 18. — STAN. JUL. CH. p. 43.—DEB. p. 52 « Sy. »—H. S. MUNROE. Mineral wealth of Japan in engin. & mining journ. 1877.—B. S. LYMAN. Reports Geol. Survey of Japan for 1878 & 1879, p. 169 & 184.—C. NETTO. On mines and mining in Japan, p. 5.]

Prismes pyramidaux, très-souvent maclés, brillants, vitreux, de couleur légèrement brunâtre, d'une grande dureté, assis dans une gangue de quartz. Souvent les cristaux sont extrêmement petits et associés dans la gangue quartzeuse à la pyrite de fer et la pyrite cuivreuse. Le minerai cru varie beaucoup quant à la quantité d'étain qu'il contient. Au Japon on ne trouve que l'étain de mine, l'oxyde d'étain concrétionné y est inconnu jusqu'à présent. En Chine, cependant, le dernier paraît exister puisque les auteurs chinois font une distinction bien nette entre l'étain des mines (山錫 *San-shaku*) et l'étain des rivières (水錫 *Sui-shaku*.)

On connaît les endroits suivants comme lieux de provenance de l'étain oxydé :

En Chine :

CHIH-LI....	Yung-ping-fu...	Tsien-ngan-hien.	
SHAN-SI....	Kiai-chau......	Ping-loh-hien....	mont. Ki.
	Tsin-chau.....	Tsin-yuen-hien.	
SHEN-SI....	Shang-chau....	Loh-nan-hien....	mont. To.
SHAN-TUNG.	Yen-chau-fu...	Yih-hien.	
	I-chau-fu......	Kü-chau.........	mont. Chi-pan.
	Tsing-chau-fu..	Lin-kü-hien......	mont. Sung.
HO-NAN....	Ho-nan-fu.....	Sung-hien.......	mont. Lu-pau.
	Nan-yang-fu....	Yu-chau.	
	Chan-teh-fu....	Wun-gan-hien.	
	Ju-chau.		
	Shen-chau.....	Ling-pau-hien.	
		Lu-shi-hien.	
HU-PEH....	Wu-chang-fu...	Fung-tsung-hien..	mont. Sieh.
	Yung-yang-fu.		
SSÉ-CHUEN..	Mien-chau.		
	Kweï-chau-fu.		
	Lung-ngan-fu.		

L'ÉTAIN.

Kiang-si...	Nan-ngan-fu...	Tsung-ni-hien.	
Hū-nan....	{ Chang-sha-fu. Hang-chau-fu. Yung-chau-fu.		
Cheh-kiang.	{ Hu-chau-fu.... Ning-po-fu..... Shau-hing-fu... Chu-chau-fu...	An-ki-hien. Montagne Keh-yu. Montagne Sho-king. Sung-yang-hien.	
Fuh-kien..	Ting-chau-fu...	Tsang-ting-hien..	Mont. Hiang-pau
Kwang-tung	{ Lien-chau-fu... Hwui-chau-fu.. Kia-ying-chau..	Yang-shan-hien... { Ho-yuen-hien.... Yung-ngan-hien.. { San-lo-hien. Hing-ning-hien.	{ Sang-pu-hia. Sing-tang-hia. produit de l'étain de bonne qualité.
Kwang-si..	{ King-yuen-fu... Ping-loh-fu....	Ho-chi-chau ..... { Fu-chuen-hien. Ho-hien	{ Kan-fung-kung. Sing-chau-kung. { Tung-yu-yen. Lung-tsung-yen.
Yun-nan...	{ Li-ngan-fu ..... Kwang-si-chau.. Yung-chang-fu .	Mung-tsz'-hien. Montagne Chi-pau. Tang-yueh-chau.	

Au Japon :

PROVINCES.	DISTRICTS.	LOCALITÉS.	REMARQUES.
Suwo.....	Kuka-gōri	{ Nishika-mura..... Kiwa-yama........ Negasa, Uyama...	s'appelle là « Shaku-ko. »
Bungo.....	Ono-gōri.......	Ohira-tetsu-san.	
Satsuma...	Taniyama-gōri..	{ Taniyama-go..... Yedaya-ko....... Yoyo-ko.........	s'appelle là « Shaku-ko. »

N° 393. — ÉTAIN SULFURÉ. STANNITE. STANNINE.
(*Zinnkies*, Allem. *Tin-pyrites*, Anglais.)

黃錫鑛 O-shaku-ko ou Ko-shaku-ko (minerai d'étain jaune). Syn. 硫化銅錫鐵鑛 *Riu-kuwa-do-shaku-tetsu-ko* (minerai de cuivre, d'étain et de fer sulfuré). — 黃硫錫鑛 *O-riu-shaku-ko* (minerai jaune d'étain sulfuré.)

L'ÉTAIN.

Ce minéral vient quelquefois au Japon, associé au cuivre sulfuré, galène, blende et pyrite, en masses métalloïdes, à couleur de tombac ou de bronze. Mais on ne l'utilise pas pour en extraire l'étain.

N° 394. — ÉTAIN.

錫 **Shaku**, vulgo **Sudzu**. — Syn. A tort *Shiro-namari* (plomb blanc (1). — 禿恕都罕 *Tok-kotsu-to-kan* (prononciation japonaise du mot mongolien pour l'étain). — 崑崙䤵 *Kon-ron-hi* (substance brillante des montagnes *Kwen-lun*): — 錫鑞 *Shaku-rô* (cire métallique d'étain) par allusion à la soudure des plombiers. — 花錫 *Kuwa-shaku* ou *Hana-sudzu* (étain en fleurs, c'est-à-dire en rosettes). — シヤリ *Shari* (nom populaire pour l'étain de meilleure qualité.)

Synonymes dans le *Hon-zo-ko-moku*:

白鑞 *Haku-rô* (cire métallique blanche) ou *Shiromé* en japonais. Ce nom signifie plutôt la soudure des plombiers, c'est-à-dire un alliage de plomb et d'étain. — 鈏 *In* (métal à lier ou à souder les métaux). — 賀 *Ga* (nom d'un pays en Chine, d'où l'on tire beaucoup d'étain.)

[*Hzkm.* vol. VIII, p. 26. — *Keimo*, vol. 4, p. 18, v. — *Ten-ko-kai-butsu* vol. VII, p. 17, r. — Enc. *Wa-kan-san-zui-dzu-yé*, vol. 59, p. 8, v. — CHIN. COMMG. p. 97. — ST. JUL. CH. p. 43. — *Sm. m. m.* p. 170 & 216. — DEB. p. 52. — BENJ. SMITH LYMAN, Rep. 1878 & 1879, p. 169 & 184.]

L'étain de la Chine et du Japon n'est pas pur et est inférieur au métal de Malacca ou de Banca, puis qu'il contient souvent du plomb et quelquefois de l'arsenic.

Pour l'extraire on commence, au Japon, par écraser grossièrement le minerai généralement fort dur; on le fait calciner durant vingt-quatre heures dans des fours de construction rudimentaire, au moyen d'un feu de bois de pin. Selon la grandeur des fours on y introduit de 250 à 500 kilogrammes de minerai à la fois. Après la première calcination on remue le minerai et on le fait calciner une deuxième et quelquefois même, une troisième fois, quand la gangue est fort dure et

---

(1) Le synonyme 白鉛 *Haku yen* ou *Shiro-namari* (plomb blanc) appartient de droit au zinc (cf. p. 576.)

dense ou bien trop pyriteuse. Le minerai calciné est pilé au moyen de marteaux à levier (bascules), mis en mouvement par le pied d'un homme, il est ensuite pulvérisé dans un moulin en pierre (*Hiki-usu*) mu à bras. La poudre est alors lavée dans des sébiles de bois (*ita*) afin de séparer, autant que possible, le minerai métallifère de la gangue plus légère. Cette opération exige beaucoup de temps et de travail. La poudre lavée métallifère s'élève à environ un dixième du minerai calciné ; on la fait fondre ensuite dans un petit foyer de forme demi-circulaire, creusé dans le sol et revêtu d'argile et de charbon de bois pulvérisé, les dimensions étant 0.45 mètres d'un côté à l'autre du demi cercle, 0.21 mètres de la corde jusqu'à la circonférence et 0.23 mètres de profondeur. Le fond de ce petit foyer est arrondi comme celui d'un creuset. Il est surmonté d'une cheminée carrée, faite de bambou et d'argile. La cheminée est ouverte sur trois côtés jusqu'à une hauteur de 1.5 mètres, comme le sont les foyers des forges ordinaires au Japon. Derrière le mur de la cheminée il y a deux soufflets rectangulaires mis en mouvement chacun par les mains d'un ouvrier, au moyen d'un piston horizontal. Dans chaque foyer on ne peut fondre que le maximum de 30 kilogrammes d'étain par jour, en deux opérations, donnant chacune de 10 à 15 kilogrammes de métal.

On charge chaque foyer avec environ 60 à 75 kilos de minerai lavé pour lesquels on brûle 40 kilogrammes de charbon de bois. Au fond on place une couche de charbon, puis une de paille de riz, vient ensuite une troisième de poudre de minerai lavé, encore de la paille et du charbon au sommet. Les tubes des soufflets chassent l'air dans la couche inférieure du charbon. Les scories noires sont enlevées de temps en temps pour être traitées de nouveau comme le minerai cru, c'est-à-dire qu'elles sont pulvérisées, lavées et fondues. Le minerai lavé donne par conséquent environ 20 pour cent d'étain.

D'après les calculs de M. Lyman, les fours des mines de Taniyama, dans la province de Satsuma, qui produisent presque tout l'étain fondu au Japon, sont d'un rapport peu rémunérateur ; il pense même qu'il y a de la perte en raison du grand nombre d'ouvriers employés à piler, pulvériser, laver et fondre. Nonobstant, ces mines de Taniyama sont exploitées sans interruption depuis 230 à 240 années, mais leur production annuelle ne dépasse guère 6,500 kilogrammes d'étain.

L'étain qui provient de cette opération n'est pas pur, il contient encore du fer, du cuivre, du plomb et quelquefois de l'arsenic. On le purifie en Chine et au Japon en le fondant à une très-douce chaleur; l'étain pur se fond d'abord et peut être décanté sur un plan incliné.

Voyons maintenant ce que nous disent les auteurs indigènes de ce métal si utile.

Ono Ranzan (l. c.) en parle dans les termes suivants : « On
« distingue plusieurs qualités d'étain, suivant l'origine et la
« forme: *San-shaku* 山錫 (étain de montagne) est l'étain que
« l'on obtient du minerai qui se trouve dans les montagnes ;
« *Sui-shaku* 水錫 (étain de rivière) est l'étain provenant d'un
« minerai sableux des vallées; *Shaku-kuwa* 錫瓜 (étain melon)
« lorsqu'il vient en grandes masses et *Shaku-sha* 錫砂 quand
« il a la forme du sable.

« On trouve au Japon beaucoup d'étain de bonne qualité,
« surtout dans les provinces de Bungo, Hiüga (? Satsuma) et
« Iyo ; on l'appelle *Shari* quand il est très-pur. On peut reconnaître
« facilement si les ustensiles en étain sont faits d'étain
« pur, car l'étain qui contient du plomb est beaucoup moins
« dur que l'étain pur et les objets faits en étain impur sont déformés
« par le moindre choc. *Haku-ro* 白鑞 (cire métallique
« blanche) est (en Chine) un autre nom pour l'étain, mais proprement
« dit, ce nom signifie au Japon la soudure des plombiers
« (*Shiromé*), c'est-à-dire un alliage d'un *kin* de plomb
« et de dix *riyo* d'étain. On se sert de résine de pin, pour la
« soudure et pour l'étamage des ustensils en cuivre. »

L'encyclopédie sinico-japonaise *Wa-kan-san-zai-dzu-yé* donne (l. c.) les renseignements suivants : « L'étain, 錫 *Shaku*,
« s'appelle aussi 白鑞 *Haku-ro*, 鈏 *In*, 賀 *Ga*. Le dernier nom
« lui vient du pays de 臨賀 *Rin-ga*, d'où l'on tire un étain de
« meilleure qualité. Au Japon on l'appelle aussi *Shiro-namari*

« (plomb blanc), mais son nom populaire est 須須 Sudzu. Il ne
« faut pas écrire 錫 (Yo), mais 錫 ce qui se prononce au Japon
« Seki selon le kan-on et Shaku, selon le go-on.

« Suivant l'opinion du Hon-zo-ko-moku l'étain est produit
« dans la nature par l'influence (l'air) du principe féminin
« (大陰 Tai-in), étant classifié entre l'argent et le plomb. L'ar-
« senic se forme en deux cents ans, et après une autre période
« de deux cents ans, l'arsenic se convertit en étain. L'étain étant
« un produit du principe féminin, il a des propriétés tendres ;
« quand ensuite il est soumis à l'influence du principe masculin
« (大陽 Tai-yô), il se convertit en argent. On observe quelque-
« fois que le vin conservé dans les vases d'étain a une action
« toxique sur l'homme, ce qui prouve que l'arsenic n'a pas été
« complétement converti en étain. On obtient l'étain surtout
« dans les vallées du pays de 滿剌加 Man-ro-ka (Malacca) en
« lavant les sables stannifères et en fondant le produit du lava-
« ge. On le nomme alors 斗錫 To-shaku. — L'étain possède
« un goût doux, il est froid, légèrement toxique, mais il forme
« aussi un antidote et il peut guérir les maladies de la peau.

« Le minerai 礦砒 Ro-hi (probablement un minéral arséni-
« fère ou antimonifère) peut durcir l'étain et au moyen de la
« résine de pin on peut l'employer pour souder les métaux. Il
« peut aussi contracter (s'amalgamer avec) l'argent.

« Selon le livre Ko-kon-i-to l'étain fondu peut se mêler avec
« le mercure en formant une poudre (amalgame). Pour polir et
« nettoyer les vases en étain, il est bon d'employer les cendres
« des feuilles du Phytolacca Acinosa ROXB. (yama-gobo), qui
« enlèvent les taches d'une manière parfaite.

« L'étain ressemble au plomb, mais il est plus dur. Il sert à
« faire des miroirs, des plats et d'autres ustensiles de ménage.

« On lit dans le Zoku-ni-hon-ki qu'on a offert, au Mikado, de
« l'étain provenant de la province d'Iyo, dans la deuxième an-
« née de MON-MU-TENNO (698 apr. J. C.) et qu'on le nommait
« alors 白鑞 Haku-katsu.

« Dans la quatrième année du règne du même empereur (700
« de notre ère) on a offert à la cour de l'étain provenant de la
« province de Tamba.

« Dans la deuxième année Shin-go-kei-un (SHO-TOKU-TENNO)
« (768 apr. J. C.), à l'époque où l'on construisit le palais du
« prince BIGÉ-NO-MIYA, on présenta à la cour une substance
« semblable à l'étain, découverte dans la montagne Naniwa-ya-
« ma, district d'Amada-gōri, province de Tamba. On avait re-
« marqué que ce métal se prêtait même mieux à la fabrication
« des vases et des ustensiles que l'étain de la Chine. On en fit
« venir ensuite plus de dix *kin* (livres). Quoique ce métal res-
« semblât au plomb (et à l'étain) on ne connaissait pas son nom.
« Quand plus tard M. HAGURO-NO-ŌMI partit pour la Chine, il
« montra ce métal à un forgeron chinois de *Yo-shu* ; tout le
« monde reconnut alors que c'était le métal dit 鈍隱 *Don-in*
« (casser tendre) (1). On dit que le métal s'employait quelque-
« fois (en Chine) pour faire de fausses sapèques (*zeni*).

« Aujourd'hui l'étain du Japon nous vient des provinces de
« Hiuga et Bungo. Quand il contient du plomb, il est plus ten-
« dre et les vases faits de cet alliage se déforment et se dété-
« riorent facilement.

« L'étain parfaitement pur est connu au Japon sous le nom
« de 志也里 *Shiari*.

« Les vases en étain et en laiton perdent facilement leur
« éclat ; on peut leur donner un beau poli en les frottant dou-
« cement avec des cendres de paille, on peut aussi employer
« la poudre dite *To-no-ko* (argilophyre) ; on les essuie ensuite
« avec un chiffon en coton. Nous ne savons pas, par expérience,
« si la cendre des feuilles du Phytolacca acinosa ROXB. est pré-
« férable. »

Rappelons enfin que l'extraction de l'étain en Chine a été décrite par STAN. JULIEN et CHAMPION (l. c.) d'après le livre chinois *Ten-ko-kai-butsu*.

---

(1) Probablement un alliage d'étain et de plomb ; *pewter* des Anglais.

§ IV

CLASSE DES MÉTAUX PESANTS.

VINGT-NEUVIÈME SECTION.

LE PLOMB 鈆 YEN ou NAMARI.

Les minerais de plomb sont assez répandus au Japon, mais les filons dans lesquels ils viennent sont généralement pauvres. On connait le plomb, dans ce pays, depuis un temps immémorial. Le plomb sulfuré ou galène y vient souvent associé au blende et au cuivre sulfuré (pyrite cuivreuse), mais il parait que le galène ne se trouve pas dans les mines en quantités toujours suffisantes pour l'exploiter avec avantage. La production annuelle du plomb au Japon n'a pas excédé dans les dernières années de 250,000 à 270,000 kilogrammes, ce qui ne suffit pas aux besoins du pays. On importe actuellement d'Europe de 300,000 à 350,000 kilogrammes de plomb (en lingots, en plaques, feuilles et tubes) par an, sans aucune exportation de plomb du Japon, le charbon de terre, le cuivre, l'antimoine et le soufre étant jusqu'ici (1882) les seuls minerais expédiés du Japon dans d'autres pays. Les provinces d'*Ugo* (mines d'Ani, Yabetsu, Kago-yama, Daira); *Rikuzen* (mine de Hosokura); *Rikuchiu* (mine de Kosaka); *Hida* (Kamioka) et *Omi* (mine d'Inohana) sont celles qui produisent le plus de plomb. La province d'Ugo seule fournit les $2/3$ de la production entière.

N° 395. — PLOMB SULFURÉ. GALÈNE.

(*Bleiglanz*, Allem., *Galenite*, Angl.)

輝鉛鑛 **Ki-yen-ko** (minerai de plomb brillant). — Syn. 硫化鈴鑛 *Riu-kuwa-yen-ko* (minerai de plomb sulfuré). — 鉛鑛 *Yen-ko* (minerai de plomb). — 鉛石 *Yen-seki* (plomb pierre.) Cristaux cubiques ou octaédriques d'un gris foncé, à éclat métallique, de structure lamelleuse et d'un clivage facile. Les variétés à petites facettes, mais surtout celles à grains d'acier contiennent un peu d'argent et pour cette raison on les nomme souvent *Gin-ko* (minerai d'argent) au Japon, où dans plusieurs localités on en extrait l'argent. Fort souvent le galène se trouve mélangé de pyrite cuivreuse, de blende et d'un peu d'argent et il reçoit alors le nom de *Gin-do-yen-ko* (minéral d'argent, de cuivre et de plomb).

Ce minéral fournit tout le plomb, le litharge et le minium préparé au Japon et en outre une partie de l'argent.

Lieux de provenance,

En Chine :

Shan-si...	Kiang-chau.....	Yuen-chu-hien...	Mont. Peh.
Kan-suh...	Tsin-chau......	Hwui-hien.	
Shan-tung.	{ Ichau-fu.......	{ I-shui-hien.	
		{ Kü-chau.........	Mont. Chi-pau.
	Tsing-chau-fu..	Lin-kü-hien......	Mont. Sung.
Ngan-hwui.	Hwui-chau-fu.		
Ho-nan....	Ho-nan-fu.....	Sung-hien.	
Kiang-si...	{ Kwang-sing-fu..	Tsien-shan-hien.	
	{ Nan-ngan-fu....	Tsun-ni-hien.	
Hū-nan....	{ Chang-sha-fu.		
	{ Chin-chau.		
	{ Kwei-yang-chau.		
Kwei-chau.	{ Sz'chau-fu.....	Mont. Lung-tang.	
	{ Tu-yun-fu.....	Ching-ping-hien...	Mont. Hiang-lu.
Cheh-kiang.	{ Tai-chau-fu....	Tien-tai-hien......	Mont. Tien-tai
	{ Chu-chau-fu....	Sung-yang-hien.	
Fuh-kien...	{ Yung-chun-chau.	Ta-ting-hien.	
	{ Lung-ngan-chau.	San-tsing-ming.	

LE PLOMB.

KWANG-TUNG	Lien-chau-fu...	Yang-shan-hien.	
KWANG-SI..	Sz'ngan-fu.....	Shang-ling-hien.	
	Sin-chau-fu....	Kwei-hien.	
	Tsu-hiung-fu...	Tsu-hiung-hien.	
	Kwang-si-chau.	Mont. Peh-ting.	
YUN-NAN...	Kiuh-tsing-fu ..	Siuen-wei-chau....	Mont. Yang.
	Wu-ting-chau ..	Mont. Kan-yin.	
	Pu'rh-fu.......	Sihma-ting.	

Au Japon :

PROVINCES.	DISTRICTS.	LOCALITÉS.	REMARQUES ET NOMS POPULAIRES.
YAMATO....	Yoshino-gōri....	Takahara-mura...	*Yen-gin-ko.*
ISÉ........	Imbé-gōri......	Haruta-yama.....	*Gin-yen-ko.*
OMI.......	Aichi-gōri.....	Mandokoro-mura..	*Yen-shakū.*
	Inu-hana-gōri...	Inohana, Taga-mura	assez bonnes mines.
	Kurita-gōri.....	Tomikawa-mura et Kurotaki-mura.	
	Koga-gōri......	Okawara-mura.	
MINO......	Gunjo-gōri.....	Hatasa-mura.	
	Motosu-gōri....	Omatsu-mura. Matsuda-mura.	
	Mugi-gōri......	Motochi-mura.	
HIDA	Masuda-gōri....	Masé-mura. Atanogo-mura. Nagasé-mura.	
	Yoshiki-gōri....	Kamioka-mura.... Shikama-gumi, ...	contient de l'argent. On le sépare du plomb par cupellation.
		Atotsukawa-gumi. Higashi-urushi-yama gumi.	
SHINANO ...	Suwa-gōri	Kanasawa-mura.	
SHIMOTSUKÉ.	Tsuga-gōri	Ashiwo-mura.	
	Kawachi-gōri ...	Sakabé-mura.	
	Shiwoya-gōri ...	Nogawa-mura.	
IWASHIRO..	Onuma-gōri....	Oïshida-mura..... Hasho-mura......	*Gin-ko.*
	Kawanuma-gōri.	Kurosawa-mura.	

LE PLOMB.

PROVINCES.	DISTRICTS.	LOCALITÉS.	REMARQUES.
RIKUZEN	Kurihara-gōri	Uguïsu-sawa-mura, Hosokura	contient 0.05 % d'argent. Très anciennes mines, production annuelle: plomb 13,000 kilos., argent 10 kilos., ancien système de cupellation
RIKUCHIU	Kadzuno-gōri	Osarusawa-no-kosan	
		To-ada-gin-zan	en grande quantité et de très bonne qualité. *Yen-ko.*
MUTSU	Tsugaru-gōri	Ikari-gaseki-mura. Isagosé-mura.	
UZEN	Murayama-gōri	Takara-sawa-mura.	
UGO	Akita-gōri	Haya-kuchi-mura.	
		Ani, mukaï-yama.	production annuelle 80,000 kilos de plomb.
	Yamamoto-gōri	Yabetsu-gin-zan	production annuelle plomb 73,000 kilos., bonne qualité. *Yen-ko.*
	Semboku-gōri	Daira & Kago-yama. Kawasaki-mura.	
YECHIZEN	Nanjo-gōri	Makidani-mura	*Yen-ko.*
	Ono-gōri	Kurotodo-mura	*Gin-do-yen-ko.*
		Nojiri-mura	*Gin-do-ko.*
YECHIGO	Uwonuma-gōri	Shimo-uchi-tachi-m. Otochi-yama-mura. Uyédano-gin-zan	*Gin-ko.*
	Kambara-gōri	Takiya-mura.	
	Iwafuné-gōri	Kuwa-kawa-mura.	
TAJIMA	Asako-gōri	Asé-gin-zan	*Yen-ko.*
	Kita-gōri	Hajiri-mura	*Ko-seki.*
	Idzushi-gōri	Oku-yané-mura.	
HŌKI	Yatsu-hashi-gōri	Sambon-matsu-m.	
IDZUMO	Shimané-gōri	Kumotsu-ura.	

LE PLOMB. 591

PROVINCES.	DISTRICTS.	LOCALITÉS.	REMARQUES.
IWAMI	Nima-gōri	Sama-mura.	
HARIMA	Jinto-gōri	Nishi-obata-mura.	*Ko-seki.*
BITCHIU	Kawakami-gōri.	Ko-idzumi-mura..	associé à la pyrite cuivreuse. *Shiromé-gin* ou *Yo-seki-ko.*
	Shitsuki-gōri	Ihara-mura.	
BINGO	Yasuna-gōri	Mitani-yama	*Gin-yen-do-ko.*
AKI	Yamagata-gōri	Kohara-mura	*Yen-ko.*
NAGATO	Miné-gōri	Nagato-mura	*Yen-ren.*
KII	Muro-gōri	Ayukawa. / Wada-mura.	
SANUKI	Ano-gōri	Kokubu-mura.	
BUNGO	Ono-gōri	Kiura-no-ko-zan.. / Uchi-no-kuchi-mura	*Yen-ren.*
HIÜGA	Usuki-gōri	Iwato-mura.	
HIGO	Yatsushiro-gōri.	Ohobata.	
TSUSHIMA	Shimo-agata-gōri.	Shine-mura.	
HOKKAÏDO (île YESSO).	Iburi-shu	Yurap.	

N° 396. — PLOMB SULFURÉ ANTIMONIFÈRE.

a. PLAGIONITE.— *b.* JAMESONITE.— *c.* FEDERERZ.

硫化安質母尼鉛鑛 **Riu-kuwa-an-chi-mo-ni-yen-ko** (minerai de sulfure d'antimoine et de plomb). Syn. 鉛安質母尼鑛 *Yen-an-chi-mo-ni-ko* (minerai de plomb et d'antimoine).

[GEERTS. Trans. Asiat. Soc. Jap., vol. III.—BENJ. SM. LYMAN, Reports 1878, 1879, p. 185.]

Les trois variétés de plomb sulfuré antimonifère ont été trouvées au Japon, le *plagionite* en masses cristallines métalloïdes, formées de prismes obliques d'un gris de plomb foncé ; le *Jamesonite* en masses cristallines radiées, prismatiques d'un gris d'acier et le *Federerz* en masses métalloïdes d'un gris bleuâtre, formées de petites fibres agglomérées.

Nous avons reçu des spécimens de ces trois variétés de Tsuboï et Shikamura, dans la prov. de Hiuga, de Hitoyoshi, dans la prov. de Higo, de Tsubakiwara, dans la prov. de Bungo.

Ces minerais ont une faible valeur pratique parce qu'il est très-difficile de séparer, par la fonte, le plomb de l'antimoine, et aussi parce que le plomb et l'antimoine se rencontrent dans de plus riches minéraux tels que le galène et le sulfure d'antimoine. Néanmoins, il parait, suivant les informations données par M. Lyman (l. c.) qu'on obtient à Tsubakiwara, dans la province du Bungo, un alliage fort cassant et fusible (de plomb et d'antimoine) par la fonte de ces minerais.

N° 397. — OXYDE DE PLOMB. LITHARGE.

密陀僧 Mitsu-da-so ou 沒多僧 Botsu-da-so (noms empruntés par les Chinois et les Japonais à une langue étrangère) (1).

Vulgo ロカス Rokasu (dépôt de creuset). — Syn. *Rusoko* (lit de creuset).—*Shiro-kané-no-nerisoko* (fond ou lit [de creuset] après l'extraction de l'argent). — *Rukasu* (variante de *Rokasu*). — 甜面淳干 *Kan-men-jun-wu* (dépôt de creuset). — 灰垯 *Kuwai-hai* (cendre de creuset). — 陀僧 *Da-so.* — 爐底 *Ro-tei* (lit de creuset). — 酸化鉛 *San-kuwa-yen* (oxyde de plomb).

[*Hzkm.* vol. VIII, p. 24, r. fig. 8.—*Keimo,* vol. 4, p. 17, v.—*Hanb.* p. 8. « Meih-to-sang. »—Cleyer N° 168.—*Sm.* m. m. p. 136. « Mih-to-sang. »]

Masses pesantes jaunâtres ou grisâtres de structure cristalline radiée de $2\frac{1}{2}$ à 3 centimètres d'épaisseur, impures, obtenues dans les fonderies, après la séparation de l'argent du plomb d'après l'ancienne méthode chinoise ou japonaise. Le litharge du Japon contient toujours des quantités notables de cuivre et de matières insolubles dans l'acide nitrique (silice, argile). Il sert en médecine et dans la métallurgie pour réduire le plomb en le fondant avec du charbon de bois.

Ono Ranzan (l. c.) en parle dans les termes suivants : « On
« appelle 銀密陀僧 *Gin-mitsu-da-so* (litharge d'argent) le ré-
« sidu grisâtre (couleur de cendre), pesant, obtenu par l'affi-
« nage de l'argent. Le litharge nous vient, au Japon, d'Akita,
« province d'Ugo, de Hagi, province de Nagato, de la province
« de Bungo etc; mais on y trouve aussi le litharge d'origine

---

(1) Probablement du persan, les Chinois ayant obtenu cette substance de la Perse dans l'antiquité.

« étrangère et il faut faire une distinction entre les espèces an-
« ciennes et nouvelles.

« On lui donne le nom de 金密陀僧 Kin-mitsu-da-so (litharge
« d'or) quand sa couleur est jaune-rougeâtre, sa structure
« radiée, fibreuse, ressemblant à la substance dite 黃龍齒
« O-riu-shi (dent jaune de dragon), comme le dit le professeur
« So-kio.

« Elle porte, dans la médecine, encore un autre nom, celui de
« 金錫 Kin-shaku (étain doré), qu'il faut bien distinguer du
« 銀錫 Gin-shaku (étain argenté). Ce dernier est obtenu, selon
« le livre Butsu-ri-sho-shi, en mélangeant :

Plomb................ 1   kin (livre)
Sulfate de chaux....... 1.5 sen
Chlorure mercureux ... 1.5 sen.

D'après le Hon-zo-ko-moku la litharge est une substance de
la forme d'une dent jaune de dragon, dure, pesante, fibreuse
comme le gypse fibreux et elle vient de Perse, de Rei-nan et de
Bin-chiu en Chine. Il se forme dans le fond poreux, fait au
moyen des cendres de feuilles d'arbres, des fours qui servent
à l'affinage du plomb argentifère. On vend aussi une espèce de
litharge préparée avec le minium, qui se reconnaît facilement
par sa forme, mais en médecine on préfère la litharge qui provient des fours de raffinage. Pour l'employer dans la médecine
il faut le pulvériser, laver à l'eau courante de l'est à l'ouest,
puis le faire sécher sur du papier. On l'emploie à l'intérieur
pour une foule de maladies et extérieurement dans des on-
guents et emplâtres.

N° 398. — OXYDE ROUGE DE PLOMB. MINIUM.

鉛丹 Yen-tan (rouge de plomb). Syn. 虢丹 Kaku-tan.
國丹 Koku-tan ou 翩丹 Koku-tan. — 鉛黃華 Yen-ko-kuwa
(fleur jaune de plomb), ce nom répond plutôt au massicot qu'au
minium. — 軍門 Gun-mon (porte militaire, probablement parce que les portes des châteaux étaient souvent peintes en rouge).
— 金柳 Kin-riu. — 華蓋 Kuwa-gai (fleur ombrelle). — 龍汁
Riu-jiu (suc de dragon). — 黃丹 Ko-tan ou O-tan (rouge ou

cinnabre jaune, c'est-à-dire le massicot. — 丹粉 *Tan-fun* (poudre rouge). — 朱粉 *Shu-fun* (poudre vermillon). — 紅酸化鉛 *Ko-san-kuwa-yen* (oxyde rouge de plomb).

[*Hzkm.* vol. VIII, p. 21, r. — *Keimo*, vol. 4, p. 17, r. — *Hanb.* p. 8 « Weitan. » — *Deb.* p. 53 « Yuen-tan. » — *Sm.* m. m. p. 150 « Yuen-tan. ».]

Les Chinois ont su préparer le minium depuis la plus haute antiquité par un procédé de grillage d'un mélange de

    Plomb.............. 1 *kin*
    Soufre.............. 10 *riyo*
    Salpêtre............. 1 *riyo*

D'abord on faisait fondre le plomb, on y ajoutait une certaine quantité de vinaigre et successivement le soufre et le salpêtre. Après avoir été grillé assez longtemps, le mélange était broyé dans l'eau et lavé pour séparer l'oxyde rouge de plomb des impuretés. Au Japon on a suivi plusieurs méthodes qui sont tenues secrètes par les fabricants. Les différents procédés suivis, font que le minium est quelquefois plus ou moins rouge jaunâtre, à cause du massicot qu'il contient. Aussi distingue-t-on dans le commerce plusieurs variétés, selon leur pureté et la couleur. Les meilleures espèces de minium sont bien préparées et réduites en poudre impalpable.

ONO-RANZAN (l. c.) en donne la description suivante : « Le « mot 丹 *Tan* signifie originairemennt le cinnabre, mais ce que « nous désignons sous ce nom au Japon est une substance rouge « qui tire sur le jaune. Ainsi on appelle, souvent en Chine, le « minium (mêlé de massicot) *O-tan* (rouge-jaune) ; ce dernier « nom est donné aussi par les droguistes au minium qui n'a « pas été suffisamment grillé et que l'on ne distingue pas assez « du vrai minium (1).

« Autrefois on distinguait (d'après les noms des fabriquants) « au Japon le 長吉丹 *Chio-kichi-tan* (minium de *Chiokichi*) « le 市兵衛丹 *Ichibei-tan* (minium d'*Ichibei*) et le 勝吉丹 « *Katsukichi-tan* (minium de *Katsukichi*).

« La marque *Ichibei-tan* n'existe plus aujourd'hui ; les deux « autres sont la meilleure qualité ; vient ensuite comme secon-

---

(1) C'est évidemment du massicot dont il est question ici.

« de qualité le 光明丹 *Ko-miyo-tan* (minium brillant) et le
« 菊丹 *Kiku-tan* (minium marqué du chrysanthème) comme
« dernière qualité. Ajoutons que le mot 丹 *tan* est employé
« souvent dans le sens d'une « médecine » quelconque, alors il
« n'exprime plus une substance rouge, mais un arcane célè-
« bre (1). »

Le minium trouve un emploi assez fréquent dans la peinture, les fabriques de porcelaine, d'émaux, d'encre à estampiller etc.

N° 399. — PLOMB MOLYBDATÉ. WULFENITE.
MELINOSE, Beud. PLOMB JAUNE.

黃鉛鑛 **O-yen-ko** ou **Ko-yen-ko** (minerai de plomb jaune). — Syn 水鉛酸鉛鑛 *Sui-yen-san-yen-ko* (minerai de plomb molybdaté).

Cristaux tabulaires, fragiles, d'un jaune orange, fusibles au chalumeau, donnant des globules de plomb avec la soude, solubles dans l'acide hydrochlorique bouillant, avec résidu d'acide molybdique. La solution bleuit par l'immersion d'un morceau de zinc. On a trouvé ce minéral au Japon dans la province de Hida, district Ono-gōri, Shokawa-mura, Shirakawago, Tera-kawado, Mitani, Budo-shima-yama.

N° 400. — PLOMB CHLORO-PHOSPHATÉ. PYROMORPHITE.
(*Green lead ore*, Angl).

綠鉛鑛 **Riyoku-yen-ko** (minerai de plomb vert). Syn. 燐酸鉛鑛 *Rin-san-yen-ko* (minerai de plomb phosphaté).

Masses fibreuses composées d'aiguilles fines, fragiles et divergentes de couleur verte, solubles sans effervescence dans l'acide nitrique. Le musée de Tokio possède des échantillons qui viennent de

Rikuchiu.......	Kadzuno-gōri.....	Kanayama-horaiko.
Ugo..........	Akita-gōri.......	Kosaka-no-ko-zan.

Dans ces deux localités il est vulgairement appelé 黃土 *O-do*.

---

(1) On applique aujourd'hui assez fréquemment ce mot aux spécialités des charlatans qui vendent leurs préparations en criant dans les rues. Ainsi par exemple le 寶丹 *Ho-tan* (médecine trésor) ; le 千金丹 *Sen-kin-tan* ; le 萬金丹 *Man-kin-tan* etc.

Nº 401. — PLOMB CARBONATÉ. CÉRUSE NATIVE. CÉRUSSITE.

白鉛鑛 **Haku-yen-ko** (minerai de plomb blanc). Syn. 炭酸鉛鑛 *Tan-san-yen-ko* (minerai de plomb carbonaté).

Prismes hexaédriques, fragiles, pesantes, solubles avec effervescence dans l'acide nitrique, facilement réductibles au chalumeau.

Ce minéral vient en petite quantité dans la province de Bungo, district Ono-gôri, Uchinokuchi-yama. On le nomme là vulgairement *Namari-no-shiro-ko-kô*.

Nº 402. — CÉRUSE ARTIFICIELLE. BLANC DE PLOMB.

白鉛粉 **Haku-yen-fun** (poudre blanche de plomb). Vulgo 粉錫 **Fun-shaku** (poudre étain) ou 京オシロヒ **Kiyo-Oshiroï** (fard de la capitale [Kiyoto]).—**Oshiroï** (fard).

Synonymes au Japon : 白膏 *Haku-ko* (onguent blanc).— 流丹白膏 *Riu-tan-haku-ko* (rouge courant, onguent blanc).— 流丹 *Riu-tan* (rouge courant).—丹地黄 *Tan-ji-wo* (Rehmannia rouge). — 鉛英 *Yen-yeï* (esprit ou bouquet de plomb). — 塗坯 *To-hai* (pâte à peinture). — 粉沁 *Fun-shin* (cœur de poudre). — 五華直 *Go-kuwa-choku* (valeur des cinq fleurs).— 杭粉 *Ko-fun* (poudre du pays de *Ko* [en Chine]). — 朝粉 *Cho-fun* (poudre du matin ou poudre de la cour impériale).— 胡粉 *Ko-fun* (poudre [des pays] barbares). — 炭酸鉛 *Tan-san-yen* (plomb carbonaté).

Synonymes en Chine : 解錫 *Kai-shaku* (poudre étain). — 鉛粉 *Yen-fun* (plomb poudre). — 鉛華 *Yen-kuwa* (fleur de plomb). — 定粉 *Teï-fun* (poudre à fixer). — 瓦粉 *Guwa-fun* (poudre en morceaux carrés). — 光粉 *Ko-fun* (poudre brillante). — 白粉 *Haku-fun* (poudre blanche). — 水粉 *Sui-fun* (poudre aquatique), c'est plûtot le nom de l'*amidon*. — 官粉 *Kuwan-fun* (poudre de la cour).

[*Hzkm*. vol. VIII, p. 17, v.—*Keimo*, vol. 4, p. 15, v.—*Hanb*. p. 8 « Yuen-fun. »—*Deb*. p. 53 « Koûau-fen. »—*Sm*. m. m. p. 231 « Peh-fen. »—ATKINSON, on the manufacture of *Oshiroï*, in Trans. Asiat. Soc. Japan, vol. VI, p. 277-290.]

La céruse japonaise varie beaucoup en qualité. On en trouve quelquefois dans le commerce d'une grande pureté, mais très-souvent elle est mêlée d'amylum de la racine du Pachyrhizus Thunbergianus SIEB. ET ZUCC. ou bien falsifié de carbonate de chaux. Nous avons même rencontré, sous le nom de céruse (*Kiyo-Oshiroi*), une poudre blanche qui consistait en craie, sans aucune particule de céruse. On fait beaucoup usage, comme fard, de cette substance au Japon. Les femmes, les acteurs et même les enfants se couvrent trop souvent le cou et le visage d'une couche épaisse de cette poudre vénéneuse. C'est surtout à Kiyoto et au centre du Japon qu'on abuse de l'emploi du blanc de plomb. A Tokio l'usage de la poudre tend à présent à diminuer un peu parmi les dames de bonne famille, grâce à une meilleure éducation hygiènique. Comme on le verra plus loin, les Japonais ont emprunté aux Chinois l'habitude de farder leurs enfants et leurs femmes et l'usage universel du blanc de plomb ne date que de la fin du seizième siècle.

Kiyoto a été de tout temps célèbre pour ses fabriques de blanc de plomb. M. ATKINSON (l. c.) a visité un de ces établissements. Voici un résumé de ses observations: Sur un sol ferme on bâtit un plateau en brique d'environ 3 décimètres de hauteur. De distance en distance (à un mètre environ) se trouvent dans ce plateau des cavités sur lesquelles on place des plats en poterie rudimentaire, que l'on remplit ensuite de vinaigre. Les plats sont lutés dans cette ouverture au moyen d'argile et après que l'appareil est complètement installé, un brasero japonais (*hibachi*) est placé dans chaque cavité, au-dessous des plats de vinaigre. Un demi-tonneau sans fond, d'environ un mètre de hauteur, est ensuite posé au-dessus de chaque plat sur le plateau en brique. Au milieu du tonneau se trouve un diaphragme en bambou tressé, sur lequel on fait reposer perpendiculairement des rouleaux de plomb en feuilles minces. Dans la partie inférieure de ce tonneau une ouverture a été pratiquée, par laquelle on peut verser du vinaigre dans le plat.

Au-dessus de ce premier on place un autre tonneau sans fond (un tonneau à *saké* ou *saké-daru*) et sur celui-ci encore d'autres jusqu'au nombre de quatre. La hauteur de ces tonneaux superposés atteint environ 4 mètres. Comme les tonneaux à *saké* sont un peu coniques, la partie inférieure de l'un peut s'encastrer assez facilement dans la partie supérieure de l'autre ; les joints sont lutés soigneusement avec de l'argile. Chaque tonnelet possède son diaphragme au milieu, sur lequel on place perpendiculairement, comme dans le premier tonneau, les rouleaux de plomb en feuilles. Le tonneau le plus élevé est fermé par un couvercle en bois, dont on couvre les joints soigneusement avec du papier et du mucilage. Dans la fabrique visitée par M. ATKINSON il y avait 21 de ces appareils, chacun de 4 tonneaux et demi. Ils sont tous remplis de plomb en même temps. Le feu, au-dessous du plat de vinaigre, doit être réglé avec soin, pour éviter qu'une perte de l'acide acétique soit causée par une chaleur trop grande. De temps en temps on ajoute, par l'orifice inférieur du demi-tonneau, du vinaigre, jusqu'à 7 *sho* (12. 67 litres) par jour et pour chaque fourneau. La température au fond du four varie de 52.8° C-64.4° C; dans un des fours il y avait en haut une température de 45.5° C. tandis que le tonneau inférieur indiquait une température de 55.5° C. la différence étant donc 10° C.

Au bout de 20 jours on ôte les couvercles au sommet et quand on trouve le plomb recouvert d'une poudre blanche on cesse l'opération. On laisse le tout se refroidir, on frappe chaque rouleau de plomb pour en séparer la croute de céruse, on laisse cette dernière tomber dans un tonneau rempli d'eau et on remue le tout constamment pour bien diviser la poudre. Le liquide laiteux qui résulte de cette opération est filtré à travers des tamis très-fins et mis à côté dans un réservoir à précipitation. Après que l'eau surnageante est décantée du sédiment formé, on ramasse la pâte dense dans des plats en poterie poreuse, afin de la dessécher. Quelquefois on a recours en outre à la chaleur artificielle pour accélérer cette opération. La pâte est souvent coupée en morceaux carrés avant d'être desséchée. Elle forme la céruse de première qualité. En pulvérisant dans un moule le résidu du lavage et ce qui reste au tamis et en soumettant la poudre obtenue au même procédé de lévigation, on obtient la céruse de deuxième qualité.

Quand elle est employée pour le cosmétique on y mêle des

quantités variables d'amylum et des matières odoriférantes comme le musc, le camphre de Bornéo, etc.

Selon l'analyse de M. TAKAMATSU de Tokio la céruse japonaise pure a la composition suivante :

Oxyde de plomb	86.42
Acide carbonique	11.60
Eau	2.00
	100.02

D'où il résulte que sa composition est analogue à la céruse préparée selon l'ancienne méthode hollandaise.

Nous avons analysé, en 1878, 21 espèces différentes de blanc de plomb japonais, vendu comme cosmétique par un fabricant de Tokio, MURATA MUNEKIYO. Parmi ces 21 espèces, il y en avait 13 (à l'usage des femmes et des enfants) qui étaient composées d'un mélange de 61 à 75 % de céruse et 23 à 36 % d'amidon, parfumé de musc et de camphre de Bornéo ; une seule espèce parfumée, *Yeri-oshiroï*, était spécialement destinée à farder le cou et consistait en céruse très-fine, sans mélange d'amidon ; sept espèces étaient vendues à l'usage des acteurs, elles n'étaient ni aussi pures ni aussi fines que les autres, non parfumées et consistaient en céruse, sans amidon. En examinant les 13 premières espèces au microscope nous avons pu constater que l'amidon était celui de la racine du Pachyrhizus Thunbergianus SIEB. et ZUCC. (Pueraria Thunbergii BENTH.).

En ce qui concerne l'action de ce cosmétique sur la santé des femmes et des enfants, nous n'avons jamais vu de cas d'empoisonnement, comme on en observe chez les ouvriers dans les fabriques de céruse. Seulement on aurait tort de conclure de cette observation que le cosmétique du Japon n'est pas nuisible à la santé. Ainsi par exemple, la peau du visage des femmes au Japon perd déjà à un âge peu avancé beaucoup de sa souplesse et se crevasse facilement, tandis que les acteurs ont les pores de la peau remplis d'une substance noirâtre, qui les oblige à abuser de plus en plus du cosmétique.

L'auteur du *Hon-zo-ko-moku* s'exprime dans les termes suivants sur la céruse : « On a appelé la céruse 粉錫 *Fun-shaku*

« (poudre d'étain), parce qu'elle est préparée au moyen de 黑錫
« *Koku-shaku* (étain noir), c'est-à-dire de plomb. Ces deux
« caractères (粉錫 *Fun-shaku*) donnent lieu quelquefois à une
« confusion avec la poudre d'étain, mais il faut bien remarquer
« que la céruse se prépare avec du plomb et non pas avec l'é-
« tain. Le professeur (chinois) So-Kiyo est cause de cette erreur
« puisqu'il confond toujours les deux métaux, l'étain et le
« plomb.

« *Préparation de la céruse :* On fond d'abord le plomb en
« feuilles minces, dont on forme des rouleaux, qui sont placés
« dans un grand tonneau en bois dans lequel se trouvent aussi
« deux vases remplis de vinaigre. Le tout est bien fermé et luté
« avec de l'argile et du papier et chauffé pendant plusieurs jours.
« La poudre blanche qui adhère au plomb est ôtée et lavée et
« le plomb qui reste est calciné dans un four pour en obtenir
« du massicot (黃丹 *O-tan* ou 黃粉 *O-fun*).

« Les ouvriers tombent quelquefois malades. On cite même
« des cas où ils sont morts la peau devenant jaune. La céruse
« a la propriété de se noircir au contact du soufre ou de l'orpi-
« ment, puisqu'elle est antipathique à ces substances. On em-
« ploie la céruse pour enlever l'acidité d'un vin gâté, pour
« noircir la barbe et les cheveux, pour guérir les plaies et
« plusieurs maladies de la peau et pour désinfecter les fosses
« d'aisance. Il faut cependant faire attention de ne jamais em-
« ployer ce remède pour les femmes enceintes, car il cause
« facilement un avortement. »

Ono Ranzan (l. c.) donne les informations suivantes au sujet
« du blanc de plomb : « La poudre dite 胡粉 *Ko-fun* (poudre
« des barbares) n'est autre chose que ce que nous appelons
« *Kiyo-oshiroï* en morceaux rectangulaires. On prépare la céruse
« en chauffant longtemps des feuilles de plomb au milieu de va-
« peurs de vinaigre ; ces dernières attaquent le plomb de gré
« à gré. Il ne faut pas confondre la céruse avec le 蛤粉 *Go-fun*
« (poudre de coquilles ou carbonate de chaux), qui est souvent
« employée par les peintres, soit en la délayant dans une
« solution aqueuse de gélatine, soit suspendue dans du vernis.
« La céruse aussi est souvent employée dans la peinture, mais

« elle ne peut pas servir pour les dessins sur porcelaine, par-
« ce qu'elle change de couleur par la chaleur et devient alors
« jaune-rougeâtre.

« Au Japon on donne généralement à la céruse qui sert à la
« toilette, le nom de 白粉 *Haku-fun* (poudre blanche). Le
« blanc de plomb pour la toilette a été préparé pour la pre-
« mière fois au Japon dans la sixième année du règne de l'im-
« pératrice 持統 Ji-to (692 de notre ère). Comme récompense,
« des tissus de coton ont été donnés au fabricant. Pendant les
« périodes Keï-cho et Genna (1596-1623 après J. C.) M. Konishi
« Sébé, droguiste à Sakai, dans la province d'Idzumi et père de
« Konishi-setsu-no-kami, est allé en Chine et a appris pendant
« son séjour dans ce pays à préparer le blanc de plomb d'après
« le procédé chinois. En Chine, on emploie la céruse dans la
« peinture au lieu de poudre de coquilles. »

Dans les anciens temps il était seulement permis aux dames
de la cour de se servir de cosmétique et il paraît que l'usage
universel, au Japon, du blanc de plomb comme fard, ne date
que du commencement du dix-septième siècle.

N° 403. — SOUS-ACÉTATE ET CARBONATE DE PLOMB.

鉛霜 **Yen-so** ou 鈴白霜 **Yen-haku-so** (gelée blanche
du plomb). Vulgo **Namari-no-kofuki** (poudre qui se forme
sur le plomb). — Syn. *Namari-no-kabi* (moisissure de plomb).
— *Namari-no-shiro-kofuki* (poudre blanche qui se forme sur
le plomb).

[*Hzkm.* vol. VIII, p. 16, v. — *Keimo*, vol. 4, p. 15, r. — *Sm.* m. m.
p. 181 « Yuen-Shwang. »]

L'auteur chinois fait mention de cette substance comme étant
un produit que l'on obtient par la macération dans du vinaigre
d'un amalgame de quinze parties de plomb sur une partie de
mercure.

Nous n'avons jamais vu cette substance, qui ne se trouve
plus dans le commerce des drogues au Japon.

Le *Hon-zo-ko-moku* la recommande comme remède pour
combattre les fièvres, comme lotion astringente dans les maladies des yeux, contre le mal d'estomac etc.

N° 404. — ACÉTATE DE PLOMB CRISTALLISÉ.

鉛糖 **Yen-to** (sucre de plomb). Syn. 結晶醋酸鉛 *Ketsu-sho-saku-san-yen* (cristaux d'acétate de plomb).

L'acétate de plomb cristallisé n'est pas mentionné par les anciens livres. Actuellement on l'emploie beaucoup au Japon dans la médecine, pour en faire des lotions, eau de Goulard etc.

EXTRACTION DU PLOMB.

N° 405. — PLOMB.

鉛 **Yen.** Vulgo **Namari.** Syn. 黒鉛 *Koku-yen* (plomb noir). — 烏錫 *U-shaku* (étain noir). — 鎧 *Kai* (métal à souder). — 青金 *Seï-kin* (métal bleuâtre). — 黒錫 *Koku-shaku* (étain noir). — 金公 *Kin-ko* (décomposition du caractère chinois pour le plomb 鈆). — 水中金 *Sui-chu-kin* (métal liquéfiable).

[*Hzkm*, vol. VIII, p. 30, r. fig. 7.—*Keimo*, vol. 4, p. 14, r.—STAN. JUL. CH. p. 40.—*Sm.* m. m. p. 130.—Techn. jap. *San-kaï-meï-butsu-dzu-kuwai*. 1, vol.—Enc. jap. *Wa-kan-san-zaï-dzu-yé*, vol. 59, p. 6, v.—MUNROË, The mineral wealth of Japan, in Engineering & mining journal, vol. XXII, p. 370, Dec. 1876.—PUMPELLY in Smithsonian contrib. vol. XV, p. 81, 1867.—C. NETTO On mines & mining in Japan, p. 32-34.]

Le plomb est un métal que les Japonais employaient peu autrefois, mais dans les dernières années ils en ont fait un plus grand usage, de telle sorte que le plomb figure parmi les produits d'importation de pays étrangers pour environ 300,000 à 350,000 kilogrammes. Le plomb est extrait de la galène, au Japon, dans la plupart des cas comme produit secondaire des mines de cuivre, puisque la galène se trouve souvent associée à de la pyrite cuivreuse. C'est ainsi qu'on obtient dans une quarantaine de différentes mines de petites quantités de plomb, mais la province d'Ugo seule fournit (mines d'Ani, Yabetsu, Kago-yama, Daïra) les $2/3$ de la production entière. La cause de la production relativement minime du plomb au Japon n'est pas dans la qualité du minerai, puisque la galène est de bonne qualité et souvent même très-belle et pure, mais dans le carac-

Planche XXIV, Cf. Page 603. SAN-KAI-MEI-BUTSU-DZU-YÉ (山海名物圖會) — Vol. J.

FOURNEAU A PLOMB.

tère des gisements qui sont en général trop dilués, avec des filons très-minces, irréguliers, ce qui cause un travail beaucoup trop considérable et de trop grands frais pour les exploiter.

Le procédé pour extraire le plomb du minerai est fort simple. La galène est d'abord assortie rudement à la main, séparée des corps étrangers auxquels elle adhère ; ensuite on la pulvérise grossièrement au moyen de pilons à levier, on passe la poudre au tamis et on la lave à la main dans des sébiles en bois, afin de séparer la galène autant que possible de la gangue, pyrite, blende et autres impuretés adhérentes. La poudre lavée et purifiée donne alors en moyenne 60 % de plomb et 0.1 à 0.2 % d'argent. Quelquefois la galène contient même jusqu'à 3 % d'argent, comme dans la mine de Mandokoro de la province d'Omi.

Le four, dans lequel on fond le minerai pulvérisé et lavé, est formé par une cavité pratiquée dans le sol, dont les parois sont recouverts d'une couche d'un mélange de charbon de bois en poudre et d'argile réfractaire. On a ainsi une espèce de creuset hémisphérique d'environ 0.4 mètres de largeur (diamètre) et 0.26 mètres de profondeur.

Le tube d'un soufflet rectangulaire (voir la planche XXIV) traverse le bord supérieur du four et le charbon de bois sert de combustible. Le tout est surmonté d'une cheminée faite de bambou et d'argile, pour conduire la fumée et les gaz de combustion au dehors.

Après que le creuset a été bien desséché, on y met un peu de charbon de bois, puis environ 30 à 35 kilogrammes de minerai pulvérisé et lavé et ensuite on le remplit de charbon et on commence à chauffer.

La galène est convertie, à l'aide de l'air que fournit le soufflet, partie en sulfate de plomb et partie en plomb métallique, tandis qu'une portion du soufre s'échappe, avec les produits de la combustion, sous forme d'acide sulfureux. Immédiatement après, la partie de plomb métallique absorbe de l'oxygène, et est ainsi convertie en oxyde de plomb. Une autre portion de la galène reste sans altération.

A ce moment de l'opération on ajoute environ 30 % du poids de minerai de fonte de fer en petits morceaux cubiques et le tout est bien remué avec une barre en fer lorsque la chaleur a atteint son maximum. Deux heures après le commencement de la fonte, on ôte le charbon, puis on enlève les scories surnageantes en jetant un peu d'eau sur le bain, jusqu'à ce que la surface du plomb métallique soit devenue libre. Le métal est enfin coulé dans de petits moules en fer, ou bien en barres et en gateaux.

Les scories sont pulvérisées, lavées encore une fois et fondues ensuite avec un nouveau chargement.

On obtient aussi une certaine quantité de plomb de la litharge, produite par la cupellation de l'argent, en fondant la litharge avec du charbon de bois, afin d'en réduire l'oxyde de plomb.

Le procédé japonais est le même que celui en usage en Europe ; le fer, en raison d'une affinité supérieure, s'empare du soufre de la galène et met le plomb en liberté (*Niederschlagarbeit* des Allemands).

Voyons maintenant ce que les auteurs indigènes disent du plomb :

Le *Hon-zo-ko-moku* dit ce qui suit : « On trouve le plomb
« dans les mines d'argent de 平澤 *Hei-taku* du pays de 蜀郡
« *Shoku-gun* et en outre dans l'intérieur des montagnes sur
« lesquelles poussent certaines plantes à tige rougeâtre (1). Les
« galeries dans les mines de plomb renferment souvent un air
« délétère qui affecte fortement la peau et qui fait gonfler le ventre
« des mineurs quand ceux-ci restent trop longtemps dans la mine.

« Le livre 獨孤滔 *Doku-ko-to* fait mention d'une espèce
« de plomb qui s'appelle 草節鉛 *So-setsu-yen* (plomb à forme
« de nœud). Cette substance n'est autre chose qu'une variété
« d'un minerai brut de plomb, cassante et fragile et produisant
« par la calcination du gaz acide sulfureux. Le 生鉛 *Sei-yen*
« (plomb brut) est aussi un minerai de plomb produisant par le
« grillage des gaz sulfureux (2). Le 紫背鉛 *Shi-hai-yen* (plomb

---

(1) L'auteur chinois ne mentionne pas le nom de cette plante.

(2) Les deux minerais *So-setsu-yen* et *Sei-yen*, dont il est question ici, sont probablement des variétés de galène.

LE PLOMB. 605

« à dos pourpre violet) ou 熟鉛 *Juku-yen* (plomb mûr) sont
« les noms d'une espèce de plomb métallique fort pur et qui
« serait très-dur, pouvant même rayer le corindon 金剛鑽
« *Kon-go-san* (1).

« Le 釣脚鉛 *Chio-kiyaku-yen* (plomb pied de crochet) est
« du plomb ayant la forme de petites boules, que l'on trouve
« souvent dans les sables des vallées du pays de 雅州 *Ga-shu*
« (en Chine).

« Le 盧氏鉛 *Ro-shi-yen* est une espèce de plomb impur.
« Le 信州鉛 *Shin-shu-yen* (plomb du pays de Shin-shu, en
« Chine) et le 陰平鉛 *Im-peï-yen* (plomb sombre aplati) du
« pays de 劍州 *Ken-shu* (en Chine), sont des minerais de plomb
« qui contiennent du cuivre et du fer comme impuretés.

« Selon le livre *Ho-zo-ron* il y a plusieurs variétés de plomb,
« mais celui du pays de 波斯 *Ha-shi* (Perse), dur et blanc,
« est le meilleur. Les minerais connus sous les noms de *So-*
« *setsu-yen* et 衘銀鉛 *Gan-gin-yen* (plomb qui contient de
« l'argent) contiennent des quantités variables d'argent.

« Le plomb possède à l'intérieur les cinq couleurs. Les deux
« espèces qui s'appellent 上饒 *Jo-jo* et 樂平 *Riku-heï* sont
« après le plomb de la Perse les meilleures.

« Le 負版鉛 *Fu-han-yen* est un plomb qui contient du fer.

« D'après l'histoire naturelle du professeur SHUKU-SHIN-KUN
« le plomb est l'aïeul des cinq métaux (2) ; ainsi il peut amollir
« les métaux et les dissoudre. L'orpiment est la base des métaux
« et contient quelquefois du plomb. Le plomb vient dans les
« mines d'argent, puisqu'il est l'aïeul de ce dernier. Le plomb
« du pays de *Shin-shu* contient du cuivre, puisqu'il est l'aïeul
« de ce métal. Enfin il varie beaucoup dans ses qualités. Au
« moyen du soufre et du plomb le minium (3) se forme ; com-
« biné avec la substance dite 硵 *Ro* il peut amollir le fer ;

---

(1) Ceci est une de ces absurdités que l'on trouve si souvent chez les auteurs chinois à côté de renseignements exacts et utiles.

(2) Remarquons que les alchimistes, depuis le temps de RAYMOND LULLUS (1235), ont appelé le plomb *Saturnus* 鉛.

(3) Ici il doit y avoir une erreur, ou bien l'auteur a oublié de mentionner le salpêtre.

« tantôt il se transforme en blanc de plomb, tantôt en massicot,
« litharge et sous-acétate de plomb. »

Le naturaliste japonais Ono-Ranzan parle du plomb dans les termes suivants :

« Dans le *Hon-zo-ko-moku* il est dit que le nom de 金公
« *Kin-ko* (maître des métaux) est un synonyme du plomb, dérivé
« de la décomposition du caractère 鈆 dans ses deux radicaux.
« C'est une erreur de Ho-boku-shi, répétée par Li-shi-chin. Car
« le caractère 鈆 Shu, quoique très semblable au caractère
« 鉛 Yen (plomb), ne signifie nullement du plomb, mais du
« fer fin.

« Le synonyme 水中金 *Sui-chu-kin* que l'on a donné au
« plomb, peut donner lieu à une confusion avec le 水中金 *Sui-*
« *chu-kin*, mentionné dans le livre *Yaku-seï-ron* pour désigner
« la menstruation chez les femmes.

« Les variétés de plomb 草節鉛 *So-setsu-yen* (plomb des
« nœuds d'herbe) et 單生鉛 *Tan-seï-yen* (plomb isolé) sont de
« meilleures espèces de plomb. Ce qu'on appelle 倭鉛 *Wa-yen*
« (plomb japonais ou mieux petit plomb) [en Chine] n'est autre
« chose que le zinc, que l'on obtient par la réduction de la cala-
« mine. (Cf. p. 573 de cet ouvrage).

« On a aussi donné le nom de 五金猩狂 *Go-kin-heï-kan*
« (modificateur des cinq métaux) au plomb, à cause de sa pro-
« priété de former facilement des mélanges ou alliages avec
« les autres métaux, tout en changeant les qualités de ces
« derniers. »

Finissons en relatant que le plomb, outre son emploi dans les arts et les industries, est considéré par les Chinois comme un agent thérapeutique puissant et que le *Hon-zo-ko-moku* recommande son usage pour calmer le cœur et l'esprit, comme vermifuge, comme remède tonique, et comme astringent dans les maladies des dents, des yeux et les blessures. Aussi est-il recommandé comme antidote dans les cas d'empoisonnement par le chlorure de mercure, l'arsenic et le soufre.

§ IV

CLASSE DES MÉTAUX PESANTS.

(TRENTIÈME SECTION).

L'ANTIMOINE 鋌 TEÏ ou 銛 KO. — 安質母尼 AN-CHI-MÖ-NI ou 安質沒尼 AN-CHI-MO-NI ou 安智門 AN-CHI-MON ou 私知毘母 SU-CHI-BIYU-MU.

ANCIEN NOM 伊豫白鑞 IYO-SHIROMÉ.

Les auteurs chinois et japonais n'ont pas fait une distinction bien nette entre le plomb ou l'étain et l'antimoine. Cependant on trouve l'antimoine sulfuré dans plus de dix provinces différentes du Japon (1) et en outre le plomb sulfuré antimonifère (cf. p. 591) n'est pas rare dans ce pays. Dans les dernières années les minerais d'antimoine ont été l'objet de plus d'attention de la part des Japonais, car le commerce étranger a stimulé l'exportation de l'antimoine sulfuré, une fois fondu du minerai brut. Autrefois les Japonais ont connu, il est vrai, l'antimoine sous le nom de *Iyo-shiromé* (litt. soudure des plombiers de la province d'Iyo), mais on le confondait avec les alliages de plomb et d'étain, connus sous le nom de *Shiromé* ordinaire. Dans les

---

(1) L'assertion de Kaempfer, Histoire du Japon, livre I, chap. VIII, « *l'antimoine manque absolument au Japon* », est par conséquent tout-à-fait erronée.

anciens temps il n'y avait même pas un nom spécial pour désigner l'antimoine et celui actuellement en usage dérive du nom européen de ce métal.

La production annuelle de l'antimoine sulfuré au Japon va en augmentant depuis 1875 et bien que nous ne puissions pas indiquer avec une certitude parfaite la quantité de minerai obtenue à présent, nous pouvons cependant l'évaluer (1882) sans crainte de graves erreurs, à environ 500,000 kilogrammes par an, représentant une valeur d'à peu près 35,000 dollars.

Les provinces d'Iyo (mine Daï-shioïn) et Tosa (mine Motokawa) en produisent le plus. Le minerai une fois fondu est exporté principalement du port de Kobé-Hiogo. Dernièrement on a amélioré la purification du minerai brut, afin de le débarrasser autant que possible du soufre. Nous ne doutons pas que l'exploitation de l'antimoine augmentera encore à l'avenir considérablement au Japon.

N° 406. — ANTIMOINE SULFURÉ. STIBINE. STIBNITE. ANTIMONITE.

輝安質母尼鑛 **Ki-an-chi-mö-ni-ko** (minerai d'antimoine brillant). Vulgo 鉐石 **Ko-seki.** Syn. 硫化安質母尼鑛 *Riu-kuwa-an-chi-mö-ni-ko* (minerai d'antimoine sulfuré). —安智門鑛 *An-chi-mon-ko* (minerai d'antimoine).—白鑛鑛 *Shiromé-ko* (minerai d'antimoine).—伊豫白鑛鑛 *Iyo-shiromé-ko.*

Ce minerai vient au Japon sous plusieurs formes :

1° En prismes rhomboïdaux hexaèdres, à faces striées longitudinalement, à sommets tétraèdres, d'un lustre métallique, fort éclatants, fragiles. Nous avons eu sous les yeux des amas de prismes d'une grande beauté, ayant une longueur de plus de deux décimètres et demi et provenant de la province d'Iyo (Shikoku) ;

2° En masses bacillaires ou aciculaires d'un gris de plomb et

3° En masses granulaires massives.

La gangue est tantôt schisteuse, tantôt quartzeuse. Les Japonais savent très-bien purifier le minerai brut et offrent un antimoine sulfuré fondu de bonne qualité au marché étranger dans les ports ouverts.

Nous avons analysé un nombre de spécimens japonais, qui ont donné les résultats suivants :

Antimoine sulfuré du Japon.	I Minerai brut d'Amakusa.	II Minerai brut de Hiūga.	III Une fois fondu, de Settsu.	IV Une fois fondu	V Une fois fondu	VI Une fois fondu	VII Une fois fondu	VIII Une fois fondu
Antimoine	58.5	56.1	68.9	70.6	69.7	70.4	71.0	70.8
Soufre	24.0	23.8	30.5	28.8	29.8	28.3	28.1	28.3
Silice	16.1	19.0	0.4	0.2	0.3	0.7	0.3	0.5
Fer	1.4	1.1	0.2	0.4	0.2	0.6	0.6	0.4
Arsenic	traces	traces	—	—	traces	traces	—	—

Une compagnie japonaise, dite *Nowasha*, à Osaka, a dernièrement (1882) commencé à extraire le métal, *regule d'antimoine*, du minerai. Un échantillon envoyé à notre laboratoire par le directeur M. OHASHI NOBUHIRO, a donné des résultats très-satisfaisants. L'antimoine était parfaitement libre d'arsenic, de plomb et d'étain et ne montrait que des traces fort minimes de cuivre, de fer et de soufre comme impuretés.

Autrefois on a seulement extrait une petite quantité d'un alliage de plomb et d'antimoine, employé, au Japon, tant pour l'étamage des objets en cuivre que pour la fabrication de mauvais miroirs métalliques japonais. Cet alliage d'antimoine s'appelle ordinairement 伊豫白鑞 *Iyo-shiromé* (soudure des plombiers de la province d'Iyo) ou 偽白鑞 *Gi-haku-ro* ou *Nisé-shiromé* (soudure fausse) (1).

Nous croyons même que le métal, dont le *Zoku-ni-hon-ki* parle, et qui est présenté dans ce livre comme étant de *l'étain*, provenant de la province d'Iyo (cf. p. 585 de cet ouvrage), nommé en 698 de notre ère 白鑞 *Haku-katsu*, n'est autre

---

(1) Très-souvent on l'appelle aussi simplement 白鑞 *Shiromé*, mais nous n'avons pas voulu suivre cette coutume, afin de n'appliquer ce nom qu'à la soudure des plombiers (alliage d'étain et de plomb) et d'éviter toute confusion.

que de l'antimoine, puisque la province d'Iyo produit bien de l'antimoine sulfuré, mais pas de minerais d'étain. Si cette version était vraie le nom de *Haku-katsu* formerait un autre synonyme pour l'antimoine.

Lieux de provenance :

PROVINCES.	DISTRICTS.	LOCALITÉS.	REMARQUES.
MINO	Doki-gōri	Tsuki-yoshi-mura.	
HIDA	Yoshiki-gōri	Higashi-urushi-yama.	
UZEN	Tagawa-gōri	Otori-mura.	
KII	Hidaka-gōri	Kushiki-mura.	
AWA	Amabé-gōri	Minasé-mura.	
IYO	Unsen-gōri	Sento-mura	Première qualité.
	Uwa-gōri	Takakushi-mura.	
	Nii-gōri	Saijio-mura / Dai-shioïn-mura.	Première qualité et grande quantité.
TOSA	Tosa-gōri	Motokawa-no-gô. / Komugi-hata-mura.	
BUNGO	Hayami-gōri	Rokutaro-mura. / Shimo-mura.	
HIGO	Amakusa-gōri	Takahama-mura.	
	Kuma-gōri	Okamoto-mura.	
HIUGA	Usuki-gōri	Sanïn-mura. / Hichiya-mura.	
	Morogata-gōri	Yotsuya-mura. / Takagi-mura.	

§ IV
CLASSE DES MÉTAUX PESANTS.
(TRENTE ET UNIÈME SECTION).

LE CUIVRE 銅 DO ou 赤銅 AKA-GANÉ.

Le cuivre est connu et exploité au Japon depuis le commencement du huitième siècle et a été, depuis trois siècles, un article régulier d'exportation du Japon, la production de ce métal ayant été de tout temps d'une assez grande importance.

Les minerais de cuivre, principalement la pyrite cuivreuse, se trouvent dans presque toutes les provinces du Japon et le nombre des mines, grandes et petites, qui ont été exploitées est de plusieurs centaines. Seulement un grand nombre de ces soi-disant mines sont pauvres en minerai ou bien se trouvent dans des localités peu accessibles au mineur. D'autres, au contraire, ont des dimensions considérables et ont été toujours exploitées avec profit et sans trop de difficultés.

Selon les statistiques la production annuelle moyenne a été estimée dans les dernières années à environ 3,500,000 kilogrammes (57,726 piculs) et la quantité moyenne de cuivre exportée du Japon annuellement est à présent (1882) environ 1,543,500 kilogrammes (25,000 piculs). En outre on exporte de temps en temps des quantités très-variables de minerai brut.

Les mines les plus importantes sont situées dans les provinces de Ugo (mine d'Ani), Settsu (mines d'Inabuchi), Iyo (mine Betsushi san), Rikuchiu (mine Ozarusawa), Yechigo (mine Kusakura), Yamato (mine Kawamata), Shimotsuké (mine Ashiwo), Hida (mine Kamiyoka), Yechizen (mine Hosono), Kaga (mines Kanahira), Idzumo (mines Udo-mura, Adakayé et Ushiro-no-tani), Bizen (mine Aidané), Nagato (mine Zoméki) etc. Les six premières mines produisent à elles seules la moitié de tout le cuivre fondu au Japon.

[KAEMPFER, Hist. Japon, liv. I, chap. VIII. — THUNBERG, Voyage au Japon, traduit par LANGLÈS, vol. III, p. 155, 1796. — MEYLAN, « Handel der Europeezen op Japan », in Journal de la Société de Batavia, vol. XIV, 1833, p. 140. — SIEBOLD, Nippon Archiv, Jap. Handel, p. 67. — BURGER « Beschrijving der japansche Kopermijnen, » in Journal de la Société de Batavia, vol. XVI, 1836, p. 3-28. — STAN. JUL. CH. Ind. p. 49 — GEERTS, « Metallurgy of copper, » in Trans. Asiat. Soc. Japan, vol. III, part I, 1875, p. 26-47. — GOWLAND, « Third Annual Report of the Director of the imp. mint in Japan, » in *Japan Weekly Mail*, Nov. 7th, 1874. — PLUNKETT, « On the mines of Japan », Report to H. B. M. Minister in Yedo 1875. — MUNROË, « The mineral wealth of Japan, » in Eng. and mining journal, vol. XXII, Dec. 1876. — C. NETTO, « On mining and mines in Japan », Mém. Science Dep. Univ. Tokio, vol. II, 1879. — BENJ. SMITH LYMAN, Reports of progress for 1878 and 1879 of the Geolog. Survey of Japan. Tokio, 1879].

N° 407. — CUIVRE NATIF. CUIVRE DENDRITIQUE.

自然銅 **Ji-nen-do** ou **Ji-zen-do** (cuivre naturel). Voir pour les synonymes p. 518 de cet ouvrage. Remarquez que la description donnée par les anciens livres de *Ji-nen-do* a trait au fer bisulfuré cubique, tandis que les nouveaux livres donnent ce nom avec plus de raison au cuivre natif.

[*Hzkm.* vol. VIII, p. 18, fig. 5. — *Keimo*, vol. IV, p. 9, v. — *Hanb.* p. 8. — *Deb.* p. 51. — *Sm. m. m.* p. 121. — BURGER. Journ. Soc. Batavia, vol. XVI, 1836, p. 8. — GEERTS. Trans. As. Soc. Jap., vol. III, p. 9.]

Dendrites, rameaux, filaments, dispersés dans une gangue blanche-rougeâtre, ferrugineuse, ou bien masses poreuses ou granuleuses ou botryoïdes isolées, acquérant facilement par le grattage l'éclat et la couleur rouge du cuivre.

On n'a trouvé ce minerai au Japon qu'en petites quantités.

Les localités suivantes nous sont connues :

PROVINCES.	DISTRICTS.	LOCALITÉS.	REMARQUES.
SETTSU....	Toshima-gōri...	Tada-kō-zan.	
RIKUCHIU ..	Kadzuno-gōri...	Osarusawa.	
TAJIMA	Asako-gōri.....	Ikuno-kō-zan.	
IDZUMO	?..........	Shimané-no-do-zan.	

LE CUIVRE.

N° 408. — CUIVRE SULFURÉ. CHALKOSINE.

(*Chalcocite*, Angl.; *Kupferglanz*, Allem.).

輝銅鑛 **Ki-do-ko** (minerai de cuivre brillant). Syn. 硫化銅鑛 *Riu-kuwa-do-ko* (minerai de cuivre sulfuré).— 鼠鉑 *Nédzumi-haku* (pyrite cuivreuse couleur de rat, c'est-à-dire grise).

[Geerts, Tr. Asiat. Soc. Jap., vol. III, p. I, p. 27.— Munroë l. c.]

Masses amorphes d'une couleur gris-foncé, à cassure conchoïde. On rencontre ce minéral en petites quantités avec le cuivre pyriteux. On le fond ensemble avec le dernier dans la métallurgie du cuivre.

PROVINCES.	DISTRICTS.	LOCALITÉS.	REMARQUES.
Settsu	Kawabé-gōri	Gin-zan-chō, Hiyo-tan-ma-bu, Daidokoro-ma-bu.	On l'appelle là *Do-ko* (minerai de cuivre).
Iwashiro	Kawanuma-gōri	Moto-asabu-mura. Ima-Jigaya-mura. Obasawa.	
Rikuchiu	Kadzuno-gōri	Osaru-sawa	Bonne qualité, associé avec la pyrite cuivreuse, on l'appelle là «*nedzumi-haku*», (pyrite cuivreuse couleur de rat, c'est-à-dire grise).
Yechizen	Ono-gōri	Nakajima-mura, Hara-naka-tachi-soko	on l'appelle là «*Do-ko*» (minerai de cuivre).

N° 409. — CUIVRE ET FER SULFURÉS. PYRITE CUIVREUSE. CUIVRE PYRITEUX. CHALCOPYRITE.

Nouveaux nom 黄硫銅鑛 **O-riu-do-ko** (minerai de cuivre sulfuré jaune).

Ancien nom 銅鑛石 **Do-ko-seki** (pierre minerai de cuivre). Nom vulgaire employé par les mineurs 鉑石 **Haku-ishi** (pierre dorée). Syn. *Akagané-no-arakané* (minerai cru du cuivre).— 硫化銅鐵鑛 *Riu-kuwa-do-tetsu-ko* (minerai de cuivre et de fer sulfurés).— 銅鑛 *Do-ko*.— 黃銠 *O-haku* ou *Ko-haku* (doré jaune).—菜種銠 *Natané-baku* (doré jaune fleur du colza).

[*Hzkm*, vol. VIII, p. 11, v. fig. 6.—*Keimo*, vol. 4, p. 13, r.—BURGER, Journ. Soc. Bat., vol. XVI, p. 2.— GEERTS, Tr. Asiat. Soc. Japan, vol. III, p. 27.—MUNROË, Mining and Eng. journal, Dec. 1876.—BENJ. SM. LYMAN, Rep. 1878-1879.]

Le plus important des minerais de cuivre, très-répandu au Japon. Il forme avec le cuivre pyriteux bronzé (Phillipsite) et le cuivre sulfuré (Chalkosine), la source de tout le cuivre japonais.

Il vient soit cristallisé en formes octaédriques ou tetraédriques, éclatantes, d'un jaune foncé, souvent irisées à la surface, soit en masses informes, compactes, jaunâtres, moins brillantes. Souvent des pyrites de fer et de la pyrite arsénicale, de la galène, du blende, du cuivre gris et des quantités minimes d'or et d'argent y adhèrent. Le minerai, tel qu'il sort des différentes mines du Japon, a un percentage de cuivre fort différent. Les chalcopyrites bien cristallisées d'un beau jaune de laiton, brillantes, pas très-dures, donnent quelquefois à l'analyse jusqu'à 32 % de cuivre, les spécimens durs, amorphes, de couleur jaune pâle ne contiennent souvent que 5 à 15 % de cuivre. Quelques espèces qui sont mêlées de cuivre panaché (Phillipsite) donnent jusqu'à 40 % de cuivre. En général, on peut dire que les chalcopyrites du nord et du centre du Japon sont beaucoup plus riches en cuivre que celles du sud du pays (Kiu-Shiu).

PYRITE CUIVREUSE DU JAPON.	I IDZUMO, Mine d'Udomura, Cristaux brillants.	II SHIMOTSUKÉ, Mine d'Ashiwo, Cristaux.	III KAGA, Kanabira Cristaux et un peu de galène et de gangue.	IV HIUGA, Mine de Nag-miné, amorphe et beaucoup de pyrite magnétique.	V URUP, îles Chi-shi-ma (Kouriles), associé à de la pyrite de fer.
Cuivre	32.1	30.2	24.1	7.1	11.0
Soufre	36.6	35.8	36.1	46.3	49.8
Fer	31.0	30.5	29.2	40.9	35.0
Silice	0.3	3.0	7.6	4.7	4.0
Plomb	—	0.3	2.1	—	—
	100.0	99.8	99.1	99.0	99.8

Voici ce que le naturaliste ONO RANZAN (l. c.) dit de ce minéral :

« Il y a deux espèces de meilleures variétés de minerai de
« cuivre et deux espèces de qualité moins bonne.

« 1° Le BENI-HAKU (pierre dorée rougeâtre) est brillant comme
« des astres en or, et en même temps d'une teinte violette (1).

« 2° Le TOKAGÉ-BAKU (pierre dorée [à couleur] de lézard,
« c'est-à-dire d'une teinte bleu-violâtre ou panachée) (2).

« Les deux espèces de qualité inférieure sont appelées :

« 1° Le KO-HAKU ou O-HAKU (pierre dorée jaune) ou NATANÉ-
« BAKU (pierre dorée jaune comme les fleurs du colza). Il est
« doué d'un éclat et d'une teinte jaune (3).

« 2° Le SOTEN-BAKU (pierre dorée avec une teinte bleu de
« ciel) (4).

« Les deux meilleures espèces mentionnées contiennent géné-
« ralement de l'argent, ce qui n'est pas le cas pour les deux
« dernières. »

Ici suivent les localités principales où on a trouvé la pyrite cuivreuse au Japon. Nous ferons remarquer qu'il y en a encore bien d'autres qui ne sont pas mentionnées dans notre liste :

PROVINCES.	DISTRICTS.	LOCALITÉS.	REMARQUES.
SETTSU....	Kawabé-gōri...	Tamida-mura, Ina-buchi.	
	Yabé-gōri......	Deux différents endroits.	
	Muko-gōri.....	Un seul endroit.	

---

(1) Le *Beni-haku* est évidemment du cuivre pyriteux bronzé, qui contient, comme on sait, beaucoup plus de cuivre que la chalcopyrite.

(2) Le *tokagé-baku* ne peut être que le cuivre pyriteux panaché ou Phillipsite ou Bornite, une variété à teinte bleu-violâtre du cuivre pyriteux bronzé, qui contient environ 60 % de cuivre.

(3) Le *Ko-haku, O-haku* ou *Natané-baku*, est la pyrite cuivreuse ordinaire cristallisée, qui ne contient que de 30 à 32 % de cuivre.

(4) Nous ignorons quel minéral l'auteur japonais a voulu désigner par *Soten baku*. Peut-être a-t-il voulu parler du cuivre pyriteux en masse, associé de pyrite arsénicale ou mispickel ?

LE CUIVRE.

PROVINCES.	DISTRICTS.	LOCALITÉS.	REMARQUES.
YAMASHIRO.	Otagino-gōri....	Kurama-mura....	Chalcopyrite associé au fer pyriteux.
YAMATO....	Yoshino-gōri...	Tochiwo-mura.... Kawamata-mura.. Imaï-mura........ Nakatsu-gawa-mura Arako-mura...... Sakamaki-mura et d'autres endroits.	En tout 24 différents endroits. Les filons cependant sont pour la plupart très-minces, ne pouvant payer les frais d'exploitation, selon M. LYMAN l. c.
ISÉ	Inabé-gōri.....	Ishidzuré-mura, Haruta-yama. Numata shin-machi-mura.	
MIKAWA....	Yana-gōri......	Ōno-mura........	Chalcopyrite associé de fer pyriteux et de galène.
SURUGA....	Abé-gōri.......	Nima-mura.	
MINO......	Taki-gōri......	Kokura-mura.	
	Gunjo-gōri.....	Kansui-mura et Hatasa-mura.	
	Mugi-gōri......	Ziji-kawa-mura et Kaki-no-mura.	
	Kamo-gōri.....	Shirakawa et Minami-do-mura.	
	Fuwa-gōri.....	Akasaka-yama.	
ŌMI.......	Gamo-gōri.....	Kitahata-mura.	
HIDA	Ono-gōri......	Shokawa-mura, Sirakawa-no-go...	Chalcopypite associé de cuivre gris et de galène.
	Yoshiki-gōri....	Higashi-urushi-yama Kamiyoka-mura... Wasao-mura	
	Mashida-gōri...	Mashé-mura. Takamé-mura, Dogosan.	
SHINANO ...	Suwa-gōri ..... Takai-gōri.....	Yoko-gawa. Ogo-mura	

LE CUIVRE.

PROVINCES.	DISTRICTS.	LOCALITÉS.	REMARQUES.
SHIMOTSUKÉ.	Aso-gōri.......	Ashiwo-mura..... Kobiyaku-mura...	Chalcopyrite et cuivre pyriteux bronzé. Production annuelle environ 500 piculs de cuivre.
IWAKI.....	Karita-gōri.....	Obara-mura.	
IWASHIRO..	Aidzu-gōri.....	Kusatsu-mura et Gamo-mura.	
	Kawanuma-gōri.	Shitaya-mura.....	Chalcopyrite associée de blende.
		Itani-mura.	
		Shimotani-mura.	
	Onuma-gōri....	une mine.	
RIKUZEN...	Tamatsukuri-gōri	Naruko-mura, Motoyama.	
	Kami-gōri.....	Miyazaki-mura.	
RIKUCHIU..	Kadzuno-gōri...	Ozaru-sawa.......	Grande mine, chalcopyrite associée de cuivre pyriteux bronzé et de blende. Production annuelle environ 5000 piculs de cuivre.
		Nigori-gawa-mura.	
		Shirané, Oyu-mura.	
	Waka-gōri.....	Yuta-mura. Yamaguchi-mura.	
MUTSU.....	Sannoheï-gōri ..	Yago-mura. Daikoku-mori-yama.	
	Tsugaru-gōri...	Ikari-ga-seki-mura.	
UZEN......	Murayama-gōri.	Tanuki-mori-mura. Sachibu-mura.	
	Mogami-gōri ...	Minami-yama-mura.	
	Tagawa-gōri....	Otori-mura.	

618 LE CUIVRE.

PROVINCES.	DISTRICTS.	LOCALITÉS.	REMARQUES.
UGO	Akita-gōri	Ani-do-san et Kago-yama. Kasuda-mura.	Grande mine. Production annuelle environ 6000 à 7000 piculs de cuivre, 1500 piculs de plomb et une certaine quantité d'or et d'argent.
	Semboku-gōri	Yamatani. Kawasaki-mura. Arakawa-mura.	
WAKASA	Oï-gōri	Nojiri-mura.	
YECHIZEN	Ono-gōri	Nakashima-mura. Kadono-mura. Hosono-guchi-mura. Waka-ubuko-mura. Kami-akibu-mura. Hakogasé-mura. Kami-daina-mura. Migurashi-mura.	Mines anciennes et importantes. Chalcopyrite de très bonne qualité associée de galène argentifère. On dit qu'elles produisent le meilleur cuivre du Japon.
KAGA	Nomi-gōri	Yusenji, Kanahira-mura.	Chalcopyrite de bonne qualité. Production annuelle environ 1000 à 1200 piculs de cuivre.
YETCHIU	Nikawa-gōri	Ina-mura.	
YECHIGO	Kambara-gōri	Kusakura. Funa-uchi-sawa. Otani-mura. Kasé-mura. Nishi-mura.	Production annuelle environ 1000 à 1200 piculs de cuivre.

LE CUIVRE.

PROVINCES.	DISTRICTS.	LOCALITÉS.	REMARQUES.
YECHIGO	Uwonuma-gōri	Imokawa-mura.	
	Mishima-gōri	Masé-mura. Nodzumi-mura.	
Ile SADO	Hamochi-gōri	Toyoda-mura	Chalcopyrite associée d'un peu d'or et d'argent.
TANGO	Kasa-gōri	Kanazaki. Nobara.	Chalcopyrite associée de galène.
TAJIMA	Asaku-gōri	Kanagasé	Chalcopyrite avec un peu d'argent.
INABA	Iwaï-gōri	Gin-zan-mura. Gamo.	Minerai très-pauvre en métal.
	Kita-gōri	Mitsu-moto-mura.	
IDZUMO	Yu-gōri	Higashi-iwasaka-m Adakayé-mura	Chalcopyrite associée de cuivre sulfuré. Production annuelle environ 1500 piculs de cuivre brut.
		Ushiro-no-tani	Environ 700 piculs de cuivre brut par an.
	Shimané-gōri	Shimo-ubewo-mura.	
	Tatenuï-gōri	Kawashimo-mura.	
	Kando-gōri	Udo-mura	Très-bonne mine de cuivre chalcopyrite avec un peu d'argent. Production annuelle 4000 à 5000 piculs de cuivre.
IWAMI	Nima-gōri	Sama-mura Gin-zan. Mikiyama, Shorenji Kombu-yama	Anciennes mines célèbres d'argent. Elles produisent aussi une certaine quantité de cuivre.

PROVINCES.	DISTRICTS.	LOCALITÉS.	REMARQUES.
IWAMI	Kano-ashi-gōri..	Toyokasé-mura... Sasaga-tani.......	Chalcopyrite associée de pyrite arsénicale. Mine d'arsenic et de cuivre.
	Ochi-gōri......	Otohara-mura.	
	Mino-gōri......	Tsumo-mura.	
HARIMA....	Jinto-gōri......	Nishi-obata-mura.	
MIMASAKA..	Kumé-nanjo-gōri.	Shimo-nikayamaté-mura.	
	Kumé-hokujo-gōri	Kumé-kawa. Minami-mura. Horii-kami-mura.	
	Saï-Saijo-gōri ..	Shimo-bara-mura.	
	Yéta-gōri......	Togé-mura.	
BIZEN	Akasaka-gōri ...	Yoshiya-mura. Shimo-niwo-mura. Nishi-naka-mura.. Ida-mura. Yamaguchi-mura.	Chalcopyrite de belle qualité.
	Wagé-gōri.....	Aidané-mura.....	dito.
BITCHIU....	Kawakami-gōri..	Fukiya-mura..... Maruyama-mura ..	Chalcopyrite associée de cuivre pyriteux bronzé et de cuivre gris. Produit du cuivre de très-bonne qualité.
	Jobo-gōri......	Kawaseki-mura. Nagashiro-mura.	
	Kayo-gōri......	Yama-no-kami-mura.	
AKI.......	Taka-miya-gōri .	Shimo-fukagawa-m.	
SUWO	Kuga-gōri......	Futaka-yama.	
KII	Muro-gōri......	Yoshikawa-mura ..	Chalcopyrite associée de fer pyriteux. Filons pauvres.
	Ita-gōri........	Amano-mura ..... Maruyama	
	Hitaka-gōri.....	Iyatani-mura.	

LE CUIVRE.

PROVINCES.	DISTRICTS.	LOCALITÉS.	REMARQUES.
NAGATO	Amu-gōri	Zomeki-mura	Chalcopyrite associée de cuivre pyriteux bronzé. Production annuelle environ 1000 à 1100 piculs de cuivre brut.
AWA	Oyé-gōri	Kawada-yama	Chalcopyrite associée au fer pyriteux. Aucune de ces mines ne parait avoir une grande importance.
	Miyodo-gōri	Hakukashi-yama	
	Mima-gōri	Nishibata-yama	
		Handaguchi-yama	
	Miyosai-gōri	Jin-riyo-mura.	
IYO	Uma-gōri	Betsu-shi-dō-san	Ancienne et très-grande mine. Chalcopyrite associée de fer pyriteux et de cuivre gris. C'est une des mines les plus importantes et profitables de tout le Japon.
TOSA	Hata-gōri	Kami-tanokuchi-m.	
	Agawa-gōri	Yasuï-mura.	
CHIKUGO	Kosuma-gōri	Yokoyama-mura.	
BUNGO	Ono-gōri	Ohira-kō-san	Chalcopyrite associée de cassitérite, fer pyriteux et pyrite arsénicale.
		Kiura-kō-san	
		Kozaki	Filons pauvres de chalcopyrite, associée de pyrite ordinaire et de fer sulfoarséniuré.
	Kunisaki-gōri	Oshiro-mura.	

622   LE CUIVRE.

PROVINCES.	DISTRICTS.	LOCALITÉS.	REMARQUES.
Higo	Mashiki-gōri	Ashikita et plusieurs autres endroits	Chalcopyrite associée de pyrite magnétique et de pyrite arsénicale. Les mines de cuivre ne paraissent pas être dans un état florissant.
	Kami-mashiki-gōri	dito	
	Shimo-mashiki-gōri	dito	
Hiūga	Takachiho	Kuraōka-mura et plusieurs autres endroits	Mines anciennes mais peu florissantes.
Satsuma	Kawabé-gōri	Takara-shima. Mékami-yama. Sagiga-saki.	

En Chine:

Chih-li	Pau-ting-fu.		
Shan-si	Ping-ting-cha	Yu-hien.	
	Ping-yang-fu	Kiu-hiu-hien	Mont. Kiang.
	Kiai-chau	douze localités.	
	Kiang-chau	Wung-hi-hien.	
	Lu-ngan-fu	plusieurs-hien.	
	Tseh-chau	Yang-ching-hien.	
	Ta-tung-fu.		
Shen-si	Shi-ngan-fu	Mont. Fsung-nan.	
	Shang-chau	Si-hung-hien.	
Kan-suh	Ping-liang-fu	Ping-liang-hien. Hwa-ting-hien.	
	Kung-chang-fu	Ning-yuen-hien	Mont. Ning-kuei.
	Tsin-chau	Tsing-nan-hien.	
Shan-tung	Tai-ngan-fu	Lai-wu-hien	Mont. Ying-liang.
	Yen-chau-fu	Yih-hien	Mont. Ko-yeh.
	Tsin-chau-fu	Lin-kü-hien	Mont. Sung.
Kiang-suh	Kiang-ning-fu	Li-shui-hien. Kiu-yung-hien.	
	Su-chau-fu	Tung-shan-hien	Mont. Tung.

LE CUIVRE.

PROVINCES.	DISTRICTS.	LOCALITÉS.	REMARQUES.
NGAN-HWUI.	Ning-kwoh-fu ..	dans tous les hien.	
HO-NAN....	Nan-yang-fu....	Tsing-ping-hien....	Mont. Chihli.
HU-PEH	Wu-chang-fu...	Kiang-hia-hien. Wu-chang-hien. Tayé-hien.	
S'SÉ-CHUEN.	Ching-tu-fu	King-tan-hien.	
	Ning-yuen-fu...	Hwui-li-chau. Si-chang-hien.	
	Chung-king-fu.		
	Tung-chuen-fu .	Chun-kiang-hien ..	Mont. Komung.
	Kia-ting-fu.....	Hung-ya-hien	Mont. Tung.
	Kung-chau.....	Mont. Ku-sung.	
	Ya-chau-fu.....	Yung-king-hien...	Mont. Tung.
KIANG-SI ...	Nan-chang-fu...	Mont. Si.	
	Jau-chau-fu....	Fé-hing-hien.	
	Fu-chau-fu.....	Ling-tsé-hien.	
	Lin-kiang-fu ...	Sin-yü-hien.	
	Kan-chau-fu	Chang-nin-hien.	
HŪ-NAN....	Chang-sha-fu. Chin-chau. Kwei-yang-chau.		
KWEI-CHAU.	Ta-ting-fu	Wei-ning-chau.	
CHEH-KIANG.	Kia-hing-fu	Hai-yen-hien.....	Mont. Tsang.
	Hu-chau-fu.....	An-ki-hien. Wu-kang-hien.	
	Ning-po-fu	Fung-hwa-hien.	
	Shau-hing-fu ...	Soyachi.	
	Tai-chau-fu....	Ning-hai-hien	Mont. Lung-su.
	Kü-chau-fu	Si-ngan-hien.....	Mont. Tung.
	Yen-chau-fu ...	Kien-te-hien......	Mont. Tung-kwei.
	Chu-chau-fu....	Lung-tsiuen-hien .	Mont. Tung.
FUH-KIEN ..	Kien-ning-fu ...	Kien-yang-hien.	
	Yen-ping-fu....	Nan-ping-hien. Sha-hien. Yuki-hien.	

PROVINCES.	DISTRICTS.	LOCALITÉS.	REMARQUES.
KWANG-SI..	Ping-loh-fu....	Ho-hien	Mont. Kii.
YUN-NAN...	Yun-nan-fu....	Kwung-ming-hien. Yung-men-hien.	
	Li-ngan-fu.....	Mung-tsz'-hien.	
	Ching-kiang-fu.	Lu-nan-chau.	
	Kwang-si-chau.	Mont. Chung.	
	Kiu-tsing-fu....	Pingi-hien.	
	Wu-ting-chau..	Pau-hung.	
	Pu'rh-fu.......	Pe-ma, Kanku & Man-tau, Tsi-li-tutsz'	
	Yung-chang-fu..	Tang-yueh-chau.	
	Chau-tung-fu...	Ching-hiung-chau. Yün-seh-hien.	
	Yung-peh-ting.		

N° 410. — CUIVRE PYRITEUX BRONZÉ. PHILLIPSITE. BORNITE. CUIVRE PYRITEUX PANACHÉ.

(*Peacock copper ore or variegated copper ore*, ANGL. *Buntkupfererz*, ALLEM.)

斑銅鑛 Han-do-ko (minerai de cuivre tacheté). Syn. 蜥蜴鉑 ou トカゲハク *Tokagé-baku* (pierre dorée à teinte de lézard). — ベニハク *Beni-haku* (pierre dorée à teinte rougeâtre). — 銅鑛 *Do-ko* (minerai de cuivre). — 紅硫化銅鐵鑛 *Ko-riu-kuwa-do-tetsu-ko* (minerai rouge de cuivre et fer sulfurés).

[*Keimo*, vol. 4, p. 30, v. sub « *Do-ko-seki.* » — GEERTS, Trans. As. soc. Japan, vol. III, p. 28. — BÜRGER, Jap. Kopermijnen in Verh. Bat. gen., vol. XVI, 1836, p. 10.]

Rarement des cristaux cubiques ou octaédriques, généralement des masses compactes, d'un lustre métallique, d'une couleur variant du rouge cuivreux au bleu-violet (couleur de lézard, jap.), à fracture sub-conchoïde. Ce minéral accompagne souvent la pyrite de cuivre ordinaire, mais il ne vient jamais en aussi grande quantité. Sa surface est quelquefois tachetée de teintes bleuâtres ou violâtres et il contient en mo-

LE CUIVRE.

yenne deux fois plus de cuivre que la pyrite cuivreuse, c'est-à-dire jusqu'à 60%. Les Japonais savent fort bien que le cuivre pyriteux panaché a beaucoup plus de valeur que la pyrite cuivreuse ordinaire et l'estiment beaucoup pour leurs fonderies.

Lieux de provenance au Japon :

PROVINCES.	DISTRICTS.	LOCALITÉS.	REMARQUES.
Isé	Imbé-gōri	Minami-kawachi, Sagari-fuji	S'appelle là *Do-ko*.
Shimotsuké	Aso-gōri	Ashiwo-mura	*Do-ko.*
Iwashiro	Aidzu-gōri	Gamô-mura	*Do-ko.*
Rikuchiu	Kadzuno-gōri	Osarusawa	Associé à la pyrite de fer.
Uzen	Murayama-gōri	Sachibu-mura	*Do-ko.*
Ugo	Okachi-gōri / Akita-gōri	Innaï / O-ani, Sammaï-dō-zan	*Do-ko.*
Yetchiu	Nikawa-gōri	Ina-mura	*Ko-seki.*
	Kumé-hokujio-gōri	Kumé, Naka-mura.	Première qualité. *Do-ko.*
Yechigo	Kambara-gōri	Otani-mura	*Do-ko.*
		Kasé-mura	Première qualité. *Do-ko.*
Inaba	Iwaï-gōri	Gamo-mura	*Do-ko.*
Nagato	Amu-gōri	Kurameki-mura	*Do-ko.*
Bungo	Ono-gōri	Ohira-kō-san	*Do-ko.*
Hiüga	Takachiho-gōri	Kuraöka-mura	*Ko-seki.*
Satsuma	Kawabé-gōri	Takara-shima, Mekami-yama, Sagi-ga-saki	*Ko-seki.*

N° 411. — CUIVRE GRIS. PANABASE. CUIVRE GRIS ANTIMONIFÈRE. FAHLERZ. TETRAÉDRITE.

(*Tetrahédrite* ou *gray copper ore*, Angl).

黝銅鑛 **Yu-do-ko** (minerai de cuivre gris). Syn. 硫化銅安質母尼鑛 *Riu-kuwa-do-an-chi-mo-ni-ko* (minerai de cuivre et d'antimoine sulfurés).

[Bürger l. c. p. 10.—Geerts, Tr. Asiat. soc. jap. vol. III, p. 28.]

626 LE CUIVRE.

Cristaux tétraédriques ou masses granulaires ou crypto-crystallines d'un éclat métallique gris d'acier, cassantes, fusibles au chalumeau avec vapeurs de soufre, d'antimoine et souvent d'arsenic. Ce minéral accompagne souvent le cuivre pyriteux au Japon et est d'une composition très-compliquée et variable. On y trouve des quantités variables de sulfure de cuivre, d'antimoine, de fer, d'arsenic, de zinc, et souvent d'argent. Les sulfures de cuivre et d'antimoine forment la plus grande partie du minerai. Des variétés argentifères de ce minéral on extrait l'argent par un procédé de coupellation.

Les localités qui produisent la plus grande quantité de cuivre gris sont :

PROVINCES.	DISTRICTS.	LOCALITÉS.	REMARQUES.
Settsu	Kawabé-gōri	Yosaki-mura. Tsukinami-mura. Tamida-mura. Gin-san-machi. Tada-in-mura. Akamatsu-mura. Inobuchi-mura.	
Isé	Imbé-gōri	Haruta-mura.	
Mino	Gun-jo-gōri	Hatasa-mura.	
Hida	Yoshiki-gōri	Kamiyoka-mura. Shikama-mura. Wasaho-mura.	
	Ono-gōri	Tera-kawabé-mura.	
Shimotsuké	Tsuga-gōri	Mukada-mura.	
Iwashiro	Date-gōri	Handa-yama. Kosaka-mura.	
	Onuma-gōri	Karuisawa-mura. Oïshi-mura. Midzu-numa-mura.	
	Yama-gōri	Sugiyama-mura. Miyakawa-mura.	
Rikuzen	Kuri-hara-gōri	Kanayama-mura.	
Rikuchiu	Kadzuno-gōri	Kosaka Kanayama.	
Mutsu	Tsugaru-gōri	Ikari-ga-seki-mura.	
Uzen	Mogami-gōri	Taniguchi, Gin-zan-mura.	

LE CUIVRE.

PROVINCES.	DISTRICTS.	LOCALITÉS.	REMARQUES.
Ugo......	Akita-gōri.....	Ani, Kasuda-mura.	
	Okachi-gōri....	Innaï.	
Yechizen..	Ono-gōri.......	Kadono-mura.	
		Hakosé-mura.	
Yetchiu...	Nikawa-gōri....	Kametani-mura.	
Yechigo...	Kambara-gōri...	Kami-miho-gawa-mura.	
		Miyasaki-mura.	
		Otani-mura.	
		Nishi-mura.	
		Iwasaki-kami-mura.	
	Uwonuma-gōri..	Arayama-mura.	
		Dai-ko-san-mura.	
Iwami.....	Nima-gōri......	Sama-mura, Ginzan-machi.	
Bichiu.....	Kawakami-gōri..	Ko-idzumi-mura.	
Iyo	Uma-gōri	Betsu-shi-san.	
Hiüga	Usuki-gōri.....	Iwato-mura.	

N° 412. — CUIVRE OXYDULÉ. OXYDE ROUGE DE CUIVRE.
CUPRITE. MINE DE CUIVRE ROUGE.

(*Roth Kupfererz*, Allem).

赤銅鑛 **Seki-do-ko** (minerai de cuivre rouge). Syn. 赤酸化銅鑛 *Seki-san-kuwa-do-ko* (minerai d'oxyde de cuivre rouge).

[Bürger, l. c. p. 13.—Geerts, Trans. Asiat. soc. Japan, vol III, p. 31.]

Petites masses terreuses, rougeâtres, associées à l'hématite brune et ocreuse et au cuivre vert (carbonate vert de cuivre).

Bien qu'on le rencontre disséminé dans beaucoup de mines de cuivre, on ne le trouve cependant qu'en petites quantités. Il constitue le guide minéralogique des mineurs japonais, car ils le considèrent comme le principal critérium des bons minerais de cuivre, et arrêtent d'après le mélange ocreux d'oxyde de fer, d'oxydule de cuivre et de carbonate vert de cuivre, l'endroit d'établissement de leurs mines. Les mineurs japonais ont donné le nom populaire *yaké* à ce minéral et les experts des mines croient pouvoir déterminer la qualité et la quantité

628 LE CUIVRE.

de minerai de cuivre qu'on trouvera dans la montagne, s'ils ont examiné la couleur, le grain, et les autres propriétés du *yaké*.

N° 413 — CUIVRE HYDROSILICATÉ. CHRYSOCOLLA. CUIVRE HYDRATÉ SILICEUX AMORPHE.

(*Kieselmalachit*, ALLEM).

珪酸孔雀石 Keï-san-ku-jaku-seki (pierre paon silicatée). — Syn. 珪酸銅鑛 *Keï-san-dô-ko* (minerai de cuivre silicaté).

Masses amorphes, botryoïdes ou incrustantes, ayant une cassure conchoïde, un éclat vitreux et une couleur vert bleuâtre plus ou moins foncée. Elles sont susceptibles d'un assez beau poli. Ce minéral accompagne, en petites quantités, les autres minerais de cuivre. Il sert au Japon, à orner le *Tokonoma* ou la table écritoire. Les pièces qui ont la forme d'une montagne sont les plus estimées.

N° 414. — CUIVRE CARBONATÉ VERT CONCRÉTIONNÉ. MALACHITE.

孔雀石 Ku-jaku-seki (pierre paon). — Syn. 團塊炭酸銅鑛 *Dan-kuwai-tan-san-do-ko* (minerai de cuivre carbonaté concrétionné).

蝦蟆背石綠 *Ga-bo-hai-seki-riyoku* (vert minéral [à couleur de] dos de grenouille), c'est-à-dire vert-bleuâtre, comme le dos de la grenouille verte des arbres du Japon. — 鸚鵡石 *Ō-mu-seki* (pierre de perroquet), c'est-à-dire qui possède une couleur d'un vert vif semblable à la teinte du plumage du perroquet vert.

[*Hzkm.* vol. X, p. 16, fig. 50, sub. « Roku-sho. » — *Keimo*, vol. 6, p. 8, v. sub. « Roku-sho. » — *Sm.* m. m. p. 143.]

La variété compacte, en masses mamelonnées, irrégulières, d'un beau vert, plus ou moins foncé, à cassure testacée et striée est susceptible d'un beau poli. Les beaux échantillons semblent être très-rares au Japon et nous soupçonnons que les quelques bons spécimens qu'on trouve quelquefois dans ce pays comme ornement de *Tokonoma* ont été importés de la Chine ou d'autres contrées.

LE CUIVRE. 629

ONO-RANZAN (l. c.) en parle dans les termes suivants : « Une
« variété de *Roku-sho* est le minéral que l'on appelle 孔雀石
« *Ku-jaku-seki* (pierre paon). Il a une couleur verte luisante
« et ne diffère pas de l'espèce de malachite, importée quel-
« quefois par les Hollandais. La malachite qui nous vient de
« la Chine, porte le nom de 蝦蟆背石綠 *Ga-bo-hai-seki-*
« *riyoku* (pierre verte dos de grenouille). Une certaine variété
« de malachite de couleur verte moins foncée, est nommée
« 鸚鵡石 *Ō-mu-seki* (pierre perroquet). Elle sert, réduite
« en poudre fine, à poudrer l'anche ou la languette vibratoire
« de la flûte, dite 笙 *Shô*. On prépare cette poudre en frottant
« le minéral sur du bronze de clocher. Dans le livre *Un-rin-*
« *seki-fu* il est dit : que le *Ō-mu-seki* est « " d'une couleur
« " verte et tellement friable que l'on peut facilement obtenir
« " une poudre fine de ce minéral en le frottant légèrement
« " sur une plaque en cuivre. C'est en effet la manière d'obte-
« " nir la poudre pour la languette vibratoire de la flûte, dite
« " 笙 *Shô*. " »

M. SMITH (l. c.) dit que les Chinois font usage de la malachite
pour en fondre du cuivre. Ceci n'est pas le cas au Japon où le
minéral ne sert que d'ornement et sous forme de poudre
comme couleur dans la peinture.

Le *Hon-zo-ko-moku* recommande la poudre comme remède
caustique et astringent à l'usage externe et comme émétique et
expectorant à l'usage interne, mais ONO RANZAN (l. c.) fait jus-
tement remarquer que la poudre que l'on vend dans les drogueries comme malachite pulvérisée n'est autre chose que du
vert-de-gris artificiel (*Nara-roku-sho*).

Localités en Chine :

SHAN-SI ...	Ta-tung-fu.....	....	Mont. Shi-lien.
SHEN-SI ...	{ Shang-chau	Loh-nan-hien	Mont. Yih.
	(Hing-ngan-fu...	....	» Ching-lien.
HŌ-NAN....	Nan-yang-fu.		
HU-PEH....	{ Ngan-loh-fu....	Tien-mun-hien.	
	{ King-men-chau.		
	(Siang-yang-fu.		

630   LE CUIVRE.

Ssé-chuen . { Lu-chau.
           { Tung-chuen-fu.
Kiang-si .. Shwui-chau-fu.
Hū-nan.... Fung-chau.

Yun-nan ... { Yun-nan-fu .... { Liu-'tsz'-hien.
            {   { Wu-ting-hien.
            {   { Lu-fung-hien.
            { Lin-ngan-fu.
            { Pu-rh'-fu.

Au Japon :

PROVINCES.	DISTRICTS.	LOCALITÉS.	REMARQUES.
Settsu	Kawabé-gōri ...	Tada-mura.	
Idzu	Kamo-gōri	Kikurano-mura ...	S'appelle là *Kin-ko*.
Hida	Yoshiki-gōri....	Wasaho-mura	En grande quantité et de bonne qualité. *Ku-ja-ku-seki*.
		Kamiyoka-mura...	
	Ono-gōri	Shokawa-mura.	
	Masuda-gōri....	Takané-mura.	
		Mayasé-mura.	
Shimotsuké.	Aso-gōri.......	Ashiwo-mura.	
Uzen......	Murayama-gōri..	Kana-yama-mura.	
Ugo.......	Okachi-gōri	?...........	Bonne qualité.
	Akita-gōri	Ani-dō-zan.	
Yetchiu ...	Nikawa-gōri	Naga-mumé-mura.	
Yetchigo ..	Kambara-gōri...	Kusakura-yama.	
Idzumo	?	Shimané-dō-zan.	
Iwami.....	Kano-ashi-gōri..	Sasagaya-dō-zan ..	*Iwa-roku-sho*.
Bungo.....	Ono-gōri.......	Kiura-kō-zan.....	bonne qualité *Dō-kō*.

N° 415. — CUIVRE CARBONATÉ VERT FIBREUX ET SOYEUX.

絲光炭酸銅鑛 Shi-ko-tan-san-do-ko (minerai de cuivre carbonaté à fibres luisantes). Syn. 蜻蛉眼 *Sei-reï-gan* ou *Tombo-no-mé* (œil de libellule).

[*Keimo*, vol. 6, p. 8, sub. « Roku-sho. »]

Amas stalactitiques irréguliers de couleur verte ou incrustations d'une structure fibreuse et radiée, ayant le lustre de la soie sur la fracture.

Il est considéré par les Japonais comme le vert de montagne de première qualité.

Il vient disséminé en petite quantité dans différentes mines de cuivre.

N° 446. — CUIVRE CARBONATÉ VERT TERREUX.
VERT DE MONTAGNE.

岩綠青 Iwa-riyoku-sho ou Iwa-roku-sho ou Iwa-riyoku-seï (bleu-vert de rocher). Syn. 石綠 Seki-riyoku (vert de pierre). — 畢石 Hitsu-seki. — 崑崙綠 Kon-ron-riyoku (vert des montagnes Kwen-lun en Chine). — 大綠 Dai-riyoku (grand vert). — 土狀炭酸銅鑛 Do-jo-tan-san-dô-kô (minerai de cuivre carbonaté terreux).

[Hzkm. vol. 10, p. 16, v. fig. 50. — Keimo, vol. 6, p. 8, — Sm. m. m. p. 143. — Deb. p. 52.]

Masses amorphes ou incrustations terreuses, plus ou moins impures. L'intensité de la couleur verte dépend du degré de pureté du minerai, puisque les mélanges la rendent plus faible. On s'en sert comme couleur verte dans l'industrie de la porcelaine japonaise, de même que dans la peinture et le dessin ordinaires ; on l'emploie aussi, pour l'usage externe, comme médicament contre quelques maladies des yeux et de la peau. Lorsqu'on s'en sert en peinture, on mélange la poudre de vert de montagne avec de la craie et de l'eau, et on fait avec cette pâte de petits grains demi-sphéroïdaux qu'on connait sous le nom de 玉綠青 Tama-roku-sho (vert de montagne en boules) ou 豆綠青 Mamé-roku-sho (vert de montagne à forme de fèves). On vend cette dernière espèce dans toutes les drogueries. En outre on trouvera une variété de vert de montagne, impure, terreuse ou sablonneuse sous le nom de 砂綠青 Su-na-roku-sho (vert de montagne sableux) et une autre encore plus impure, peu colorée et à très bon marché sous le nom de 白綠 Haku-roku (blanc-vert).

Remarquons qu'on se sert beaucoup plus à présent, au Japon, du vert-de-gris ou cuivre carbonaté artificiel et du verdet ou sous-acétate de cuivre.

Le vert de montagne se trouve disséminé en petites quantités dans les mines de cuivre de la Chine et du Japon. Dans ce dernier pays les mines de Tada dans la province de Settsu, Ashiwo dans la province de Shimotsuké, Ani dans la province d'Ugo et Sasagaya dans la province d'Iwami, ont fourni jadis la plus grande quantité de ce minéral.

N° 417. — SOUS-ACÉTATE DE CUIVRE. ACÉTATE DE CUIVRE BASIQUE. VERDET. VERT-DE-GRIS.

銅綠 Do-riyoku (vert de cuivre). 銅青 Do-seï (bleu-verdâtre de cuivre). — Syn. 奈良綠青 Na-ra-Roku-sho (vert-bleu de la ville de Nara [dans la province de Yamato, au Japon]).

Nom populaire 綠青 Riyoku-sho ou Roku-sho (1) (vert-bleu). — 赤銅銹 Akagané-no-sabi (rouille de cuivre) ce nom appartient plutôt à l'oxyde de cuivre hydraté. — *Akagané-no-roku-sho* (vert-bleu de cuivre).

Nouveau nom 塩基性醋酸銅 Yen-ki-seï-shu-san-do (acétate de cuivre basique).

Synonyme chinois : 黃龍汋 O-riu-saku.

[*Hzkm.* vol. VIII, p. 12, r.—*Keimo*, vol. 4, p. 13, v.—*Deb.* p. 53, « Tung-lin.»—*Hanb.* p. 8, «Tung-luh.»—STAN. JUL. CH. p. 32.»—*Sm.* m. m. p. 226.]

Poudre grenue, d'un bleu-verdâtre, presque insoluble dans l'eau, mais soluble dans l'acide acétique.

On ne fait pas, en Chine et au Japon, une distinction bien nette entre le sous-acétate de cuivre et l'oxyde de cuivre hydraté, puisque les deux substances sont connues sous le nom de 綠青 *Roku-sho* et même existe-t-il dans le peuple à présent une confusion déplorable avec le vert de *Schweinfurt* (arséno-

---

(1) Il faut oberver que le vert de montagne, qui doit être nommé 岩綠青 *Iwa-roku-sho*, est vulgairement appelé 綠青 *Roku-sho*, nom qui est en réalité celui du vert-de-gris. Du reste, il existe au Japon beaucoup de confusion dans les noms des différentes couleurs vertes à base de cuivre.

acétate de cuivre) (1) apporté au Japon par le commerce étranger et vendu à un prix tellement bas, que cette dernière couleur brillante, mais éminemment toxique a remplacé les autres couleurs vertes à base de cuivre beaucoup moins vénéneuses. Chaque année il y a plusieurs cas d'empoisonnement au Japon par le vert de Schweinfurt, les gens du peuple ne sachant pas distinguer cette substance du vert-de-gris (*Roku-sho*) ordinaire. Nous avons constaté nous-même plusieurs fois la présence de quantités notables d'arsenic et de cuivre dans le *Kombu* japonais (Laminaria japonica, espèce d'algue marine), coloré par le vert de Schweinfurt et nous avons également trouvé de l'arsenic et du cuivre dans quelques gateaux colorés en vert par cette couleur vénéneuse. Enfin nous avons constaté la présence d'arsenic et de cuivre dans plusieurs dessins coloriés japonais, et dans les reliures vertes de livres, reliés au Japon à la manière européenne.

Ono Ranzan (l. c.) donne les informations suivantes sur cette substance : « On fabrique beaucoup de *Roku-sho* au Japon, « dans la ville de Nara, province Yamato, et pour cette raison on « l'appelle *Nara-roku-sho* (vert-de-gris de Nara). Pour le pré- « parer on chauffe des plaques en cuivre humectées avec du « vinaigre, jusqu'à ce qu'une couche verte se soit formée sur « le cuivre. Quand cette couche est devenue d'une épaisseur « suffisante, on l'ôte à l'aide d'une brosse et on lave plusieurs « fois la poudre verte obtenue dans l'eau pure.

« D'après le livre *Hon-zo-i gen* on emploie du cuivre rouge « pour fabriquer cette substance, mais selon le livre *Ten-ko-* « *kai-butsu* ou peut aussi se servir du laiton. »

Les auteurs chinois recommandent l'empoi du vert-de-gris dans le traitement des plaies, des maladies des yeux etc. et dans l'usage interne, pour guérir la bronchite et comme vomitif.

On conseille aussi d'imprégner avec cette substance le bois qui doit subir longtemps l'action de l'eau.

---

(1) Le vert de Schweinfurt s'appelle aussi 花綠青 *Hana roku sho* (vert-bleu à fleurs) en raison de sa belle couleur qui plait beaucoup plus que celle du vert-de-gris ordinaire.

N° 418. — ACÉTATE DE CUIVRE CRISTALLISÉ. ACÉTATE DE CUIVRE NEUTRE. VERT DISTILLÉ. VERT CRISTALLISÉ. CRISTAUX DE VÉNUS.

綠鹽 **Riyoku-yen** (sel vert). Syn. 鹽綠 *Yen-riyoku*. — 石綠 *Seki-riyoku* (pierre verte).

Nouveau nom 結晶醋酸銅 *Ketsu-sho-Saku-san-do* (acétate de cuivre cristallisé).

[*Hzkm.* vol. XI, p. 15, v. — *Keimo*, vol. VI, p. 32, v. — *Sm.* m. m. p. 72, « Luh-yen » = Carbonate of copper.]

En Chine on comprend sous ce nom différentes substances cuivreuses à couleur verte, composées principalement d'oxyde de cuivre hydraté et mêlées de sel et de chlorhydrate d'ammoniaque ; mais au Japon on donne ce nom à l'acétate de cuivre cristallisé. On l'a importé autrefois au Japon, mais à présent on sait le préparer dans le pays.

Ono Ranzan (l. c.) en parle dans les termes suivants :

« Le *riyoku-yen* nous vient des pays barbares. Son nom hollandais est *spaansch groen* (vert d'Espagne). *Spaansch* est le nom d'un pays (Espagne) ; *groen* signifie vert. Ce sel possède une couleur verte moins intense que le *Do-seï* (vert-de-gris). Son goût est acide et astringent. On l'emploie comme matière colorante dans les dessins étrangers. »

La description que le *Hon-zo-ko-moku* (l. c.) donne de cette substance est assez confuse et les auteurs cités par ce livre ont eu évidemment en vue différentes substances à base de cuivre. Voici ce qu'on en dit : « Le professeur Kiyo prétend que le *riyoku-yen* vient du pays 焉耆國 *Yen-gi-koku* (Karashar). On le trouve toujours adhérant à d'autres pierres et immergé dans l'eau. Sa forme est semblable à celle du *Hen-seï* ou *Ku-seï* (bleu de montagne) et on l'emploie principalement comme remède dans les maladies des yeux. On prépare à présent aussi un *riyoku-yen* artificiel en faisant usage de *Ko-miyo-yen* (sel de roche), de *Dô-sha* (chlorure d'ammonium) et de *Seki-do-setsu* (limaille de cuivre rouge). On laisse macérer ces trois substances pendant quelque temps dans l'eau et on obtient alors une matière salée, verte, que l'on emploie à la place du véritable *riyoku-yen*. »

« D'après le professeur Jun le *riyoku-yen* nous vient de la
« Perse. Il adhère à d'autres pierres et sa couleur peut résister
« longtemps au contact de l'air sans changer. L'imitation du
« *riyoku-yen*, préparée en Chine avec du cuivre et du vinaigre,
« ne doit pas être employée dans la médecine. Aussi n'est-elle
« pas aussi bonne que le vrai *riyoku-yen* comme matière colo-
« rante, puisqu'elle ne peut pas se conserver longtemps sans
« être altérée. Le professeur Li-shi-chin dit que le *riyoku-yen*
« de la Perse possède une couleur vert-bleuâtre et que le vrai
« *riyoku-yen* n'est pas hygroscopique (comme l'est le sel arti-
« ficiel). Pour préparer le *riyoku-yen* artificiel on fait macérer
« pendant sept jours un *riyo* de Seï-yen (sel bleu) avec un *sho*
« d'eau dans une marmite en cuivre. On enlève la substance
« verte qui s'est formée et on laisse de nouveau macérer pendant
« un laps de temps de 7 à 14 jours, jusqu'à ce qu'il se forme
« un autre dépôt de *riyoku-yen*. Celui-ci a un gout salin, amer
« et n'est pas vénéneux. On l'emploie contre les inflammations
« des yeux, des glandes lacrymales et pour ôter les taches de
« la cornée en faisant des injections de cette substance dans
« l'œil. En outre il peut guérir la maladie *kan* des enfants. »

N° 419. — CUIVRE CARBONATÉ BLEU CRISTALLISÉ. AZURITE.
CUIVRE AZURÉE. CHESSYLITE. PIERRE D'ARMÉNIE.

(*Kupferlasur*, Allem.—*Blue malachite*, Angl).

Nouveaux noms : 銅青石 **Do-seï-seki** (pierre de cuivre
bleue). Syn. 紺銅鑛 *Kon-do-ko* (minerai de cuivre bleu foncé).
Anciens noms : 扁青 **Hen-seï** (bleu en morceaux aplatis).

Vulgo 岩紺青 **Iwa-kon-jo** (bleu foncé de rocher). — Syn.
石青 *Seki-seï* (pierre bleue). — 紺青石 *Kon-jo-seki*. — 金青
Kin-seï (bleu métallique). Nom chimique 紺炭酸銅鑛 *Kon-tan-san-do-ko* (minerai de carbonate de cuivre bleu).

[*Hzkm.* vol. X, p. 18, r. — *Keimo*, vol. 6, p. 9, r. — *Sm.* m. m. p. 129,
« P'ien-ts'ing » lapis armenus (1) — Geerts, Tr. As. soc. Jap. vol. III, p. 29.]

(1) C'est à tort que M Smith identifie le 扁青 *Hen-sei* au *Bol d'Arménie*
(argile ocreuse rouge) (sic) ! Évidemment il ignorait la distinction qui existe
entre le Bol d'Arménie et la pierre d'Arménie. Cette dernière est une variété
concrétionnée du cuivre carbonaté bleu ou azurite.

LE CUIVRE.

Comme nous l'avons déjà démontré pp. 562, 563 et 569 de notre ouvrage il règne dans les écrits chinois une grande confusion de noms en ce qui concerne les couleurs minérales bleues à base de cuivre et de cobalt, et après l'introduction en Chine et au Japon de l'outremer et autres couleurs bleues minérales d'Europe, cette confusion est devenue encore plus grande. Les spécimens cristallisés d'un bleu d'azur sont rares, mais des concrétions se trouvent dans plusieurs filons cuprifères du Japon. Voici ce qu'en dit Ono Ranzan (l. c.):

« Le Hen-seï ou en japonais *Iwa-kon-jo* (bleu foncé de rocher),
« est fréquemment employé par les peintres sous le nom de
« *Konjo*, コンゼウ. On lit dans le livre *Zoku-ni-hon ki* que le
« 金青 *Kin-seï* (cuivre carbonaté bleu) vient de la province de
« Kotsuké. A présent on ne trouve qu'une qualité inférieure
« dans cette province, la meilleure étant produite à Tada dans
« la province de Settsu et à Ani dans la province de Dewa (Ugo).
« En outre il y a une très-bonne espèce qui nous vient de
« l'étranger. Les deux minéraux *Hen-seï* (azurite) et *Roku-sho*
« (malachite) perdent une partie de leur éclat quand on les
« réduit en poudre très-fine. Les peintres estiment surtout les
« variétés foncées. Dans le livre *Gaï-shi-yen-ga-den* (histoire
« et collection de dessins) on distingue plusieurs nuances, sous
« les noms de 頭青 *To-seï*, 二青 *Ni-seï*, 三青 *San-seï* et dans
« le commerce on emploie les termes 一番 *Ichi-ban*, 二番
« *Ni-ban*, 三番 *San-ban* de la même manière que pour établir
« une distinction entre les variétés commerciales du vert de
« montagne. »

Dans le *Hon-zo-ko-moku* (l. c.) on trouve sous le titre *Hen-seï* ce qui suit : [Remarquons d'abord que les variétés dont il est question dans cet article sous les noms de 大青 *Taï-seï*, 回回青 *Kuwai-kuwai-seï*, 佛頭青 *Bu-to-seï* et 回青 *Kui-wa seï* ne sont nullement des couleurs bleues à base de cuivre, mais des minéraux ou des couleurs de cobalt (cf. pp. 562, 566, 568)].

« D'après le livre *Betsu-roku* on trouve le minéral *Hen-seï*
« dans les vallées des pays de 武都 *Bu-to* (frontières entre

« Shen-si et Ssé'-chuen), 朱提 Shu-tei (frontières entre Kweï-
« chau et Ssé-chuen et 朱厓 Shu-gaï (pointe méridionale de
« la prov. de Kwang-tung) et on peut exploiter les mines à toute
« époque de l'année (1).

« D'après le professeur So-kiyo ce minéral est du *roku-sho*
« apporté des pays de 朱厓 Shu-gaï (Kwang-tung méridional),
« 林邑 Rin-yu (Cochinchine méridionale), 扶南 Fu-nan (Co-
« chinchine). Il vient en masses de la grosseur d'un poing, d'une
« couleur bleue et quelquefois ces masses sont creuses. Une
« certaine variété du pays de 武昌 Bu-sho (partie orientale de
« Hu-peh) est plus petite, mais sa couleur est plus brillante. Les
« variétés qui viennent de 簡州 Kan-shu et 梓州 Shi-shu ont
« une forme aplatie et une couleur moins intense. Le professeur
« Li-shi-chin dit que c'est à tort que So-kiyo présente le *Hen-
« seï* comme étant une espèce de *Roku-sho* (vert de montagne).
« On emploie le *Hen-sei* beaucoup dans la peinture pour les
« couleurs bleues. Les variétés à nuances légèrement verdâtres
« sont appelées 大青 Tai-sei. On le trouve dans les pays de
« 楚 So (Hu-nan et Hu-peh) et 蜀 Shoku (Ssé'-chuen) et diffé-
« rents autres endroits. On distingue plusieurs variétés de 石
« 青 Seki-sei (pierre bleue), savoir : 1° 天青 Ten-sei (bleu de
« ciel) ; 2° 大青 Tai-sei (grand bleu) ; 3° 西夷 Sei-i (barba-
« res de l'ouest) ; 4° 回回青 Kuwai-kuwai-sei (bleu des peu-
« ples musulmans) ; 5° 佛頭青 Bu-to-sei (bleu de la tête de
« Bouddha). De ces différentes variétés le 回青 Kuwai-sei est
« la meilleure. On mentionne en outre dans les livres d'histoire
« naturelle le 扁青 Hen-seï (bleu en morceaux aplatis ; 曾青
« So-sei (bleu superposé) ; 碧青 Heki-seï (bleu-verdâtre) ; 白
« 青 Haku-sei (bleu blanc). Ce sont toutes des substances ana-
« logues. »

Ajoutons que l'auteur chinois recommande l'usage de ce
minéral dans les cas d'inflammation des yeux et comme caustique sur des plaies et blessures.

(1) Les Chinois avec leurs superstitions tenaces croient qu'on ne peut pas exploiter certains minerais pendant certains mois de l'année. Le bleu de montagne cependant pourra être exploité en tout temps.

Localités en Chine :

SHAN-SI ...	Tai-chau.	
SHEN-SI ...	Hing-ngan-fu...	Mont. Ching-lieu.
SSÉ-CHUEN .	⎧ Ning-yuen-fu... ⎨ Tung-chuen-fu. ⎩ Lu-chau.	Hwui-li-chau.
KWANG-TUNG	Kiung-chau-fu.	

Au Japon :

PROVINCES.	DISTRICTS.	LOCALITÉS.	REMARQUES.
SETTSU....	Toshima-gōri...	Tada.	
HIDA......	Yoshiki-gōri....	⎧ Higashi-urushi- ⎨ yama........... ⎩ Wasaho-mura....	⎰ S'appelle là *Do-* ⎱ *yen-ko.* *Do-ko.*
YECHIGO...	Kambara-gōri...	Uchi-kawa-mura..	⎰ *Kon-jo-seki* ⎱ bonne qualité.
NAGATO ...	Miné-gōri......	Aka-mura........	*Haku-ro-ko.*

N° 420. — **CUIVRE CARBONATÉ BLEU TERREUX. BLEU DE MONTAGNE. CUIVRE AZURÉ.**

(*Erdige Kupferlasur, Bergblau,* ALLEM).

Nouveaux noms : 土狀銅青石 **Do-jo-do-seï-seki** (pierre de cuivre bleue à forme terreuse). Syn. 紺炭酸銅鑛 *Kon-tan-san-do-ko* (minerai de cuivre carbonaté bleu foncé).

Anciens noms : 空青 **Ku-seï** (bleu qui est creux à l'intérieur). Syn. 楊梅青 *Yo-bai-sei* (Bleu [ayant la forme ou la couleur du fruit de] Myrica rubra, SIEB. et ZUCC., jap. YAMA-MOMO). — 青要中女 *Seï-yo-chu-jo* (bleu qui est nécessaire aux femmes). — 青神羽 *Seï-shin-u* (aile du bleu divin). — 天精 *Ten-scï* (esprit du ciel). — 碎青 *Ku-sei* (variante de 空青). — 青油羽 *Seï-yu-u* (aile huileuse bleue).

[*Hzkm.* vol. X, p. 13, v. fig. 48 — *Keimo,* vol. 6, p. 6, v.]

Sous ce nom nous avons reçu des concrétions rondes, terreuses de cuivre carbonaté bleu ; mais d'après les auteurs chinois il paraît qu'on comprend encore sous ce nom, en Chine, d'autres minerais de cuivre. Afin que le lecteur puisse en

LE CUIVRE.

juger par lui-même nous traduirons l'article *Ku-sei* du *Hon-zo-ko-moku* en entier : D'après le professeur LI-SHI-CHIN on a donné le nom de *Ku-sei* à ce minéral, parce qu'il est creux à l'intérieur Le synonyme *Yo-bai-seï* lui a été donné parce que sa couleur ressemble à celle du fruit de l'arbre Myrica rubra SIEB. et ZUCC.

« Dans le livre *Betsu-roku* il est dit que le minéral *Ku-sei*
« se trouve dans la mine de cuivre des montagnes 越嶲山
« *Yetsu-shun-san* du pays de 益州 *Yeki-shu* (Cheh-kiang). C'est
« une espèce de 銅精 *Do-sei* (esprit de cuivre). On l'exploite
« ordinairement dans le troisième mois, mais on peut aussi le
« prendre à tout autre temps de l'année. Ce minéral a la pro-
« priété de changer le cuivre, le fer, le plomb et l'étain en or.

« Selon le professeur KO-KEÏ la montagne *Yetsu-shun* est située
« dans le pays de *Yeki-shu* (Cheh-kiang), mais à présent on ne
« trouve plus dans le commerce le *Ku-seï* provenant de *Yeki-*
« *shu*, puisqu'on n'exploite plus les mines depuis longtemps. On
« trouve maintenant le meilleur *Ku-seï* dans le pays de 銅官
« *Do-kuwan*. Il possède une couleur très-foncée et brillante.
« Une autre variété, mais qui est de deuxième qualité, vient
« du pays 始興 *Shi-ko* et on rencontre aussi ce minéral dans
« la montagne *Ku-sei-san* du pays du 高平郡 *Ko-heï-gun*.
« Le *Ku-sei* de cet endroit a une forme ronde et est massif
« sans cavités ; quelquefois il adhère à d'autres pierres. Quand
« on fond ce minéral avec le plomb on peut en extraire une
« certaine quantité d'or. Il est considéré comme la plus impor-
« tante des médecines qui dérivent du règne minéral et cepen-
« dant on l'emploie peu en médecine, mais beaucoup dans l'art
« de dessiner.

« Le professeur KIYO dit que toutes les substances qui por-
« tent le nom 青 *Seï* viennent dans les mines de cuivre ; seule-
« ment le 空青 *Ku-sei* est rare. Actuellement les pays de 蔚
« 州 *Utsu-shu*, 蘭州 *Ran-shu* (Kan-suh), 宜州 *Sen-shu* et 梓
« 州 *Shin-shu* produisent ce minéral. Celui qui vient du pays
« de *Sen-shu* est le meilleur. Sa structure est fine et quelquefois
« il est creux à l'intérieur. Le minéral des pays de *Utsu-shu* et

« de *Ran-shu* forme des masses assez grandes, de couleur bleu
« foncé et il est souvent sans cavité. Quand il est rond et mas-
« sif comme une boule de fer on l'appelle aussi 白青 *Haku-sei*

« Le professeur TAI-MEÏ dit que les plus gros échantillons
« de *Ku sei* sont de la grosseur d'un œuf. Les petites pièces
« ont les dimensions des semences de l'arbre *Abrus precatorius*
« L (相思子 *So-shi-shi*). Sa couleur est d'un bleu foncé et il
« contient quelquefois à l'intérieur un liquide qui possède une
« saveur acide et en même temps un peu douce.

« Le savant SHO écrit que l'on trouve à présent le *Ku-sei*
« dans la province 饒信州 *Jô shin-shu* et qu'il ressemble par
« la forme au fruit du *Myrica rubra*, SIEB. ET ZUCC., c'est pour
« cette raison qu'on l'a appelé *Yo-bai-sei* La variété creuse et
« celle qui contient du liquide à l'intérieur sont très-rares.

« D'après le professeur SO-KIYOKU l'empereur chinois *Shin-*
« *so* avait ordonné d'aller chercher du vrai *Ku-sei*, contenant
« du liquide à l'intérieur. On n'a réussi qu'après de longues
« recherches à lui offrir du *Yo-bai-sei*. Dans le pays de *Shin-*
« *shu* les habitants qui cherchent le *Ku-sei* demeurent dans les
« mines même et cependant il leur est très difficile d'en trou-
« ver. Ce minéral possède une grande vertu médicinale. On
« peut se servir aussi bien des espèces creuses que de celles
« qui renferment du liquide.

« LI-SHI-CHIN nous informe que le livre *Giyoku-to-yo-ketsu,*
« écrit par CHO-KUWA, dit que le *Ku-sei* ressemble au fruit
« du *Myrica rubra* et qu'il forme l'esprit du cuivre. Il a besoin
« d'eau courante pour se former et par conséquent on le trouve
« dans les parties humides des mines de cuivre. Quelquefois il
« contient un liquide à l'intérieur. Hors de la mine il se des-
« sèche assez vite et des points brillants se forment alors à sa
« surface.

« Dans le livre *Ko-shin-giyoku-satsu* il est dit que *Ku-sei* est
« une pierre féminine (陰 *In*). On trouve dans le pays de 上饒
« *Jo-jo* une espèce de forme stalactique et de couleur bleue
« violette, très-brillante. Dans les mines de 扑代山 *Boku tai-*
« *san* et 蜀嚴道 *Shoku-gen-do* on trouve une espèce de *Ku-sei*
« de deuxième qualité. Sa grosseur varie de celle d'un œuf à

« celle d'un poing et quelquefois il est creux et contient un
« liquide huileux à l'intérieur. Il guérit promptement les *yeux*,
« même des personnes qui sont presque aveugles. En général les
« variétés qui se trouvent dans les mines de cuivre sont bonnes.
« On s'en sert en outre pour dessiner. Bien qu'on fasse une
« distinction entre les deux variétés *Yo-bai-sei* et *Seki-sei*,
« leur constitution est la même. La différence existe seulement
« dans le degré de porosité et de finesse. Pour les dessins on
« préfère le bleu de montagne, dit 曾青 *So-sei*, qui est
« considéré comme le meilleur, vient ensuite le *Ku-sei* et en
« troisième ligne le *Yo-bai-sei*.

« On lit dans le livre *Zo-kuwa-shin-nan* que le cuivre en
« recevant l'influence du principe masculin (陽 *Yo*) se trans-
« forme en 200 ans en malachite ou bleu de montagne. Les
« variétés dites 曾 *So* et 空 *Ku* ne sont que des variétés de
« *Seki-riyoku* (1) et toutes les deux sont des minerais de cui-
« vre. Il se convertit en 200 ans en 鍮石 *Chu-seki*. Suivant
« les opinions précédentes il y a deux espèces de *Seki-sei*,
« l'une provenant des mines d'or, l'autre des mines de cuivre.
« La grosseur varie de celle d'un œuf à celle d'un poing et les
« petits morceaux ont la dimension d'un haricot. Tantôt le mi-
« néral se présente comme une concrétion, tantôt il est rond
« comme le fruit du Myrica rubra. Il peut avoir différents de-
« grés de finesse. Mais de toutes les variétés celle qui contient
« du liquide à l'intérieur est la plus précieuse ; viennent en-
« suite les espèces creuses (et vides) comme deuxième et les
« variétés massives comme dernière qualité. Bien qu'on puisse
« préparer artificiellement des substances ressemblant au *Do-*
« *sei* (azurite), elles ne peuvent jamais être égales au vrai *Ku-*
« *sei*, puisqu'elles ne sont pas, comme ce dernier, le produit
« de la métamorphose du *seki-riyoku*.

« *Empoi médicinal :* Remède pour les personnes à peu près
« aveugles et les sourds. Il guérit les inflammations des yeux
« et les taches de la cornée, il fait cesser l'écoulement des larmes
« et pris à l'intérieur il guérit les rhumes, la bronchite et la
« maladie dite *Chu-bu*. »

(1) L'auteur aurait dû dire 石青 *Seki-sei* et non 石綠 *Seki-riyoku*.

Remarquons que les Chinois parmi tout leur fratras soi-disant scientifique des différentes descriptions du minéral *Ku-sei*, ont du moins le mérite d'avoir reconnu la grande valeur des sels de cuivre dans le traitement de l'inflammation granulaire des yeux.

Ono Ranzan (l. c.) parle de ce minéral dans les termes suivants : « Le minéral *Ku-sei* est une variété géodique de *Hen-*
« *sei* (azurite), contenant un liquide ou une matière terreuse à
« l'intérieur. Il n'a pas une forme définie, mais il est ordinaire-
« ment plus ou moins arrondi comme une balle de fusil. Selon
« le livre *Ten-seki-ben-ran* il contient un liquide au printemps
« et en été, mais une matière terreuse en automne et en hiver.
« Dans le dernier cas on l'appelle 楊梅青 *Yo-bai-sei* (bleu de
« Myrica rubra). Le liquide est employé dans la médecine
« comme injection pour les yeux.

« Selon le livre *Hin-ji-sen* on peut faire en sorte que les
« pierres dépourvues de liquide en contiennent, en les enter-
« rant pendant 15 jours et autant de nuits dans la terre. Alors
« se formera à l'intérieur de la pierre, le liquide qui constitue
« un remède célèbre pour faire disparaître les taches de la
« cornée.

« Il paraît que ce minéral est très-rare en Chine, parce
« qu'on dit dans le livre *Hon-kei-ho-gen :* « Personne ne serait
« " aveugle s'il y avait assez de *Ku-sei* dans le monde." Et
« dans le livre *Hon-zo-mô-sen* on lit : " Il n'est pas désespérant
« " qu'il y ait autant de maladies oculaires dans le monde,
« " mais ce qui est extrêmement regrettable, c'est qu'il n'y ait
« " pas assez de vrai *Ku-sei* dans la nature." La majorité des
« espèces de *Ku-sei* que l'on trouve chez les droguistes est une
« imitation, tant en Chine qu'au Japon, mais on peut obtenir
« le vrai *Ku-sei* dans les mines de cuivre de plusieurs provin-
« ces du Japon. »

N° 421. — CUIVRE CARBONATÉ BLEU À STRUCTURE LAMELLAIRE.

曾青 **So-seï** (bleu superposé ou lamellaire). Syn. 撲青 *Boku-sei* (bleu massif). — 青龍血 *Sei-riu-ketsu* (sang du dragon bleu). — 赤龍翹 Seki-riu-sho (aile du dragon rouge). — 黃雲英 O-un-yei (fleur de nuage jaune).

[Hzkm. vol. X, p. 15, v. fig. 49. — Keimo, vol. 6, p. 7, v.]

Nous n'avons jamais vu cette substance nous-même.

D'après Ono Ranzan (l. c.) ce minéral n'est qu'une variété de *Hen-sei* (azurite), longue et mince, de structure lamellaire. Il serait très-recherché par les dessinateurs à cause de sa couleur bleue brillante et intense.

N° 422. — BLEU DE MONTAGNE IMPUR ET DE COULEUR BLANC-BLEUÂTRE.

白青 **Haku-seï** (blanc-bleu). Syn. グンゼウ *Gunjo*. — 目青 *Moku-sei* (bleu aux yeux). — 碧青 *Heki-sei* (bleu-verdâtre). — 魚目青 *Giyo-moku-sei* (bleu œil de poisson).

[Hzkm. vol. X, p. 18, v. — Keimo, vol. 6, p. 9, v.]

Sous ce nom nous avons reçu un bleu de montagne en poudre, de couleur blanc-bleuâtre. Le carbonate de cuivre y était mélangé de beaucoup de silice.

Ono Ranzan (l. c.) dit de ce minéral ce qui suit : « Le *Ha-* « *ku-sei* est une variété légèrement bleuâtre de *Hen-sei* (azu- « rite). Puisqu'on ne trouve plus le vrai minéral d'origine « étrangère au Japon, on vend dans le commerce, sous le nom « de *Kaku-sei*, le sédiment siliceux (sableux) qui provient du « lavage de l'azurite. On peut cependant facilement reconnaître « cette substitution.

Le *Kaku-sei* est employé comme couleur pour les peintres.

N° 423. — CUIVRE SULFATÉ. VITRIOL BLEU. CHALCANTITE.

Anciens noms : 石膽 **Seki-tan** (foie de pierre). Vulgo 膽礬 **Tan-pan** (alun de foie, c'est-à-dire bleu foncé). — Syn. 青石子 *Sei-seki-shi* ou *Aö-ishi-no-ko* (petite pierre bleue). — 翠膽礬 *Sui-tan-pan* (alun de foie bleu-verdâtre). — 石液 *Seki-yeki* (liquide de pierre). — 石礏 *Seki-tan*. — 君石 *Kun-seki* (pierre souveraine). — 銅勒 *Do-roku*. — 立制石 *Ritsu-seï-seki* (pierre régulière).

Nouveau nom : 硫酸銅鑛 *Riu-san-dô-kô* (minerai de cuivre sulfaté).

[*Hzkm.* vol. X, p. 19, r. fig. 51. — *Keimo*, vol. 6, p. 10, r. — Geerts, Trans. As. soc. Jap., vol. III, p. 30. — Benj. Smith Lyman, Rep. 1878 & 1879 p. 21. — Cleyer, med. simpl. N° 164. — *Sm.* m. m. p. 72.]

Au Japon on entend toujours sous les noms de *Seki-tan* ou *Tan-pan* le vitriol bleu, soit naturel ou artificiel, mais il paraît qu'il existe en Chine beaucoup de confusion entre le sulfate de fer et le sulfate de cuivre. On comprend encore sous ce nom, en Chine, certains minéraux de cuivre ou de fer difficiles à identifier d'après les descriptions confuses qu'en donnent les auteurs chinois.

Au Japon on prépare le vitriol bleu dans plusieurs mines de cuivre en calcinant de la pyrite cuivreuse ou des scories de cuivre avec libre accès d'air et en lessivant la substance calcinée au moyen de l'eau bouillante. La mine d'Ashiwo, dans la province de Shimotsuké, prépare, par exemple, environ 19,000 kilogrammes de ce sel par an.

Dans quelques mines, entre autres celle de Kanazaki, dans la province de Tango, on précipite à présent le cuivre au moyen de vieux objets en fer de l'*eau bleue* des mines et des lessives préparées artificiellement. Le cuivre en poudre, dit cuivre de cément, est vendu à Osaka. Le vitriol bleu obtenu contient souvent encore des quantités considérables de sulfate de fer, mais quelques fabricants savent actuellement le purifier très-bien.

Mr. Shiga Naömichi à Ashiwo-mura, province de Shimotsuké, sait maintenant préparer un produit irréprochable d'après une méthode de purification indiquée par nous-même en 1878.

Ono Ranzan (l. c.) nous informe : que l'on confond dans « le livre (chinois) *Ban-hei-kuwai-shun* le *tan-pan* (cuivre sul- « faté) avec le *So-sei* (cuivre carbonaté bleu). Autrefois il y « avait au Japon le sulfate de cuivre d'origine étrangère et de « bonne qualité, mais à présent on ne trouve que le produit « japonais dans le commerce. On exploite ce minéral en grande « quantité dans les mines d'Akita, de Dewa (Ugo), de Noguchi « dans la province de Noto, d'Ashiwo dans la province de Shi- « motsuké etc. Il se trouve souvent disséminé ou en suspen-

LE CUIVRE. 645

« sion dans les galeries des mines de cuivre. Les cristaux sont
« tantôt unis en masse, tantôt ils viennent isolés comme ceux
« du quartz. Leur grandeur varie de quelques *Bu* jusqu'à un
« *Sun*. Leur couleur est bleu-verdâtre. En contact avec l'air ils
« sont superficiellement efflorescents. On distingue chez nous
« deux variétés de cette substance, l'une (naturelle) s'appelle
« 生礬 **Sei-han** (1) (alun naturel), l'autre (artificielle), 煮膽
« 礬 **Ni-tan-pan** (alun de foie bouilli) ou 熟礬 **Juku-han**
« (alun cuit). Le dernier sel est beaucoup plus joli et plus
« transparent que le sel brut, mais en médecine on ne peut
« faire usage que du *tan-pan* naturel. »

L'information que nous donne le *Hon-zo-ko-moku* est loin
d'être aussi précise que celle de l'auteur japonais.

« Li-shi-chin dit que l'on a donné le nom de *tan* 膽 à cette
« substance parce qu'elle a la couleur du foie et le nom de 礬
« *Han*, parce qu'elle imite la forme de l'alun (2).

« Selon le livre *Betsu-roku* le cuivre sulfaté vient dans les
« vallées de 羌道 *Kiyo-do*, dans le pays de 秦州 *Shin-shu* et
« dans la montagne 句青山 *Ku-sei-san* du pays de 羌里
« *Kiyo-ri*. On l'exploite au deuxième mois. Sa couleur est bleue
« avec des taches blanches ; il est fragile, sa forme ressemble à
« celle du cuivre carbonaté bleu (azurite) et il a la propriété
« de changer le fer en cuivre (3).

« Il peut se combiner avec l'or et l'argent.

« Le professeur Ko-kei dit, sur l'autorité du livre *Sen-kei*,
« que le vrai *tan-pan*, employé dans la médecine, est très-rare
« à présent, qu'il possède une couleur bleu-verdâtre avec des
« taches blanches et la forme du lapis lazuli. On ne trouve
« plus le sel naturel à 信都 *Shin-to* du pays de 梁州 *Riyo-shu*,

---

(1) Le mot 礬 *Han* a outre sa signification d'alun encore un sens plus large équivalant à notre *vitriol* ou *couperose*. Il vaut cependant mieux écrire 生膽礬 *Seï-tan-pan* pour designer le sulfate de cuivre naturel.

(2) Nous n'avons pas besoin de dire que cette remarque de l'auteur chinois est entièrement fausse ; le cuivre sulfaté n'a pas la couleur du foie et sa forme cristalline est tout-à-fait différente de celle de l'alun.

(3) C'est-à-dire que le fer métallique mis en contact avec une solution acidulée et diluée de sulphate de cuivre reçoit une couche de cuivre à la surface.

« mais on lui substitue à présent le sel artificiel (*Sei-shoku-*
« *han* — alun bleu) qui a beaucoup de ressemblance avec le
« produit naturel.

« Selon le professeur KIYO, le *tan-pan* se trouve dans les mines
« de cuivre, il a une forme semblable à celle du cuivre carbo-
« naté bleu (*So-sei*), seulement il possède une teinte un peu
« verdâtre Le goût est acide et amer. Il communique au fer
« la couleur du cuivre. On le trouve dans les grottes des vallées
« des pays de 蒲州 *Ho-shu*, 虞鄉縣 *Gu-keï-ken* et 薛集
« *Setsu-shu*. Dans sa forme naturelle il a la grandeur d'un œuf ;
« la substance qui est semblable au lapis lazuli, n'est pas cepen-
« dant le produit naturel, mais le sulfate de cuivre artificiel
« (絳礬 *Ho-han* (1)). En outre on prépare également des imi-
« tations avec le 青礬 *Sei-han* (alun bleu-verdâtre) et le vinai-
« gre (2).

« Le professeur SHO nous donne les renseignements suivants :
« On ne trouve le vrai *tan-pan* que dans une mine de cuivre
« du pays de 信州 *Shin-shu*, à 鉛山縣 *Yen-san-ken*. Ordi-
« nairement on le purifie mais quelquefois, bien que cela soit
« assez rare, il est déjà pur dans son état naturel. Sa couleur
« est d'un bleu foncé et les médecins du sud de la Chine l'em-
« ploient beaucoup. Dans plusieurs livres il est dit que le meil-
« leur *Seki-tan* vient du pays 蒲州 *Ho-shu*. Sa grosseur varie
« de celle d'une châtaigne à celle d'un poing. Il se casse, quand
« on le frappe, en deux directions, l'une verticale, l'autre hori-
« zontale. Sa couleur est bleue et prend une teinte un peu ver-
« dâtre à la surface quand il a été exposé longtemps à l'air.
« A l'intérieur il conserve sa couleur bleue. Une seconde qua-
« lité vient des pays de 上饒 *Jo-jo* et 曲江 *Kiyoku-ko*. Cette
« espèce est plus petite, angulaire, de la grandeur d'un grain
« de riz. Dans le *Hon-zo* il est dit qu'on falsifie le cuivre sulfaté
« avec le *Sei-han* et le vinaigre, mais cette assertion n'est pas

---

(1) Le *Ho-han* alun rouge, (c'est-à-dire qui devient rouge par la calcination) est un synonyme pour le sulfate de fer ou couperose verte (cf. p. 515);
les auteurs chinois confondent souvent la couperose verte et la couperose
bleue.

(2) Il doit être question ici d'un acétate et non du sulfate de cuivre.

« exacte. On le falsifie seulement avec le salpêtre et le sulfate de
« cuivre de mauvaise qualité en faisant cristalliser ces deux
« substances ensemble. La couleur devient alors moins foncée,
« quoique les cristaux possèdent aussi la faculté de se diviser
« par le choc. La variété de *tan-pan*, dite 氣扶石 *Ki-fu-seki*,
« est une imitation artificielle, faite avec la poudre de sulfate
« de cuivre et le salpêtre.

« Le professeur LI-SHI-CHIN dit que le cuivre sulfaté vient
« dans les grottes du pays de 蒲州 *Ho-shu*. La meilleure es-
« pèce de ce minéral a la couleur bleue du bec de canard et
« on l'appelle ordinairement *tan-pan*. La variété qui vient du
« pays 羌里 *Yu-ri* a une couleur plus ou moins noirâtre (ou
« foncée) ; elle est de seconde qualité. Le *tan-pan* du pays de
« 秦州 *Shin-shu* enfin est de troisième qualité. Dans son état
« naturel il est assis ou fixé sur d'autres pierres. Le *tan-pan*
« raffiné est presque toujours préparé artificiellement. On peut
« l'examiner en le chauffant sur un charbon ardent. Le *tan-pan*
« artificiel se liquéfiera, tandis que le vrai se changera en une
« substance rouge. Il existe un autre procédé : on laisse sé-
« journer le *tan-pan* pendant quelques jours dans l'eau contenue
« dans un vase en cuivre. Le vrai ne se dissoudra pas (comme
« le fait le sel artificiel (1). Selon le livre *Giyoku-to-yo-ketsu* le
« *Seki-tan* est une pierre masculine que l'on trouve dans les
« pays de 嵩佉 *Su-gaku* et 蒲州 *Ho-shu*, dans les montagnes
« 中條山 *Chu-jo-san*. Il peut se combiner avec les métaux
« dont il change la nature.

« Le professeur CHIN-KUWATSU dit dans le livre *Hitsu-dan*
« qu'il existe sur la montagne 鉛山 *Yen-san* une source amère,
« qui donne du *tan-pan* après l'évaporation, la marmite [en
« fer] dans laquelle on a bouilli l'eau de cette source se cou-
« vrant d'une couche de cuivre ; cependant le sel ainsi obtenu
« n'est pas le vrai *Seki-tan* et on ne peut pas en faire usage
« dans la médecine. »

(1) Ceci semble indiquer que le *tan pan* naturel de l'auteur chinois n'est pas du cuivre sulfaté, mais un minéral quelconque de cuivre, qui est insoluble dans l'eau.

648   LE CUIVRE.

Ajoutons encore que le *Hon-zo-ko-moku* recommande le *tan-pan* dans les maladies de yeux et comme remède caustique sur les plaies et ulcères, la stomatite folliculaire etc. Pris à l'intérieur il a la réputation d'être un expectorant efficace et quand on l'emploie longtemps à petite dose il prolonge la vie. Le *Hon-zo-ko-moku* donne une foule de recettes composées dans lesquelles le *tan-pan* entre comme substance principale.

Localités connues :

En Chine :

SHAN-SI...	Yü-hiang-hien.
KAN-SUH...	Tsin-chau.
KIANG-SI...	Yuen-shan-hien.

Au Japon :

PROVINCES.	DISTRICTS.	LOCALITÉS.	REMARQUES.
SHINANO...	Saku-gōri......	Minami-aïki-mura.	
SHIMOTSUKÉ.	Aso-gōri.......	Ashiwo-dō-san.	
IWASHIRO..	Kawanuma-gōri.	Ji-dani, Ubasawa.	
RIKUZEN...	Kami-gōri.....	Miyasaki.	
RIKUCHIU..	Kadzuno-gōri...	Osaru-sawa-kō-zan. Akasawa.	

EXTRACTION DU CUIVRE.

N° 424. — CUIVRE.

銅 **Do** (caractère formé de 金 *kin* = or et 同 *do* = semblable). Vulgo 赤金 **Aka-gané** (métal rouge). Syn. 赤銅 *Seki-do* (cuivre rouge). — 紅銅 *Ko-do* (cuivre rouge). — 蜀山居士 *Shoku-san-kiyo-shi* (professeur de la montagne de *Shoku* [Sséchuen en Chine]. — 黃鐵 *Ko-tetsu* ou *O-tetsu* (fer jaune). — 丹陽 *Tan-yô* (rouge masculin).

[*Hzkm.* vol. VIII, p. 8, v. fig. 5 et 6 — *Keimo*, vol. 4, p. 7, v. — Enc. *Wakan-san-zai-dzu-yé*, vol. 59, p. 4, v.]

LE CUIVRE. 649

La métallurgie du cuivre a été de tout temps, mais surtout depuis le commencement du 17me siècle, une branche importante de l'industrie du Japon et nous croyons qu'elle conservera son rang dans l'avenir. Il est vrai que quelques-unes des anciennes mines, exploitées depuis plusieurs siècles, commencent à s'épuiser, ou, du moins, à cause de leurs minces filons et de leurs longues galeries exigent tant de travail pour amener le minerai au jour, que les dépenses d'exploitation ne sont plus couvertes, surtout depuis l'augmentation des salaires des mineurs qui a eu lieu pendant ces dernières années. Mais comme les minerais de cuivre, et particulièrement les pyrites de cuivre, se rencontrent dans presque toutes les provinces, de nouvelles mines peuvent être ouvertes après les sondages et les examens géologiques nécessaires. Autant étaient erronés les vieux récits relatifs à l'énorme richesse minière du Japon, autant est générale l'opinion que les sources de minerais de cuivre commencent à s'épuiser. Nous croyons cependant, pour que les exploiteurs des nouvelles mines au Japon puissent réaliser des bénéfices suffisants, qu'il sera indispensable de prendre plusieurs mesures, dont les trois principales sont :

1° La création de meilleurs chemins et routes dans tout le pays et surtout dans les districts miniers ; 2° L'adoption de lois libérales sur les mines, sur les mêmes bases que celles des pays miniers de l'Occident ; 3° L'introduction du capital, des connaissances, de l'expérience et des machines de l'Occident dans l'exploitation des mines, dans l'extraction de l'eau des mines, et dans la fonte des minerais. Les deux premiers points sont si évidents que nous ne nous étendrons pas sur ce sujet. Quant au troisième nous ferons remarquer que les anciennes méthodes japonaises pour extraire, et plus spécialement pour fondre le cuivre et le séparer de ses minerais, sont, à un haut degré louables et pratiques, si on considère qu'elles ne nécessitent pas de grands capitaux. Aussi leur emploi est-il indiqué là où la quantité de minerai qu'on peut obtenir est trop minime pour les installations métallurgiques de l'occident. Mais néanmoins les méthodes des Japonais pour extraire le cuivre sont défectueuses si on les compare avec celles usitées actuellement en Europe, surtout si on compare la quantité de métal obtenu à celle qu'on pourrait avoir. Il reste toujours beaucoup de métal dans les scories rejetées et en plusieurs endroits cette perte s'élève jusqu'à 13 % du métal obtenu. Bien que les Japonais aient adopté dans les dernières années un grand nombre d'industries de l'Occident, et introduits d'importantes améliorations dans leurs manufactures, ils ont été remarquablement conservateurs dans l'art d'extraire le cuivre de ses minerais. Les propriétaires des mines et des fonderies qui donnent un bon résultat et qui sont lucratives, ne veulent pas risquer leur profit en faisant des changements ou des dépenses pour une installation plus parfaite ; tandis que les mines qui n'ont pas été remunératrices soit parce que les filons sont trop minces, soit parce qu'elles sont trop pauvres en minerai, ne donneront probablement pas de meilleurs résultats en y installant des fourneaux et des machines européennes, puisque ces dernières impliquent une production assez large et sans interruption de minerai. En outre, les ouvriers sont accoutumés à leurs anciennes méthodes simples et les connaissent parfaitement, tandis qu'il leur manque la pratique pour travailler d'après les méthodes européennes, généralement peu aimées par eux.

Après qu'on s'est décidé sur l'endroit où devra être ouverte une nouvelle mine et qu'on a invoqué par une petite fête minière la protection du dieu des montagnes 山神 *Yama-no-kami* (voir la planche XXV), le mineur japonais creuse au pied ou au milieu de la montagne son entrée principale 鋪口 *Shiki-guchi* ou 四ツ留メ口 *Yotsu-domé-guchi*. (Voir la planche XXVI).

Aussitôt qu'il rencontre une veine d'une richesse suffisante, il en suit la direction ; si la veine paraît trop pauvre, il continue à creuser dans la première, ou dans une autre direction, jusqu'à ce qu'il rencontre un filon assez épais et assez riche.

Le 鋪役人 *Shiki-yakunin* ou officier des galeries dirige et surveille ce travail. Les Japonais ne creusent pas des puits perpendiculaires dans leurs recherches des minerais. Si la mine a une longueur ou une profondeur considérables, comme

FÊTE EN L'HONNEUR DU DIEU DE LA MONTAGNE A L'OUVERTURE D'UNE NOUVELLE MINE.

GALERIE PRINCIPALE D'UNE MINE, TUYAU A VENT ET FOSSE A ABDUCTION POUR LES EAUX MINIÈRES.

l'air ne serait pas suffisamment renouvelé s'il n'y avait qu'une seule ouverture, ils construisent parfois de petites galeries de ventilation, appelées 尺八 *Shaku-hachi* (flûte) ou 風廻口 *Kazé-mawashé-guchi* (galerie circulatoire du vent). (Voir la planche XXVI).

Les galeries à air font cependant souvent défaut dans les mines et dans ce cas la santé des mineurs a beaucoup à souffrir des effets d'une mauvaise ventilation et des gaz pernicieux qui se dégagent. Autant que possible on choisit les mines qui se trouvent au-dessus du niveau des eaux environnantes ; mais souvent on est obligé de suivre le filon dans la profondeur ou d'extraire le minerai au-dessous du niveau des eaux. C'est alors que commence pour l'ouvrier, le travail le plus pénible ; il faut enlever l'eau de la mine et comme les moyens auxquels on a recours sont très-primitifs et insuffisants, le travail continu, de jour et de nuit, d'un grand nombre de personnes, est nécessaire pour maîtriser l'ennemi. Il arrive même quelquefois que toute la mine doit être abandonnée, parce que l'eau, pendant le temps des grandes pluies, l'a envahie. Des pompes défectueuses en bambou ou en bois qui ne peuvent élever l'eau à plus de cinq ou six mètres et de petites roues hydrauliques que l'on fait marcher à l'aide du pied, constituent les seules machines employées pour l'extraction de l'eau. Quelquefois on trouve des galeries spéciales pour l'enlèvement des eaux. On les appelle 大切口 *O-kiri-guchi* ou 水抜口 *Midzunuki-guchi* (galerie pour l'extraction de l'eau). (Voir la planche XXVI).

Pour extraire le minerai le mineur japonais se rend à la mine le matin, muni d'une sorte de lampe romaine très-primitive サザエヒトボシ *Sazayé-hi-toboshi*; c'est une coquille remplie d'huile et garnie d'une mèche faite avec la moëlle d'une espèce de jonc. Il détache le minerai avec deux instruments, le double coutelas et le coin de mine et un marteau. Des ordres sont donnés pour que le minerai soit extrait seulement en petits morceaux, afin de prévenir les éboulements à l'intérieur de la mine. On recueille le minerai dans un panier en paille ou en bambou, dit エブ *Yébu*, qui peut en contenir environ de 40 à

45 kilogrammes et les ouvriers portent les paniers remplis sur le dos. Le mineur gagne, en plusieurs endroits, un salaire en rapport avec le poids et la qualité du minerai (鉑石 *Haku-ishi*) qu'il a sorti. Le minerai est alors assorti, bocardé au moyen de marteaux, dits 砕鎚 *Kaname-dzuchi* (marteau pour briser les pierres) et quelquefois lavé (1). Ce travail est fait principalement par des femmes. (Voir la planche XXVII).

I. — Grillage du Minerai.

Ainsi préparé le minerai est prêt à être livré au grillage dans le 釜家 **Kama-ya** (établissement des fours). Les fours, qui se trouvent près de la mine en grand nombre, sont grossièrement construits en pierres et en argile jaune et portent le nom de 燒釜 **Yaki-gama** ou **Taki-gama** (four à brûler). [Voir la planche XXVIII.] Un autre four à grillage de plus petites dimensions s'appelle 舟釜 **Funa-gama** (four-bateau). Ces fours ont en général une forme rectangulaire ou carrée et rarement une forme arrondie. Leurs dimensions varient beaucoup dans différentes mines. Les plus petits ont 1.5 mètres de longueur, 1.25 mètres de largeur et 1.5 mètres de hauteur, et peuvent contenir environ de 1,800 à 2,000 kilogrammes de minerai avec un poids presque égal de bois. D'autres, de forme rectangulaire, ont une longueur de 4 mètres sur 2 mètres de largeur et 1.5 mètres de hauteur et peuvent griller à la fois 10,000 à 12,000 kilogrammes de minerai. Dans quelques mines les fours de grillage ont même jusqu'à dix mètres de longueur, les autres dimensions restant les mêmes. Ces fours sont couverts par un hangar et, près du fond plusieurs ouvertures sont pratiquées pour l'introduction de l'air. Le bois de pin et des branches servent invariablement de combustible et on brûle généralement un poids de bois égal au poids du minerai. Au fond on place premièrement une couche de bois sec, puis une couche de minerai et on continue ainsi à poser alternativement du bois et du minerai jusqu'à ce qu'il y ait cinq doubles couches. On allume alors par le bas et on abandonne le tout pendant une période de 25 à 30 jours et nuits.

(1) Quand le minerai est riche en cuivre on ne lave pas avant le grillage.

BOCARDAGE DU MINERAI AVANT LA CALCINATION

FOUR A CALCINER LE MINERAI DE CUIVRE.

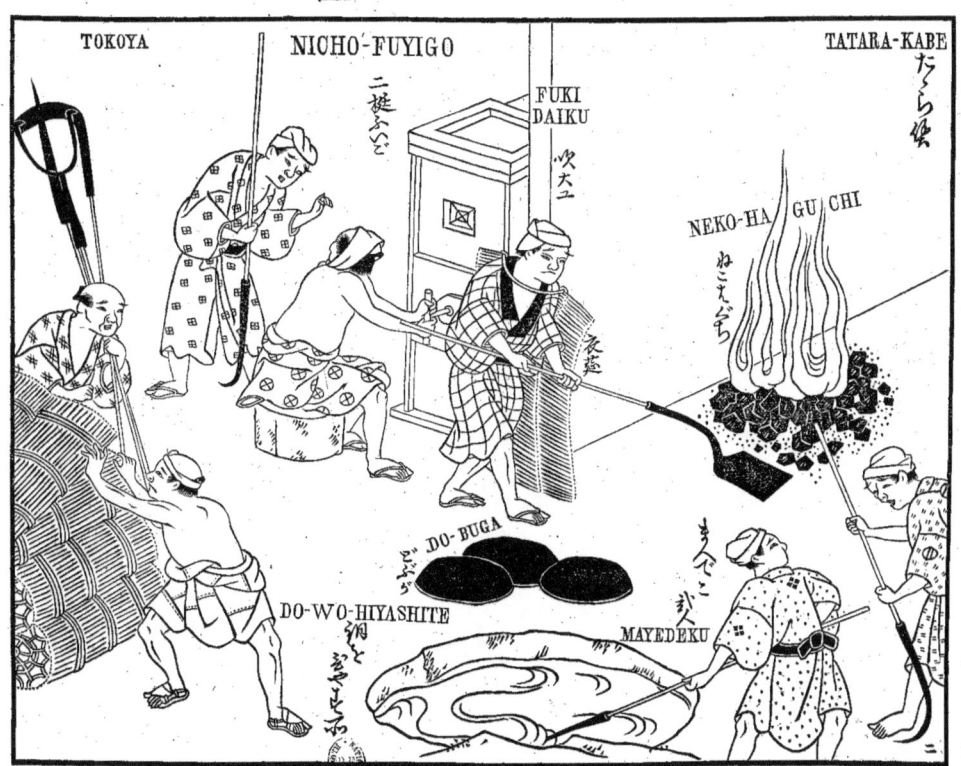

FONTE DES MATTES DE CUIVRE BRUT.

Pendant l'opération du grillage d'épaisses vapeurs blanches s'échappent constamment du four. Les ouvriers redoutent à juste raison cette *fumée de cuivre* empoisonnée et rarement ils s'approchent des fours de grillage aussi longtemps qu'il s'en échappe. Elle contient souvent en effet des quantités notables d'acide arsénieux, d'oxyde d'antimoine, d'acide sulfureux, d'acide sulfurique etc., toutes substances plus ou moins vénéneuses, et qui exercent même une action destructive sur la végétation environnante.

II. — Fusion du Produit du Grillage pour en obtenir la première Matte. *Kawa-Do.*

Lorsque le feu est éteint et le four refroidi, on enlève les scories de cuivre pour les pulvériser et leur faire ensuite subir les opérations de calcination et de fusion en première matte 皮銅 **Kawa-do** (cuivre en écorce, *Spurstein*, allem.). Cette opération a lieu dans le 床家 **Toko-ya**, ou établissement des foyers. (Voir la planche XXIX). Le nombre des calcinations et fusions successives n'est pas, cependant, le même dans tous les endroits miniers du Japon. Nous décrirons la méthode la plus parfaite, mais assez longue, qui est principalement en usage dans les environs d'Osaka et qui est connue sous le nom de **Hitsu-buki**. Elle permet d'extraire le cuivre, avec avantage, même de minerais pauvres. Pour les minerais plus riches en cuivre on peut diminuer le nombre des opérations successives. Supposons donc un minerai relativement pauvre, qui nécessite un long grillage et des fusions répétées. La poudre noire, qu'on obtient par la pulvérisation du minerai grillé, s'appelle à Osaka **Kudzu** et elle doit être transformée en première matte ou *Kawa-do*. Cette opération s'effectue près de la mine dans un certain nombre de foyers, appelés 大鞴床 **Ō-buki-doko** (foyer à grand vent), ou bien simplement 鞴床 **Fuki-doko** (foyer à fondre)(1). Ces foyers sont formés par des cavités hémisphériques pratiquées dans le sol, à peu près égales à celles que nous avons décrites déjà dans la métallurgie de l'étain et du

---

(1) En plusieurs endroits on calcine le minerai grillé dans des foyers analogues dits 荒鞴床 *Ara-buki-doko.*

plomb (pp. 583 et 603). Les parois sont recouverts d'une couche d'un mélange de charbon de bois en poudre et d'argile et leurs dimensions sont de 0.7 mètre de diamètre sur 0.46 mètre de profondeur. Les tubes de deux soufflets (二挺鞴 *Ni-cho Fuyigo*) traversent le mur derrière le four et le bord du foyer. Le charbon de bois sert de combustible. Chaque foyer reçoit pour une opération environ 125 kilogrammes de minerai grillé et généralement il se fait dans un foyer trois opérations par journée, de trois heures du matin jusqu'à 10 heures et demie ou 11 heures du matin. Le feu est assez intense et trois hommes sont nécessaires pour manœuvrer les soufflets seuls, ce travail étant très-ardu et difficile. On peut représenter ainsi l'action dans le foyer : la quantité d'oxyde de cuivre qui se trouve dans le minerai grillé agit sur le sulfure de fer et forme du sulfure de cuivre et de l'oxyde de fer; mais comme la quantité d'oxyde de cuivre contenue dans le minerai grillé n'est pas suffisante pour décomposer tout le sulfure de fer, il se forme un composé assez fusible de sulfure de fer et de sulfure de cuivre qui coule vers le fond. L'oxyde de fer forme alors avec la silice des cendres de la gangue et du fond et des parois du four une scorie qui coule en partie au dehors et dont le reste est enlevée, à la fin de l'opération, de la surface de la matte fondue. Cette dernière est ensuite superficiellement refroidie avec un peu d'eau et enlevée de la cavité sous forme de disques minces et noirs. En cet état on l'appelle 皮銅 **Kawa-do**, première matte. L'ouvrier dit 前大工 *Mayé-dai-ku* (ouvrier qui travaille devant le front du foyer) refroidit les disques plus profondément dans un bassin à eau près de la forge. (Voir la planche XXIX).

III. — CALCINATION DE LA PREMIÈRE MATTE ET FUSION POUR OBTENIR DU CUIVRE BRUT. *Ara-do*.

La première matte (*Kawa-do*) est ensuite transformée en cuivre brut, appelé 荒銅 **Ara-do** en japonais, *blister copper* des Anglais, par un procédé de calcination, ayant pour but de convertir ce qui reste du sulfure de fer en scories ferro-siliceuses et d'expulser le soufre sous forme d'acide sulfureux. Cette opération s'effectue pour les meilleures espèces de *Kawa-*

do dans des foyers semblables aux *O-buki-doko*, mais un peu plus petits. Ces foyers portent le nom de 荒鞴床 **Ara-buki-doko** (foyer à fondre [le cuivre] cru) et 眞鞴床 **Ma-buki-doko** (foyer à fondre [le cuivre] véritable). Les mattes fort riches en cuivre sont calcinées et fondues directement dans les *Ma-buki-doko* ; les mattes d'une richesse moyenne sont traitées le plus souvent dans les *Ara-buki-doko*, tandis que les mattes pauvres ou celles qui contiennent beaucoup d'arsenic et d'antimoine sont généralement soumises de nouveau au grillage dans des fours analogues aux *Yaki-gama* et *Funa-gama*, avant d'être calcinées et fondues dans les *Ara-buki-doko* (foyers du cuivre brut). Dans la province d'Iwami par exemple on grille la première matte itérativement dans les fours à grillage. Les *ara-buki-doko* (foyers à fondre le cuivre brut) ont presque toujours un diamètre de 0.46 mètre sur 0.25 mètre de profondeur ; les *ma-buki-doko* (foyers à fondre le cuivre véritable) 0.4 mètre de diamètre sur 0.2 mètre de profondeur. Pour concentrer la chaleur autant que possible les derniers foyers ont des couvercles mobiles en argile qui laissent seulement une petite ouverture en avant pour l'extraction des scories. Les deux espèces de foyers hémisphériques sont surmontées de cheminées carrées analogues à celles déjà décrites. Quand la matte est fondue au moyen de charbon de bois incandescent on dirige un fort courant d'air sur le métal qu'on remue de temps en temps avec une baguette en fer, afin de faciliter l'oxydation des parties de sulfure de fer restant encore. Les scories ferro-siliceuses surnageantes sont enlevées au fur et à mesure qu'elles se forment et à la fin on élève la température jusqu'à ce que la chaleur soit aussi intense que possible et que le métal commence « à bouillir. » Cette ébullition est causée par l'action de l'oxyde de cuivre sur le sulfure de cuivre en formant du cuivre métallique et de l'acide sulfureux ; le dernier se dégageant en bouillonnant de la masse en fusion. Les scories sont refondues après avec un autre chargement de *Kawa-do*. Après un travail continu de six heures environ, on refroidit le métal à l'aide d'un peu d'eau et on enlève d'abord deux ou trois disques minces de deuxième matte ; on ôte ensuite le cuivre brut du foyer sous forme de plaques ou masses irrégulières. En dernier lieu on le fond assez souvent en lingots ou gueuses rectangulaires qui portent la marque de fabrique et le nom de la mine en caractères chinois. Les gueuses servent principalement à l'exportation à l'étranger. Le cuivre brut obtenu de cette manière contient encore des quantités variables d'impuretés, comme on peut le voir par les analyses suivantes, faites par nous-même sur un nombre de spécimens d'*ara-do* du Japon :

Ara-do DU JAPON.	Mine d'*Ani*. plaques.	Mine d'*Ashiwo* gueuses.	Mine *Kusakura* gueuses.	*Yamato*. plaques carrées.	*Kaga*. gueuses.	Composition moyenne du cuivre brut japonais d'après nombre d'analyses par Mr GOWLAND.
Cuivre	98.8	97.7	98.4	98.5	97.8	98.940
Fer	0.2	0.5	0.3	0.2	0.6	0.101
Soufre	0.8	1.4	1.1	1.2	1.5	0.947
Plomb..............	0.1	traces	—	traces	traces	traces
Antimoine	—	—	traces	traces	—	—
Arsenic	—	traces	traces	traces	—	traces
Argent.............	traces	traces	traces	traces	—	traces
Cobalt	—	0.1	—	—	—	—
	99.9	99.7	99.8	99.9	99.9	99.988

La quantité de cuivre brut que l'on obtient des minerais par ce procédé est extrêmement variable et dépend de la pureté du minerai. Les meilleurs donnent de 10 à 20 %, en moyenne 12 % de cuivre brut, tandis que les minerais pauvres ne donnent qu'un rendement de 3 à 8 % de cuivre brut. Les foyers sont réparés immédiatement, dans l'après-midi du jour de fonte, pour servir de nouveau le lendemain. Quand le minerai cuprifère contient — comme c'est souvent le cas — une quantité d'argent telle, que l'extraction de ce dernier métal pourra être avantageuse, on sépare l'argent du cuivre brut (*ara-do*) par un procédé de liquation, appelé 南蠻吹 Nan-ban-buki (fondre [à la manière des] barbares du sud). Nous décrirons ce pro-

AFFINAGE POUR OBTENIR LE CUIVRE SEC ou AFFINÉ *(MA-BUKI-DO)*.

LE CUIVRE.   657

cédé, qui est pratiqué dans plusieurs mines, au chapitre de l'Argent. Dans la province d'Iwami on pratique encore une autre méthode, dite 銀山鞴 **Gin-zan-buki** (fondre [à la manière des] mines d'argent), pour séparer l'argent ; on fait fondre d'abord la première matte (*kawa-do*) avec une certaine quantité de galène, de litharge et de charbon de bois et on traite ensuite le métal cru obtenu par le procédé de liquation dit *nan-ban-buki*.

IV. — Affinage du Cuivre brut pour obtenir le Cuivre sec ou affiné. *Ma-buki-do*.

Les opérations d'affinage du cuivre brut ne sont généralement pas pratiquées auprès des mines, mais dans des établissements d'affinage spéciaux, qui se trouvaient autrefois exclusivement à Osaka. Le cuivre cru des opérations précédentes contient une certaine quantité de fer, de soufre et souvent une faible proportion de plomb, d'arsenic, d'antimoine, d'étain etc. Pour en extraire toutes ces impuretés, on le fait fondre de nouveau dans des foyers, dits 眞鞴床 **Ma-buki-doko** (foyer à fondre le cuivre véritable), analogues à ceux employés dans l'opération précédente, mais généralement de dimensions un peu plus petites. (Voir la planche XXX). On place environ 150 kilogrammes de cuivre brut (*ara-do*) avec du charbon de bois dans les foyers hémisphériques et on laisse passer l'air des soufflets au-dessus de la surface du cuivre fondu. Au fur et à mesure que les scories se forment, on les enlève avec de longues cuillères en fer, jusqu'à ce que la surface du métal reste pure et que les dernières traces de fer et de soufre aient disparu avec les scories. En dernier lieu on jette un peu d'eau sur le métal pour solidifier la partie supérieure, de telle manière qu'on puisse en enlever une plaque ou galette. On répète cette opération jusqu'à ce que le foyer soit vide et on refroidit le métal obtenu plus profondément dans des tonneaux remplis d'eau. Le cuivre sec ainsi obtenu s'appelle 眞鞴銅 **Ma-buki-do** (vrai cuivre fondu). Bien que ce métal soit pur au point de vue des métaux étrangers, il contient cependant un excès d'oxyde cuivreux qui le rend cassant et peu tenace

V. — Fonte du Cuivre sec en Cuivre malléable en Barres. *Saö-buki-do.*

Pour obtenir le beau cuivre en barres japonais, qui avait autrefois une si juste réputation de pureté, mais que l'on ne fait presque plus au Japon depuis quelques années,—le cuivre brut (*ara-do*) formant le produit principal d'exportation,—on fond le cuivre sec de l'opération précédente, par quantités de 30 à 35 kilogrammes, dans des creusets ouverts et mobiles. Le cuivre est recouvert de poussière de charbon de bois très-pur, afin de réduire la quantité d'oxyde cuivreux qui se trouve dans le métal. La totalité de l'oxyde cuivreux ne doit pas, cependant, être éliminée, parce que le cuivre dans lequel l'oxyde manque absolument ne possède pas le maximum de ténacité.

Quand le métal est liquéfié et que toutes les impuretés sont soigneusement enlevées de la surface, on le coule dans des moules en fer, divisés en 10 ou 12 formes de barres ou quelquefois en gateaux carrés. On place les moules dans de l'eau chaude et on les remplit alors du métal liquide. Dès que les barres, ou les plaques, sont solidifiées, on les enlève avec une paire de pincettes et on les met immédiatement dans la vapeur d'eau bouillante, où on les laisse peu de temps. Par ce moyen — que nous ne croyons pas employé en Europe—les barres ou les gateaux de cuivre affiné prennent cette couleur rouge foncé qui caractérise le cuivre en barres japonais. On l'appelle alors du nom de 竿吹銅 Saö-buki-do (cuivre fondu en barres).

Le cuivre affiné du Japon contient généralement un excès d'oxyde cuivreux, mais autrement il est très-pur. Mr. Gowland (l. c.) établit, d'après de nombreuses analyses faites par lui à l'Hôtel de la Monnaie « que le soufre, l'argent, le plomb et le
« fer s'y trouvent en proportions très-minimes et variables,
« mais que le cuivre est remarquablement exempt des deux
« substances pernicieuses, l'arsenic et l'antimoine. L'antimoine
« se trouvait dans un seul échantillon sur trente-huit analysés,
« en traces faibles ; la quantité maximum d'arsenic n'atteignit
« que 0.057 % dans un seul échantillon, tandis que dans 31
« cas, il était ou complètement absent, ou ne laissait que des
« traces peu sensibles. »

LE CUIVRE.

Le cuivre a été de tout temps un article d'exportation du Japon et aucune histoire ne parle de l'importation de ce métal dans ce pays. Le cuivre suffisait à entretenir l'ancien commerce hollandais avec le Japon et les quantités exportées par l'ancienne factorerie hollandaise à Deshima (Nagasaki) sont, d'après les journaux tenus par la compagnie, les suivantes :

PÉRIODES.	Nombre d'années.	Milliers de piculs exportés du Japon annuellement.	Quantités moyennes exportées pendant la période d'années.
1609-1692...	84	25 à 30	2,310,000
1693-1713...	21	30 à 31	640,500
1714-1720...	7	15	105,000
1721-1742...	22	10	220,000
1743-1751...	9	6	54,000
1752-1763...	12	11	132,000
1764-1789...	26	8	208,000
1790-1796...	7	5	35,000
1797-1819...	23	8	184,000
1820-1831...	12	11	132,000
1832-1858...	27	7	189,000
Total en 250 ans.........			4,209,500 piculs
Moyenne par an pendant cette période................			16,838 piculs

A partir de l'année 1713, on remarque une diminution considérable dans le commerce du cuivre, diminution due principalement aux mesures restrictives prises par le gouvernement de Tokugawa qui craignait que les mines de cuivre ne fussent bientôt épuisées si on continuait à livrer aux Hollandais, pour l'exportation, une aussi grande quantité de cuivre que pendant le premier siècle de leur commerce avec le Japon. Les Chinois en exportaient aussi des quantités importantes du Japon pendant la même période. Von Siebold (1) nous dit que la production annuelle du cuivre, vers 1830, s'élevait à 50 ou 60 mille piculs par année. D'après les statistiques du gouverne-

---

(1) Siebold, Nippon Archiv VI, page 68.

ment la production annuelle moyenne de 1874-78 était de 56,726 piculs, de sorte que la quantité de cuivre produite au Japon paraît rester presque stationnaire.

Voyons maintenant ce que les livres indigènes nous disent du cuivre. Comme l'encyclopédie *Wa-kan-san-zai-dzu-yé*, vol. 59, p. 4, donne un résumé des livres chinois et japonais nous traduirons son article cuivre :

« Selon le *Hon-zo-ko-moku* il y a trois espèces de cuivre,
« savoir : le cuivre rouge, le cuivre blanc et le cuivre bleu-ver-
« dâtre. Le cuivre blanc vient du Yun-nan (en Chine); le cuivre
« bleu-verdâtre du pays des barbares du sud (*Nam-ban*). Le
« cuivre rouge est le plus ordinairement employé et le plus
« abondant des trois. Selon le livre *Kaku-cho-shin-sho*, l'origine
« du cuivre est la même que celle de l'or et de l'argent. Sous
« l'influence du soleil violet il se forme d'abord du vert de
« montagne dans la terre ; celui-ci est converti au bout de deux
« cents ans en une pierre, laquelle se change sous l'influence
« du principe mâle en cuivre métallique. Le cuivre étant un
« produit du principe masculin est un métal tenace et dur.

« Le livre *Kuwan-shi* dit : "quand il y a des pierres angulaires
« " ou bien de fer magnétique sur une montagne, on trouvera du
« " cuivre rouge dans son sein, et quand il y a des plantes à
« " tige jaune sur la montagne on trouvera des vases en cuivre
« " à l'intérieur. L'esprit des vases en cuivre (銅器 Do-ki)
« " peut devenir un cheval ou bien quelquefois un enfant."

« Selon le livre *Ho-boku-shi* il existe deux genres de cuivre,
« masculin et féminin. Par conséquent quand on chauffe le
« cuivre au feu, quand on le fait forger par un garçon et une
« fille pendant qu'il est chaud et quand on l'arrose ensuite avec
« de l'eau, le métal se sépare en deux couches, l'une convexe
« (ou mâle), l'autre concave (ou féminine). Avec le cuivre fémi-
« nin on fabrique l'épée dite 雌劍 Shi-ken, et avec le cuivre
« masculin l'épée dite 雄劍 Yu-ken. Si on emporte une paire
« de ces épées, lorsqu'on fait un voyage en mer, les dragons et
« les dieux des Eaux s'abstiendront de faire du mal.

« Selon le livre *San-kai-keï* il y a (en Chine) 467 montagnes

« d'où on tire du cuivre, mais à présent on n'en connait pas
« même le nombre.

« On fabrique le laiton (黃銅 *Ō-do*=cuivre jaune) en fon-
« dant le cuivre avec le calamine. Le laiton possède la couleur
« de l'or. On peut obtenir le cuivre blanc (白銅 *Haku-do*) en
« fondant le cuivre avec l'arsenic. En alliant le cuivre à l'étain
« on obtient le bronze de cloche (響銅 *Kiyo-do* ou 晷銅 *Kiyo-
« do*, cuivre sonnant).

« On distingue dix espèces de cuivre. Les variétés qui s'ap-
« pellent 丹陽銅 *Tan-yo-do* (cuivre du soleil rouge), 白慢
« 銅 *Haku-man-do*, 一生銅 *Ichi-seï-do*, 生銀銅 *Seï-gin-do*
« (cuivre-argent natif) sont toutes des espèces de cuivre natif.

« Le cuivre n'est pas toxique ; on peut en construire des
« vases et des marmites.

« Avec le cuivre bleu-verdâtre, dit 青銅 *Seï-do*, de la Perse,
« on peut fabriquer des miroirs. Le cuivre du pays *Shinra* (en
« Corée), dit 新羅銅 *Shin-ra-do*, peut servir pour fabriquer
« des cloches. Les substances dites 石綠 *Seki-riyoku* (vert de
« montagne), 石青 *Seki-seï* (azurite), 白青 *Haku-seï* (bleu
« de montagne impur) sont toutes des minéraux de cuivre des-
« quels on peut extraire le métal. Le métal dit 鐵銅 *Tetsu-do*
« (fer-cuivre) résulte quand on trempe le cuivre ordinaire avec
« la solution, dite 者膽水 *Ku-tan-sui* (eau de foie amère),
« jusqu'à ce qu'il prenne une couleur rouge. En chauffant
« ensuite le cuivre trempé il prendra une couleur noire [de
« fer] et en même temps sa dureté augmentera.

« Le métal dit 錫坑銅 *Shaku-ko-do* (cuivre des mines d'é-
« tain) est une espèce de cuivre tendre.

« Selon le livre *Hitsu-reki-shi* on fait usage du cuivre pour
« en faire des poids et mesures, car exposé à l'humidité, à la
« sècheresse, au froid, à la chaleur, aux variations de la tem-
« pérature, il ne s'altère pas.

« D'après le livre *Ko-kon-i-to* on peut pulvériser le cuivre
« quand on le traite préalablement avec la substance dite 蓽
« 茇胡椒 *Bo-sai-ko-sho* (1).

---

(1) Nous ignorons la nature de cette substance, et n'avons pas pu trouver
de renseignements à ce sujet dans les livres indigènes.

« Dans la deuxième année de Mon-mu-ten-no (698 de notre ère) on a présenté au Mikado pour la première fois du minerai de cuivre provenant des provinces d'Inaba et de Suwo du Japon et sous le règne de l'empereur Gen-mei, dans la première année du *Wa-do-nen-go* (708 après J. C.) on a offert pour la première fois au souverain du cuivre métallique provenant de la province de Musashi. On exploite le cuivre à présent dans beaucoup de localités du Japon, surtout à Tada, dans la province de Settsu, à Akita et Mokami, dans la province de Dewa (Ugo), à Nambu et Sendai, dans les provinces de Mutsu, Mino, Kii, Tajima, Awa, Iyo, Hiuga, Bichiu, Yechizen, etc (1).

« On peut compter les localités qui produisent du cuivre par centaines, mais le meilleur vient de Yechizen. On nomme 銅鋼 **Do-kuwan** ou 鉑 **Haku** le minerai de cuivre avec sa gangue. On distingue le 紅鉑 *Beni-haku* (doré rouge) quand il est brillant et doué d'une teinte rouge-violette. On le considère comme étant la meilleure qualité, car il contient en même temps de l'argent. Le 黄鉑 *O-haku* (doré jaune) qui ne contient que des traces d'argent est considéré de qualité inférieure. Le cuivre fondu en plaques d'une longueur de 1.5 *shaku* et d'une largeur de 5 à 6 *sun* s'appelle 平銅 *Hira-aka-gané* (cuivre aplati). Quand il vient en disques ronds il porte le nom de 五器銅 *Go-ki-do* (cuivre pour les cinq ustensiles).

« On nomme 知乏 *Ki-chi* une certaine substance qui se trouve au milieu de la gangue dans les mines de cuivre. Elle a une grosseur de 1 *sun*, est tendre et adhère par un de ses côtés à la terre. Elle n'est ni pierre, ni terre et quoique tendre on ne peut pas la couper. Il faut la ramasser avec une cuillère. Sa couleur est d'un noir brillant, mais après la dessiccation la couleur est moins intense et elle devient alors (dure) comme une brique. On ne connait pas son usage.

« On trouve dans les mines de cuivre un minéral du nom de 六法 *Rop-po* (six faces) ayant la couleur jaune du laiton. Il se volatilise par la chaleur. »

---

(1) Voir la nomenclature des principales mines de cuivre du Japon sous l'article de la pyrite cuivreuse.

www.ingramcontent.com/pod-product-compliance
Lightning Source LLC
Chambersburg PA
CBHW050152230526
45470CB00001B/61